Vegetation and the Terrestrial Carbon Cycle

Modelling the First 400 Million Years

植被与陆地碳循环

模拟四亿年的历史

〔英〕戴维·比尔林（David Beerling）
〔英〕伊安·伍德沃德（Ian Woodward）　著
王永栋　杨小菊　崔一鸣　等　译

科 学 出 版 社
北　京

图字：01-2020-6549 号

内 容 简 介

在过去的四亿年里，植物占领了地球并繁衍生息，同时改变着地球表面。本书通过将现今植被发展过程中的关键机制、要素与不同地质时期的全球气候模型联系起来，论证了植被在地史时期陆地碳循环中发挥的作用。由此得出的气候和植被过程模拟的结果与可观测的地质记录数据（如煤与蒸发岩的分布）相一致，从而支持模拟方法的有效性。此外，本书还对未来几个世纪可能出现的情况进行了模拟，为全球变暖时期的地球植被和碳循环提供了宝贵的预测。

审图号：GS（2022）677 号

图书在版编目（CIP）数据

植被与陆地碳循环：模拟四亿年的历史/(英)戴维 • 比尔林(David Beerling)，(英)伊安 •伍德沃德(Ian Woodward)著；王永栋等译. —北京：科学出版社, 2023.3

书名原文: Vegetation and the Terrestrial Carbon Cycle: Modelling the First 400 Million Years

ISBN 978-7-03-074898-0

Ⅰ. ①植… Ⅱ. ①戴… ②伊… ③王… Ⅲ. ①植被–关系–碳循环–研究–世界 Ⅳ. ①X511

中国国家版本馆 CIP 数据核字（2023）第 029261 号

责任编辑：黄 梅 沈 旭/责任校对：崔向琳
责任印制：吴兆东/封面设计：许 瑞

科 学 出 版 社 出版
北京东黄城根北街 16 号
邮政编码：100717
http://www.sciencep.com

北京中科印刷有限公司印刷

科学出版社发行 各地新华书店经销

*

2023 年 3 月第 一 版 开本：787×1092 1/16
2025 年 4 月第二次印刷 印张：21
字数：498 000

定价：269.00 元

（如有印装质量问题，我社负责调换）

作 者 简 介

戴维 • 比尔林是英国皇家学会院士和威尔士学会院士，还是谢菲尔德大学生物科学学院莱弗休姆减缓气候变化中心的创始人和主任。他因在地球科学领域的杰出工作获得了 2001 年菲利普 • 莱弗休姆奖（Philip Leverhulme Prize），并于 2022 年获得卡迪夫大学的荣誉博士称号。他目前担任伦敦皇家学会理事会成员和《生物快报》（*Biology Letters*）期刊的主编。

伊安 •伍德沃德是谢菲尔德大学生物科学学院植物生态学教授（1991 年至今）。他是《气候与植物分布》（*Climate and Plant Distribution*）（1987）的作者和《植物功能型》（*Plant Functional Types*）（1997）的联合编辑。模拟全球尺度环境变化对于植被的影响是他的主要研究领域之一。他担任期刊《新植物学家》（*New Phytologist*）的主编，以及《气候变化》（*Climatic Change*）和《全球变化生物学》（*Global Change Biology*）等的编委会成员。

中 译 本 序

地球演化的系统研究十分依赖于各种地质记录和资料，学科交叉和技术方法的融合越来越彰显它们在该科学领域研究中的重要性。受这种趋势影响，深时时期的植被演化以及所反映的环境变迁和全球碳循环的关系备受地质学界的关注，已经从传统的地质记录获取，向综合大数据处理、人工智能和数字驱动方向转变，从而带来一系列研究思路、技术方法和研究范式的革新。

目前，国际地球科学界正在积极推动“深时数字地球”计划（Deep-time Digital Earth，DDE）。该计划于 2019 年由中国科学家倡议、13 个国际组织与机构共同发起，旨在推动地球科学在大数据时代的创新发展，倡导利用数字驱动的各种大数据和人工智能来推动全球地球系统科学在研究范式和方法上的变革。DDE 已被列为联合国教科文组织（UNESCO）和国际地质科学联合会（IUGS）支持的全球大科学计划，是致力于搭建全球地球科学家与数据科学家合作交流的国际平台。

作为 DDE 大科学计划古植被与 CO_2 重建共同负责人，中国科学院南京地质古生物研究所王永栋研究员领衔的科研团队，将这本由国际知名学者戴维·比尔林（David Beerling）和伊安·伍德沃德（Ian Woodward）出版的专著翻译成中文版，这是一项十分有意义的工作。该书利用地质大数据和数值模型方法，揭示地史时期陆地植被在全球碳循环中发挥的重要作用，为了解在过去四亿年间深时地球的气候环境变化提供了十分重要的借鉴和启示，并从全球角度提出了较为客观的模拟结果和宏观估测，这对于正在推进的 DDE 大科学计划各项研究工作也具有重要的参考价值。

希望该书中文版的出版，有利于中国的地球科学工作者进一步推动传统学科和数值模拟方法的交叉与融合，开展大数据和人工智能领域的探索和尝试，助推实施全球深时数字地球计划并取得积极成果。

中国科学院院士
中国地质大学（北京）教授
2023 年 2 月 20 日

译 者 序

在地球漫长的演化过程中，生命跌宕起伏的进化历程与一系列地质事件和气候环境过程相耦合，比如陆地植被的演替就与碳循环过程密切相关。要探究深时陆地植被与碳循环之间的关系，除了依据传统的、广泛使用的各类地质记录之外，利用数值模型方法开展长时间尺度的模拟研究，也已成为了解和探究陆地植被和气候环境过程与变化的重要途径之一，备受学术界关注。

由英国古植物学家戴维·比尔林(David Beerling)和植物生态学家伊安·伍德沃德(Ian Woodward)在剑桥大学出版社出版的专著《植被与陆地碳循环：模拟四亿年的历史》从数值模型的角度出发，提供了了解地球过去四亿年间气候环境变化的独特视角。作者将现今植被发展过程中的关键机制、要素与不同地质时期的全球气候模型联系起来，采用一系列数值计算和模拟运算，论证了植被在地史时期陆地碳循环中发挥的作用。由此得出的气候和植被过程模拟的结果与可观测的地质记录数据相一致，从而证明在地质历史时期百万年长尺度上开展模拟研究的有效性。这种独特且有效的方法，克服了地质记录分布不完整所带来的主观认识缺陷和不足，并从全球角度提出了较为客观的模拟结果和宏观估测。此外，本书还依据模型，对未来几个世纪可能出现的全球气候变化进行了模拟，为全球变暖时期的地球植被和碳循环提供了宝贵的预测，这也有助于我们有效应对全球变化带来的各种经济和社会挑战。

对于陆地植被和全球气候环境变化这一科学问题的探索，也得到了中国地学界的长期关注。自 2005 年以来，中国地质大学(北京)王成善院士领衔的科研团队，陆续开展了国家重点基础研究发展计划(973 计划)项目“白垩纪地球表层系统重大地质事件与温室气候变化”和“晚中生代温室地球气候-环境演变”多学科交叉综合研究。本书的主要译者也参与了这两个项目的课题研究工作，并在中生代陆地植被演变、古大气 CO_2 浓度变化及古气候重建方面进行了多年的研究和探索。项目组也开展了植被与碳循环、古气候与重大地质事件及古气候模拟等领域的一系列攻关和探索，并取得了积极进展。

除此之外，中国地质大学(武汉)殷鸿福院士也十分关注陆地植被与碳循环的研究。早在 2018 年，殷院士就向我们推荐本书并鼓励我们开展相关的探索，希望在重大地史时期植被与碳循环领域的学科交叉方面有所借鉴和创新。也正因为有殷院士的鼓励，我们产生了把这本书翻译成中文版的想法，目的有两个：一是通过翻译本书，可以有机会对原版书中的内容、方法、思路及进展有细致地了解和系统地学习；二是出版中文版，可以使国内同行和青年研究人员及学生更加便捷地了解国外在该学科领域的积累和进展，有助于指导我国学者推动地史时期植被和碳循环及古气候模拟等多学科交叉的探究并取得积极成果。

在此基础上，2020 年下半年以来，以中国科学院南京地质古生物研究所部分古植物学专家和研究生为主，根据研究方向进行分工并开展了各个章节的翻译工作，在完成了各章节译文的初稿后编写小组又进行了多次审核、修改和统稿。2021 年下半年，中国科学院南京地质古生物研究所、兰州大学、中山大学、长安大学、沈阳师范大学等单位的专家陆续开展了对章节译文的审校工作，并形成新一版的审校稿。编写小组经过进一步的修改和完善，于 2021 年年底提交科学出版社进行编辑和出版。

需要说明的是，本书的内容涉及很多学科的知识体系，包括地质学、古生物学、古地理学、植物学、生态学、生理学、生物化学和统计学，以及复杂的数学方程和化学公式等，在内容上远远超出了翻译人员的知识架构。另外，对书中多次出现的一些生物化学和生态学方面的专业术语和概念的理解，也对我们提出了很大的挑战。因此，各章节翻译及审校人员克服了这方面的困难，互相切磋和交流，争取对书中各个概念和术语达成广泛的共识，以便更好地表达原作者的学术观点。

另外，英文版原书出版于 2001 年，虽然已经过去了 20 多年，但绝大多数内容、知识和所得出的结论等，在今天看来仍然与我们当前取得的各种认识非常一致，具有前瞻性和指导性。这也从一个方面反映了大尺度模拟方法的有效性和准确性。尽管如此，原书中的个别术语和表述，在今天看来也需要进行与时俱进的修正。比如，原书中使用的“第三纪”“白垩纪-第三纪界线”等表述，目前的国际年代地层表中已经不再使用。在中文版中，我们也根据实际语境和内容，修改为“古近纪”“白垩纪-古近纪界线”等。同时，中文版中也对原书中个别前后不一致的数据、地质时代等进行了修正，在此也一并说明。需要强调的是，由于时间仓促，加之译者水平有限，中文版中不妥之处在所难免，也请广大读者见谅。

在中文版的译校过程中，得到了殷鸿福院士、王成善院士和周志炎院士的指导和鼓励。本书得以顺利出版，需要感谢剑桥大学出版社给予的版权支持。作者之一戴维 • 比尔林教授也发来邮件提供了积极的支持，并表达了他本人对出版中文版的期待和感谢。科学出版社南京分社的黄梅责任编辑，在审校和出版过程中付出了很多时间和精力，排版重新绘制了书中所有的插图，美术编辑设计了中文版封面。最后，感谢中国科学院南京地质古生物研究所古植物与孢粉学研究室、现代古生物学和地层学国家重点实验室及相关老师和研究生的大力支持。没有他们的辛劳与付出，要完成这项工作是不可能的。

本书的出版得到了国家自然科学基金重大项目（项目编号：41790454）、基础科学中心项目（项目编号：41688103）、面上项目（项目编号：42072011）、青年科学基金项目（项目编号：42002023），中国科学院战略性先导科技专项（B 类）子课题（项目编号：XDB18030502、26010302），现代古生物学和地层学国家重点实验室自主项目（项目编号：219113）和基础性项目（项目编号：20192101）等的联合资助，在此一并致谢。

王永栋　杨小菊　崔一鸣

2022 年 12 月

前　言

对于植物分布的研究始终是生态学的一个重要内容。这些研究的范围小至一个局部区域，大到整个陆地的生物圈。这些领域的研究信息有助于我们了解陆地生物圈的特征。不过，这些信息本身还不足以回答一些重大的科学问题，诸如：是什么控制了当前植物的分布或者植物的分布及其习性将如何对全球环境变化做出响应等。为了满足人们的知识及决策需要，回答这些问题显得越来越重要。事实上，自 20 世纪 80 年代起，生态学家们就面临着陆地植被将如何响应全球变暖的问题。这个问题在当时还无法回答，直到 20 年后的今天①，我们才有机会去了解其中的一些主要机制及其可能的结果。毫无疑问，对这些问题的探索将十分有利于人类社会的生态文明与健康发展，避免可能面临的严重后果。

长时间尺度下的生态学研究有一个特点，那就是地球植被生态系统中目前正在发生的现象，绝大多数在过去都发生过，并没有产生完全新的生态现象，只是人们是否观察到而已。当前人们对大气中二氧化碳（CO_2）浓度的快速增加感到担忧，但在地质时期，大气中的 CO_2 浓度和地球温度通常高于现在。毫无疑问，无论是个体植物还是群落植被，都将会对未来的变化予以适应并产生响应。然而，人类期望的其实是一个更不可能出现的局面，那就是什么都不应该改变，即便现在大气成分和气候正在迅速变化。结局有可能正如“Svein Forkbeard 儿子的行动预期”一样，即“你怎么对待年迈的父母，将来你的孩子就可能怎么对待年迈的你”②。更严重的问题是植被和生态系统会在多大程度上发生改变，如水和生物质的供应量，以及人为释放到大气中的 CO_2 能被生物圈固定多少。这些都是难以回答的问题，这是因为任何预测方法都必须以实践为基础，才有可能接近现实。

在气候变化研究领域，常见的一种方法是，通过探索过去的环境来建立模型，然后对适当时间段的数据进行测试。比如距今 6000 年的暖期一直是一个研究热点，并且它已经被证明对于测试当今气候的模型十分有用。但在追溯更早地质时期的暖期时，遇到的问题则是有关气候和生物圈的信息非常有限。然而，最近应用大气环流模型（GCM）模拟过去气候的做法，为古气候数据提供了有用的途径。尽管检验其有效性的机会十分有限，但这些大气环流模型的应用受到海洋温度指标的限制，可能对古气候的估测有合理性。这些模拟的价值在于，它们的数据可用来驱动植被模型，然后植被模型的运算结果可用来与那些未被运用于大气环流模型校验的化石数据进行比较。

对过去植被习性的研究，尤其是对碳循环来说是一种新的尝试，它包含了许多关键

---

① 译者注：原书出版于 2001 年。

② 译者注：“你怎么对待年迈的父母，将来你的孩子就可能怎么对待年迈的你”为译者添加，是译者对原文“Svein Forkbeard 儿子的行动预期”这一北欧典故的解释。

的特征。特别是，它假定我们对现今碳循环的理解在任何其他过去的时间都同样适用，并且相关的过程也以与现在相同的方式来运行，例如水循环和植被过程、植被的演替及对气候和大气 CO_2 的响应。光合作用驱动植被过程的事实表明，对当代植被与环境关系的认知对地质历史也有参考价值。本书描述了对定量衡量地质时期类似过程具有参考价值的方法，以及如何处理植被和气候模型中的不确定性因素。这些模型在某些方面不可避免地会存在误差，问题是误差有多大及有多严重。在最终模拟植被对未来气候变化特定情景的响应之前，将对这些特征进行广泛的时间段测试。在大气环流模型中，只是选择环境异常的时间段进行测试，而不是对所有时间段的植被进行测试。最终，希望我们把对未来的预测变成对当前的预测成为现实之前，可以通过揭示植被和碳循环的一系列响应，来激发人们进一步的研究兴趣和探索。

戴维·比尔林　伊安·伍德沃德

（王永栋、代军 译，王军 校）

致　　谢

在本书写作的过程中，许多科学界的朋友和同事慷慨地贡献了他们的时间和来之不易的数据。我们要特别感谢 Paul Valdes（雷丁大学）提供了来自大学全球大气模拟计划（the Universities Global Atmospheric Modelling Programme，UGAMP）的全球古气候数据库，这些数据库构成了本书全球模拟内容的核心部分。我们还要感谢 Bette Otto-Bliesner（科罗拉多州博尔德市国家大气研究中心）和 Gary Upchurch（得克萨斯州西南州立大学）提供了第 7 章中所使用的最新白垩纪全球气候模拟资料，作为我们分析白垩纪-古近纪[①]界线撞击事件影响的基础。如果没有 Mark Lomas 的数学、编程和绘图技能，本书是不可能完成的。过去的三年里，Bill Chaloner 给予了我们许多的鼓励，并睿智地化解了我们的一些困惑，非常感谢他的支持。感谢 Jayne Young 对全书的审校并指出引文及参考书目中的部分错误。

感谢以下同事认真审阅和评论书稿的各个部分，并无私地提供未发表的数据（按姓氏字母顺序）：Pat Behling、Richard Betts、Bill Chaloner、Chris Cleal、Geoff Creber、Jane Francis、Colin Osborne、Andrew Scott、Paul Valdes、Paul Wignall 和 Jack Williams。与 Bob Berner、Bill Emanuel、Jane Francis、Tim Lenton、Barry Lomax、Martin Heimann、Colin Osborne、Paul Quick、Hank Shugart、Andrew Watson 和 Gary Upchurch 一起进行的各种讨论，进一步帮助我们形成了本书不同章节的思路。当然，任何遗留的错误都将由我们自己负责。

戴维 · 比尔林感谢英国皇家学会大学奖学金的资助，也感谢自然环境研究委员会、欧盟委员会和 Leverhulme 信托基金对本书所报道部分研究成果的资助。伊安 · 伍德沃德非常感谢自然环境研究委员会和欧盟委员会的支持。

最后，感谢家人和朋友为我们完成本书放弃了重要的休息和娱乐时间。戴维 · 比尔林感谢母亲和 Malcolm、父亲和 Sue、Julie 和 Simon（和小 Sophie）以及 Juliette 的爱和支持。感谢在写这本书的各个阶段一直给予支持的朋友们，特别是 Colin、Jarrod、Dan、Simon、Maria、Liz、Phil、Vicky、Charlotte、Helen、Steve 和 Mark A.。伊安 · 伍德沃德感谢 Pearl、Helen 和 David 以及他的木工车床为大家提供了另一种难以预测但令人愉快的生活体验。

（王永栋、代军　译，王军　校）

① 译者注：此处原书用词为“第三纪”，但按照当前使用习惯，改用“古近纪”一词，后续章节中出现“白垩纪-第三纪”这一表述时，译者均改为“白垩纪-古近纪”。

目　　录

第 1 章　引　　言

概述

本书从不同的空间和时间尺度上来讨论陆地碳循环的运行状况，特别是过去 4 亿年间陆地植物的光合碳代谢过程。第 2 章和第 3 章概述了根据对当今过程的了解来推测植物在过去运行情况的一些基本方法、测试这些方法的可能途径，以及在当今气候背景下对植被、土壤和气候之间关系性质的详细讨论。在第 3 章中，讨论显生宙时期植物生长过程对全球平均温度和大气成分变化的若干“全球平均”响应。在采用这种方法时，我们沿用了早期的方法(Beerling，1994)，对地球化学模型如何影响植物叶片获取碳和流失水分的调节过程展开研究和讨论。

第 4 章基于全球视野，详细讨论了应用计算机进行的全球气候模拟，并探讨如何优化完善这些模拟的手段，以便估测远古时期的气候。然后，我们的讨论扩展到陆地碳循环中各种地上和地下过程的模型开发。根据包括卫星观测在内的各种地面真实数据，对几个关键模型的结果进行了广泛而符合要求的测试之后，将这两种全球尺度范围的方法结合起来研究整个地质时期陆地生物圈的运行变化。

在后续章节(第 5～9 章)中主要讨论全球范围内，几种计算机气候模拟对陆地生态系统特性和功能的影响，这些模拟代表了地质时期的特定时间段。所选取的特定区间受到来自古气候模拟可用性的制约。在采用这种方法的过程中，我们假定气候建模者测试和应用其模型时，在特定间隔代表一个相应的时间是合理的，这样就可以验证模拟气候对植物、植被和陆地生态系统碳循环的影响。

地质年代表

从定义上来说，对地质本身的研究必然会涉及数千年到数百万年的时间尺度。这些时间尺度对于人类思维来说是难以理解的，但对于了解影响地球气候的形成及演化的过程和模式来说却是必需的。事实上，值得注意的是，人类理解和接受几千到几百万年时间的跨度具有一定的难度，首先这影响了我们对所谓的“深时”概念的理解。James Hutton 在《地球理论》(*Theory of the Earth*)(18 世纪 80 年代)中首次意识到，地球实际上有几百万年的历史，随后 Charles Lyell 在《地质学原理》(*Principles of Geology*)(1830～1833 年)中进一步完善和发展了这一认识。正是有了这一进步，达尔文才得以通过数百万年时间自然选择所积累的微小的渐进变化来继续发展并完善他的进化论。

要读懂本书，需要对地质时间跨度、关键地质年代、时期及其名称有基本的了解。为简单起见，我们避免采用详细的地质名称和地层命名法，仅使用那些被更广泛认同的名称和命名法(表 1.1)。表 1.1 提供了地质年代表的图示，注意它不是按照时间等距缩放的。显生宙从 544 Ma(即 million years ago，百万年前)开始。它的前三个时期包括寒武纪、奥陶纪和志留纪，包含了陆地维管植物进化之前的时间，这是本书的重点，在表 1.1 中被省略了。一些全球模型涉及中生代(生物演化中期或恐龙时代)，包括三叠纪、侏罗纪和白垩纪。白垩纪这个名字来源于拉丁语“creta”，意为白垩(广泛沉积在中生代晚期的浅海)。继中生代之后是新生代(生物演化近期或哺乳动物时代)，包括第三纪。第三纪来源于地球历史被分为四个时期的一个术语：第一、第二、第三和第四纪。前两个现在已经不再使用了，而第三纪这个名称被用来定义白垩纪末期以后直到最近一系列冰期至第四纪开始前之间的时段。白垩纪和第三纪之间的界线称为白垩纪-第三纪(K/T)界线①，K 来自德语“白垩(Kriede)”，T 表示第三纪。

表 1.1　本书使用的地质年代表及主要名称

时代/Ma	宙	代	纪	重大生物事件
0 1.8	显生宙	新生代	第四纪	冰期
2.4			新近纪	植物群区域分化建立，包括温带植物群和草原
65			古近纪	最早的禾草，最早的马，以及哺乳动物的快速多样化
144		中生代	白垩纪	被子植物的起源和多样化，白垩纪-古近纪界线恐龙灭绝
205			侏罗纪	现代蕨类植物兴起，针叶植物多样化
248			三叠纪	苏铁和银杏类为优势类群，二叠纪-三叠纪界线生物大灭绝
295		古生代	二叠纪	高地植物向低地蔓延，低地沼泽消失
			石炭纪	主要产煤时期，木本石松类为森林优势类群。最早的陆生有翅昆虫，最早的陆生脊椎动物
354 416			泥盆纪	最早的种子植物，最早的鲨鱼，植物开始发生多样化

资料来源：依据 Haq 等(1998)。

第 8 章和第 9 章分别讨论了古近纪②和第四纪所代表时间范围内生物圈所发生的变化，了解这些变化需要对不同时期的定年和名称有一定的了解，详见表 1.2。

表 1.2　新生代地质年代简表

时代/Ma	代	纪	世	气候情况
0.0 0.01	新生代	第四纪	全新世	距今 1 万年前，包括 6 ka BP 左右的气候适宜期
1.8			更新世	冰期-间冰期旋回重复循环的时期
4.9		新近纪	上新世	巴拿马海道关闭，大西洋环流在 4.6 Ma 左右发生显著变化
24.0			中新世	大气中没有高含量 CO_2 证据的全球变暖时期，晚中新世随着 C4 植物光合途径，草地全球扩张
34.0		古近纪	渐新世	全球海平面的大幅波动和极地冰盖的增减
			始新世	南极底层水开始形成，印度板块与亚洲板块碰撞
54.0 65.0			古新世	古新世-始新世之交，气候突然变暖

资料来源：依据 Haq 等(1998)。

① 译者注：现在更常被称为“白垩纪-古近纪界线(K/Pg boundary)”，与“白垩纪-第三纪界线”表意相同。

② 译者注：第 8 章内容为始新世，此处对应将原文中的“第三纪”改为“古近纪”。

在第 5～10 章全球尺度的研究中，主要关注处在冰期或温室模式下的地球运行状态。

冰期地球

地球在过去十亿年间经历了四个主要的冰期(Crowley and North，1991)，即前寒武纪晚期(800～600 Ma)、奥陶纪晚期(440 Ma)、石炭-二叠纪(330～275 Ma)和新生代晚期(40～0 Ma)。我们也考虑了在地球海陆分布差异很大的两次冰期——晚石炭世(300 Ma)(第 5 章)和末次盛冰期(LGM)(18000 年)(第 9 章)对陆地碳循环的影响。在石炭纪，几个大陆拼接形成三个主要陆块(冈瓦纳古陆、欧亚大陆和哈萨克斯坦板块)。这些陆块的地理位置与现在大不相同，横跨许多纬向环流带，而且大部分区域处在中低纬度地区，并有一条温暖的海道(特提斯)。所有这些特征结合在一起，对全球气候系统的发展产生了重大影响，导致古生代和现代气候之间的显著差异(Parrish, 1993)。

第四纪末次冰期和石炭-二叠纪冰期的另一个重要区别在于大气成分的不同。第四纪末期冰芯的记录表明，末次盛冰期的特点是大气 CO_2 浓度低(180～200 ppm[①])；基于长周期碳循环地球化学模型和植物气孔的估算，石炭纪大气中 CO_2 浓度也不高(300 ppm)(Berner，1998)。因此，这两次冰期可能部分源于相同的机制，即温室效应的减弱。然而，它们之间的不同之处在于，从大气储层中将游离碳固定的过程及其后对大气 O_2 含量的影响。正如石炭纪和早二叠世(330～260 Ma)煤炭沼泽中所记录的那样，石炭纪时期埋藏有大量的有机碳，从而导致大气中的 CO_2 急剧减少，同时伴随着 O_2 含量的上升(Berner and Canfield，1989)。在第四纪冰期，大气中 CO_2 的减少主要是由米兰科维奇假说中地球轨道变化所引起的太阳辐射变化来驱动的，这使得全球温度降低，从而增加了 CO_2 在海洋中的溶解度，但其对 O_2 含量影响不大，因为 O_2 相对而言不溶于水(Hays et al.，1976)。沉积物中记录的高频的周期性海平面变化揭示出，在石炭纪也可能发生了米兰科维奇太阳辐射量的变化(Wanless and Shepard，1936)，但有机碳埋藏的影响主导了当时大气 CO_2 的变化。实际上，使用与第四纪冰期相同的预测模型，可合理地推测出石炭纪冰盖的位置和生长状况(Hyde et al.，1999)。冰期大气中低浓度 CO_2 严重抑制了植物光合代谢的效率，石炭纪 O_2 含量高则加剧了这种抑制。在第 5 章和第 9 章详细讨论了不同时期这些制约因素的根本原因。

温室地球

本书有三章内容是关于地球温室模式时期对气候的影响，包括侏罗纪(第 6 章)、白垩纪(第 7 章)和始新世(第 8 章)。第 10 章讨论了未来温室地球中的植被-气候的相互作用，这是由使用化石燃料和砍伐森林的人类活动导致大气中 CO_2 积累所造成的。

长期以来，人们十分热衷于评估在久远的过去调节全球气候的主要因素；尤其关注由沉积岩和生物化石所揭示的气候比现在温暖得多的特定时期。地球气候的大气环流模

① 译者注：ppm 为 parts per million 的简写，即“百万分之…”，表示比率。

型为我们提供了一种探索这种敏感性并区分大陆构造、海洋环流和温室气体相对重要性的手段(Barron et al.，1995)。还有一个动机是，利用过去的温室气候和相似的模型预测未来的全球变化为我们提供了一种测试地球气候系统潜在物理和其他数学表征的手段。然而，能否利用任何过去的温室气候，为未来的温室世界提供真实可靠的借鉴，还是令人怀疑的(第 8 章)。

通过类比，这种温室气候为我们提供了该条件下推测陆地生物圈生产力的方法。第 8 章明确对比了距今最近的“古”温室气候事件(发生在始新世，50 Ma)和模型预测未来所产生的影响。在利用这些模型进行预测时，必须承认在一些方面还存在认知的局限性，比如第 4 章所述，陆地碳循环模型所代表的过程如何来适应气候，或如何因长期处于温暖气候和/或高 CO_2 环境中而发生改变。然而，光合作用随 CO_2 浓度升高的分析表明，正如 Farquhar 等(1980)光合作用子模型(Medlyn et al., 1999；Peterson et al., 1999)所描述的那样，在大规模持续的光合作用推动下，这一核心过程在一定程度上可能具有稳定性。关于光合作用器官适应环境的情况，将在第 6 章进一步讨论，这也是第一次全球模拟的 CO_2 浓度高于现今的实例。

灾难性气候变化：白垩纪末期的大灭绝

Alvarez 等(1980)首次提出巨大星体在白垩纪末期撞击地球的观点，并得到了越来越多来自地球化学、生物形态学、海洋和陆地等证据的支持。这代表着全球气候系统的一个重大扰动事件，会对生物圈的功能产生巨大影响。陆地碳循环敏感性的研究，加上修改后的全球晚白垩世气候数据库，为评估这种影响提供了一种途径。因此，第 7 章介绍了白垩纪末期(66 Ma)植被特性和碳循环的全球模拟，并以此为基础探讨由大规模星体撞击造成的不同气候变化情景下所产生的影响。对撞击后可能产生的短期(全球黑暗、气候变冷、高大气 CO_2 浓度)和长期(高 CO_2 浓度、全球变暖)气候变化影响的情景做了对比。

结论

本书对过去和将来气候进行比较的多种全球模拟方法进行了介绍，由此我们可以探究地球的物理和化学性质如何影响生态系统的功能，特别是陆生植物的光合作用与生态系统中的碳循环。这项工作从多个方面显示了气候反馈对植被的重要性，它们在其他的地球化学过程中扮演着关键的角色，以及陆地生物圈对突发的全球环境扰动事件可能产生的响应。

我们意识到在地质时期的研究中存在一些特定的空白，有待用模拟的方法来研究，有些空白还是地球历史和植物进化过程中的研究热点。其中有两个时期特别重要，一是晚志留世和早泥盆世，当时的陆地几乎被陆生植物所占据；二是二叠纪末期(约 249 Ma①)，发生了地球历史上最大的生物灭绝事件。泥盆纪大型陆地维管植物在碳循环过程

① 译者注：此处原文为“约 249 Ma”，应改为“约 252 Ma”。

中发挥了很大的作用，它们的根系深深地扎到土壤里，使其占据了干旱高地和主要植被演替区域，显著提高了化学风化速率和大气 CO_2 的吸收速率（Algeo and Scheckler，1998；Elick et al.，1998）。

与早泥盆世的情况正好相反，二叠纪末期的大灭绝通过非常不同的过程深刻改变了全球的碳循环。许多海洋生物集群的绝灭抑制了海洋的初级生产量，在南半球高古纬度地区和一些其他地方，发生了显著的陆地植物群的突然大规模灭绝（Retallack，1995），这会严重缩短陆地碳循环的周期。此时昆虫大量灭绝，导致碳循环遇到的瓶颈进一步加剧。因此，分解作用可能在很大程度上受到真菌活动速率的限制，这一现象在化石记录中表现得非常明显，在二叠-三叠纪界线附近的很多地层中，广泛出现了大量的真菌孢子（Visscher et al.，1996）。

将来应该发展更灵活、更易于使用的全球气候模型，基于模型可以对这些热点问题进行评估。对晚二叠世古气候的初步模拟研究（Kutzbach and Ziegler, 1993），以及对古生代不同大陆构造环流气候模型的研究（如 Crowley et al., 1993），将为研究生物系统的重大变化如何影响生物地球化学循环，特别是陆地碳循环动力学提供支撑。

（王永栋、代军 译，王军 校）

第2章 将今论古

引言

本书所涉及的时间框架少于5亿年，在这段时间里，地球的陆地表面首次出现了陆生植物并随后被其占领。陆生植物现在占全球生物总量的90%以上，这说明它们已经是生物界名副其实的“王者”。令人遗憾的是，显示这一陆生植物更替现象的植物化石证据仍然十分零星和不完整(Niklas et al.，1983)。然而，自志留纪(约430 Ma)时出现得最早的微小陆生维管植物——库克逊蕨属(*Cooksonia*)(Edwards et al.，1983)到石炭纪(约300 Ma)时出现的巨型树木——鳞木属(*Lepidodendron*)(DiMichele and DeMaris，1987)，它们之间的演化进程揭示，结构复杂而大型的植物演变得十分迅速，并且早在泥盆纪(约395 Ma)时不同种类植物构成的群落就已经很常见了(Chaloner and Sheerin，1979; Banks，1981；Edwards，1996)。

要估测或模拟4亿多年前陆生植物的活动场景，似乎注定是十分困难的。但是，我们知道，所有的陆生植物都是从光合作用过程形成的有机物分子中获得其自身结构所需要的碳元素。光合作用过程的起源非常久远，而无处不在的CO_2固定酶——核酮糖-1,5-双磷酸羧化酶/加氧酶(核酮糖二磷酸羧化氧合酶，简称Rubisco)，甚至可以达到叶片中可溶性蛋白质总含量的50%——与化能无机营养型生物共同被认为起源于35亿年前的海洋环境(Badger and Andrews，1987)。因此，植物在陆地上存在的时间(约5亿年)只占Rubisco存在时间最后的14%。除此之外，被视为最古老的海洋藻类和蓝细菌已经演化出与现代具有C4光合作用机制的植物同样复杂的光合作用系统，如碳浓缩机制(Bowes，1993)。

因此，在漫长的演化历程中，Rubisco的特性几乎没有发生变化(Roy and Nierzwicki-Bauer，1991)，这一特征大大提高了我们估测其历史活性的能力。光合系统的其他关键特征，如光反应过程，将在第3章和第4章中详细论述。我们对光合作用过程的着重强调，是因为它是所有生物生长和演化发育的基础。光合作用在地质历史中的普遍存在，为我们成功估测其历史活性提供了一定程度的保证。反之，随着时间的推移，植物在形态、生长和繁殖各个方面的过程和速率都发生显著的变化，而保留下来的相关过程的信息十分有限，因此缺乏强有力的证据支持“将今论古”的研究结论。所以，本书的内容是研究最近5亿年来关于全球尺度上陆生植物生理学过程的可能变化，从而使今天的人们更确切地理解这些变化。

本书的主要特点是对过去植物的发展过程进行估测，然后通过化石证据来验证这些不同方法估测的准确性。本书重点考虑的是基本的植物生理学过程，包括光合作用、呼吸作用和气孔蒸腾作用。生态系统的作用机制包括营养物质吸收和凋落物分解，这些内容均在第4章中进行详细论述。

核酮糖二磷酸羧化氧合酶(Rubisco)

所有植物体中的Rubisco均具有三个相同的生物化学特征(Keys，1986; Walker et al.，1986；Bowes，1993；Lawlor，1993)：

(1) 与自然环境中可利用的CO_2浓度相比，Rubisco作为一种具有高浓度CO_2固定能力的羧化酶，需要可溶解于叶绿体基质中的高浓度CO_2。

(2) O_2可以抑制Rubisco对CO_2的固定作用。

(3) 当O_2存在的时候，Rubisco也可以在光呼吸过程中充当氧合酶。

现今大气中CO_2浓度为350 ppm(35 Pa或350 μmol·mol^{-1})，O_2含量为21%，在这样的大气环境中，Rubisco的三种特性均可以充分表达。然而，在生命本身起源之时，甚至在陆生植物开始广布地球的时候，大气的组成成分都与今天大不相同。在4.2亿年前，大气中的CO_2浓度可能比今天高16倍(Yapp and Poths，1992)，而O_2的含量只有当今的2%～10%(Budyko et al.，1987)。在这样的条件下，光呼吸的速率会很慢，O_2对羧化反应的抑制很弱，并有适量的CO_2浓缩于叶绿体中。在现今的大气条件之下，Rubisco的这三个特征使得羧化反应的速率可以达到其最大限度的60%～70%(Bowes，1993)。光呼吸作用释放CO_2，而羧化作用固定CO_2，这导致植物的净光合作用效率降低。

Rubisco的特点

Rubisco和其他酶一样，具有相似的酶活性抑制因素，也就有类似的酶活性测定方法。每一种酶均针对某一种基质底物发生酶促反应，而酶促反应的速率由底物的浓度决定，并存在最大反应速率。例如，Rubisco所能促进的羧化反应速率v_c，便可以用米氏(Michaelis-Menten)方程表达出底物浓度与反应速率之间的线性关系：

$$v_c = \frac{V_c^{max}[C]}{K_c + [C]} \tag{2.1}$$

其中，[C]表示CO_2在叶绿体基质中的浓度；K_c表示当反应速率v_c达到V_c^{max}一半时底物的浓度。现今大气条件下，当陆生C3植物光合作用过程中K_c的值于8～25 μmol·L^{-1}浮动时(Bowes，1993)，[C]的值大约是8 μmol·L^{-1}(Keys，1986)。K_c的值越高，Rubisco对CO_2的亲和度越低。V_c^{max}的典型值大约为50 μmol·m^{-2}·s^{-1}(Wullschleger，1993)。综合以上特性，可以直接根据方程(2.1)研究羧化反应对不同控制因素的敏感度(图2.1)。

Rubisco具有许多特征。现今大气条件下CO_2浓度约为350 ppm，当温度为25℃时，植物叶片胞间空隙中的CO_2浓度约为240 ppm，与叶绿体基质中的游离CO_2约8 μmol·L^{-1}的浓度值保持平衡(Keys, 1986)。

当CO_2的浓度为8 μmol·L^{-1}时，Rubisco的羧化能力远低于其最大羧化能力，且反应速率小于等于K_c的典型值，即最大羧化反应速率的一半。因此，在现今大气CO_2浓度条件下，Rubisco的羧化反应能力明显受到CO_2浓度水平的抑制。CO_2的浓度为8 μmol·L^{-1}时，K_c值变化率和羧化反应速率变化率的比值为3∶2。

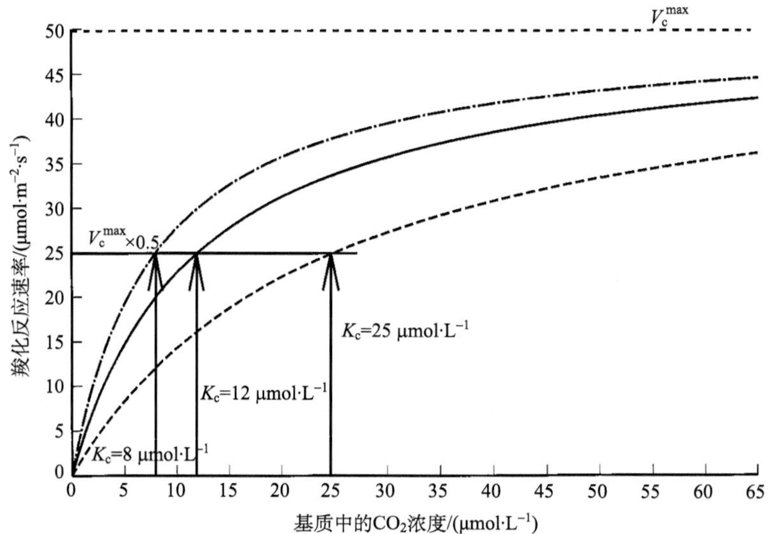

图 2.1 羧化反应速率对基质中 CO_2 浓度变化的响应

三条曲线代表三个不同 K_c 值条件下的情况；V_c^{max}=50 μmol·m^{-2}·s^{-1}；(---) K_c=25 μmol·L^{-1}，(—) K_c=12 μmol·L^{-1}，(—·—·—) K_c=8 μmol·L^{-1}

图 2.1 建立了叶绿体中 CO_2 浓度变化和羧化反应速率之间的关系，然而大气中 CO_2 浓度的变化对羧化反应速率的影响仍难以计算。但我们可以通过如下方法来粗略估计外部环境的 CO_2 浓度。外部环境中的 CO_2 通过叶片气孔扩散进入细胞间隙，之后到达叶绿体，通过溶解进入基质。对光合作用速率和细胞间隙与外部环境中 CO_2 浓度值之比 (c_i/c_a) 的许多观察表明，该比值为 0.7 (Lawlor，1993)。CO_2 在叶绿体基质中的浓度[C]与 c_i 的值将接近于平衡，因此根据亨利定律 (Henry's law) (Woodward and Sheehy，1983) 可以得到

$$[C]=\frac{0.7c_a n_w}{k} \tag{2.2}$$

其中，c_a 表示外部环境中的 CO_2 浓度；n_w 表示 1 kg 水的物质的量；k 表示 CO_2 在水中的溶解度系数 (温度为 25℃，大气压强为 0.17×10^9 Pa)。由方程 (2.2) 可以得到 c_a 的值：

$$c_a=\frac{[C]k}{0.7n_w} \tag{2.3}$$

根据方程 (2.3) 可以得到图 2.2，该图显示了外部环境中 CO_2 的近似浓度和羧化反应速率之间的关系。值得注意的是，即使在 CO_2 浓度为 3000 ppm 时，羧化反应速率也只能达到其最大速率的 70%～90%。

光呼吸作用

到目前为止，科学家尚未考虑竞争过程对羧化——光呼吸作用或氧合作用的影响。在该阶段，假设 CO_2 的第一受体分子——核酮糖二磷酸 (RuBP) 在所有的情况下都是过

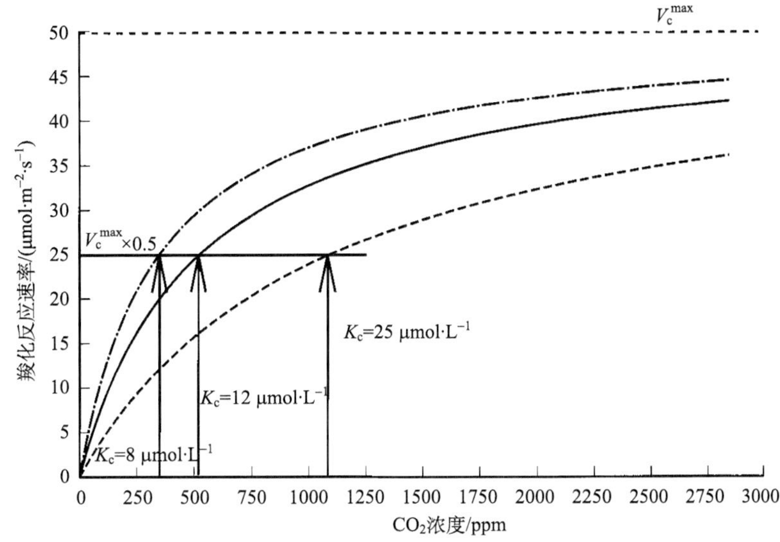

图 2.2 如图 2.1 中所示不同 K_c 值对应的羧化反应速率与外界环境中 CO_2 浓度有关

量的。这一假设并不会改变氧气在反应过程中所起的重要作用，但是当 RuBP 供应不足时它会简化成一个额外的反应。关于 RuBP 供应不足的情况，将会在第 3 章和第 4 章中进行详细的论述。在与 Rubisco 的结合位点上，CO_2 和 O_2 会同时竞争 RuBP，因此 CO_2 和 O_2 是相互竞争的抑制剂。当这种竞争性抑制发生时，羧化反应速率 v_c 被定义为(Farquhar et al., 1980)

$$v_c = \frac{V_c^{max}[C]}{[C] + K_c\left(1 + \frac{[O]}{K_o}\right)} \tag{2.4}$$

其中，[O]表示基质中 O_2 的浓度(大气中 O_2 含量为 21%时通常取值 260 μmol·L^{-1})；K_o 表示当氧合反应速率达到其最大反应速率的一半时基质中 O_2 的浓度。目前的研究发现，K_o 值处于 360～650 μmol·L^{-1}(Keys，1986)，说明 Rubisco 对 O_2 的亲和度比对 CO_2 的亲和度低得多。O_2 对羧化反应效率的竞争性抑制影响通过两种外部环境下的 O_2 浓度显示出来，一种是当今大气环境下的 O_2 含量(21%)，另一种是 4 亿年前大气环境中的 O_2 含量(2.1%；图 2.3)。如此，O_2 对羧化反应的抑制效应可以通过图 2.1 和图 2.2 在不同 CO_2 浓度下羧化作用反应效率的百分比来反映。

在当今大气环境中的 O_2 含量(21%)条件下，当外部环境中 CO_2 的浓度达到 350 ppm 时，O_2 对羧化反应的抑制率可以达到 20%以上(图 2.3)。显然，只要大气中 CO_2 的浓度升高，光合作用速率也会同时增加。在晚志留世和早泥盆世典型的低 O_2 浓度大气条件下，O_2 对羧化反应的抑制作用在所有的 CO_2 浓度条件下均很小，因此当时光呼吸作用产生的影响可以忽略不计。

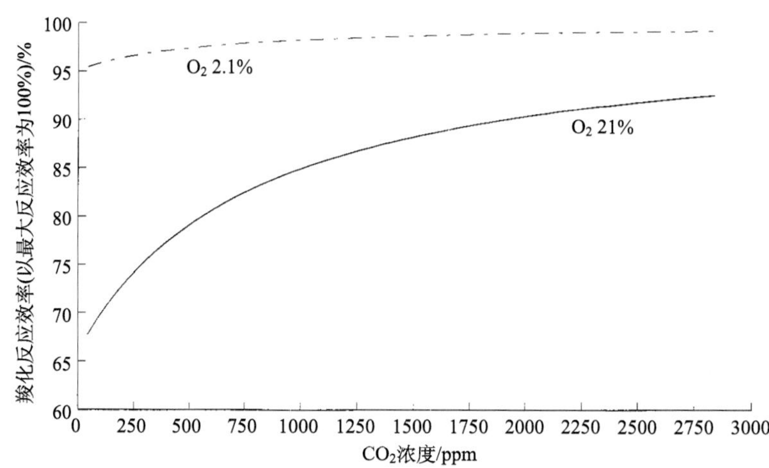

图 2.3　两种外部 O_2 浓度条件（分别为 2.1%和 21%）对羧化反应的竞争性抑制作用

运算基于方程(2.4)，所有 Rubisco 和 CO_2 的特性均与图 2.1 和图 2.2 中相同，但外部 O_2 含量分别为 2.1%和 21%（叶绿体浓度分别为 25.8 μmol·L^{-1} 和 258 μmol·L^{-1}），K_c=12 μmol·L^{-1}，K_o =500 μmol·L^{-1}

在考虑 O_2 对羧化反应速率的最终影响时必须说明一个事实，即氧合作用会消耗 O_2 并释放出 CO_2。光呼吸过程中 Rubisco 每发生两次氧合反应就会释放一个分子的 CO_2，进而降低羧化反应的速率。因此，羧化反应的净速率 A_n 可以定义为(Farquhar et al.，1980)

$$A_n = v_c - 0.5v_o \tag{2.5}$$

其中，v_o 表示 Rubisco 的氧合速率。氧合反应速率，包括 CO_2 的竞争性抑制作用，可以用与计算羧化反应速率相似的方式［方程(2.4)］得到

$$v_o = \frac{V_o^{max}[O]}{[O] + K_o\left(1 + \frac{[C]}{K_c}\right)} \tag{2.6}$$

其中，V_o^{max} 表示最大氧合反应速率。氧合反应速率［方程(2.6)］和羧化反应速率［方程(2.4)］的计算方程可以结合再得到方程(2.5)，以确定羧化反应的净速率，包括前面概述的三种 Rubisco 活性抑制因素（即基质中较低浓度的 CO_2、CO_2 和 O_2 在与 Rubisco 结合位点上的竞争性抑制作用、光呼吸作用过程释放的 CO_2）。

竞争性抑制作用与光呼吸作用对羧化反应速率产生的最终影响如图 2.4 所示。该图说明在当前的大气 CO_2 和 O_2 浓度条件下，对于方程(2.4)和方程(2.6)中使用的 CO_2 浓度特定值，O_2 对羧化反应的抑制率可以达到 35%。任何低于当前大气 CO_2 浓度条件的偏移，例如末次冰期的相关记录（参阅第 9 章），均会对羧化反应产生非常明显的抑制作用。实际上，白垩纪末期(65 Ma)和中新世初期(25 Ma)的低大气 CO_2 浓度条件，被认为是促使光合作用 C4 途径发生的自然选择压力(Ehleringer et al.，1991)。

光合作用的C4途径代表了一种 CO_2 的浓缩机制，可以使 C4 植物维管束鞘内 Rubisco 周围的 CO_2 浓度值至少达到 C3 植物的 12～15 倍(Hatch，1992)。对进化中的古光合细菌和蓝细菌中的碳浓缩机制进行观察，发现其与 C4 植物的 CO_2 浓缩机制具有异曲同工之作用：古光合细菌和蓝细菌中的碳浓缩机制将细胞内溶解的无机碳浓度提高到外

部培养基环境中的 1000 倍(Bowes，1993)。这种机制对于那些 Rubisco 与 CO_2 亲和度低(80 $\mu mol \cdot L^{-1} \leqslant K_c \leqslant 300\ \mu mol \cdot L^{-1}$；Jordan and Ogren，1983)的生物体来说十分重要，而且在某些时间段海洋中的无机碳溶解度很低，例如白天(Bowes，1993)，如果没有浓缩机制的话，羧化反应速率将十分低。值得注意的是，在低 O_2 含量下，光呼吸作用对羧化反应速率的影响很小(图 2.4)。

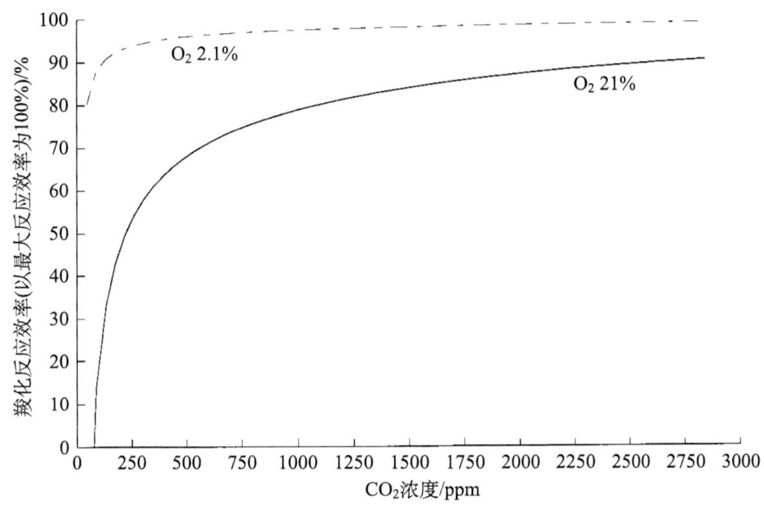

图 2.4　O_2 对羧化反应速率的综合影响

数值与图 2.3 中相同，V_c^{max}=26 $\mu mol \cdot m^{-2} \cdot s^{-1}$；$O_2$ 对羧化反应的抑制程度由方程(2.5)的净光合作用率 A_n 除以方程(2.1)的羧化反应速率 v_c(图 2.1)得到

Rubisco 的演化

对羧化反应[方程(2.1)、方程(2.4)和方程(2.5)]和氧合反应[方程(2.6)]的定量描述表明，在 CO_2 和 O_2 存在的条件下，Rubisco 的羧化反应速率取决于 Rubisco 的各种动力学性质，同时也取决于叶绿体基质中 CO_2 和 O_2 的浓度。在考虑演化过程中 Rubisco 各种性能的改变时，对这些性质进行综合评估实际上更简单。这个特性被称为 Rubisco 的特异性因子 S_r，它的定义如下(Jordan and Ogren，1983)。由方程(2.4)除以方程(2.6)得到

$$\frac{v_c}{v_o} = \frac{V_c^{max} K_o [C]}{V_o^{max} K_c [O]} \tag{2.7}$$

之后，羧化反应和氧合反应之间的特异性因子 S_r 即可定义为

$$S_r = \frac{V_c^{max} K_o}{V_o^{max} K_c} \tag{2.8}$$

目前已经对处于不同进化阶段的生物体进行了一系列特异性因子的测算(Jordan and Ogren，1983)。

需要假设的是，可以根据计算现生古老植物类群特异性因子的方法来测算祖先类群

的特异性因子。当然这种假设难以验证。然而，对特异性因子(图 2.5)的观察表明，不同祖先来源的维管植物之间的特异性差别相当小。已知的低特异性光合细菌和蓝细菌具有碳浓缩机制，该机制解决了 CO_2 获得不足的问题(Bowes，1993)。光合细菌(PB；图 2.5)中的 Rubisco 特异性较低，相比于其他植物类群其 Rubisco 结构更为简单(McFadden et al.，1986)，这些特征可能使光合细菌更适应厌氧环境，说明它们与古光合细菌有着直接的亲缘关系(McFadden and Tabita，1974)。光合细菌以外的其他生物体中，Rubisco 由细胞核和叶绿体 DNA 中的基因共同编码(Ellis，1984)。例如，位于叶绿体中的 *rbc*L 基因负责编码 Rubisco 的大亚基。尽管如蓝细菌和高等植物等多种群体的物种之间有很多相似性(Lawlor，1993)，但在 *rbc*L 基因序列中存在足够的差异，使其成为分子钟的一个例子。基因对性状的控制也使得基因序列中缓慢地积累着突变因素，在具有内在演化记录的时间内(Golenberg et al.，1990；Bousquet et al.，1992)，大约每 2000 万年会有 1% 的碱基对发生突变(Soltis et al.，1993；Savard et al.，1994)。由该发现得到的另一个重要结论是，虽然 Rubisco 的基因编码序列和结构确实发生了改变，但除了一些光合细菌，这样的变化对其他生物体中的 Rubisco 的生理学特征并不会造成明显影响。

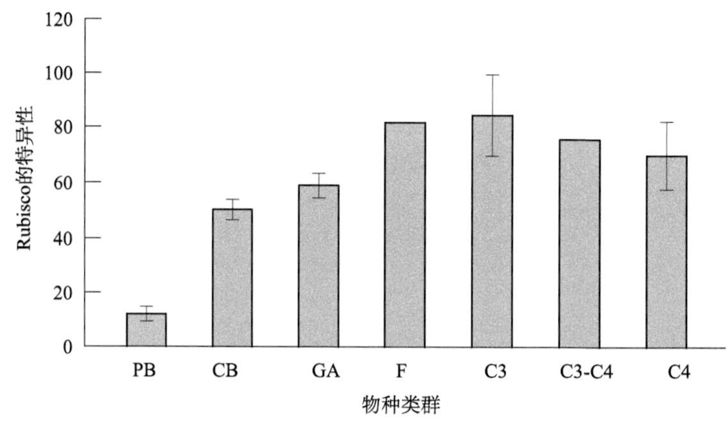

图 2.5　不同植物类群的 Rubisco 特异性因子(Jordan and Ogren，1983)

PB，光合细菌；CB，蓝细菌；GA，绿藻；F，蕨类；C3，C3 植物；C3-C4，C3 和 C4 植物的过渡性群体；C4，C4 植物；误差以标准差方式表示

至少在过去的 4.5 亿年中，这一分子水平信息和不同植物群中的 Rubisco 活性数据范围都显示，基因突变造成的 Rubisco 的生理学特征变化十分微小。因此，在现今一系列自然环境和模拟环境中观察到的 Rubisco 特性，在过去 4.5 亿年间的任何时间段都发生过。这提升了我们对古气候进行重建的信心。

气孔

虽然 4.5 亿年前的 Rubisco 可能与今天的 Rubisco 并无二致，但是在相同的体外环境条件下，体内 Rubisco 可能在完全不同的内生环境下发挥作用。例如，早泥盆世(395 Ma)的大阿格劳蕨(*Aglaophyton major*)和饰纹沙顿蕨(*Sawdonia ornata*)的气孔密度大约是 4

mm^{-2}(McElwain and Chaloner，1995)。相比之下，现在的夏栎(*Quercus robur*)气孔密度可以达到 400 mm^{-2}。气孔密度和气孔孔径共同控制着 CO_2 从植物叶片或茎干外部环境扩散到植物内部细胞间隙的阻力(或导度——阻力的倒数)，使胞间 CO_2 的浓度和叶绿体基质中 CO_2 的浓度达到平衡，由此羧化反应速率达到平衡[方程(2.1)和方程(2.4)]。因此，在气孔密度(4 mm^{-2} 和 400 mm^{-2})的两种极端情况下，Rubisco 可能对叶内或茎干内的胞间 CO_2 浓度有着显著影响，该影响对羧化反应速率或净光合作用率有抑制作用[方程(2.5)]。有趣的是，该特征可以通过植物化石材料进行检测，特别是植物的两种稳定碳同位素含量受生理活动的影响，因此可以分析二者的碳同位素比值。

稳定碳同位素

碳的稳定同位素 ^{12}C 和 ^{13}C 一直存在于大气中，当前(设置为 1988 年，见第 34 页)大气中 ^{13}C 和 ^{12}C 的摩尔丰度之比约为 0.01115(Jones，1992)。对于化石材料，植物组织或空气样品中的 ^{13}C 和 ^{12}C 之比通常用箭石中的 ^{13}C 和 ^{12}C 之比作为标准表示(Pee Dee belemnite，PDB)：

$$\delta^{13}C = \left[\frac{(^{13}C : {}^{12}C)_{sample}}{(^{13}C : {}^{12}C)_{standard}} - 1 \right] \times 10^3 \tag{2.9}$$

大气中 CO_2 的 $\delta^{13}C$ 值为–7.7‰(1988 年)，相当于 ^{13}C 和 ^{12}C 摩尔丰度之比为 0.01115。相比之下，C3 植物光合作用组织中的同位素组成一般在–20‰～–35‰，这说明在光合作用过程中较稀有且较重的同位素 $^{13}CO_2$ 相对不那么重要。Farguhar 等(1982)对这种现象进行了解释，并定义了植物 $\delta^{13}C$ 值与扩散进入叶片的 CO_2 量和 Rubisco 固定的 CO_2 量之间的关系如下：

$$\delta^{13}C_p = \delta^{13}C_a - a - (b - a)\frac{c_i}{c_a} \tag{2.10}$$

其中，$\delta^{13}C_p$ 是植物组织中的碳同位素组成；$\delta^{13}C_a$ 是空气中的碳同位素组成；常数 a 是由空气的扩散引起的 4.4‰的 ^{13}C 偏移率(空气中 $^{13}CO_2$ 的扩散率比 $^{12}CO_2$ 低 4.4‰；Craig，1953)；常数 b 是 Rubisco 对 $^{13}CO_2$ 的固定量分别为 27‰与 30‰时之差(Farquhar et al.，1982)；c_i 是植物细胞间隙中 CO_2 的浓度；c_a 是外部环境中 CO_2 的浓度。胞间 CO_2 浓度值 c_i 由气孔和光合器官边界层的 CO_2 扩散率及 Rubisco 对 CO_2 的固定速率共同决定，是考虑植物功能的重要变量。

$\delta^{13}C_p$ 的一个重要特征是它在化石材料中的稳定性，因此可以利用植物化石测算长时间尺度(如时间跨度长达 4.5 亿年的整个显生宙)的植物组成(Beerling and Woodward，1997)。方程(2.10)所描述的数量关系有一个重要的特征：通过计算细胞间和外部环境中的平均 CO_2 浓度之比，可以得到植物的实际生长时期。该比例为 Rubisco 的原位活性提供了重要的量化测量方法，并且考虑了气孔和边界层对 CO_2 扩散进入植物体产生的阻碍作用。因此，活体植物和化石植物材料的同位素组成可以用来验证当前对 Rubisco 和气孔行为的理解是否同样适用于过去。以此为目的，可以运用以下方法：在前文讨论的利用 Rubisco 控制羧化反应和氧合反应的基础上，再假设 RuBP 供应羧化反应处于饱和状态。

羧化反应的净速率 A_n 已经通过羧化反应和氧合反应的速率进行了定义[方程(2.5)]，实际上就是对 CO_2 产生的生化反应的描述。羧化反应的净速率也可以通过 CO_2 的扩散源进行定义：

$$A_n = (c_a - c_i)g \tag{2.11}$$

其中，g 是 CO_2 通过气孔和边界层的组合导度；c_a 和 c_i 的单位为 ppm。在之后的章节中，CO_2 的测量方式也可能是分压(Pa)，即以 CO_2 的气压除以总的大气压。

根据方程(2.4)、方程(2.6)和方程(2.9)并做一些修改，可以得到

$$(c_a - c_i)g = \frac{V_c^{\max} c_i}{c_i + K_c\left(1 + \dfrac{o}{K_o}\right)} - 0.5\frac{V_o^{\max} o}{o + K_o\left(1 + \dfrac{c_i}{K_c}\right)} \tag{2.12}$$

考虑到细胞间空气中 CO_2 和 O_2 的摩尔分数，而不是溶解在基质中的 CO_2 和 O_2 的摩尔分数，因此对方程做了必要的修改。该修改导致 K_o 和 K_c 的值明显高于图 2.1 中所示，在图 2.1 中 CO_2 和 O_2 的浓度是指在溶液中的浓度[方程(2.2)和方程(2.3)]，因此，摩尔分数要低得多。

在方程(2.12)中，除了 c_i 和 g 之外，其他变量均可以从之前的讨论中得到。通过第 3 章中描述的 Beerling 和 Woodward(1997)的方法，可以估算出气孔密度为 4 mm^{-2} 和 400 mm^{-2} 两种情况下的气孔和边界层的组合导度 g。之后，胞间 CO_2 浓度值 c_i 可以由式(2.12)表示的二次方程求解得到。

方程(2.12)的特征变量如表 2.1 所示，其中假设具有低气孔密度值的植物出现在 CO_2 浓度值为当今 10 倍的环境中，为了简单起见，假设 O_2 浓度与现今环境相当。高气孔密度植物特征量的变化值通过对现今植物的观察研究得到(Wullschleger，1993)，并且高气孔密度和低气孔密度两种情况使用相同的 $V_c^{\max}$ 和 $V_o^{\max}$ 值。参考胞间 CO_2 的浓度，K_c 值应为 200 $\mu mol \cdot L^{-1}$，K_o 值应为 500 $mmol \cdot L^{-1}$。

表 2.1　利用方程(2.12)得到的估测值以及对泥盆纪时期(高 CO_2 浓度和低植物气孔密度)和现今的 $\delta^{13}C_p$ 的观测值

气孔密度 /mm^{-2}	g /($mol \cdot m^{-2} \cdot s^{-1}$)	CO_2 /ppm	$V_c^{\max}$ /($\mu mol \cdot m^{-2} \cdot s^{-1}$)	$V_o^{\max}$ /($\mu mol \cdot m^{-2} \cdot s^{-1}$)	c_i/c_a	$\delta^{13}C_p$/‰ 估测值	$\delta^{13}C_p$/‰ 观测值
4	0.005	3500	50	26	0.05	−13	−27
400	0.204	350	50	26	0.7	−27	−27

数据来源：Beerling 和 Woodward(1997)。

注：方程(2.10)中，a 为 4.4‰，b 为 27‰，$\delta^{13}C_a$ 为−7‰。

如果相同活性的Rubisco($V_c^{\max}$和$V_o^{\max}$)导致了对泥盆纪$\delta^{13}C_p$测算异常，则是Rubisco的高活性使胞间 CO_2 的浓度(c_i/c_a)大幅度降低引起的。

相比之下，如果 Rubisco 的活性与现今条件下的 c_i/c_a 值(0.7)相当，那么 $\delta^{13}C_p$ 的估

测值则与泥盆纪化石材料的观测结果非常相似(表 2.2)(Woodward and Beerling, 1997)。

表 2.2 除了 V_c^{max} 和 V_o^{max} 是在 c_i/c_a =0.7 条件下的值,其余的条件与表 2.1 中相同

气孔密度 /mm^{-2}	g /(mol·m^{-2}·s^{-1})	CO_2 /ppm	V_c^{max} /(μmol·m^{-2}·s^{-1})	V_o^{max} /(μmol·m^{-2}·s^{-1})	c_i/c_a	$\delta^{13}C_p$/‰ 估测值	观测值
4	0.005	3500	6	3	0.7	–27	–27
400	0.204	350	50	26	0.7	–27	–27

这个简单的分析揭示了许多有趣的特征。首先,气孔的扩散能力(气孔导度)和 Rubisco 的活性之间似乎有着一定的反馈,因此两者存在正相关关系,这一特征经常被注意到,然而对其机理仍然知之甚少(Wong et al., 1979; Farquhar and Wong, 1984; Raven, 1993)。其次,该分析结果清楚地表明,现今对气孔和 Rubisco 相互关系的理解可以成功地应用到植物登陆的初期,这正是我们的研究目的。

结论

本章介绍了 Rubisco 和气孔运行的一些基本概念,之后的章节将对此进行扩展论述。这样的内容安排是为了评估将当今植物光合生理学的相关认识运用到过去的植物和环境的有效性。光合作用一直是所有生物体结构中碳的主要来源(至少 95%),因此它在整个探究过程中占据了主导地位,并且在任何将今论古的生态学研究中都处于核心地位。本章所论及的所有分析过程表明,即使 Rubisco 基因的核苷酸会发生一些系统发育的变异,但是它在所有陆生有机体中控制羧化反应和氧合反应的能力均没有明显差别(Raven, 1996),并且其存在的差异会被 CO_2 通过气孔进行扩散的过程修正。因此,现在可以假设,对化石植物光合作用的研究可以通过对现生植物中 Rubisco 与气孔运行的理解来进行。

(许媛媛、王永栋 译,王军 校)

第 3 章　气候与陆地植被

引言

植物物种的组合构成了植被，而植被类型的结构和功能取决于物种组成和植被环境。自然环境包括长期的气候和潜在的土壤条件。我们可以看到，现今的植被环境越来越多地受人为控制的干扰和影响。这些干扰，如为了食物和燃料、城市化、农业等的植被清除，也构成植被总体环境的一部分。人类对碳循环的影响将在第 10 章进行讨论。

本书的重点是论述从大约 4.5 亿年前陆地植物第一次出现以来的气候变化对植被分布和功能的影响。研究过去 4.5 亿年的植被功能，需要从两个方面入手，即植物和植被功能的气候限制及植物出现的气候背景条件。此外，重要的是要认识到，对过去植被活动进行调查和建模时，要假设我们目前所了解的基本植物过程在历史时期同样有效，如光合作用、呼吸作用、蒸腾作用和营养吸收等在历史时期同样有效，这一问题已在第 2 章中讨论过。

古气候记录的再现不像简单的水银温度计显示，而是依赖于对化石植物和岩石材料的复杂分析。第 4 章讨论了将古气候信息作为气候预测的约束条件，利用计算机模拟过去不同时期全球气候的方法。

本章讨论气候对植物和植被的制约作用，并概述过去 4.5 亿年间植被的功能。

植被的气候限制

植物有两种类型的气候限制。生长的限制最明显也最容易被观察到，而生存的绝对限制同样重要，但还没有被足够重视起来。对季节性气候下的植物来说，一年中有一个或多个时期，通常因为温度或降水的限制而不能生长。在高纬度地区，一年中有几个时期太阳不会出现在地平线上，所以即使温度适合生长，光合作用也不可能发生。植物可以忍耐或回避这样的时期。忍耐的特点是植物几乎不再生长或活动，但保留所有明显的生物特性，如绿叶和活根；回避的特点是植物表现出非常显著的变化，尤其是叶片脱落和细根死亡，一旦环境适宜，植物将会再次长出新的、活跃的叶片和根。即使是耐寒的常绿植物在向生长季节过渡的过程中，也常常会有新的生长和修复(Larcher，1995)。

植物在生长停滞期，可能会面临极端气候下的生存考验。这些考验通常是温度限制，特别是低温(Sakai and Larcher，1987；Woodward，1987a)，以及供水限制，通常是干旱(Larcher，1995)，但也包括水涝。这些限制往往形成很不适宜生长的条件，使植物的生长减缓，并使植物在遭遇极端气候条件之前可能已经经历了多次抗性锻炼。生长活跃的植物往往很少能忍受极端的气候条件(Larcher，1995)。

植物的生存极限已经得到广泛的研究，因此我们可能认识到不同种类植物生存的基本限制条件(图 3.1)(Woodward，1987a；Larcher，1995)。显著的低温极限为 10℃(在此温度以下可发生冷害)、0℃(在此温度以下可能发生冻害)和–40℃(纯水的自然冻结点)。常绿阔叶树种只有在温度高于–15℃时才能存活，落叶阔叶树能够存活的低温可达到–40℃，而北方针叶植物可以在其自然暴露的所有低温条件下生存。

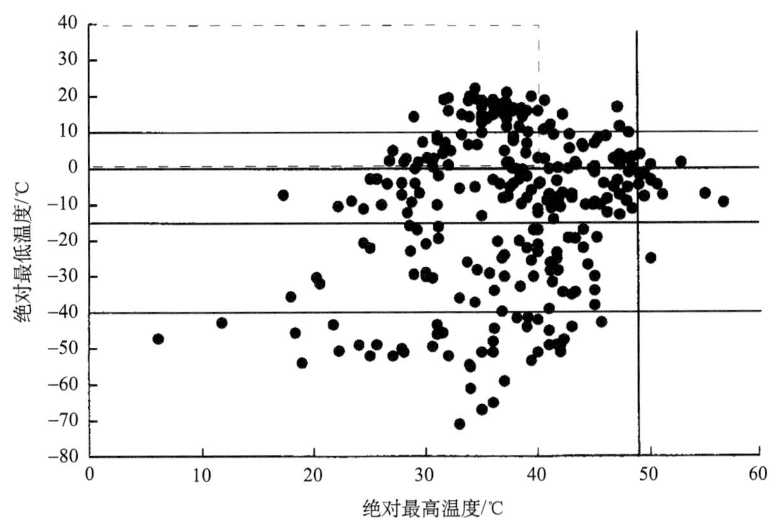

图 3.1　覆盖全球陆地选定的 281 个气象站的绝对最低和最高温度(引自 Müller，1982)

实线表示正文描述的不同生存范围；虚线框表示植物活跃生长的温度范围

与广泛的低温耐受性相比，植物在高温极限方面要保守得多。Gauslaa(1984)、Nobel(1988)与 Larcher(1995)的观测结果表明，非肉质植物的平均上限温度为 49℃，而一些非常坚硬的肉质物种的上限温度可达 64℃。

植物生长的温度范围定义在图 3.1 中的矩形虚线框中。植物实际生长的温度范围明显比可生存的温度范围小得多，而且对于大部分地点来说，植物可能在一年和几年之内都仅处在勉强生存而没有生长的状态。

植物体至少含有 80%的水，因此持续的水分供应对于植物生存是必不可少的。在全球范围内，年降水量范围约为四个数量级(图 3.2)。生长在温暖气候中的植物比生长在寒冷气候中的植物需要更多的降水。因为随着温度的升高，空气中含有更多的水蒸气，而这种特性代表了随着温度的升高，植物蒸发的水量也在增加。

植物在整个生活史里生长所需的最小降水量是可以计算出来的。极端生活史是一种所谓的一年生植物，它能在短短的几周内完成从种子到种子的循环(Woodward，1987a，1988)。完成生活史所需的时间随着温度的升高而减少，因为生长有一个正的温度系数。温度系数 Q_{10} 计算如下：

$$Q_{10} = e^{\frac{10}{t_2 - t_1}\log_e\left(\frac{r_2}{r_1}\right)} \tag{3.1}$$

其中，Q_{10} 是温度从 t_1(℃)以速率 r_1 上升到 t_2(℃)后的速率 r_2 呈比例增加的值。$Q_{10}=2$ 用于温度增加 10℃、速率加倍的情况。植物生长过程的 Q_{10} 值的范围是 1.4～2.0(Larcher，1995)。

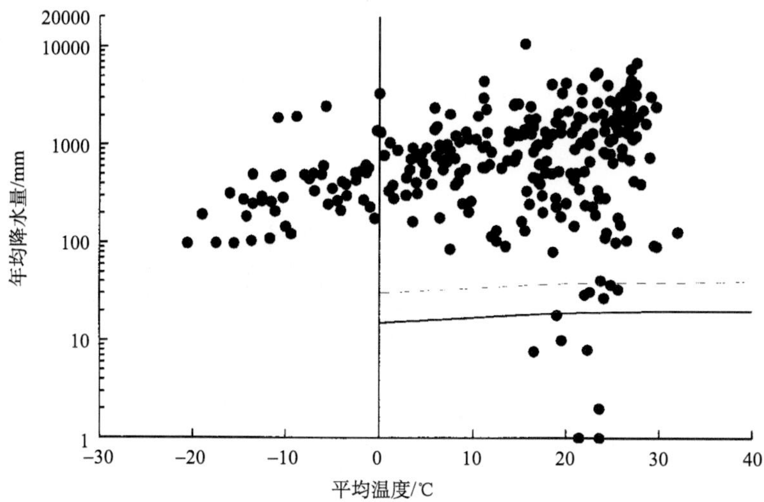

图 3.2　图 3.1 中气象站的年均降水量

平均温度计算为图 3.1 中绝对最高温度和最低温度的平均值。这两条曲线指示植物在一年生活史(35 天 20℃)里平均相对湿度为 90%(实线)和 80%(虚线)时计算出的蒸腾作用总量

当平均温度为 5℃时，一年生植物的典型生活史可在 80 天左右完成。当平均温度为 20℃时，时间可减少至 35 天。那么这个生活史的 Q_{10} 值经过计算为 1.7。使用这个粗略的 Q_{10} 估算值可以计算在一定温度范围 t_2 内的生活史速率 r_2，其中生活史的速率是生活史时间的倒数。

$$r_2 = Q_{10}^{\left(\frac{t_2-t_1}{10}\right)} r_1 \tag{3.2}$$

其中，当温度 t_1 为 5℃时，r_1 为 1/80。用这种方式计算，生活史从 0℃时的 105 天减少到 20℃时的 35 天及 30℃时的 20 天。

要使 CO_2 扩散至叶片并进入叶绿体中，气孔必须开放，这也必然造成蒸腾作用导致的水分损失。当温度为 t_2 时，植物在生活史 $1/r_2$ 里的总蒸腾作用 E_2(mm)可按以下方式计算：

$$E_2 = \frac{e_2\left(1-\frac{\text{RH}}{100}\right)}{P} gmsd\frac{1}{r_2} \tag{3.3}$$

其中，e_2 是温度为 t_2 时空气的饱和水蒸气压，而空气的蒸气压亏缺——蒸腾作用是 $e_2(1-\text{RH}/100)$，其中 RH 为空气相对湿度(%)；常量 m(0.018，$\text{mm}\cdot\text{mol}^{-1}$)是将蒸腾的水蒸气的摩尔数转化为毫米的系数；常量 P 是大气压(Pa)；常量 s 是 1 h 内的秒数；常量 d 是昼长(h)；水蒸气通过气孔扩散的能力，即气孔导度(阻力的倒数)，用 g 表示，单位 $\text{mol}\cdot\text{m}^{-2}\cdot\text{s}^{-1}$。虽然事实并非如此，但是为了简单起见，我们假设 g 不随温度或蒸气压亏缺而变化，则 g 的典型值为 0.3 $\text{mol}\cdot\text{m}^{-2}\cdot\text{s}^{-1}$。将方程乘以 $1/r_2$(以天为单位的生活史长度)可以得出整个生活史蒸腾损失的估算值。

图 3.2 中，我们假定日间时长为 12 h。当相对湿度为 90%时（这是在区域气候中会出现的最大值），随着温度从 0℃上升到 40℃，整个生活史里的总蒸腾损失从 15 mm 增加到 20 mm。这不是一个随温度出现的很大的增温，因为随着温度的升高，生活史明显缩短，缩减了蒸腾时间。当相对湿度为 80%时，生活史的总蒸腾量在 30～40 mm。

这些计算给出了植物生长最低需水量的估算值。这些计算忽略了蒸腾作用以外土壤蒸发的水分，否则可能会使一个站点的降水需求增加一倍。然而，这在很大程度上取决于土壤特性，特别是含水量、地表温度和土壤裂隙。

植物生长、存活的极限范围，是根据现代植物和现代气候计算出来的。本书的目的是探究自维管植物从地球表面出现及演化以来，植物-气候相互作用发生了怎样的变化。植物进化的一个重要特征可能是图 3.1 和图 3.2 中所示的恶劣气候界限的扩展。这种变化的可能性将取决于对过去的植被分布和功能的估测结果与化石记录的观测结果的比较。

五亿年的全球气候变化

地球表面的温度和植物的光合作用速率都主要取决于太阳辐射（Crowley and North，1991）。全球温度的二次控制通过大气成分的变化及地球表面和大气的反照率的变化来实现（North et al.，1981，1983；Kuhn et al.，1989）。这些控制可以包含在一个零维表述中，即不考虑纬度、经度和海拔的影响（North，1988；Kiehl，1992；Schneider，1992）。

$$\frac{S_c}{4}(1-\alpha)=\varepsilon\sigma T^4 \tag{3.4}$$

其中，S_c 是太阳常数（现今为 1367 $W{\cdot}m^{-2}$）；α 是行星反照率（从大气的顶部观察得到）；ε 是行星发射率，即发射长波辐射的能力；σ 是斯特藩-玻尔兹曼（Stefan-Boltzmann）常数（5.67×10^{-8} $W{\cdot}m^{-2}{\cdot}K^{-4}$）；$T$ 是行星温度（K）。太阳常数除以因子 4 说明一个事实，即地球像一个面积为 πr^2 的二维圆盘一样吸收辐射。但事实上，这种辐射分布在一个球体的表面积上，而它的面积是圆盘的四倍。太阳常数在地球的整个生命中一直不断增大，这种变化是氢逐渐转化为氦的结果，而这种变化增加了太阳的密度。结果太阳的核心温度升高了，导致更多的核聚变反应和更高的光度（Kasting and Grinspoon，1991）。通过计算发现，在过去的 5 亿年里，太阳常数增加了大约 5%（Caldeira and Kasting，1992）。根据方程（3.4），在行星特征没有其他变化的情况下，太阳常数的增加应该导致持续的全球变暖。在今天，方程（3.4）平衡了当前行星反照率为 0.31 下的行星平均温度 255 K。

虽然确定行星的平均温度是有意义的，但计算地表平均温度对陆地生态学的意义更大。由于地球表面和大气之间的水气交换（Raval and Ramanathan，1989）、云量变化（Ramanathan and Collins，1991）和其他温室气体（特别是 CO_2）的自然富集，进行地表平均温度的计算更加困难。然而，一系列卫星和观测数据已经被用来关联来自大气层顶部长波辐射的向外通量[方程（3.4）的右边]和地球表面的温度（North，1975；Ramanathan and Coakley，1978；Kiehl，1992）。因此，方程（3.4）可以改为将地表温度 T_s 和入射的太阳辐射联系起来，即

$$\frac{S_c}{4}(1-\alpha)=1.55T_s-212 \tag{3.5}$$

利用方程(3.5)，计算的地球表面平均温度为 288.9 K。在其他参数不变的情况下，用方程(3.5)模拟 5 亿年间的结果显示，太阳常数减少 5%会导致一个比现今冷 7.6 K 的世界，而该温度是冰川气候的显著特征。但是这一特征没有得到化石证据的支持，因为此时的地球处于温暖的气候(Crowell，1982；Stanley，1986；Crowley and North，1991)。造成这种差异的原因之一是大气中存在较高浓度的温室气体，主要指的是 CO_2(Kasting and Grinspoon，1991；Berner，1993)。

大气 CO_2 浓度的增加减少了大气顶部长波辐射的损失。利用辐射驱动法计算 CO_2 浓度的变化(Hansen et al.，1988)，并考虑不断变化的太阳常数和大气 CO_2 浓度，我们可以修改方程(3.5)以便计算过去的温度。

$$\frac{S_c l}{4}(1-\alpha_T)=1.55T_s-212-6.3\log_e\left(\frac{280+c}{280}\right) \tag{3.6}$$

其中，l 是太阳亮度，为今天的一小部分；α_T 是对温度敏感的全球反照率；c 是 CO_2 浓度(ppm)与临界值 280 ppm 的差，该临界值是工业革命开始时计算出的大气 CO_2 浓度。

全球反照率按 North 等(1981，1983)及 Kiehl(1992)描述的方法计算。这种方法假设反照率可以分为三个温度依赖区域，如图 3.3 所示。温度低于 230 K 时的行星反照率很高，指示其是一个高度反射的、冰封的地球；当温度大于 270 K 时，反照率被认为是最小的；在这两个极端之间，反照率与温度呈线性关系，随温度升高而下降。

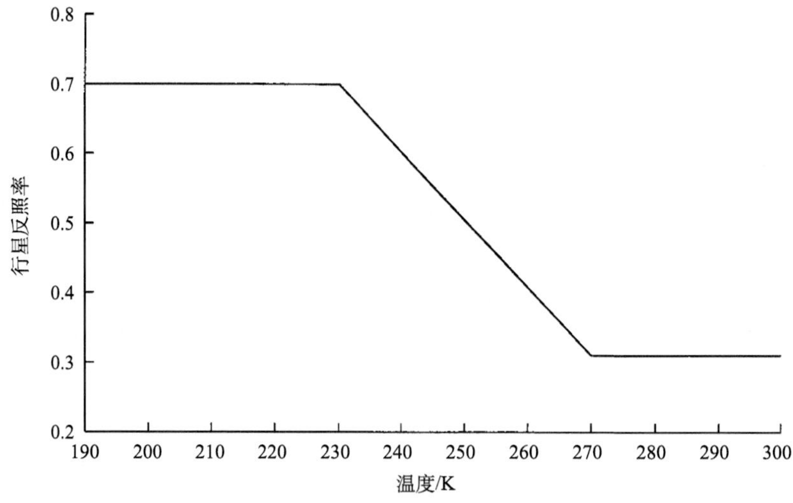

图 3.3　行星反照率的温度依赖性

全球表面温度可以用方程(3.5)和方程(3.6)通过图表进行计算。今天的二维线图(图 3.4)显示三种可能的平衡气候，表示为太阳和长波辐射曲线的交点。最高温度的平衡点代表现今。

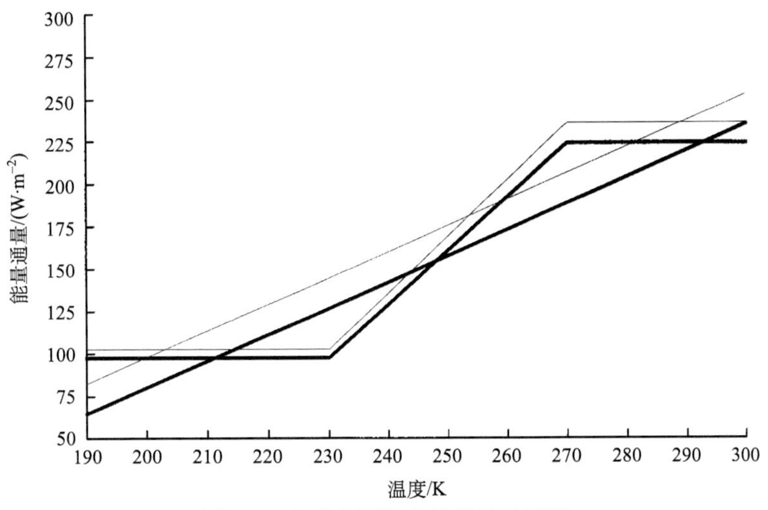

图 3.4　全球表面温度的能量通量图

直线表示大气 CO_2 浓度为 4800 ppm 从大气层顶部发射到外层空间的长波辐射：细线表示现代；粗线表示 500 Ma。反向 Z 形线表示太阳辐射度：细线表示现代；粗线表示 500 Ma，当时的太阳常数比现在的太阳常数小 5%

中心平衡点是不稳定的，因为太阳辐照度或行星反照率的任何微小变化都会导致温度的进一步变化，直到达到稳定。温度的细微变化对反照率或能量通量的影响很小，因此气候趋于稳定。例如，最低气温代表了一个稳定的冰川世界。当太阳辐照度降低，模拟五亿年前太阳常数弱 5%的情况，然后在长波发射模式上没有变化(图 3.4 中代表现代的细线的条件下)，预计全球温度将比现在低 7.6 K。相反，如果大气 CO_2 浓度大幅度增加到 4800 ppm，按照 Berner(1993，1994)的计算和估测，那么地球将比现在热 3 K。

全球气候因自然温室效应的变化而明显地改变——长波辐射到达地表的通量变化是大气 CO_2 浓度变化的结果。植被对气候反应的长期评估必须考虑大气中 CO_2 浓度的变化，因为这将在全球范围内影响植物光合速率。大气 CO_2 浓度的总体变化趋势(图 3.5)已从

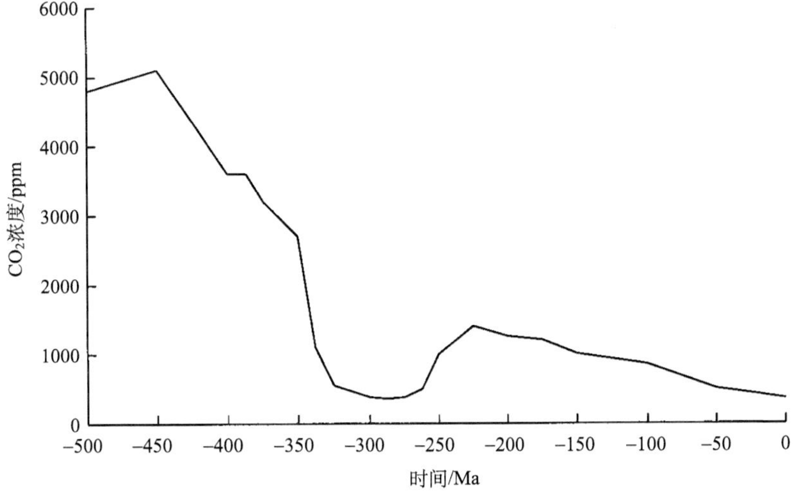

图 3.5　过去 500 Ma 大气 CO_2 浓度变化的简化趋势反演(Graham et al.，1995)

Graham 等(1995)的研究中获取，并通过方程(3.5)估测出全球温度。这一方法假设，只有太阳常数和由大气 CO_2 浓度变化导致的辐射改变，才能控制全球温度。其他可能在全球气候控制方面起关键作用的因素，如全球海洋环流模式的变化(Broecker，1989)和板块构造活动的结果(Crowley and North，1991)，在此处并未考虑。最后一个问题则在于 CO_2 本身趋势的不确定性(Crowley and North，1991；Berner，1993；Graham et al.，1995)。

这种不确定性难以解决，但当前的最佳估值(Graham et al.，1995)仍然处于单独地质来源的误差范围内(Berner，1993，1994)。

整个时段内 CO_2 浓度的普遍下降，被认为是由海洋中碳酸盐沉积物的缓慢积累所致。陆地上硅酸岩通过风化作用形成碳酸盐，随后在海洋中沉积为碳酸岩(Urey，1952；Berner，1993)：

$$CO_2 + CaSiO_3 \longrightarrow CaCO_3 + SiO_2 \tag{3.7}$$

$$CO_2 + MgSiO_3 \longrightarrow MgCO_3 + SiO_2 \tag{3.8}$$

风化速率取决于全球温度和陆地植被的分布。植被的存在加快了风化速率，因此植物通过呼吸作用消耗了大气中的 CO_2，使得土壤中的 CO_2 富集，当然，也通过植物根系分泌有机酸流入土壤中(Volk，1989；Kasting and Grinspoon，1991；Berner，1993)。风化和碳酸盐沉积的逆过程主要通过海洋沉积物的构造活动进行，这一过程重新形成了硅酸盐，并逆转了式(3.7)和式(3.8)，将 CO_2 释放到大气中(Walker et al.，1981；Volk，1987)。

大气 CO_2 浓度的变化(图 3.5)可与方程(3.6)一起用来计算过去 500 Ma 全球温度的近似变化趋势。因为 CO_2 浓度的变化趋势不确定，所以重建结果只能是近似的(图 3.6)，同时还要假定没有其他温室气体影响气候，以及长波能量敏感性转换到[方程(3.5)和方程(3.6)]地表温度的变化在此期间没有改变。

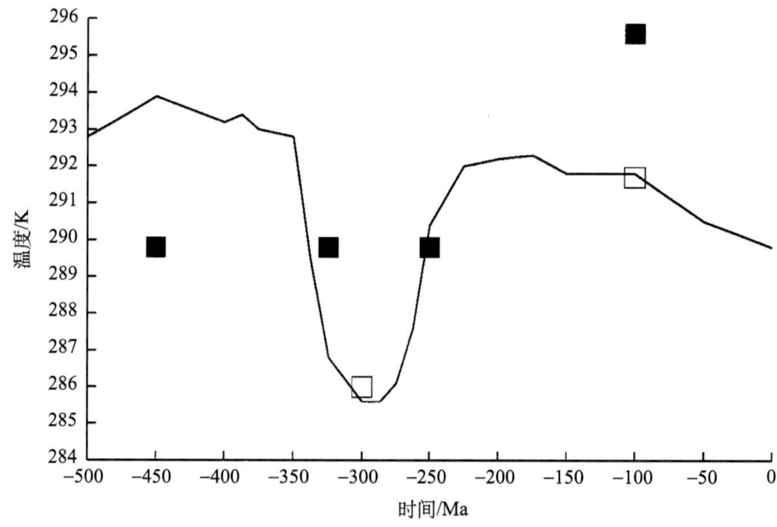

图 3.6　利用方程(3.6)和图 3.5 中 CO_2 变化趋势重建的全球地表温度变化趋势

□，气候模拟活动估测的全球温度(Barron，1983；Crowley and Baum，1994)；■，根据海洋沉积物中有孔虫的氧稳定同位素组成估测的全球温度(Barron，1983；Frakes et al.，1992)

尽管太阳常数不断增加，但是地球表面温度呈现出明显的下降趋势(图 3.6)，它与逐渐下降的大气 CO_2 浓度呈正相关关系。这里用简单模型得到的温度，与使用化石和其他地质证据重建的复杂全球温度模型预测的结果有很好的一致性。后者的分布在全球范围内参差不齐，因此，根据地质证据估算的所有温度都会有很大的误差。还可以使用与大气 CO_2 浓度估算相关的误差来显示所用模型的预测误差。然而，这并不是当前工作的目的，当前工作的目的是表明可以使用一个简单的零维模型以中等的精度来预测全球的温度。这种适度的精度使人们得以讨论 CO_2 和温度的变化趋势与植被的相关性。

我们估测在 350～250 Ma 温度有一个特别显著的下降(7.5 K)，这与化石证据表明的全球变冷和冰期相一致(Parrish et al.，1986；Crowley and Baum，1991)。此外，Crowley 和 Baum(1994)对 305 Ma 所进行的气候模拟试验与本书所做的预测非常吻合，这一吻合可能有些偶然，因为洋流的热量传输没有得到解决，导致模型运行环境可能偏冷。

石炭纪是重要成煤期之一，表明陆地生态系统的光合作用生产速率超过了植物凋落物的分解速率(Berner，1987)。这种正的生态系统净生产率(即植被光合作用减去植被呼吸再减去异养呼吸)纯粹依靠凋落物堆积消耗大气中的 CO_2，如果分解率很低，特别是当土壤被水淹没时，异养呼吸的耗氧量和 CO_2 释放量都会减少(Berner，1987)。此外，风化速率[方程(3.7)和方程(3.8)]还会受到活跃植被的强烈刺激，从而提高 CO_2 的消耗率[方程(3.7)和方程(3.8)；Berner，1993]。考虑到这些因素，我们很容易得到这样的结论，即陆地植被在低温和活跃冰川形成和控制的过程中发挥着重要作用。

将植物凋落物转化为无法分解的物质，可减少异养呼吸，增加大气中的 O_2 浓度。这一预测得到了 Graham 等(1995)对大气 O_2 浓度趋势模拟研究结果(图 3.7)的支持。

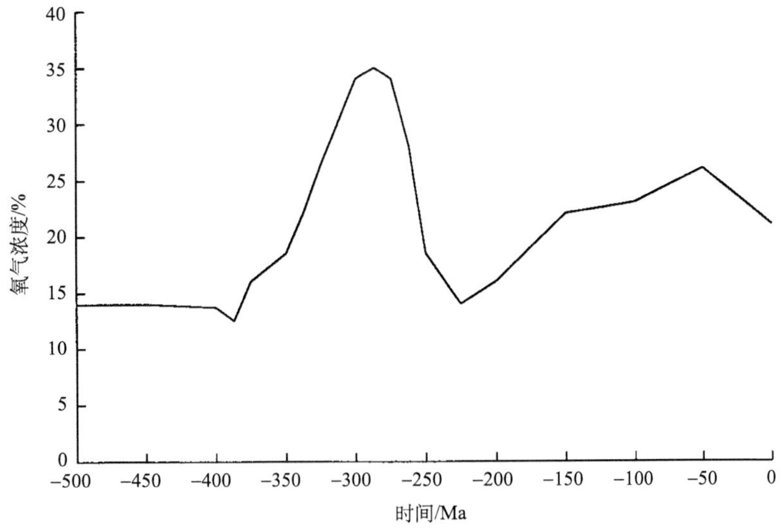

图 3.7　大气 O_2 浓度的简化趋势(引自 Graham et al.，1995)

五亿年的陆地光合作用

石炭纪和二叠纪期间(350～250 Ma)，CO_2浓度和温度的降低及O_2浓度的增加，都会降低陆地植被光合作用的潜力。植被活动的减少可能导致这一时期的气候条件及大气中O_2和CO_2浓度的逆转。值得注意的是，分子钟技术(Savard et al.，1994)显示，现今的种子植物(苏铁、松柏、银杏、买麻藤和被子植物)在大约 285 Ma 前有着共同的祖先，一直到低CO_2、低温和高含氧量的时期的结束。这清楚地表明，植被很可能不仅推动了气候的巨大变化，而且导致其之后明显的分化。基于目前对光合作用机制的理解，这些可能的相互关联问题，可以通过确定整个时期初级光合过程的趋势来进一步研究。

Farquhar 等(1980)描述了一种光合作用的机理模型，这一模型在今天得到了大量的验证，现在已广泛用于植物和植被的模拟。在该模型中，光合作用的速率要么被固定CO_2的 Rubisco 浓度、激活状态和动力学性质(统称 W_c)控制，要么被核酮糖二磷酸(RuBP)通过电子转移的再生速率(简称 W_j)控制。Rubisco 同时催化羧化和氧合过程，二者竞争 Rubisco。在石炭纪的高O_2浓度条件下，光呼吸作用的氧化过程比低O_2浓度下的氧化过程更为有利，降低了整个光合羧化作用。下面的方程描述了光合作用的过程。这个得到良好验证的模型能够在广泛的条件下使用，并具有相当高的可信度(Woodward et al.，1995)。这里描述的是基本方程，其进一步的应用和温度敏感性，以及在全球尺度上使用该模型模拟植被可以参阅 Woodward 等(1995)的研究。

光合作用的净速率 A(mol·m^{-2}·s^{-1})的定义如下：

$$A = V_c\left(1 - \frac{0.5o}{\tau c_i}\right) - R_d \tag{3.9}$$

其中，V_c是 W_c或 W_j最小时的羧化反应速率(mol·m^{-2}·s^{-1})；在叶片或茎等光合器官中的O_2和CO_2分压分别为o和c_i(Pa)；τ 是CO_2相对于O_2的 Rubisco 特异性因子(J·mol^{-1})；R_d是归因于光呼吸以外过程的光呼吸速率(mol·m^{-2}·s^{-1})。

当光合作用速率 W_c主要由 Rubisco 控制时，该速率被定义为

$$W_c = \frac{V_c^{\max} c_i}{c_i + K_c\left(1 + o/K_o\right)} \tag{3.10}$$

其中，$V_c^{\max}$是 Rubisco 的最大羧化反应速率；K_c和 K_o是 Rubisco 羧化和氧化反应的 Michaelis 系数。

RuBP 的再生速率 W_j取决于电子传递速率 J(mol·m^{-2}·s^{-1})：

$$W_j = \frac{Jc_i}{4\left(c_i + o/\tau\right)} \tag{3.11}$$

电子传递速率 J 依赖于辐照度 S(mol·m^{-2}·s^{-1})和光饱和电子传递速率 $J_{\max}$：

$$J = \frac{\alpha_p S}{\left(1 + \frac{\alpha_p^2 S^2}{J_{\max}{}^2}\right)^{0.5}} \tag{3.12}$$

其中，α_p 是光转换的效率(0.24 mol/mol photons，Harley et al.，1992)。

当在 J_{max} 未知的情况下建模时，可根据 Wullschleger(1993)的评述研究，依据以下指定的 V_c^{max} 的可靠但经验性的关系计算：

$$J_{max} = 2.91 \times 10^{-5} + 1.64 V_c^{max} \tag{3.13}$$

由方程(3.9)、方程(3.13)的定义，光合速率被描述为一个需求函数，其中羧化反应和电子传递的速率依赖于光合器官的细胞间隙和叶绿体中的 CO_2。细胞间 CO_2 分压 c_i 也受通过器官周围空气边界层和气孔的 CO_2 扩散速度控制。光合速率可由供应函数定义：

$$A = \left(\frac{c_a - c_i}{P} \right) g - R_d \tag{3.14}$$

其中，c_a 是超过边界层的 CO_2 分压；g 是通过边界层和气孔的 CO_2 扩散导度。

需求和供给函数对光合速率的实际影响可以用图形简单地表示(图 3.8)。

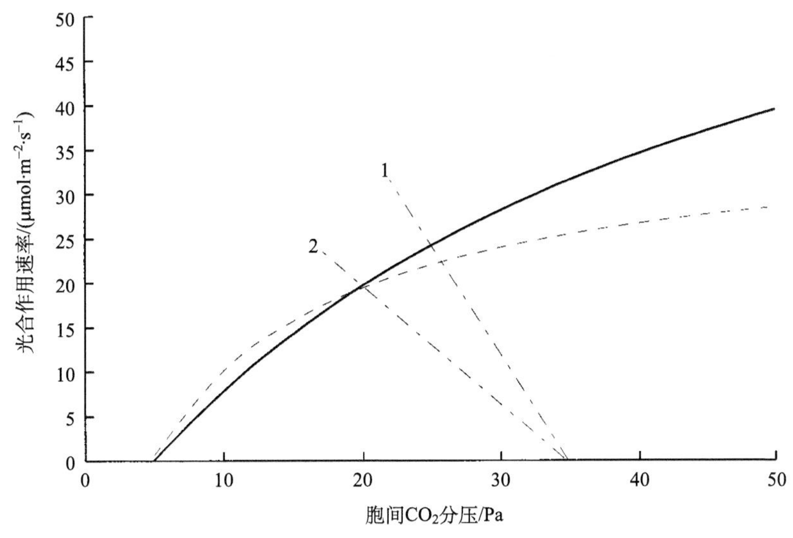

图 3.8　不同胞间 CO_2 分压下的光合作用速率

用方程(3.9)计算，其中 W_c 是 Rubisco 限制速率(—)，W_j 是 RuBP 再生限制速率(–––––)。根据方程(3.14)计算供应函数曲线(–·–·–·–)对 CO_2 扩散的高(1)和低(2)传导性

以最低的羧化反应速率即极限速率作为光合速率[方程(3.9)]，该速率依赖于胞间的 CO_2 分压(图 3.8)。在低分压下，Rubisco 活性占主导地位，而在较高的 CO_2 分压下，电子传递和 RuBP 再生则会限制光合作用。供应函数曲线在 x 轴上的截距，即边界层外部的分压(c_a)，为 35 Pa。当方程(3.9)(需求量)的光合速率等于方程(3.14)(供给量)的光合速率时，用羧化曲线绘制胞间 CO_2 分压(c_i)的交点。很明显，曲线 1 和曲线 2 的不同斜率(图 3.8)表明不同的光合速率，并且随着气孔和边界层导度的降低，通过光合作用降低了胞间的 CO_2 分压。

Rubisco 分子的 *rbc*L 基因编码和 DNA 序列分析(Soltis et al.，1993；Savard et al.，1994)表明，在过去的两千万年里，其基因碱基对的变化小于 1%。这表明 Rubisco 的分子结构和可能的生化活性变化不大，因此用现今对光合作用的认识去研究过去光合作用活动的变化是可行的(Beerling，1994)。通过对过去 CO_2 浓度(图 3.5)、O_2 浓度(图 3.7)和温度(图 3.6)的计算，用方程(3.9)～方程(3.13)来估测过去 500 Ma 光合作用可能发生的变化。该方法考虑了温度对光合作用的影响，及其对 V_c^{max}、K_c、K_o 和 J_c^{max} 的影响(Harley et al.，1992；Woodward et al.，1995)，但该方法只能求解全球平均温度下的光合作用速率。

光合速率与 W_c[方程(3.10)]和 W_j[方程(3.11)]有关，此外，W_c 和 W_j 依赖于 Rubisco 的最大羧化反应速率 V_c^{max} 和光饱和电子传递速率 J_{max}。在对光合作用趋势的最初研究中，Rubisco 羧化反应的最大速率 V_c^{max} 是未知的，所以使用了一系列的值。除了上述计算光合速率的要求外，还需要了解光合作用器官内部的 CO_2 分压。这种浓度既取决于光合速率（光合速率会随着速率增加而降低分压)，也受气孔的数量和打开程度所控制。在后一种情况下，高气孔密度和大气孔开度允许 CO_2 以最大速率扩散到光合器官中，并且这些特征将导致内部 CO_2 分压增加。第一步，假定 CO_2 的大气分压等于内部分压，随后将引入气孔扩散限制，然后就有可能计算内部的 CO_2 分压。

对三个不同 V_c^{max} 值(图 3.9)和光饱和光合作用速率的估算表明，石炭纪和二叠纪期间(350～250 Ma)，光合作用能力显著降低。光合作用速率估测最高的时期为 500～350 Ma，这是第一批陆地维管植物登陆和扩张的时间。V_c^{max} 从 40 $\mu mol \cdot m^{-2} \cdot s^{-1}$ 到 160 $\mu mol \cdot m^{-2} \cdot s^{-1}$ 四倍的增长对光合速率的影响远大于从 10 $\mu mol \cdot m^{-2} \cdot s^{-1}$ 到 40 $\mu mol \cdot m^{-2} \cdot s^{-1}$ 四倍的增长。

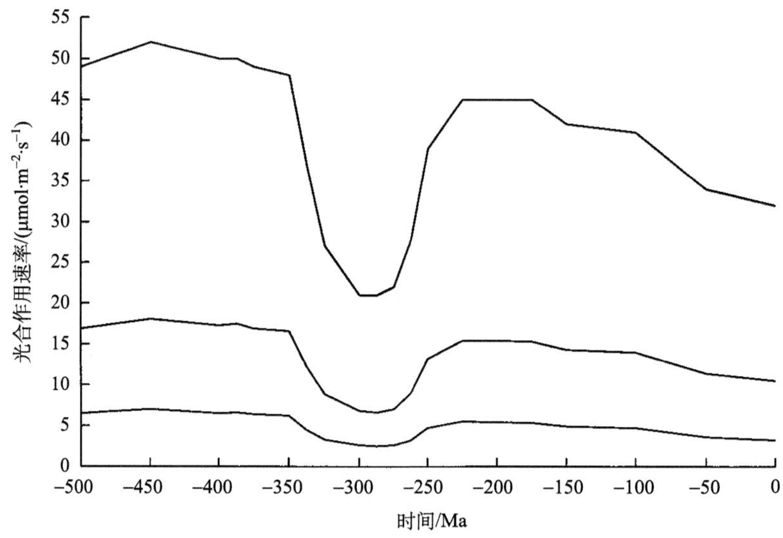

图 3.9　三个 Rubisco 最大羧化反应速率在方程(3.10)中得到的光合速率估值

随着光合速率的增加，V_c^{max} 值分别为 10 $mol \cdot m^{-2} \cdot s^{-1}$、40 $mol \cdot m^{-2} \cdot s^{-1}$ 和 160 $mol \cdot m^{-2} \cdot s^{-1}$

气孔的开度对 CO_2 敏感，并随着 CO_2 浓度的降低而增大(Beerling and Woodward，1993)。在外部空气环境中，光合作用的过程有助于降低内部的 CO_2 浓度(图 3.8)，从而促使气孔打开。这些相互作用组合成光合作用与气孔导度之间的经验关系(Ball et al.，1987；Aphalo and Jarvis，1993)，并解释了干燥的空气会导致气孔关闭的事实。关于气孔密度和气孔开度差异对气孔导度的影响[另见方程(3.14)]，即气孔扩散阻力的倒数——气孔导度 g(mol·m^{-2}·s^{-1})，可以定义为

$$g = g_0 + g_1 A \frac{\mathrm{RH}}{c_\mathrm{s}} \tag{3.15}$$

其中，g_0 和 g_1 为温度敏感常数；A 为光合作用速率；RH 为相对湿度(%)；c_s 为气孔外部光合器官边界层下的 CO_2 分压。根据现今气温与相对湿度之间的关系，RH=116–0.14T，可以通过气温计算相对湿度。CO_2 的表面分压 c_s 小于环境中的 CO_2 分压，并可由下列方程计算：

$$A = \left(\frac{c_\mathrm{a} - c_\mathrm{s}}{P}\right) g_\mathrm{a} - R_\mathrm{d} \tag{3.16}$$

其中，g_a 是 CO_2 的边界层导度，边界层导度可以用风速和光合器官大小的相关知识来计算(Jones，1992)。在风速未知的长期模拟中，g_a 被赋予了典型值 2 mol·m^{-2}·s^{-1}。

随后所有的光合作用方程[方程(3.9)～方程(3.16)]可以作为一个循环迭代计算。首先在计算出的细胞间 CO_2 分压为 0.75 c_a 生成方程，然后将该方程作为一个重复的循环求解，并根据各种方程计算出 A、c_i 和 g 的变化值。这样的迭代计算可以持续进行，直到所有变量达到平衡值为止，这个过程通常需要大约 10 个迭代周期。以上所有情况，都假定太阳辐射对光合作用是饱和的。

图 3.9 中由三个 $V_\mathrm{c}^{\max}$ 值计算出的气孔导度(图 3.10)，表明现代导度普遍增大，且在石炭纪和二叠纪具有显著增加的偏移。气孔导度的变化趋势与光合速率呈负相关关系，推测在 CO_2 浓度最低的时期气孔导度为最大(图 3.5)。首次估测的石炭纪和二叠纪高气孔导度，与木质部的高水分输送和供给率引起的高蒸腾失水能力有关。值得注意的是，与运输速度较慢的管胞(Edwards，1993)不同，运输速率高的具有端壁穿孔的木质部导管首次出现在气孔导度和蒸腾速率较高的二叠纪晚期(270～250 Ma，Li et al.，1996)。

虽然石炭纪和现今的大气 CO_2 浓度非常相似，但在 $V_\mathrm{c}^{\max}$ 值相同的情况下，推测现在的光合速率(图 3.9)和气孔导度(图 3.10)会更高。这是由于石炭纪较高的 O_2 浓度(导致光合速率降低，光呼吸速率提高)和较低的温度(也会导致光合速率下降)双重影响造成的。

在 450～350 Ma 期间，推测气孔导度值非常低，对 $V_\mathrm{c}^{\max}$ 变化的绝对敏感性很小。众所周知，气孔密度对 CO_2 浓度也很敏感，随着 CO_2 浓度的增加而减小(Woodward，1987b，1998；Beerling and Chaloner，1993)。因此，在不同 CO_2 浓度下进化和生长的物种，可能具有不同的气孔密度(Beerling and Woodward，1996)。无论是长期的还是短期的预测都得到了化石证据的支持(Stubblefield and Banks，1978；Edwards，1993；Beerling，1993；Van de Water et al.，1994；McElwain and Chaloner，1995)。由于气孔限制 CO_2 向光合作用部位的扩散，CO_2 控制的气孔密度必然也会对光合作用的最大速率产生抑制作用。

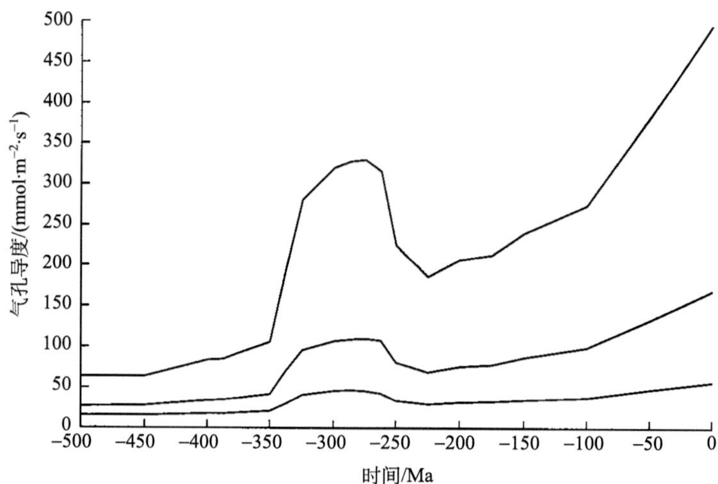

图 3.10　相对湿度为 80%、光合速率为图 3.9 所示的情况下用方程(3.14)计算的最大气孔导度的预测趋势
三个 V_c^{max} 值(图 3.9)沿 y 轴标注

通过以下反应序列，可以研究气孔密度对 CO_2 的响应及光合作用的可能影响。

$$s_c = s_{max}e^{-0.02c_a} + 10\times10^{-6} \tag{3.17}$$

方程(3.17)用于推算环境 CO_2 浓度 c_a(Pa)对气孔密度 s_c(m^{-2})的影响，s_{max} 是新鲜的叶片上最大气孔密度(视作 600×10^{-6} m^{-2})；10×10^{-6} m^{-2} 是从化石材料中观察到的最小气孔密度的平均值(Edwards，1993；Beerling and Woodward，1997)。这一方程是以 Beerling 和 Woodward(1997)总结的数据为基础的。

气孔密度的变化趋势表明，石炭纪时期气孔密度达到了一个非常高的峰值，现今的气孔密度又显示一个上升的趋势(图 3.11)。这一趋势是基于最近 15 万年以来气孔密度对 CO_2 的响应，以及对泥盆纪(400 Ma)和石炭纪化石中植物气孔密度的观察结果得到的(Beerling and Woodward，1997)。

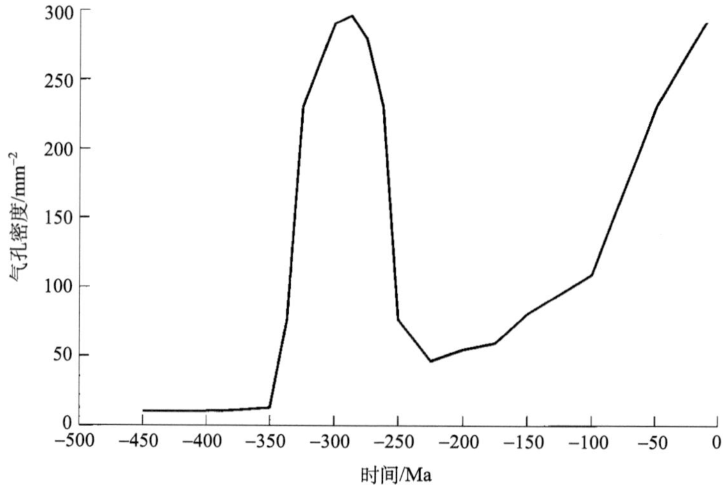

图 3.11　基于方程(3.17)估算的植物在过去 450 Ma 的气孔密度

将气孔密度的变化转化为气孔导度的变化，可以推测气孔密度随时间的显著变化对光合作用的影响。以下方程（Beerling and Woodward，1993）由 Van Gardingen 等（1989）修正而来，通过气孔密度 s_c（m^{-2}）、气孔最大长度 l（m）、气孔宽度 w（m）和深度 d_s（m）等数据计算气孔导度。

$$G = \frac{s_c DP}{RT\left(\frac{d_s}{\pi l w} + \frac{\log_e\left(4\frac{l}{w}\right)}{\pi l}\right)\times 10^{-12}} \tag{3.18}$$

其中，R 为气体常数；T 为温度（K）；D 为水蒸气扩散系数（$m^2 \cdot s^{-1}$）；P 为大气压（Pa）。

气孔的特征尺寸需要通过对化石和现今材料的显微观察来进行测算。本模拟中气孔长度和气孔深度分别保持在 10 μm 和 15 μm 不变，气孔最大宽度为 7 μm。气孔的宽度对空气的相对湿度和水汽压差敏感，见如下方程（Beerling and Woodward，1995，1997）：

$$w_w = w\exp\left(-0.003\left(614\exp\left(\frac{17.5t}{241+t}\right)\right)\left(1-\frac{RH}{100}\right)\right) \tag{3.19}$$

其中，w_w 为考虑了水汽压亏缺影响下的气孔宽度，相对湿度 RH 的历史趋势尚不清楚，因此常取 80%，表示典型的湿润陆地生境。使用恒定的相对湿度值，可以得到世界各地气象站生长季节所观测数据的支持（Müller，1982），并可被视为过去气候的合理代表。恒定的相对湿度确实意味着，随着温度的升高，空气的干燥能力——水汽压差将会增大（Woodward and Sheehy，1983）。

最后，温度和胞间 CO_2 对孔隙宽度的组合直接影响，可由以下经验公式来解释（Beerling and Woodward，1995）：

$$w_t = w_w\left(0.37 - 5.7\times 10^{-4}t^2 + 3.4510^{-2}t\right)\left(1-0.116\log_e\left(c_a 10\right)\right) \tag{3.20}$$

其中，t 为温度（℃）；c_a 为大气 CO_2 分压（Pa）。

该方法假设气孔的环境响应［方程（3.17）～方程（3.20）］在过去和现在以相同的方式运行。这是最简单的假设，但无法直接予以验证。然而，针对过去所有气体交换反应的推测，均可以在化石植物材料的特征中观察到，然后可以对该方法进行有效性的全面评估。

根据方程（3.17）～方程（3.20）及对大气 CO_2 浓度（图 3.5）和全球平均温度（图 3.6）的估算，可以估算出过去 4.5 亿年的最大气孔导度。

气孔导度的变化趋势与气孔密度的变化趋势密切相关（图 3.9）。结果表明，气孔导度的估算方法适用于光合作用方程，可以计算出气孔对光合作用的供应限制。此外，现在可以基于 CO_2 扩散供应函数的简单概念来计算 V_c^{max} 的均值［图 3.8；方程（3.14）］，并设置光合速率的最大值。如方程（3.9）和方程（3.10）所示，光合速率的最大值必须由 V_c^{max} 的最大值来满足。将方程（3.14）估算的光合速率代入方程（3.9）和方程（3.10）。然后，重新排列这些方程来求解 V_c^{max}（Beerling and Quick，1995）。

正如所料，V_c^{max} 的趋势与气孔密度（图 3.11）和导度（图 3.12）的趋势密切相关，与大

气 CO_2 浓度的趋势呈负相关关系(图 3.5)。后一种情况清楚地表明，随着 CO_2 浓度的降低和光呼吸速率的增加，Rubisco 活性的某种形式改善是可以选择的。最有趣的特征是气孔似乎对光合发育起着重要的控制作用，尤其是气孔密度。从图 3.9 可以看出，在 V_c^{max} 不变的情况下，光合速率到现代总体呈下降趋势，石炭纪和二叠纪时期光合速率明显下降，而图 3.13 所示的趋势几乎相反。

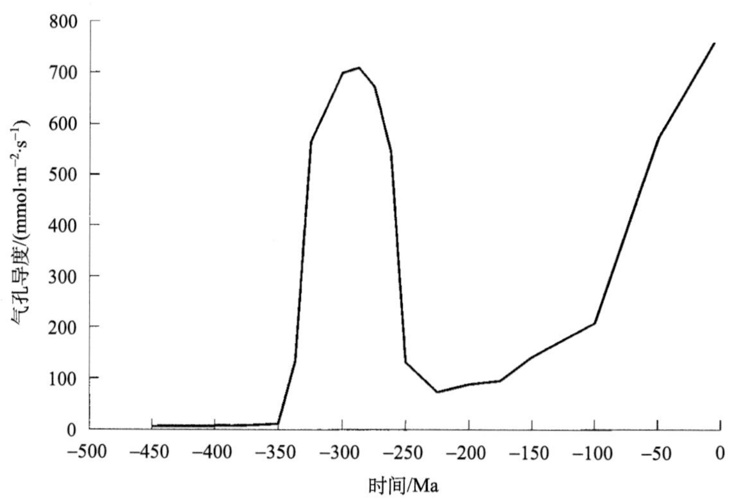

图 3.12　使用方程(3.17)～方程(3.20)及大气 CO_2 浓度(图 3.5)和全球平均温度(图 3.6)的估算计算的植物最大气孔导度

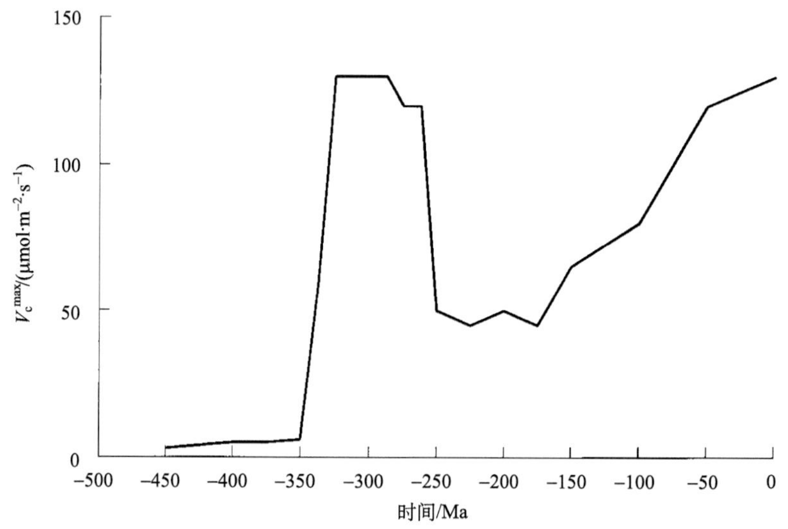

图 3.13　Rubisco 的最大羧化能力

V_c^{max} 由估算的最大气孔导度(图 3.12)及方程(3.9)、方程(3.10)和方程(3.14)得出

CO_2 供需的综合限制[方程(3.9)～方程(3.16)]现在可以用来估算过去 4.5 亿年光合作用的最大速率(图 3.14)。

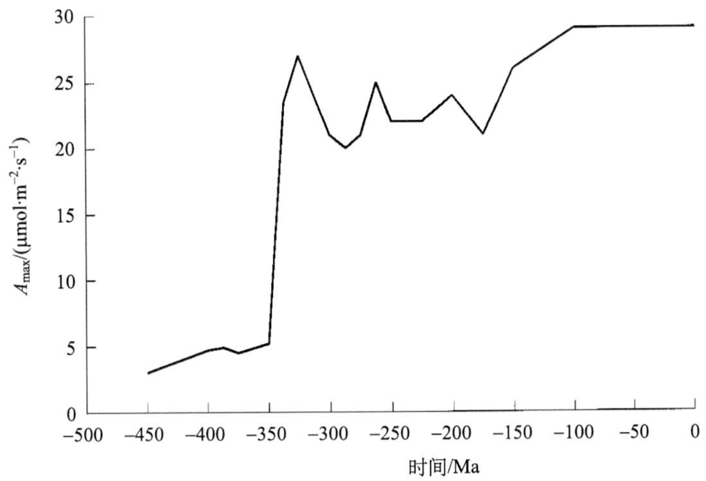

图 3.14　利用图 3.13 和方程(3.9)～方程(3.16)中 V_c^{max} 值计算的最大光合速率 A_{max}

光合作用的最大速率(图 3.14)与 V_c^{max} 趋势相似，但在 400～350 Ma 和 250～100 Ma 等 CO_2 分压较高和略高的时期，光合速率相对较大。这表明，大气 CO_2 的高绝对浓度可以在一定程度上克服气孔供应的限制。值得注意的是，这些模拟是针对未分裂的、光照充足的叶片，它们没有营养和水分供应的限制。

对光合作用模型推算的检验

植物光合作用的过程不仅产生新的植物体，而且当其达到足够的全球规模时，还会影响大气层中储集的 CO_2 浓度，从而对全球气候产生影响。图 3.9～图 3.14 显示了光照良好的单叶和复叶其光合能力的可能趋势。然而，还需要对光合作用的推算结果进行进一步的定量检验。这可以通过使用和计算植物对碳的两种稳定同位素 ^{13}C 和 ^{12}C 的辨别来实现。植物在光合作用过程中通过 ^{13}C 来区别，因此大气中 CO_2 和植物碳水化合物中 ^{13}C 和 ^{12}C 的比率是不同的(Farquhar et al., 1982)。在通过碳途径进行光合作用的植物中，^{13}C，^{12}C 受光合作用速率和气孔导度的影响，简化后可描述为(引自 Farquhar et al., 1982; Farquhar and Richards，1984)：

$$\Delta = \left(4.4 + 22.6\frac{c_i}{c_a}\right) \times 10^{-3} \tag{3.21}$$

其中，Δ 是以每密耳或每千分之一为单位对 ^{13}C 的辨别程度；c_i 为胞间 CO_2 分压；c_a 为环境 CO_2 分压；4.4 为扩散进入胞间空间过程对 ^{13}C 的每千分辨别程度；22.6 为扣除扩散辨别的影响后 Rubisco 对 ^{13}C 的辨别程度。

当叶片从植物体上脱落时，它们是含有碳水化合物的，碳水化合物的值由叶片的光合作用和气孔活动决定。除了在气体交换过程中存在辨别效应外，叶片的 $^{13}C：^{12}C$ 值也受到大气中 $^{13}C：^{12}C$ 值的影响。因此，辨别程度 Δ 更完整地描述如下(Farquhar and Richards，1984)：

$$\Delta = \frac{\delta^{13}C_a - \delta^{13}C_p}{1+\delta^{13}C_p \times 10^{-3}} \tag{3.22}$$

其中，$\delta^{13}C$ 参照标准碳酸盐源(单位为‰)表示碳同位素组成；下标 a 和 p 分别表示大气和植物。因此，有必要了解 $\delta^{13}C_a$，以计算由于植物活动而产生的区别。$\delta^{13}C$ 的定义(Craig，1957)为

$$\delta^{13}C = \left(\frac{\left({}^{13}C:{}^{12}C\right)_{sample}}{\left({}^{13}C:{}^{12}C\right)_{standard}} - 1\right) \times 10^{-3} \tag{3.23}$$

由方程(3.21)可知，比值 c_i/c_a 决定植物的辨别程度 Δ。这个比率的计算需要考虑光合作用产生碳水化合物的整个时期，且与光合作用本身的速率相关。这是因为植物材料的 Δ 平均值与特定值 Δ 的材料累积量成正比。在此计算中，假设在任何时期，生长季节光合作用的日活动只依赖于太阳辐射的日趋势，且周期为 12 h(图 3.15)。

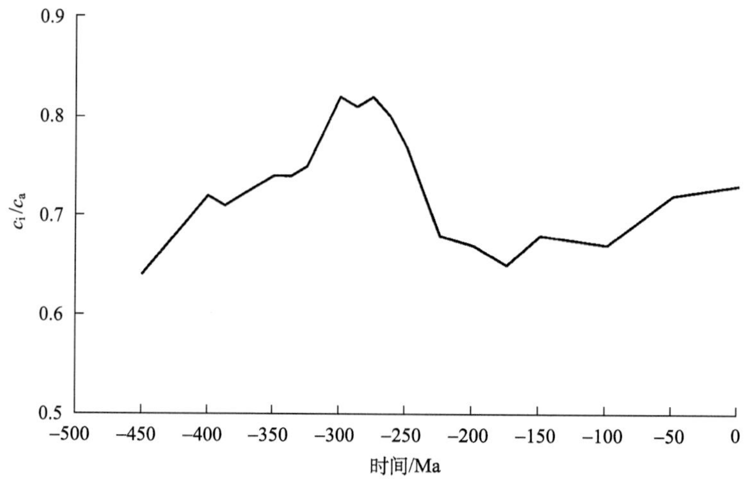

图 3.15　胞间分压与外围环境 CO_2 分压之比

以平均每日(12 h)光合速率计算

c_i/c_a 值降低到千分之一的程度，表明光合作用受 CO_2 扩散供应限制的程度。因此，大气 CO_2 浓度最低的时期也是 c_i/c_a 值最高的时期，此时气孔导度最大(图 3.12)。这一反应表明，当 CO_2 浓度较低、O_2 浓度较高时，通过气孔向叶绿体提供 CO_2 的速率小于光合作用能力的限制。

识别趋势与 c_i/c_a 值[方程(3.21)]相一致，也表明植物在大气 CO_2 分压较低时期的识别能力下降。为了使这些判别的推算能够与观测结果相比较，有必要对大气中稳定同位素的组成进行一些计算。通过使用 $\delta^{13}C$ 组成的碳酸盐对从土壤碳酸盐中获取的大气 $\delta^{13}C$ 估算值进行校准(Mora et al.，1996)的平滑趋势(见 Frakes et al.，1992 的评述)和工业革命前大气 $\delta^{13}C$ 成分(−7.0‰；Friedli et al.，1986)就可以实现(图 3.16)。将估算的大气 $\delta^{13}C$ 成分(图 3.17)代入方程(3.22)中，然后使用图 3.16 中的值求解 $\delta^{13}C_p$，从而计算出植物化

石材料中的 $\delta^{13}C$ 组成。

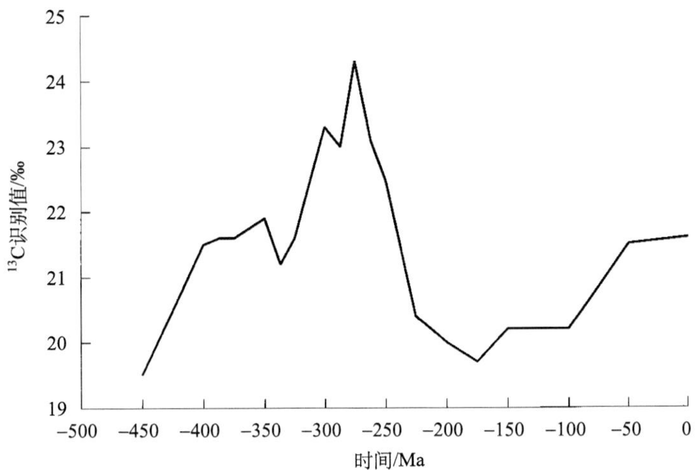

图 3.16　通过方程(3.21)计算得到的 $\delta^{13}C$ 识别值

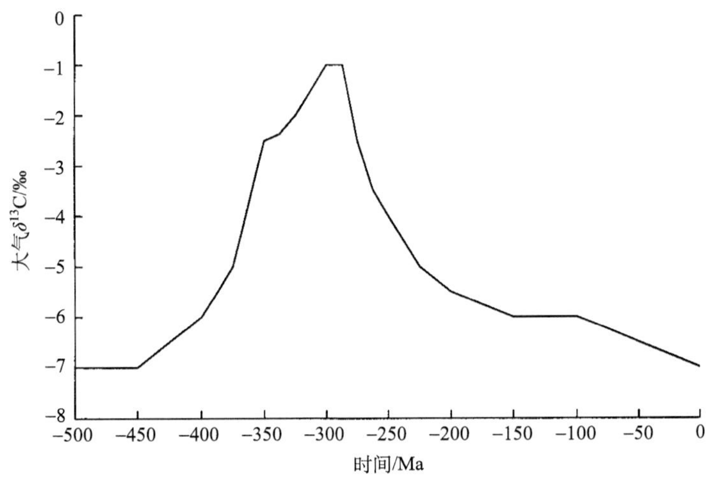

图 3.17　大气 $\delta^{13}C$ 组合物的估算趋势

叶片 $\delta^{13}C$ 组成的推算结果(图 3.18)表明，石炭纪和二叠纪时期的化石叶片应该具有最低的 $\delta^{13}C$ 识别值，从志留纪最早的陆生维管植物(430 Ma；Edwards，1993)到石炭纪末期(285 Ma)，这个值一直是在持续增加，推测 $\delta^{13}C$ 的峰值出现在大约 3.5 亿年前，之后一直下降到三叠纪中期，然后持续到今日，变化不大。

对于 $\delta^{13}C$ 的估测可以通过对一系列物质源测得的 $\delta^{13}C$ 值来检验。对现代植物的叶片的广泛采样(Körner et al.，1991)，得到了很好的全球 $\delta^{13}C$ 组成平均值和典型的变化范围。通过土壤(Mora et al.，1996)、植物(Bocherens et al.，1994；Jones，1994)和煤炭(Holmes and Brownfield，1992)可以计算化石中的 $\delta^{13}C$ 组成。虽然不能忽视成岩变化的影响，但是 $\delta^{13}C$ 的估测值和观测值具有很好的一致性(图 3.18)。这表明，最近 450 Ma 的气孔-光合作用模型可以合理地代表史前植物对大气成分和气候的生理反应。此外，这种一致性还表明，简单的零维气候模型(图 3.6)和大气 CO_2 浓度趋势(图 3.5)可以用来合理估算历史变化。

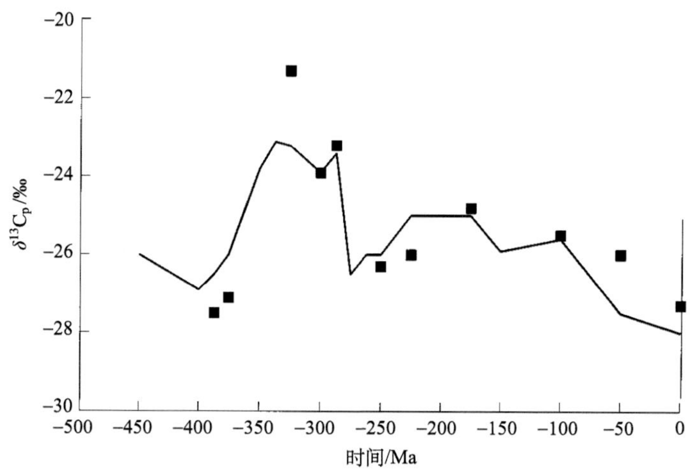

图 3.18　用方程(3.22)计算出的化石叶片的同位素组成

■，化石土壤、煤炭和现生植物(用最大观测范围表示)的 $\delta^{13}C$

我们没有对降水的变化加以明确考虑。在非常干燥的条件下，气孔随着时间的推移而关闭，因此 $\delta^{13}C$ 的值就不会有大的负偏。可能正是这个原因，导致 200～100 Ma 化石 $\delta^{13}C$ 几乎没有负偏，这一点需要进一步研究(见第 7 章)。我们运用奥卡姆剃刀理论——对过去事件保持最简单的解释(最简单的解释总是最好的)，没有很大的必要援引降水的显著变化来解释 $\delta^{13}C$ 的变化趋势，特别是全球范围的 $\delta^{13}C$(图 3.18)很有可能与 $\delta^{13}C$ 的推算趋势相重叠。过去降水变化(Crowley and North，1991)可能对植物 $\delta^{13}C$ 的作用不大，因为是按生产力加权来观测 $\delta^{13}C$ 的。因此，在植物光合作用最快的时候，当气孔完全开放，也就是说植物有充足的水分供应时，快速积累的碳水化合物就会有一个特别的 $\delta^{13}C$ 信号来反映光合作用和气孔导度对 $\delta^{13}C$ 的相对控制。随着水分供应的减少，碳水化合物的积累速度和对整体组织 $\delta^{13}C$ 的影响也会降低。因此，$\delta^{13}C$ 的观测对降水的变化及其对植物光合作用的影响可能是相当不敏感的。

结论

在本书考虑的时间尺度上，地球化学循环在控制大气中 CO_2 和 O_2 的组成方面起着主要作用。大气中的 CO_2 浓度由数百万年尺度上的风化率和降水率之间的平衡决定(François et al.，1993；Walker，1994)。这里提供并讨论的证据(Berner，1993；Mora et al.，1996)强烈支持植被在长期风化过程中扮演着重要角色，并导致大气 CO_2 浓度下降的观点，如石炭纪和二叠纪时期。大气中 CO_2 浓度降低至类似于石炭纪及工业革命前和末次冰期时的低浓度，会降低光合羧化反应速率，促进光呼吸氧化，对植物产生重大负面反馈。此外，石炭纪时期 O_2 浓度可能有所增加(图 3.7)，这一特征也会刺激光呼吸。虽然

发生了对 CO_2 固定的负面影响，但对植物来说还是有一些好处的。特别是光合叶绿素（光系统 II）的光抑制作用将在强烈阳光和低 CO_2 浓度的刺激下得到保护（Lawlor，1993）。石炭纪较冷的环境降低光呼吸速率的作用大于光合作用（Lawlor，1993）；然而，在 35%的高 O_2 浓度下，CO_2 固定率将降低 45%左右，而当前的 O_2 浓度为 21%时，固定率将降低 25%（Ogren，1994）。

石炭纪植物气孔密度的增加对光合能力的提高起着重要作用，同时也会对光呼吸速率产生影响，光呼吸速率随 CO_2 浓度的降低而增加。在光合作用活跃的植物叶片中，CO_2 浓度会随着光合作用速率的增加而降低。对于气孔密度低的植物，CO_2 在叶片中的扩散速率较低，胞间 CO_2 浓度将远低于气孔密度高的植物。因此，对于气孔密度较低的植物来说，光呼吸速率要大得多，因而光合作用的速率也会降低（Robinson，1994a）。这些关键影响将对具有较高气孔密度的植物进行遗传选择，导致更高的细胞间 CO_2 浓度，以及相对较高的光合作用和生长速率。这种特殊的反应隐含在 Rubisco 限制的光合作用（图 3.9）和 CO_2 供需综合影响（图 3.14）之间的差异中。

在增大气孔密度的三个例子中很容易看出气孔密度低对光合速率最大值的限制作用（图 3.19）。在气孔密度最低的典型泥盆纪植物中（Edwards, 1993），Rubisco 的最大羧化速率 V_c^{max} 被限定在很小的范围。在气孔密度最高时，除了相对光合速率增加外，由于 CO_2 扩散速率较低，光合速率迅速下降到零。以较小的绝对密度来使气孔密度增加，会对光合作用潜力和 V_c^{max} 的作用范围有显著影响（图 3.19）。

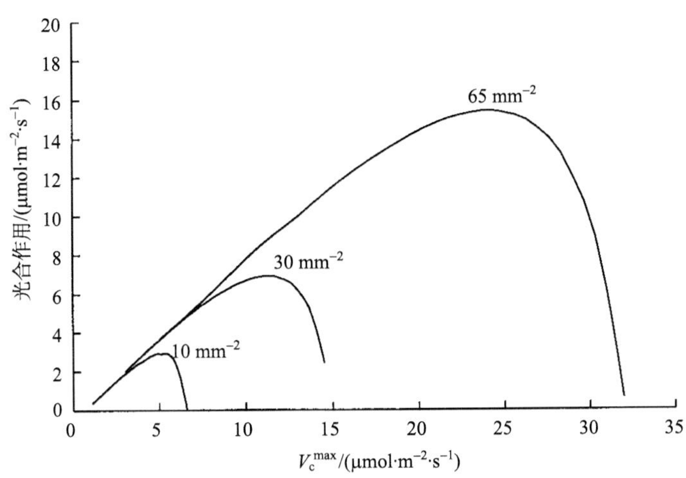

图 3.19　在类似石炭纪的高 O_2（30%）低 CO_2 浓度下［使用方程（3.9）～方程（3.20）］对三种不同气孔密度估测的光合作用最大速率

随着气孔密度的增加，光合速率有较大的潜在增加，如方程（3.17）所示，植物气孔密度随 CO_2 浓度的增加而减小，这似乎十分令人惊讶。可能的解释是这或许与水分保持有关。在高 CO_2 浓度时，气孔密度的降低对光合速率的影响很小，在高 CO_2 环境下，光呼吸速率会降低，这在白垩纪时期表现得很明显。然而，蒸腾速率将会降低，这一特性将减弱了过度干旱的影响，也增加了通过木质部运输的水柱保持连续性的可能（Tyree and

Sperry，1989），这样植物的水分利用率会提高。

如前所述，随着 CO_2 浓度的降低，气孔密度的增加将使 CO_2 向叶绿体的扩散达到最大值，并通过降低细胞间 CO_2 的浓度（使叶绿体的 CO_2 浓度达到最大）减少光呼吸的刺激。在现今 CO_2 浓度较低的情况下，在光照强度较低，光合作用的光抑制可能性有限的荫蔽生境中发现气孔密度较低的植物是一种普遍现象。由于光合速率较低，这些物种胞间 CO_2 浓度的降低将相当有限。相反，生长在高辐射度下的植物往往具有更高的气孔密度，这一特征将增强 CO_2 在叶片中的扩散并降低光呼吸速率。

气候变化的基本过程、植被对气候的反馈，以及光合作用和气孔对气候和大气成分变化的响应是本章的主题。以下各章将阐述全球范围内，陆地植被对气候变化的时空响应及相应反馈。

（李亚、朱衍宾 译，全成 校）

第 4 章　现今的气候与陆地植被

引言

气候驱动着特定的植被过程，包括从短期（如时刻都在进行的光合作用）到长期（如跨越千年的植物凋落物在土壤中的累积）的过程。陆地植被也可以通过其结构特征（如表面反射率和粗糙度）和功能特征（如蒸散）的变化来影响气候（Bonan et al.，1992；Lean and Rowntree，1993；Betts et al.，1997）。但这里不考虑这些特征，因为植被和气候的这种紧密耦合并不是本书用来估测过去和现在气候大气环流模型（the general circulation model，GCM）的标准特征。

为了理解如何对陆地植被活动和气候进行估测，有必要对两个建模领域做一个概述。首先，植被模型方面已经在第 2 章和第 3 章有过介绍，而本章将对书中所有模拟中使用的植被模型进行更加全面的阐述。其次，本章还将总体介绍 GCM，尽管这些复杂模型的详细信息在其他文献也能找到（Washington and Parkinson，1986；Trenberth，1992；McGuffie and Henderson-Sellers，1997）。此外，还可以在互联网上收集到大量有关 GCM 和其他气候模型的信息[如 Kevin 的数字模型网站 www.erols.com/klc9986，其中有 200 多个模型的详细信息；美国国家大气研究中心（the National Centre for Atmospheric Research，NCAR）和公共气候变化模型（community climate change model，CCM3）的详细信息也可以在 www.ucar.edu/rs.html 网页中找到]。

大气环流模型（GCM）的描述

GCM 是作为理解控制全球气候的各种机制、交互作用与反馈的方法而发展起来的。顾名思义，这些模型明确地模拟了包括大气和海洋运动在内的环流。这些运动受到大气、海洋、冰冻圈和陆地/生物圈之间动量、质量和能量交换的强烈影响。在模型中，这些过程是由满足大气和海洋的动量、质量、能量及水状态守恒原理的方程来定义和求解的（Peixoto and Oort，1992）。

GCM 在规定的时间步长（通常为 30 min）内建立不同的方程，从而可以对气候-天气或天气尺度气候的短期变化进行建模。这类事件的空间尺度通常为几千米（McGuffie and Henderson-Sellers，1997），而对于目前的 GCM 来说，这个尺度太小了，因为 GCM 最小的水平空间单位是 2°～3°的经纬度。在此水平网格中，还必须再添加 6～50 级的大气垂直分辨率，以及一定的海洋深度范围。这种相对粗略的水平比例是由于高大气垂直分辨率下运行这些模型需要大量时间所导致的，它因此也被认为是进行此类模型操作的必要条件（McGuffie and HendersonSellers，1997）。有限的水平分辨率要求必须通过被称为子网格规模参数化的方案，将许多重要的、更精细的过程(如海拔变化或雷暴的发生等)添加到适当的网格单元中，这似乎更像是一门艺术而非科学。

每个 GCM 通常由一组相互作用的 GCM 组件所构成，包括一个大气 GCM(AGCM)和一个海洋 GCM(OGCM)，并在这两个组件间建立耦合模型。此外，地球表面由冰区(冰冻圈)和陆地面(有或没有植被)组成。GCM 并非针对这些地表组成部分推导而来的，而是将海洋表面的变化模拟为陆地表面模型得到的，该模型模拟了各种植被、土壤和冰冻圈过程。图 4.1 中简要地显示了各种过程的性质、交互作用和反馈机制。值得注意的是，所有这些过程都会(至少)影响和决定气候。另外，尽管图 4.1 中并未显示，但是不同子组件之间的耦合强度是随纬度变化而变化的。例如，在高纬度地区，盐度变化和深海底层水的形成将大气与海洋活动紧密联系在一起。相比之下，在热带地区，海洋和大气通过与温度相关的过程(如热力学、流体力学和大气水)紧密耦合在一起。另外，在高纬度地区，冰的存在(尤其是海冰)使海洋和大气分离，因而海洋和大气能够在某种程度上相互独立发展，尽管海洋环流总是在削弱这种独立性。

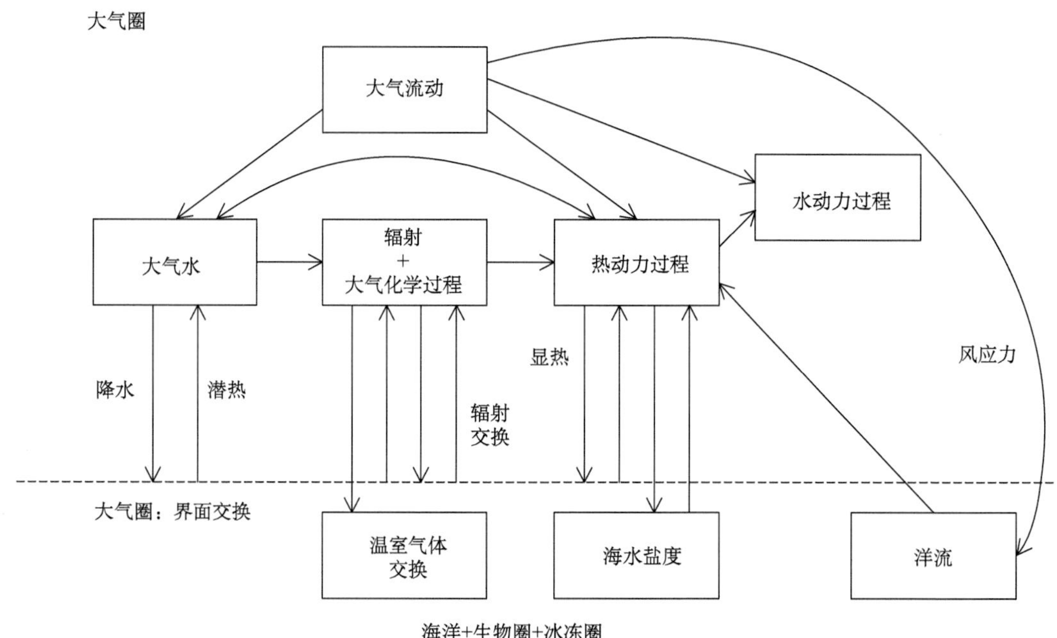

图 4.1　气候循环模型中一些主要过程和相互作用的简化示意图

当使用各种 GCM 来研究大气成分与化学变化导致的后果时，会出现一个重要的问题，即长波和短波辐射交换中相对较小的变化所带来的影响。这些变化是由大气中“温室气体”(如 CO_2、氯氟烃和甲烷)浓度的变化，以及海洋、海洋生物群落和陆地植被对这些温室气体的影响而引起的。

GCM 的初始化和操作

GCM 的不同子系统对变化的响应时间往往是不同的。例如，自由大气对施加的温度变化做出平衡反应大约需要 11 天，而深海的反应要慢得多，大约要 300 年(Saltzman，1983)。这种明显的差异给 GCM 的运行带来了相当大的困难。海洋会响应某些微扰而发生缓慢变化，且如果要以相当于 30 min 时间步长的大气模型来运行相当于数百年的海洋深水温度，则跟踪这种平衡通常会带来非常大的负担。因此，建模者开发了一系列方案来减少这种计算量。在某些情况下，至少在海洋达到平衡之前，GCM 开启了试运行。结果，在相关运行期间，可能会出现不必要的气候偏差，因为整个系统仍在向平衡状态移动。一般来说，响应时间不匹配的最佳解决方法是开发一种异步耦合，先运行大气模型以保持与海洋模型的平衡，接着将存储的各种大气条件作为常数输入一个演变的海洋模型，然后关闭这个模型。一段时间后，再次启动大气模型，系统重复运行。这种方法可以根据所需的计算机时间，更快地演化出平衡的海洋，并进行其他可能会暂时加速海洋物理现象的发展的修改(Manabe et al.，1991)。在将 GCM 应用于气候变化问题时，通常会使用一些变通的方法，以便使整个 GCM 达到某些令人满意的表现，如达到规定的开始时间或日期(通常是现今或工业革命开始的日子)。

通常，气候的 GCM 模拟使用大气 GCM，由于受规定的海洋表面温度(现代或来自地质证据，具体取决于模型实验的时间范围)的约束，无须运行时间密集的海洋 GCM 来初始化(Washington and Meehl，1989)。至少对于一个世纪的模拟而言，以后的 GCM 运行可能会部分避免气候偏差的问题(Meehl，1992)。海洋 GCM 还会受到能量、淡水和动量的表面通量限制(Gates et al.，1996)。此外，可以采用通量校正技术来消除偏差。这些技术可以建立通量差的变化(Meehl，1989)，这种通量差与初始温度场及某些具有固有偏差的模型得到的温度场相关。

古气候的 GCM 模拟

模型的偏差和初始化在当前所有的 GCM 模拟中仍存在问题。虽然经验显示出这些问题的类型和范围(Meehl，1992)，但是偏差和用来抵消它的各种方法也会影响 GCM 模拟的准确性或合理性。当使用 GCM 模拟过去的气候时，还会出现其他问题。在这种情况下，规定的初始化场可能不太准确，因为它们必须从化石证据(如在海洋沉积物中发现的)和同位素测量中提取和推断出来(Barron and Peterson，1990；Berger et al.，1990；Crowley and North，1991；Kutzbach，1992)。最有效的方法是规定尽可能多的 GCM 边界条件，从而在一定程度上抵消偏差。一个有趣的方法是调整 GCM 的边界条件，直到它运行并估测出或多或少已确定的化石证据的分布。例如，Pollard 和 Shulz(1994)用 GCM 模拟了三叠纪(225 Ma)蒸发岩的地理分布。蒸发岩，包括石膏和岩盐等矿物，出现在靠近海洋边缘周期性地发生洪水和干涸的浅盆地中。可以运行 GCM，直到观察到蒸发岩的分布与蒸发量超过降水量区域的气候估测相符为止。一个好的匹配暗示着 GCM 的边界条件(包括海面温度和海洋盐度)非常接近模拟时期的平均气候。

GCM 的可靠性和准确性

GCM 在操作上有坚实的理论基础，这表明其估测精度可能会不断提高，特别是随着计算能力的不断提高，可以包括当前已参数化的更精细的过程。然而，这些气候模型的总体准确性仍然存在问题。这些模型可以有效地估测当今全球范围内温度的季节性周期(Schneider，1992；Gates et al.，1996)，也可以有效地估测海洋中温度、盐度和海冰的大尺度分布(Gates et al.，1996)。GCM 的主要局限性在于对云的估测，而云又反过来影响辐射平衡和水循环，尤其是在陆地表面(Gates et al.，1996)。但是，目前耦合的 GCM 在模拟降水的大尺度结构和强度方面相当成功(Gates et al.,1996)。这在本书中尤为重要，因为我们研究了植被对气候(降水量尤其关键)的响应。

植被模型的基本操作流程

对 GCM 总体概况的介绍表明，虽然它们的作用很强大，但也不是完全准确的气候模型。它们的准确性可能受施加的各种边界条件的控制，因而仍处于发展的状态，这对于研究过去、现在和未来的气候对植被的影响具有非常重要的作用。

GCM 导出的气候对植被的影响是通过一个植被模型确定的，其中部分操作的一些细节已经在第 2 章和第 3 章进行了独立的讨论。然而，为了提供一个完整的模型描述，有必要就各种过程是如何相互关联的进行讨论。早期模型的细节可以在 Woodward 等(1995)文献中找到，而此处将提供更加完整且更新的介绍。整个植被模型的模块之间，以控制或反馈的方式相互耦合连接(图 4.2)。气候和 CO_2 浓度是植被的外在变量，控制着植物光合作用、呼吸和气孔导度等的植物基本过程。此外，气候通过雨雪的水输入和土壤蒸发的梯度变化来控制土壤水分。

植物的生命活动过程受植物个体的光合作用、呼吸和气孔活动的综合控制。因此，冠层叶面积指数(leaf area index，LAI)由冠层内所有植物的总净初级生产力(net primary productivity，NPP)，以及土壤水分吸收、土壤蒸发量和降水量之间的平衡控制。土壤对植物和植物冠层的影响完全表现为反馈(图 4.2)。水分以冠层速率(由气孔导度和 LAI 为表征)被持续吸收，直到土壤含水量达到枯萎点为止。植物的潜在光合速率受土壤中氮素的吸收速率控制(这是一种反馈控制，通过氮矿化速率的变化实现)，而氮素矿化速率反过来又受到气候及凋落物的凋落速率和养分质量的控制(Parton et al.，1993)。

如第 2 章所述，其他反馈发生在光合作用和气孔导度之间。如果冠层的水分流失超过土壤的水分供应，则会发生降低气孔导度的反馈，从而降低光合速率。如果土壤水分状态保持在枯萎点以下，那么一些叶片可能会脱落，并立即降低植物的光合作用、气孔导度和 LAI。

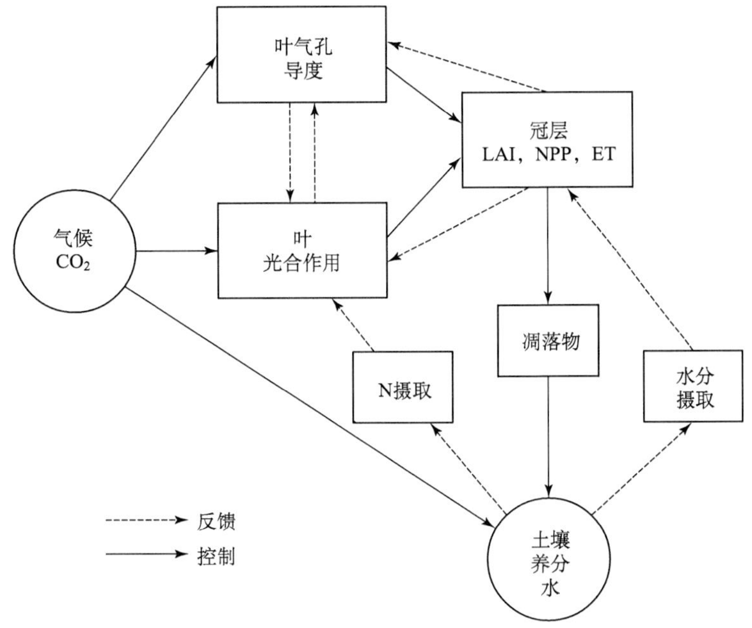

图 4.2　植被模型的一般示意

该模型受气候和土壤特征的直接控制，并接受植物和冠层之间(LAI：叶面积指数；NPP：净初级生产力；ET：蒸散量)及与土壤之间过程的反馈

模块描述

叶片响应

第 3 章中详细介绍了植物光合作用、气孔导度模块及它们的相互作用。此处重申，净光合速率 $A\,(\mathrm{mol\cdot m^{-2}\cdot s^{-1}})$ 定义如下：

$$A=V_c\left(1-\frac{0.5o}{\tau c_i}\right)-R_d \tag{4.1}$$

其中，o 为叶片中的氧分压；c_i 为胞间 CO_2 分压；τ 为核酮糖二磷酸羧化氧合酶(Rubisco)中 CO_2 相对于 O_2 的特异性因子；R_d 为光照下非光呼吸性叶片呼吸速率；羧化反应的最大潜在速率 V_c 则由 Rubisco 活性的最大速率 V_c^{max} 或电子传递的光饱和最大速率 J_{max} 决定。这些 Rubisco 活性和电子传递的速率需要在植被模型所涉及的每个位点中进行计算。根据 Wullschleger(1993)的研究，得出 V_c^{max} 和 J_{max} 相关：

$$J_{max}=2.91\times10^{-5}\times1.64V_c^{max} \tag{4.2}$$

因此，这里只需要确定 V_c^{max}。确定 V_c^{max} 的方法是根据 Woodward 和 Smith(1994b)的经验分析，他们发现叶片光合作用的最大速率 A_{max} 取决于叶片中氮的吸收速率 N。他们定义 A_{max} 等于 V_c^{max}，然后求解 V_c^{max} 如下：

$$A_{max} = \frac{190N}{360 + N} \tag{4.3}$$

吸收速率根据土壤中氮和碳的含量定义，并且对温度和降水均敏感(Woodward et al.，1995)。

$$V_c^{max} = \frac{(A_{max} + R_d)\left[o + K_c\left(1 + \frac{o}{K_o}\right)\right]}{c_i - 0.5\frac{o}{\tau}} \tag{4.4}$$

其中，K_c和K_o是Rubisco的羧化和氧化的米氏系数。一旦用这种方法计算出V_c^{max}，就可以用方程(4.2)确定J_{max}的值，然后用McMurtrie和Wang(1993)的通用函数计算环境温度的影响。这一方法定义了叶片的光合需求能力。从土壤中吸收的氮根据其平均辐照度分配到植物冠层的不同叶层，该特性是模拟野外观测的结果(Hirose and Werger，1987)：

$$N_l = N\frac{I_l}{I_o} \tag{4.5}$$

其中，N_l是辐照度为I_l，冠层顶部的辐照度为I_o时分配给叶层l的氮。除了确定特定叶层的光合能力外，分配的氮还影响叶片的暗呼吸速率R(Woodward et al.，1995)：

$$R = \frac{N_l}{50}e^{r_1 - \frac{r_2}{8.3144T_k}} \tag{4.6}$$

其中，r_1和r_2是温度的函数(Woodward et al.，1995)；T_k为温度(K)。

除了光合作用的需求控制外，光合作用的实现速率还依赖于CO_2进入叶片的供应速率，如图3.8所示。就供给层面而言，光合作用的速率可定义为

$$A = \left(\frac{c_a - c_i}{P}\right)g - R_d \tag{4.7}$$

其中，c_a是围绕在叶片周围的CO_2分压；P为大气压；g是通过叶片边界层和气孔进入叶片的CO_2扩散导度。在第3章中已经详细定义了气孔导度对气孔开度的控制。土壤的含水量是气孔导度的进一步限制，其为气孔导度k_s的一个倍数[之前已经定义过，见方程(3.15)]。k_s介于1(最大持水量时的土壤水)和0(枯萎点)之间，其定义为(Woodward et al.，1995)

$$k_s = \frac{s_1(w - s_0)}{w - 2s_0 + s_2} \tag{4.8}$$

其中，w为土壤含水量；s_0为气孔导度为零时的土壤含水量；s_1为气孔导度对s_0以上w响应的斜率；s_2为当土壤含水量达到饱和时，气孔导度对w的响应变平的速率。

冠层响应

冠层过程是所有叶片活动的总和(图4.2)。例如，土壤含水量控制植物的气孔导度[方程(4.8)]，但其本身受构成冠层的所有植物对水分的总吸收和总损失所控制。植物冠层

的蒸腾速率 E_t 由成熟的彭曼-蒙特斯公式(Penman-Monteith equation)定义(Monteith，1981)：

$$E_t = \frac{sR_n + c_p \rho g_a D}{\lambda\left(s + \gamma\left(1 + \frac{g_a}{g_s}\right)\right)} \tag{4.9}$$

其中，s 为饱和水汽压与温度曲线的斜率；R_n 为冠层的净辐射平衡(扣除进入土壤的热通量)；c_p 为空气的比热容；ρ 为空气密度；g_a 为冠层的边界层导度；D 为水汽压差；λ 为水蒸发的潜热；γ 为干湿计常数；g_s 为冠层气孔导度。关于这一些变量的更多信息可以在其他文献(Monteith and Unsworth，1990；Jones，1992)中找到。

在方程(4.9)中，冠层气孔导度实质上是平均植物气孔导度乘以冠层叶面积指数。冠层边界层导度很难在全球范围内测量，而对于特定类型的植被，如森林、灌丛或草原，则可以给出一个固定值。但是，如果可以获得植被上方的风速测量值，且植被高度已知，则可以确定边界层导度(Jones，1992)：

$$g_a = \frac{k^2 u}{\left\{\log_e\left[\frac{z-d}{z_0}\right]\right\}^2} \tag{4.10}$$

其中，k 为冯卡门常数(von Karman's constant)(0.41)；u 为在高度 z 处测量的风速，在冠层上方的高度 h、粗糙度长度 z_0 通常可以近似为 $0.13h$，而零平面的位移 d 可以近似为 $0.64h$(Campbell，1977)。不幸的是，当冠层上方有逆温层时，或当温度随高度下降比标准中性条件($0.01℃\cdot m^{-1}$)更快时，该方程对边界层的估算会不准。因此，冠层的边界层估算常常会有一定的误差。

在任何特定地点或气候条件下，冠层叶面积指数、净初级生产力和蒸腾速率都是相互关联的(Woodward et al.，1995)。尽管冠层较高处的叶片会遮挡较低处叶片从而降低冠层的光合潜力，但冠层的光合作用随 LAI 的增加而增加。LAI 一直增加，直到最底层叶片的 NPP(光合作用减去暗呼吸作用)为零，则模型假设没有更下一级的叶层。如果该 LAI 的年蒸腾量超过了到达土壤的年降水量(降水量减去冠层截留水)，则 LAI 降低，直至到达土壤的降水量至少等于冠层蒸腾量为止。最后，冠层 NPP 必须足以供应形成新叶和新根的消耗。如果 NPP 太低，那么 LAI 就会降低，直至满足条件为止。

土壤的相互作用

从土壤中吸收矿化氮是决定光合作用和呼吸作用的关键因素[方程(4.3)和方程(4.6)]，因此这是重要的建模过程。磷的供应也很重要，特别是对那些尚未在冰期恢复活力的土壤而言。为便于计算和降低复杂性，这里描述的植被模型不包括磷的供应。取而代之，我们假定土壤中的碳、氮和菌根活性之间存在着的密切联系并且化学计量关系(Woodward and Smith，1994a，1994b)也适用于磷元素(Read，1991)。这些相互联系有很多证据支持(Schlesinger，1997)。例如，光合速率依赖于氮和磷，而在细菌系统中，当氮缺乏时，任何磷的增加都会刺激氮的固定（Stock et al.，1990）。因此，若要理解碳循环和氮循环，势必将同时考虑磷循环的影响。然而，如果磷的可用性增加，如通过人类活动使其可用性增加，则该模型的估测可能会有些不准确。

当植物凋落物掉落到土壤表面（地表凋落物）或脱离活根（根凋落物）时，分解过程将凋落物中的一些碳转化为CO_2（异养呼吸），其余转化为不同稳定性的碳库（图 4.3）。

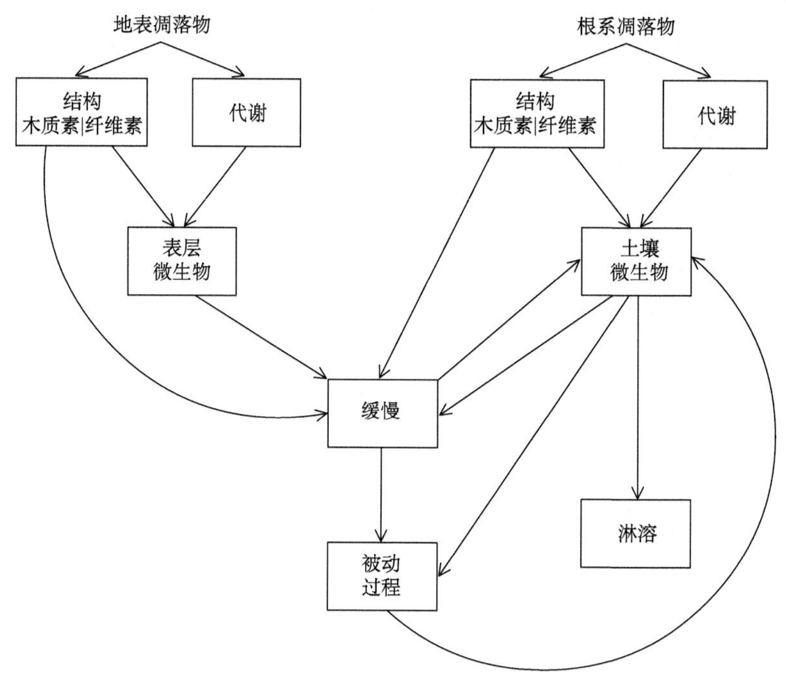

图 4.3　世纪模型中碳循环结构和途径

每一个箭头都代表损失到大气中的CO_2，以及释放并被根系所吸收的氮

碳库的稳定性与凋落物碳成分的化学性质广泛相关。如果是纤维素，那么它的分解速度很快；如果主要是木质素，那么反应速率就很慢。这些过程在图 4.3 中有概况性的描述，并由此开发出了土壤养分循环的“世纪模型”（Parton et al.，1993）。活性碳库指微生物库，而“慢性”和“惰性”碳库的周转率可能从几十年到几千年之久（Schlesinger，1997）。当微生物分解凋落物中的碳时，土壤中的氮可能被矿化并可被根系吸收。土壤的碳氮比平均为 15～20（Schlesinger，1997），而木材（碳氮比平均为 160）和叶片（碳氮比为 20～80）的比率往往更高。该比率表征了氮矿化的潜力，高比率凋落物的矿化非常缓慢。其实植物和土壤的碳氮比范围都相当有限，这一事实支持了先前的观点，即在植物对养分的利用方面，碳和氮（以及磷）的循环是密切相关的。

植被与土壤碳氮循环基本方程如下。对于碳循环：

$$C_{\mathrm{v}} = \mathrm{NPP} - \left(L_{\mathrm{c}} + P_{\mathrm{c}}\right) \tag{4.11}$$

$$C_{\mathrm{s}} = L_{\mathrm{c}} - \left(R_{\mathrm{l}} + S_{\mathrm{c}}\right) \tag{4.12}$$

其中，C_v 为可供生长的植被中的碳；NPP 为净初级生产力；L_c 为凋落物中的碳；P_c 为储存在植被生物量中的碳(所有的单位均为 $t\,C\cdot hm^{-2}$)。土壤中生物活动的碳的有效性 C_s 由凋落物碳的输入、凋落物异养呼吸的碳损失 R_l 及土壤中的碳储量 S_c 所决定。氮循环可类似地定义为

$$N_v = N_m - \left(L_n + P_n\right) \tag{4.13}$$

$$N_s = L_n - \left(M_m + S_n\right) \tag{4.14}$$

其中，下标 n 表示氮，而不是如方程(4.11)和方程(4.12)中的碳；N_m 为植物吸收的矿化氮。凋落物从植被掉落到土壤的过程会耗尽植被的碳储量，但却将氮源输入到土壤中。后者在微生物分解矿化后可被植物吸收。这种矿化的氮构成了 N_m 的一部分，同时 N_m 也可以由固氮生物、大气无机氮及人类使用的肥料中的 N 来补充。

定义植被结构

植被结构(此处仅考虑森林、草地及两者混合的情况)在植被模型中以动态的模式来估测。此处的“动态”意味着任何地点或区域的植被总是在变化，包括其生长状态、种间竞争及扰动的发生(特别是火灾事件，会完全破坏现有的植被结构)。基于这一动态结构的模型被定义为全球植被动态模型(Dynamic Global Vegetation Model，DGVM)(Steffen et al.，1992)。DGVMs 不同于传统的用以评价气候对植被影响的均衡或静态植被模型(Watson et al.，1995)，因为传统模型未考虑干扰因素或者植被动态的影响，而使其价值受到局限(Woodward and Beerling，1997)；相反地，各种 DGVMs 则考虑了植被变化趋势对短时气候变化的响应(Mitchell et al.，1995)。

简而言之，DGVM(图 4.4)可以理解为整个区域(此例中则是整个地球)中每个网格单元(最小空间单元)内物种相互作用的斑块模型的综合(Shugart，1984)。小空间单元的斑块模型主要模拟森林等大范围植被区域内独立个体的生长、死亡及个体间相互作用。在谢菲尔德全球植被动态模型(the Sheffield DGVM，SDGVM；图 4.4)中，斑块内个体的生长、发育、死亡及波动受到诸如 NPP、LAI、土壤和地表凋落物数量、水分状态等因素的驱动。当斑块内的独立个体开始占据主导地位时，信息被反馈到整体模型中，则可能会影响能量和动量的传递(图 4.4)。

经典的斑块模型(Shugart，1984)与 SDGVM 中使用的斑块类型的主要区别在于，后者先定义了可能在典型斑块模型中出现的所有区域性物种和潜在物种的动态及生命史特征。在全球尺度上，这已达到需要定义所有开花植物特征的规模(约 250000)，而这基本上是一项不可能完成的任务，因为只有很小比例的物种得到充分认知并适合应用于模型中。因而，功能类群或物种类型，如常绿阔叶树种、C4 光合途径的禾本科植物等类群以不同的方式被定义，以满足植被模型的需求(Box，1996；Woodward and Cramer，1996；Smith et al.，1997)。

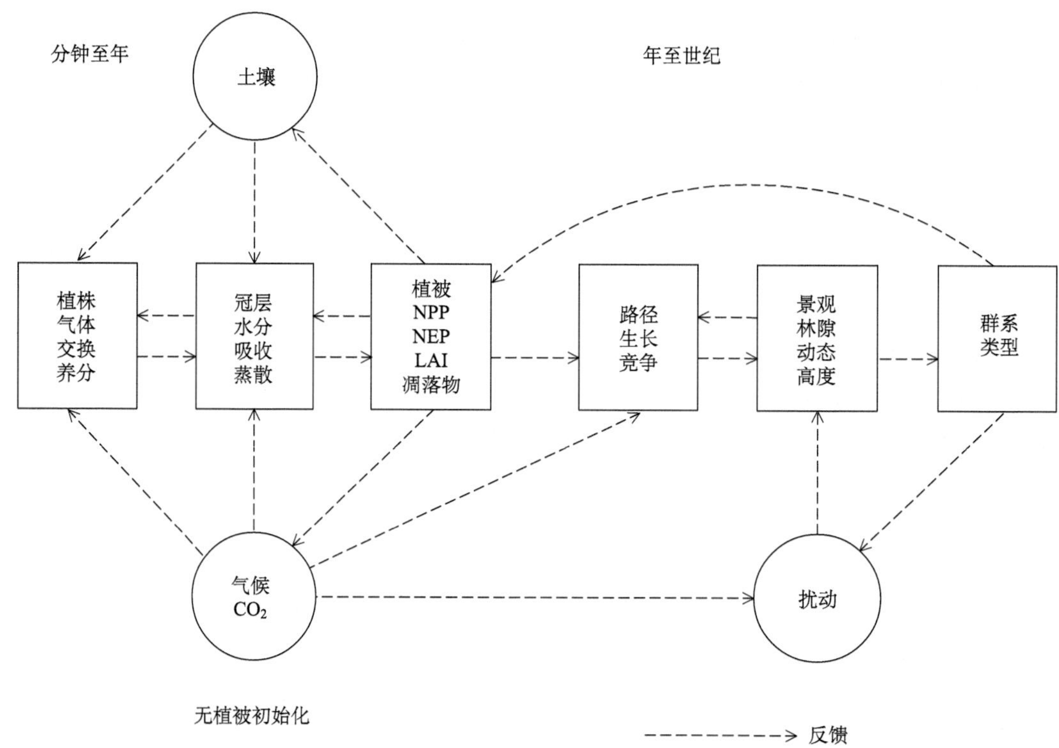

图 4.4　谢菲尔德全球植被动态模型(SDGVM)基本结构示意图

模型尺度包括短期过程(左)和长期过程(右)。长期过程与物种功能型和植被结构动态有关，短期过程则与能量和物质的通量有关

定义功能型

第一个被用来区分物种群体功能型的指标是其在最低温度下的生存能力，该温度被定义为绝对最低温度；在特定地点一般表现为 20～30 年的回归周期，也就是说，不是每年都出现。Woodward(1987a)回顾了有关不同物种在低温和冰冻条件下生存能力的大量实验和观测数据。低温耐受型物种群体作为一个特殊的功能型被识别出来。从群落外貌上，这些群落具有外观易于辨认的特点，包括常绿和落叶阔叶植物，以及常绿和落叶针叶植物，且大多数为乔木。

Woodward(1996)通过对丰度的详尽描述，扩展和改进了对低温耐受型的分析(图 4.5)。这一改进的必要性在于解释了为何最低温度会限制物种的生存。尽管并没有一个显著的物种生存高温限制机制，却有一个明显的地理限制，即在较温暖的气候条件下未发现寒冷气候功能型。活跃的温暖气候功能型对寒冷气候型的竞争性排斥被认为是主要原因，并在模型中被明确定义(Neilson et al.，1992；Prentice et al.，1992)，但是几乎没有证据支持这一过程(Woodward，1996)。因此，高温下的物种丰度下降(图 4.5)仅仅是基于现代物种的分布得出的结论。

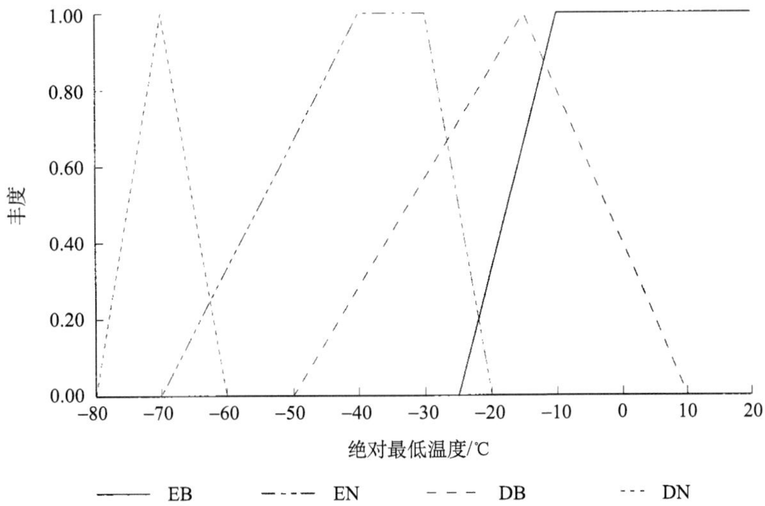

图 4.5　不同功能类群物种的相对丰度与绝对最低温度的关系(基于 Woodward，1987a，1996 数据)

EB，常绿阔叶树种；EN，常绿针叶树种；DB，落叶阔叶树种；DN，落叶针叶树种

在气候变暖的情况下，某一特定功能型的分布可能会突破图 4.5 定义的气候限制。在 SDGVM 中，突破限制的功能型所占比例会随时间的推移而下降，并在植被扰动的作用下被生长更快的功能型所取代。在模型中，前述功能型及具有 C3 和 C4 光合途径的禾本科植物，在某个斑块内进行模拟时，生长最快的功能型总是会随时间的推移取得主导地位。功能型的生长受前述 NPP 值(包括 C4 功能型的 NPP 值)的驱动(Collatz et al.，1992)。

对于乔木来说，其最大生长高度受控于茎干分配所得 NPP，即除叶和根消耗以外的剩余部分。叶所消耗部分可通过 LAI 与比叶面积(m^2 叶面积/gC)相乘得出，根的消耗部分则由每年的蒸腾总量所决定：

$$\mathrm{NPP_r} = Tk_t \tag{4.15}$$

其中，$\mathrm{NPP_r}$ 是根的 NPP；T 是年蒸腾总量(mm)；k_t 是支撑年蒸腾率必需的根质量。不同物种和群落的这个常数依据根系生长和植物蒸腾观测数据得到(Cannell，1982)。

树木最大高度 h，被定义为(Beerling et al.，1996)

$$h = \frac{\sqrt{\Delta\psi}}{\sqrt{T_m}} \frac{\sqrt{x}}{\sqrt{w}} \mathrm{NPP_s} \tag{4.16}$$

其中，$\Delta\psi$ 是从根系到茎干顶部的最大水势落差；T_m 是冠层最大蒸腾速率；x 是木质部水分传导度；w 是茎干密度；$\mathrm{NPP_s}$ 是茎干净初级生产力。在最大树冠高度 h 的前提下，地上生物质量 b 被定义为

$$b = \left[\pi\left(\frac{d}{2}\right)^2 h\right] w \tag{4.17}$$

其中，d 是齐胸高度的茎干直径，可以通过 Niklas(1992)描述的方法计算得出。

树冠达到最大高度的时间取决于 $b/\mathrm{NPP_s}$。在 $\Delta\psi$、x、w 和 d 的影响下，不同功能型

树种的生长速率不一样。每一种功能型的比重是高度增长和排除火灾事件干扰时间的直接函数。在 SDGVM 中，某一特定斑块中火灾频率（见第 5 章）受到植物凋零物的可用性和含水量的控制，与实际观测火灾呈正相关关系（Woodward et al.，2001）。

现代 LAI 与 NPP 的模型应用

上一节描述了应用于本书中的基本植被模型。这些模型的优劣是根据它们模拟现实世界某些方面的能力来判断的。在本节中，我们的目的是：①模拟植被 LAI 与 NPP 的全球尺度格局，并看其与观测结果是否非常相似；②模拟基本植被类型的分布，植被类型即前文功能型的集合体。

我们选取 1988 年为现代的代表年份，因为该年的气候和遥感数据易于获取，可以用于运行和测试模型。国际卫星陆面气候学项目（the International Satellite Land Surface Climatology Project，ISLSCP）的第一项倡议是将 1987 年和 1988 年的全球数据集整理到 CD-ROMs 光盘上，以 1°×1°的分辨率和网格划分地球表面（Meeson et al.，1995）。所有数据集被分为 5 组：植被，水文和土壤，雪、冰和海洋，辐射和云层，以及近地面气象。

ISLSCP 光盘中的全球近地面气象和土壤质地数据被应用于 SDGVM（图 4.2 和图 4.4）。将 1988 年的植被 LAI 和 NPP 估测结果与植被表面反射的红外和远红外辐射的卫星测量结果进行对比。其反射数据被转换为归一化植被指数（the normalized difference vegetation index，NDVI），该指数与植被叶状态呈正相关关系（Goward et al.，1985；Justice et al.，1985）。然而，NDVI 值之间的相关性是非线性的，NDVI 对于高叶面积指数的差异并不敏感（Nemani and Running，1996）。

植被模型首先要经过自旋（spun-up），才能用于估测 1988 年的 LAI 和 NPP。这首先是通过对土壤中碳库和氮库进行初步分析实现的，最后经过 400 年的自旋达到植被的平衡。来自 Leemans 和 Cramer（1991）的数据集被应用于这一自旋，随后使用 1987 年和 1988 年 ISLSCP 数据集来运行 SDGVM。英国气象局统一预报和气候模型［the United Kingdom Meteorological Office（UKMO）Unified Forecast and Climate Model］也做了进一步的运算。这是一个完全耦合的海洋-大气 GCM，使用的版本是第二哈德莱中心耦合模型（the 2nd Hadley Centre Coupled Model，HadCM2）。该模型的分辨率低于 ISLSCP 的 2.5°×3.75°的分辨率，可用于估测 1860～2100 年的全球气候，并结合大气要素（如硫酸盐气溶胶等大气成分），提供了一个很好的关于现在气候的预测。第 10 章将用这一模型来预测温室气候下的植被变化。对 HadCM2 气候数据集的初步评估表明，其与 1931～1960 年所建立的全球气候数据集并不完全匹配（Leemans and Cramer，1991；CLIMATE 修正版）。因而，对 HadCM2 的数据进行了温度和降水的校正（W. Cramer，个人通信），以使其与 Leemans 和 Cramer 基于 1931～1960 年观测数据修改后的数据集匹配。这些修正的数据也被应用于 HadCM2 运行的其他所有时间段，因此说这些数据仅仅是简单的 HadCM2 气候数据是不正确的。然而，在本章和接下来的章节中，将继续沿用 HadCM2 气候数据这样的称呼。此外，尽管 HadCM2 气候数据集是一个日期明确的时间序列，但并不意味着该模型试图估测特定年份的气候。当然，CO_2 浓度是适合特定年份的。

利用两组气候数据运行 SDGVM 的目的，不仅仅在于寻找估测植被响应的相似性，还在于寻找其差异性，后者很有可能反映了气候模拟中的差异。应当指出的是，ISLSCP 光盘中的气候数据也是基于模型得出的；本例中的气候数据来自欧洲中期天气预报中心(the European Centre for Medium-Range Weather Forecasting, ECMWF)。该模型生成的数据是用于预测的目的，因此称其为天气预报模型更为恰当。ISLSCP 光盘中的数据是结合大气观测和模型运行得出的结果。然而，实际运行中并没有包含任何地表数据，而是使用了以前记录的观测数据，以便约束模型的预测(Brankovic and Van Maanen，1985；Betts et al.，1993)。

1988 年的 LAI 全球模式

LAI 的模型估测可以有多种形式，本例中采用了生长季平均 LAI 和年均 LAI 的全球图。基于 ISLSCP 数据的生长季平均 LAI 以 1°×1°的最高分辨率展示(图 4.6)，而基于 HadCM2 模型的生长季 LAI 数据则以较低的 2.5°×2.75°GCM 分辨率展示(图 4.7)。

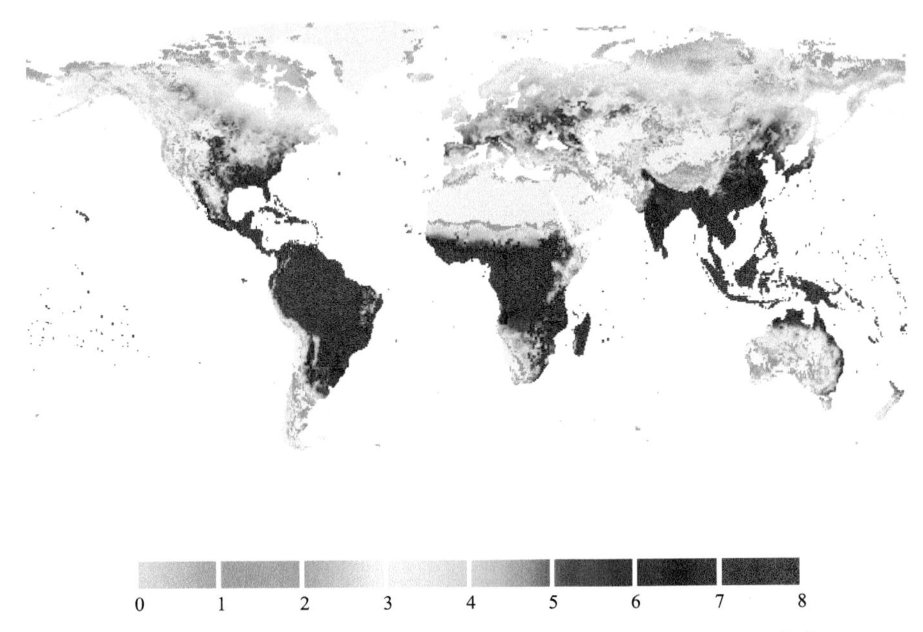

图 4.6　基于 ISLSCP 光盘气候数据的 1988 年生长季平均叶面积指数

书中地图系原文插附地图，未做修改，下同

两组数据估测的 LAI 总体空间格局似乎非常相似，热带和赤道雨林的 LAI 最高(可达 8)，落叶林和常绿针叶北方森林的 LAI 值居中(3～5)，草原和半干旱地区的 LAI 最低(< 2)。基于 ISLSCP(图 4.8)和 HadCM2(图 4.9)的数据也得出了年均 LAI。基于 ISLSCP 数据估测的结果被降低到与 HadCM2 网格相同的分辨率，以便能以相同的分辨率和网格单元数(1631 个)进行对比(图 4.10)。

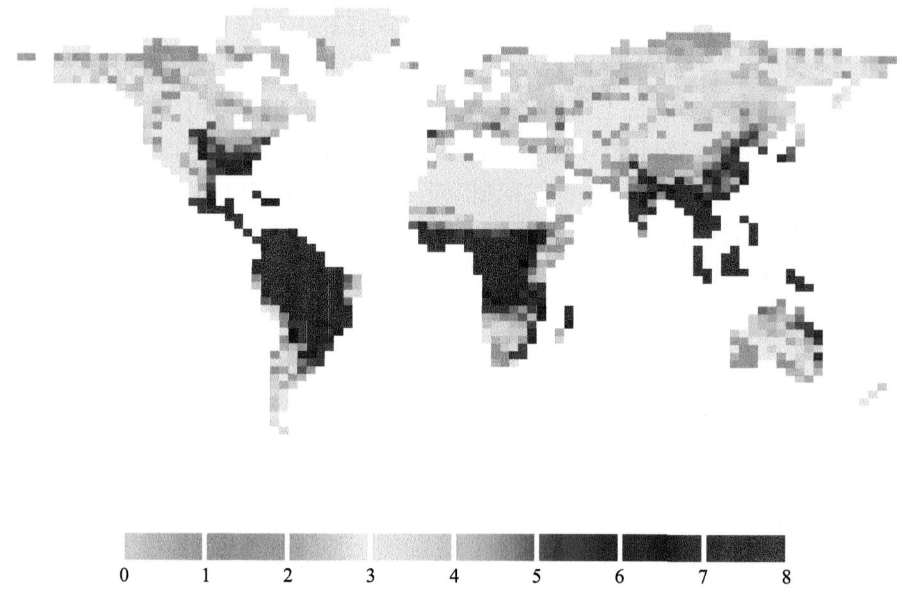

图 4.7　基于 HadCM2 模型气候数据的 1988 年生长季平均叶面积指数

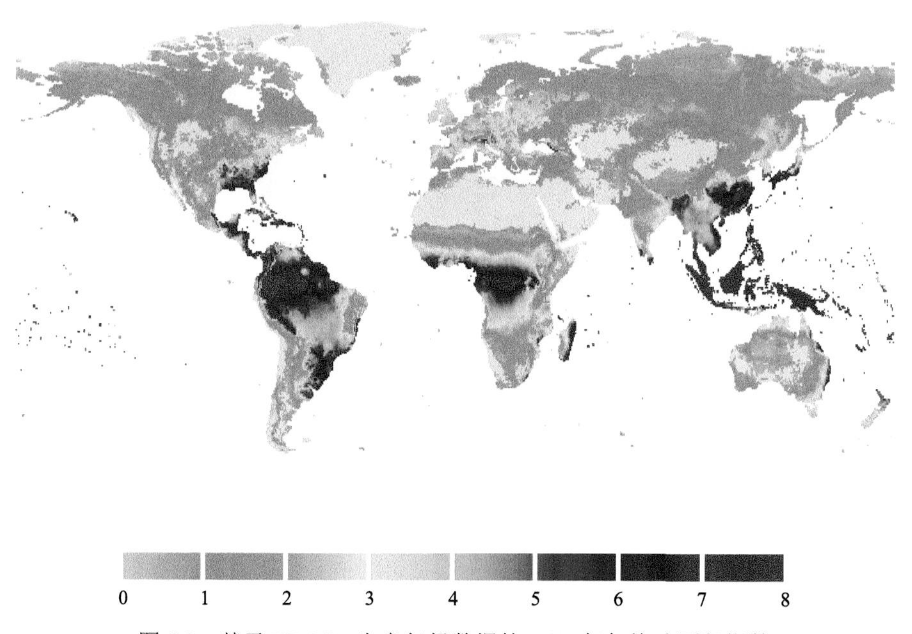

图 4.8　基于 ISLSCP 光盘气候数据的 1988 年年均叶面积指数

在年均 LAI 和生长季平均 LAI 图的对比中，清楚地显示了寒冷和干旱落叶植被区域，如非洲、北美和南美洲、欧洲和西伯利亚。两种模拟方式之间的差异更显著，如 HadCM2 模拟的澳大利亚东海岸和美国西北太平洋海岸森林边缘缺失（图 4.9）；相对而言，ISLSCP 模拟的撒哈拉南部的植被则被过度侵蚀（图 4.6，图 4.8）；高纬度地区的 LAI 则被低估。这些差异在与 1988 年卫星图像进行对比时会更加明显。

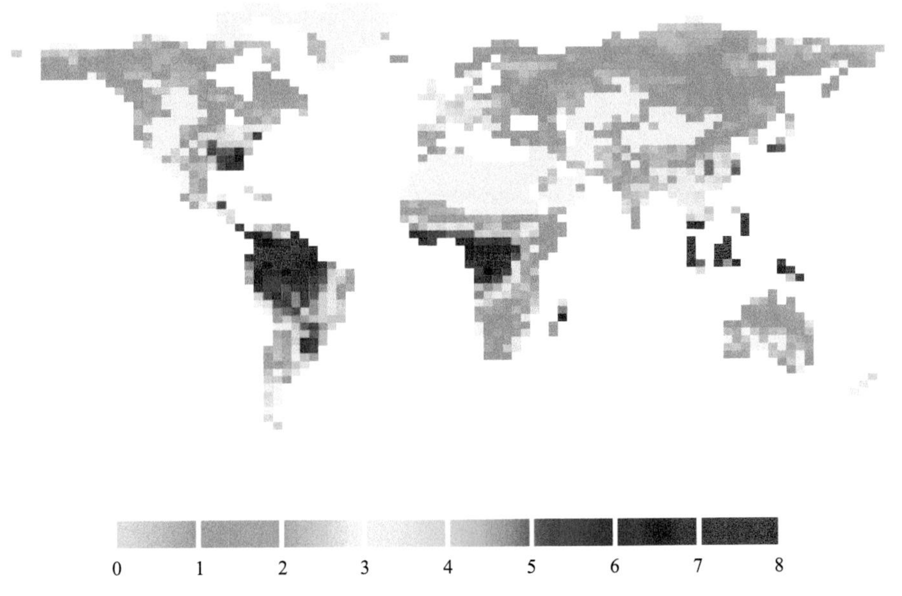

图 4.9　基于 HadCM2 模型气候数据的 1988 年年均叶面积指数

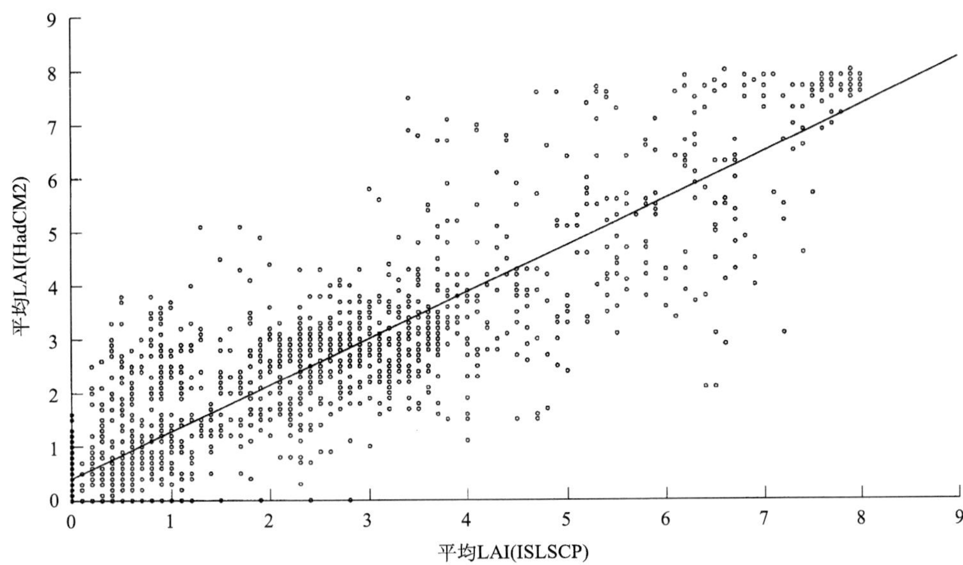

图 4.10　基于 ISLSCP 和 HadCM2 估测的全球尺度年均叶面积指数对比

线性回归方程 LAI（HadCM2）=0.41 + 0.87×LAI（ISLSCP），r^2=0.796，n=1505（植被网格）

对两个模型输出的第一项检验是通过 LAI 年均值的回归分析实现的（图 4.10）。理想的结果是所有的点都分布在 1∶1 线上，且截距为 0。尽管截距接近于 0，回归线的斜率也接近 1（图 4.10），但这些特征都无法精确实现。

Mitchell（1997）明确指出回归分析并不是检验模型估测的理想工具。回归分析主要用于基于 x 值对 y 值进行估测，但在图 4.10 中我们的目的并非基于 ISLSCP 运行来估测 HadCM2 运行的 LAI 值。基于回归线斜率与 1∶1 线的差值或许也可采用，但是图 4.10

中点的数量多且分散，很多点分布在 1∶1 线两侧，因此斜率也存在明显的误差或者置信极限。回归线的实际算法基本没有验证价值，其既非模型的一部分，亦非模型的输出值，因而并不能直接反映模型的表现。对模型测试的改进方案是检验两个输出集之间的差值，在本例中则是用 LAI(HadCM2)减去 LAI(ISLSCP)（图 4.11）。将这个差值投点在以 LAI 为坐标的任一模型的图上，不仅可以指示偏差，也可以用来估计预测的精度范围。这种方法无法检测出两个模型具有的相同错误，这需要引入一个独立的标准来检测，该标准将从图 4.14 开始引入。

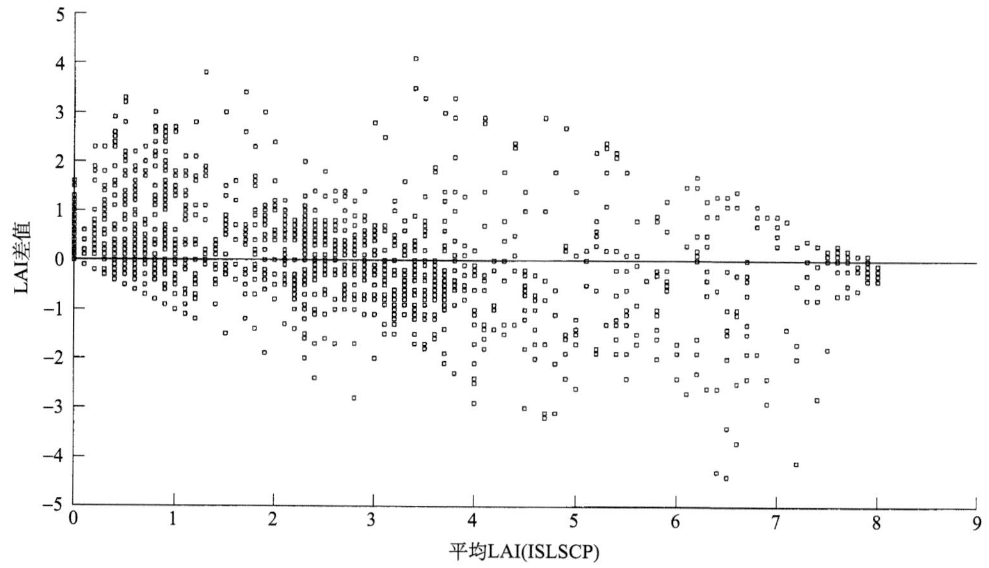

图 4.11 基于 ISLSCP 年均 LAI 投影的 LAI 差值[LAI(HadCM2)–LAI(ISLSCP)]分布

未展示具有统计意义的趋势

LAI 差值图没有显示 LAI 的变化趋势，表明除了图中左下角和右上角展现的坡面，模型的输出没有显著的偏差。这些坡面是由模型输出 LAI 的固定下限值(0)和上限值(8)所导致，并限制了在这些限值或接近限值时可能出现的差值的范围。最后的检验是将 LAI 差值转换为差值的频率直方图(图 4.12)，该图可展示差值分布的定量图像，同时衡量回归技术应用的可信性，并且这些差值一般为正态分布。

直方图(图 4.12)的确表明，HadCM2 和 ISLSCP 数据估测的 LAI 值与差值的正态分布十分吻合。超过 75%的估测分布在±1 的范围内，95%的估测分布在±2 的范围内。由于 ECMWF 模型旨在解决年际差异，如在厄尔尼诺(El Niño)事件期间及其后的年际差异，所以这两种气候模型之间可能存在一定差异(Diaz and Markgraf，1992)。

第二项检验是将 LAI 模型估测结果与卫星对植被的观测结果进行对比；卫星观测到的植被反射辐射为红色(被叶片叶绿素强烈吸收)和远红外波段(不被叶绿素吸收)。这些数据被转换为 NDVI，与 LAI 呈非线性、饱和方式的相关关系(Los et al.，1994；Nemani and Running，1996)。NDVI 是($L2–L1$)与($L2+L1$)的比值，其中 $L1$ 是植被反射到卫星的红光的通量密度，$L2$ 是远红外光的通量密度。

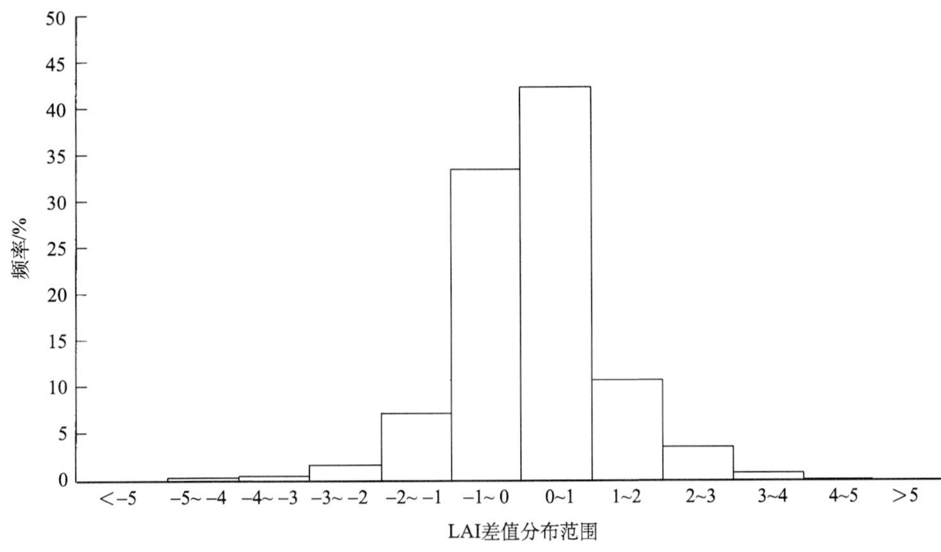

图 4.12　基于图 4.11 的 LAI 差值直方图

ISLSCP 光盘中包含了 1988 年 NDVI 数据和年均 NDVI 数据(图 4.13)，可以与估测所得 LAI 年平均值(图 4.8 和图 4.9)直接对比。NDVI 以实际植被为基础，包括由森林转化的农耕区和被城市化所吞没的自然植被区，因此 NDVI 和 LAI 的估测值不可能完全一致。此外，NDVI 对裸露土地特征非常敏感，并以一种未知方式包含到年度指数中。最后，该指数仅作为一种对比的工具：植被模型更好的应用是估测不同波段辐射的反射通量，并将其与卫星实测的反射通量进行对比。另一个实际问题是，反射通量必须穿过大气层，但因大气层中云和大气气溶胶数量的差异，使得确定植被对反射通量影响的精确性还存在一些问题。

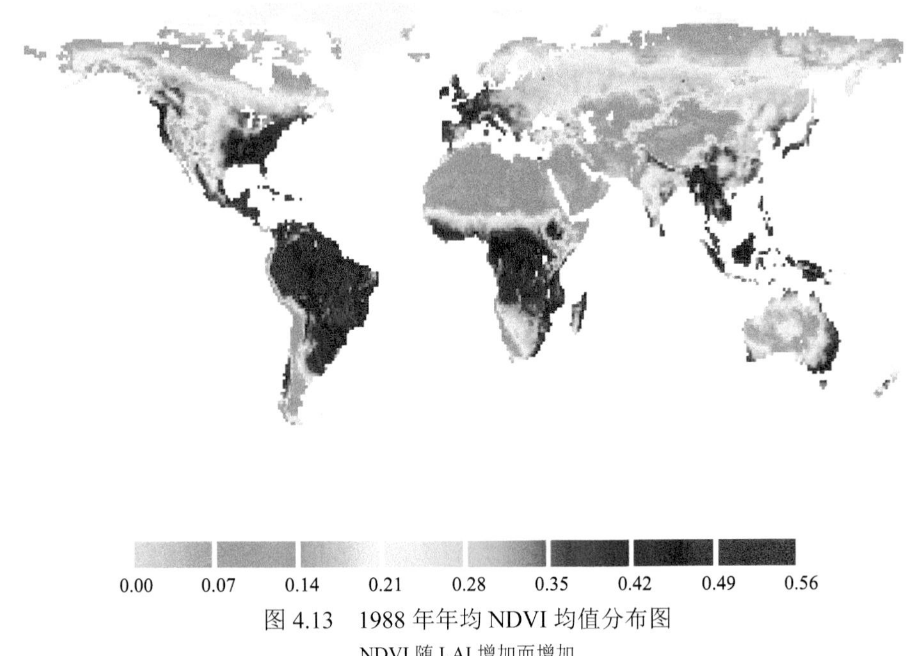

图 4.13　1988 年年均 NDVI 均值分布图

NDVI 随 LAI 增加而增加

对这三张图进行视觉上的比较(图 4.8、图 4.9 和图 4.13)会发现一些结果高度一致的区域：如赤道和热带雨林地区都具有高 LAI，而美国东部、非洲南部从干旱落叶林到沙漠及美国草地边界区的 LAI 随纬度的上升均呈现下降的趋势。三张图的区别出现在澳大利亚的东部和西南部：HadCM2 未能估测出高 LAI 值(图 4.9)。两个模型都未能估测出太平洋西北和智利南部森林的高 LAI 值，而 ISLSCP 数据则更好地显示出加拿大北方森林向苔原的过渡。NDVI 图上展示了一些不同寻常的模式，如爱尔兰和英格兰西南部的数值异常高(图 4.13)。这些地区以集约农场和牧场为主，全年降雨量高且规律；这表明常绿草冠层可以产生和赤道雨林地区一样的高 NDVI 反馈，因而 NDVI 不能作为 LAI 的理想指标。但是一般而言，NDVI 与 LAI 呈非线性相关关系(Nemani and Running，1996)，这种相关性为检验模型估测提供了一种独立的方法。

我们并不是使用经验关系将 NDVI 转换为 LAI，并在每个点上都会导致一个新的误差源，而是采用 Hunt 等(1996)的独立方法推导出 NDVI 和 LAI 的一般关系。ISLSCP 的年度 NDVI 值被用于重新计算和平均 Hunt 等(1996)报道的 1987 年 LAI 和 NDVI 之间的关系。但是，在这种情况下，通过重新计算和平均他们的方程式来计算平均年 NDVI(与最初使用的最大值相比)及 1987 年 ISLSCP 气候和 NDVI 数据，可以分析全球尺度模型估测的年均 LAI 与年均 LAI/NDVI 关系的偏差。从 ISLSCP 气候数据中得到的 NDVI 和 LAI 之间存在较大的离散(图 4.14)，但 NDVI 与 LAI 之间的渐近关系是显著的。

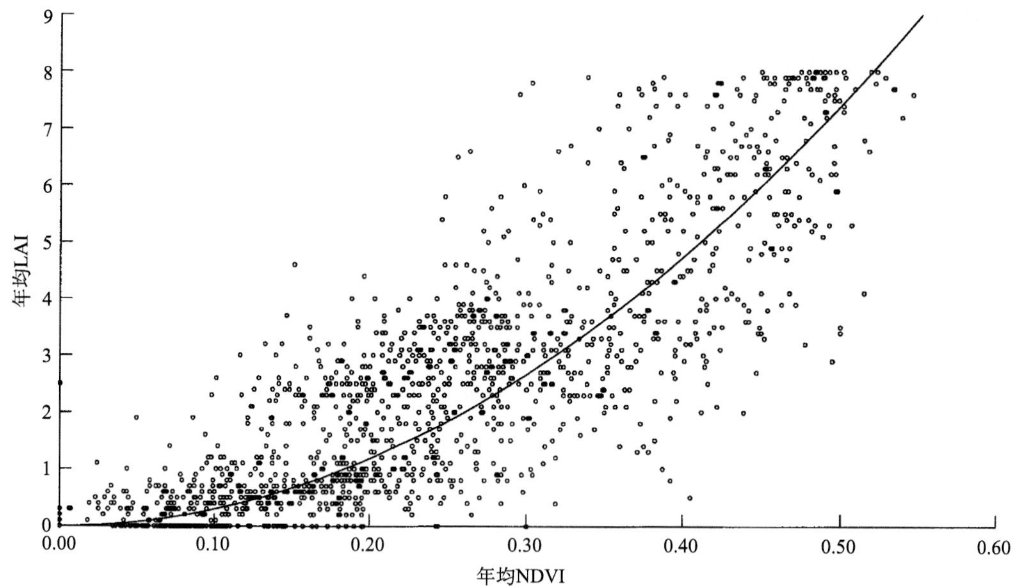

图 4.14　基于 ISLSCP 气候数据估测的年均 LAI 与年均 NDVI 的关系图

非线性回归[LAI=29.6(NDVI)^2]基于 Hunt 等(1996)和 ISLSCP 1987 年的 NDVI 数据得出

根据 Hunt 等(1996)和 ISLSCP 数据，导出 NDVI 上的 LAI 非线性回归线，采用与图 4.11 相同的方法，减去图 4.14 中的各个点，从而导出关系残差图(图 4.15)。剩余的

LAI 差值分布在零线附近，不存在明显的偏差。在图 4.11 中，NDVI 的最低值和最高值都存在由 LAI 上下限值固定所导致的坡面。在不受其他气候约束的情况下，植被模型中的最大 LAI 值是由冠层中最低叶层保持年 NPP 大于等于零的能力所决定的。这里和图 4.14 的数据均表明，并非所有的冠层都如此，LAI 可能高于 8。

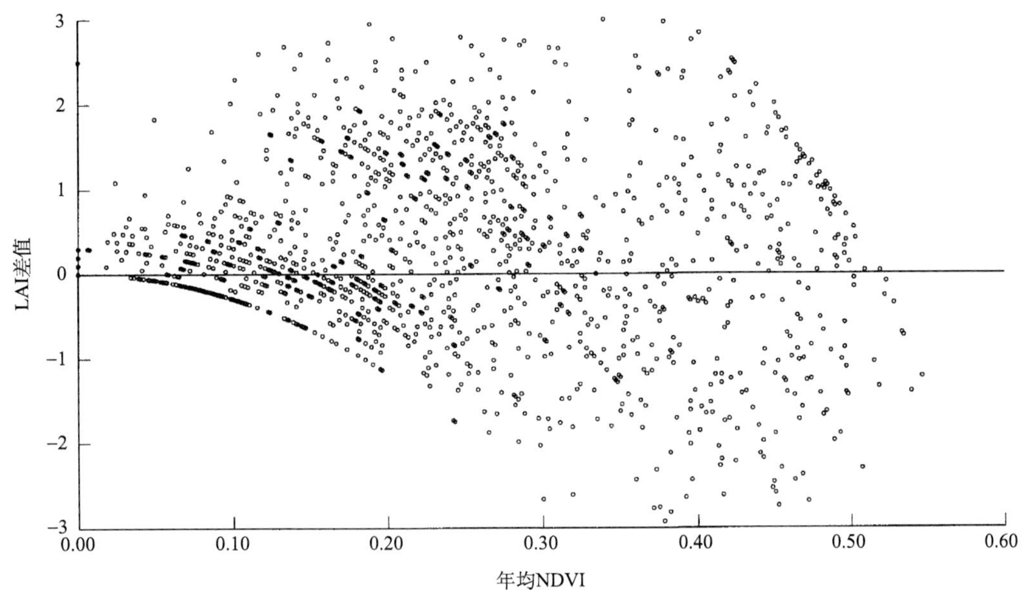

图 4.15　为使用 ISLSCP 气候数据展开估测而进行的 LAI 残值与年均 NDVI 的差值投影

LAI 残值的直方图(图 4.16)表明，LAI 的投点大多数落在 LAI 和 NDVI 平均回归线的狭窄区域内；63%的残值落在 LAI±1 个单位之间，刚刚超过 90%的残值落在 LAI±2 个单位之间。

对于采用 HadCM2 数据的估测，也进行了与 ISLSCP 数据相同的分析。在这种情况下，只显示了差异的直方图(图 4.17)，因为其他图与图 4.15 和图 4.16 非常相似。对于 HadCM2 的估测，61%的值落在回归线 LAI±1 个单位范围内，而 86%的值落在回归线 LAI±2 个单位范围内。

因此，总体而言，模型估测和 NDVI 得出的 LAI 值在全球尺度上显示出一致性；90%的残差落在 NDVI 上 LAI 线性回归线±2 个单位内。这并非植被模型的理想检验，因为这种估测已经在针对 NDVI 的另一个 LAI 模型(尽管是经验模型)进行了检验。这是一项重要工作，因为只有卫星观测才能实现全球覆盖。不管怎样，将植被模型或 NDVI 模型与 LAI 的实际观测结果进行对比都是十分重要的。这项测试的数据来自 Woodward (1987a)和欧盟资助的 EURO-FLUX 计划(由 R. Valentini 提供)。从非洲、澳大利亚、东南亚、欧洲、日本和美国，选取只有本土优势物种的良好森林和草地进行实验。基于 1988 年 ISLSCP 数据，野外点的经纬度已被用于定点最近的年 NDVI 观测值(1988 年)和年均 LAI 的投影。

尽管斜率小于 1，但是基于对估测的 LAI 实测数据的线性回归仍表明(图 4.18)两者之间有很强的相关性；同时也说明，整体而言该模型似乎低估了 LAI 值，虽然对于这几个观察结果，最大的误差似乎仅仅与 LAI 的中间值相关。

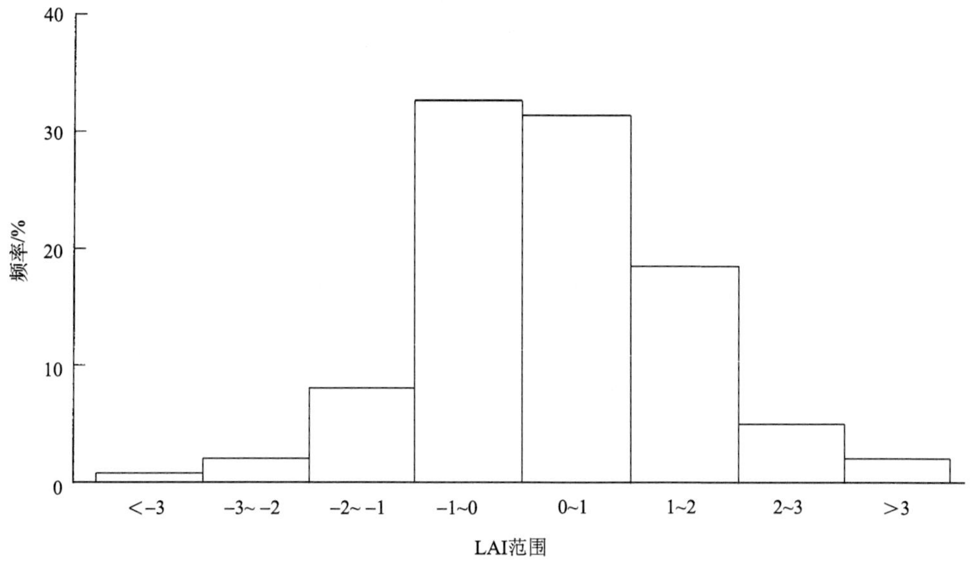

图 4.16　基于图 4.15 的残值直方图

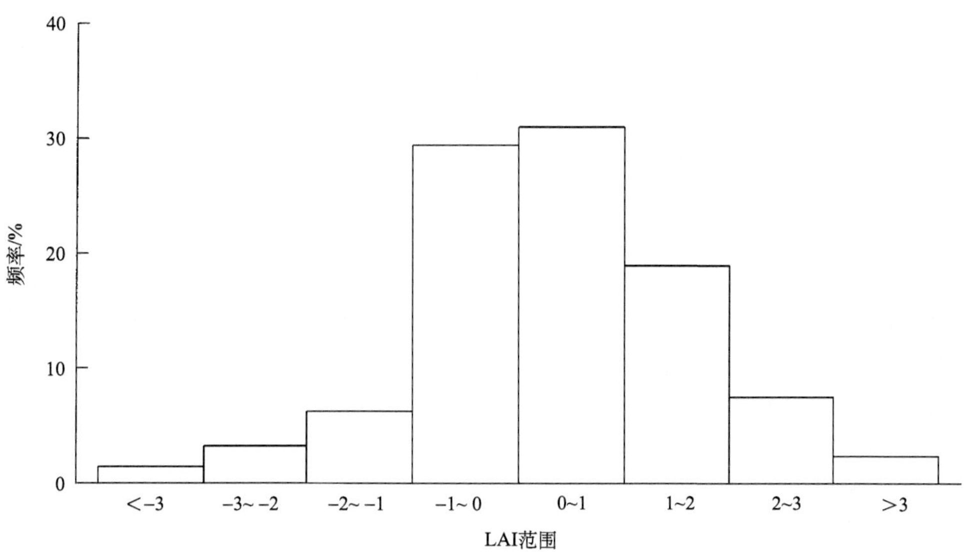

图 4.17　基于图 4.15 计算方法的残值直方图

LAI 则基于 HadCM2 模型

LAI 估测值的偏差，即 LAI(ISLSCP)−LAI(实测)，表明模型低估了中间范围的 LAI 值(图 4.19)：64%的实测值落在回归线 LAI±1 个单位范围内，而 86%的值落在回归线 LAI±2 个单位范围内。虽然无法解释，但部分原因可能是采用特定年份(1988 年)ISLSCP 气候数据导致的；这些数据的特征可能与实际测量 LAI 的年份存在较大差异。即便是这

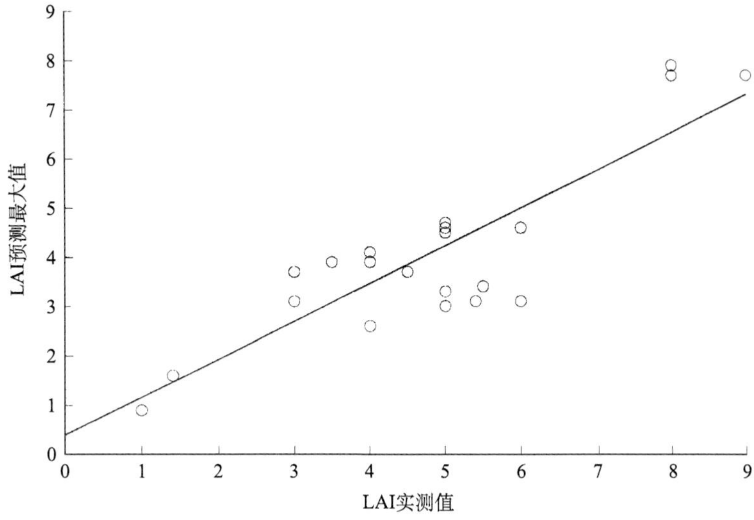

图 4.18　与 LAI 观测点对应的基于 ISLSCP 的 LAI 投影

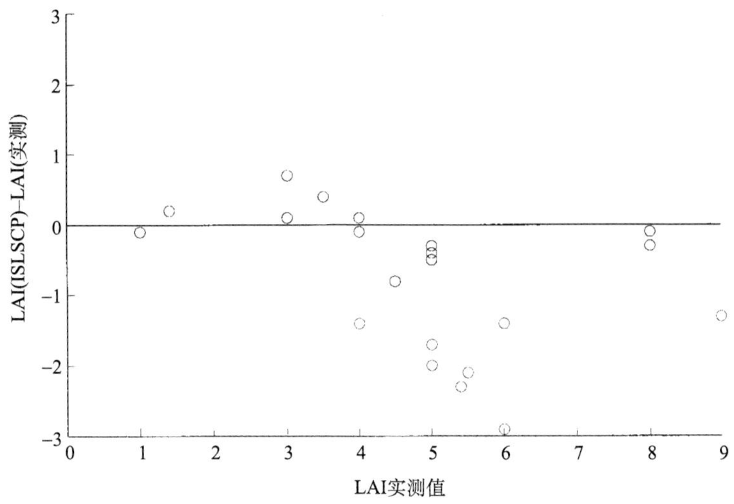

图 4.19　基于 LAI 观测值的 LAI 差值投影

LAI 差值计算方法为基于 ISLSCP 数据估测的 LAI 值减去 LAI 观测值

些对照观测的数据，LAI 的野外观测也仅是一个单点事件，而非整个生长季年份的测量。收集地点的气候数据是采用 ISLSCP 模拟的气候数据得来的，这也导致模型估测的精度不高。当采用气象站均值并在气象站之间进行插值时(如 Leemans and Cramer，1991 所采用的)，基于气象站记录数据的 LAI 和 NPP 的模型估测比基于观测数据的估测数据误差更大一些。

值得注意的是，当使用 HadCM2 数据时，与用 ISLSCP 数据相比，植被模型对 LAI 的估测范围更小(图 4.20)：59%的值落在 LAI±1 个单位的范围内，全部值落在 LAI±2 个单位的范围内。使用 HadCM2 数据进行模型估测具有更大的一致性，这表明 1988 年的 ISLSCP 气候数据与目前的总体气候趋势(如由 Hadley Centre GCM 估测的趋势)不同。

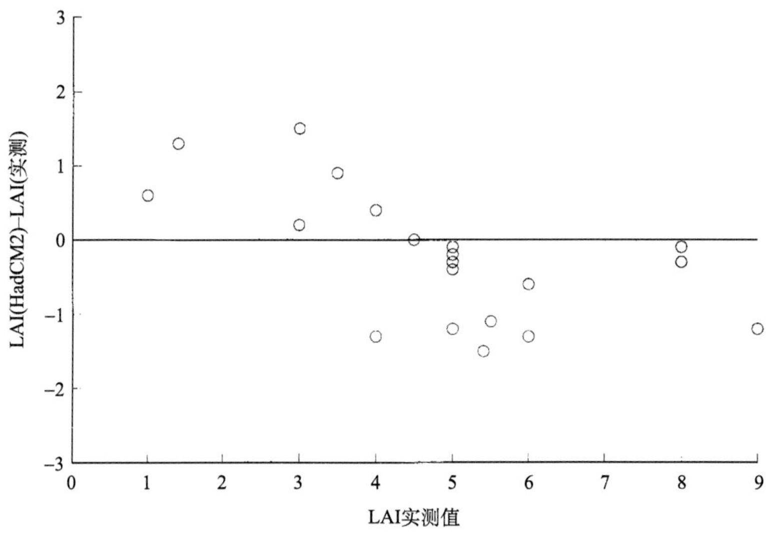

图 4.20　基于 LAI 观测值的 LAI 差值投影

LAI 差值计算方法为基于 HadCM2 数据估测的 LAI 值减去 LAI 观测值

还可以采用图 4.14～图 4.17 中的方法检验 LAI/NDVI 一般经验关系的准确性。这里对 1987 年和 1988 年的 NDVI 数据进行平均，以减少气候年际波动的一些问题。由 NDVI 推导的 LAI 值(图 4.21)比植被模型估测值离散得多。此外，随着 LAI 的增大，低估的趋势增加，这表明 NDVI 与 LAI 之间的一般关系是不准确的(图 4.14)，尤其是在 LAI 值较高时。这可能是由于 NDVI 和 LAI 之间的关系具有物种特异性或植被类型特异性(Nemani and Running，1996)。而在早期的分析中(图 4.14)，由于植被类型的不确定性而有意排除了这一特征。

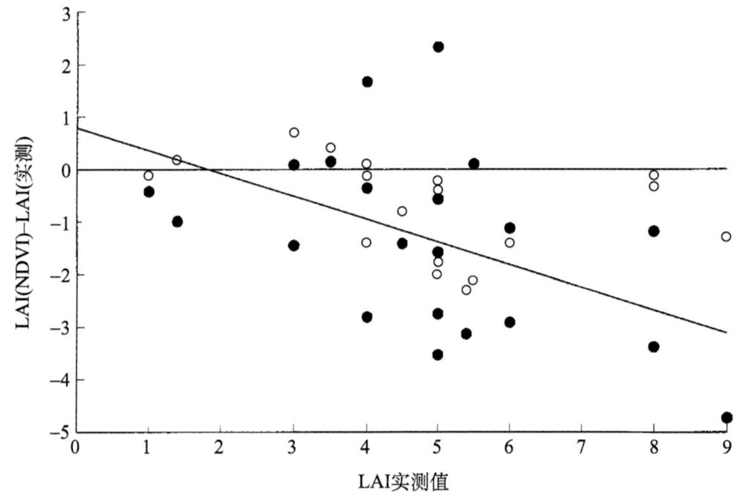

图 4.21　基于图 4.14 所描述的关系得到的 NDVI 模拟与实测 LAI 的差值

线性回归线表明：相对于 LAI 观测值(r^2=0.24, n=22)，基于 NDVI 模型对 LAI 低估了 0.43 单位/每单位。●为 NDVI 对比；○数据来自图 4.19

1988 年的 NPP 全球模式

LAI 的全球格局表明基于两种模拟气候数据源的植被模型，其运算结果具有较好的一致性。此外，LAI 的全球尺度估测结果与基于 NDVI 的观测值非常接近。在所有的情况下都存在差异，其中一些可归因于气候模拟的差异(图 4.12 和图 4.18)，而其他一些则归因于植被模型本身和模型检验方法的综合误差，如 NDVI(图 4.16、图 4.17 和图 4.19)。总体而言，这些误差共同限制了 LAI 的全球精度(误差范围约±1～±1.5 个 LAI 单位)。

尽管植被 LAI 和 NPP 之间密切相关(Woodward et al.，1995)，但出于两个原因，使用 NDVI 数据检验植被 NPP 产出被认为并不可取。其一，NDVI 已经被用来检验 LAI 估测值。其二，植被反射并用于 NDVI 计算的辐射仅与叶片和叶绿素有关。如果由于干旱等原因导致叶片气孔关闭，即使叶绿素含量不变，NPP 将在短时间内变为零或负值，而卫星检测到的却是一个不变的反射特征。此外，CO_2 浓度的变化也可能会导致 NPP 发生变化，但至少在某些情况下，冠层的光学特性并不会随之改变。这些因素降低了 NDVI 作为 LAI 的相关指标来指示 NPP 的能力。因此，需要另一种方法来检验植被模型中的 NPP 数据。

大量的 NPP 观测数据集(Esser et al.，1997；Parton et al.，1993；Long et al.，1992)可以用来检验植被模型。然而，应该注意到，在测量植被净年度生产力时可能会涉及相当大的误差，对此 Long 等(1992)进行了详细的报道：单个年度测量的净年度生产力误差可能在 10%～20%。Esser 等(1997)的大型数据集涵盖了 1869～1982 年的所有 NPP 观测记录。出于用 1987 年和 1988 年的观测数据检验植被模型的目的，最近的 NPP 观测已经开展。此外，只有包括了地上和地下生产力观测数据、植被物种组成及地理位置经纬度的数据方可用于检验。

从热带和赤道雨林的高生产力，到中纬度森林相对降低的生产力，再到高纬度北方森林和苔原的低生产力，基于 ISLSCP(图 4.22)和 HadCM2(图 4.23)气候数据的 1988 年全球尺度 NPP 估测显示了十分相似的空间格局。

一系列植被类型的 NPP 估测值与实测值之间的线性回归分析(图 4.24)表明，两者之间存在着密切的关联。如 LAI(图 4.18)一样，植被模型同样低估了 NPP。

NPP 估测值与实测值之间的差值随 NPP 的增加而变大(图 4.25)，NPP 的最大值被低估了约 20%。当 NPP 观测值被低估 15%时，则模型对 NPP 的低估可能无法被检验出来。

NPP 差值直方图(图 4.26)表明，尽管模型对 NPP 的估计存在偏差，仍然有 60%和 88%的 NPP 估测值分别落在±1 $t \cdot hm^{-2} \cdot a^{-1}$(C)和±2 $t \cdot hm^{-2} \cdot a^{-1}$(C)的范围内。

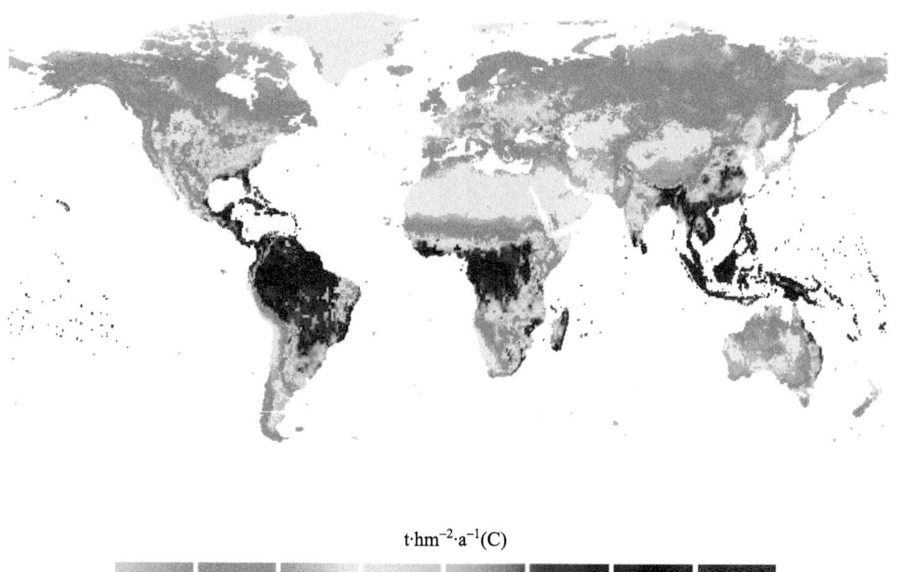

图 4.22　基于 ISLSCP 气候数据计算的 1988 年全球 NPP(空间分辨率为 1°×1°)

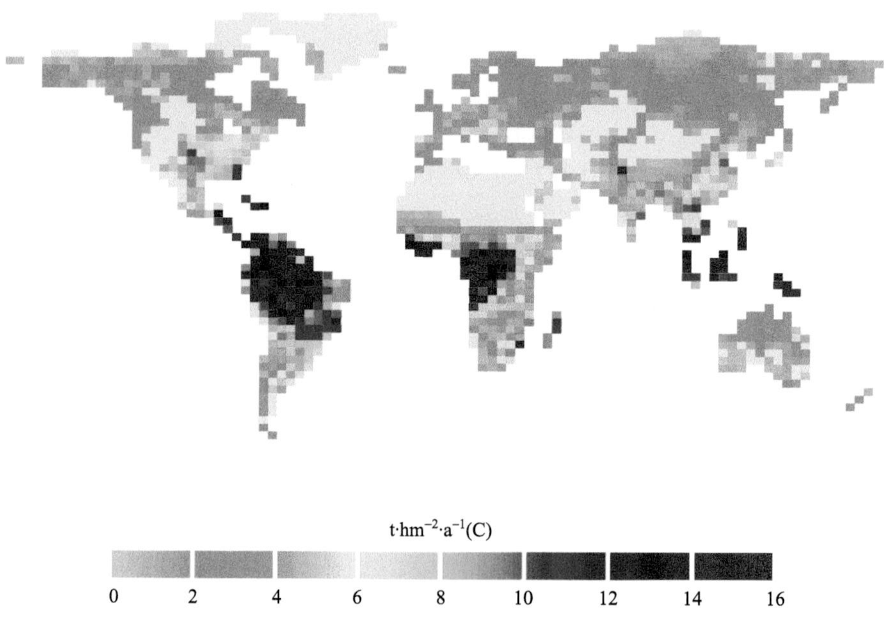

图 4.23　基于 HadCM2 气候数据计算的 1988 年全球 NPP

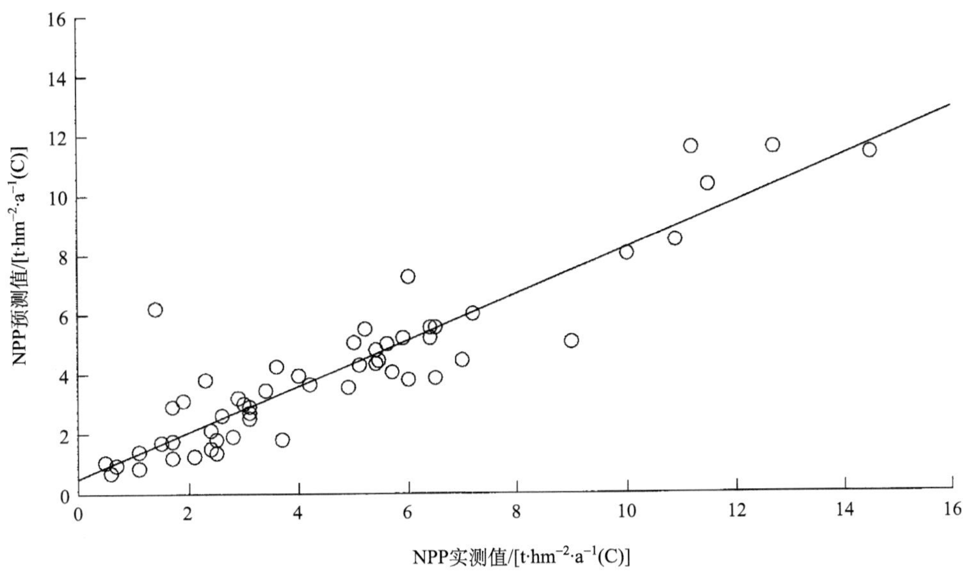

图 4.24　基于 1988 年 ISLSCP 气候数据与 NPP 实测值对 NPP 估测值的回归

估测值低估了 NPP（估测值=0.51+0.77×实测值，r^2=0.84，n=55）

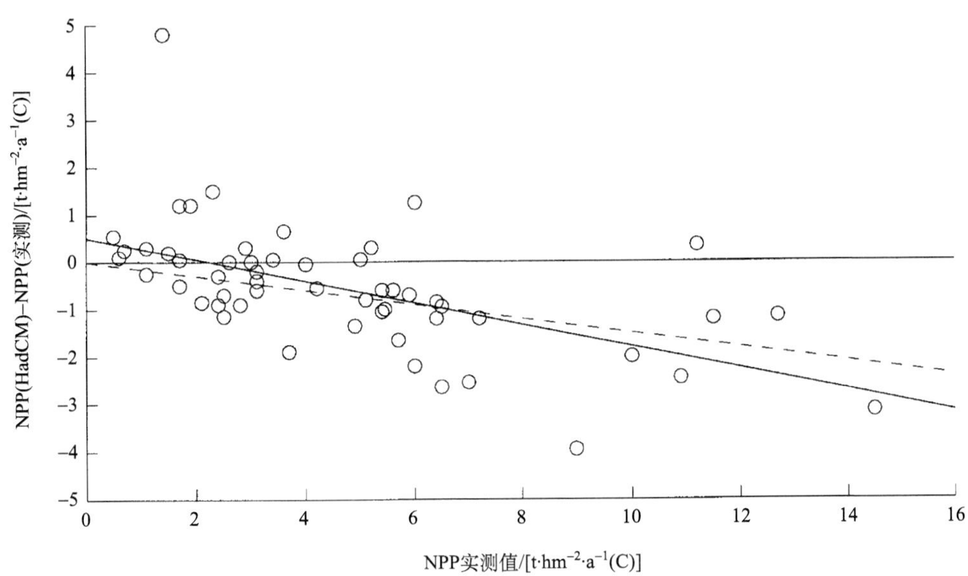

图 4.25　NPP 估测值与实测值的差值

实线为回归线，表明模型对 NPP 的估测值比实测值低 23%；虚线表示 NPP 实测值 15%的误差范围

基于 HadCM2 气候数据估测的 NPP 值与基于 ISLSCP 得到的结果十分接近。针对观测到的相同的 NPP 评估，表明两种气候数据源之间的差异是影响 NPP 检测的次要因素。在 HadCM2 的模拟中，有 56%的 NPP 观测值落在±1 $t·hm^{-2}·a^{-1}$(C)范围内，而 82%的 NPP 观测值落在±2 $t·hm^{-2}·a^{-1}$(C)范围内。对于这两种检验方式的误差并不能归因于模型或观测数据集，因为两种数据集都可能包含显著误差。尽管如此，基于全部数据集的 NPP 的

估测值落在±(1.5～2.5) t·hm^{-2}·a^{-1}(C)的范围内。当前全球总的NPP数据是52 Gt·a^{-1}(C)，与卫星数据导出的56.4 Gt·a^{-1}(C) (Field et al.，1998)比较接近。

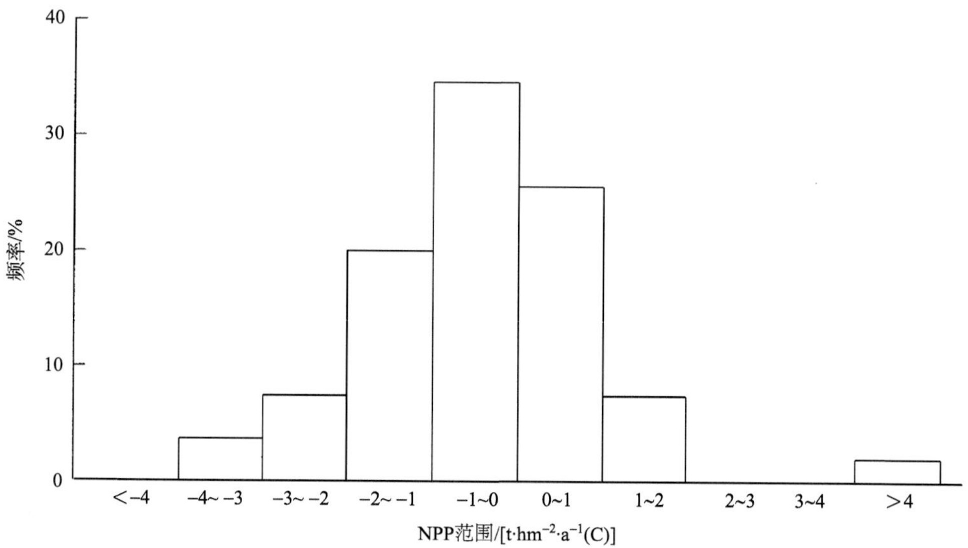

图 4.26 基于ISLSCP气候数据计算的NPP与NPP实测值之间的差值直方图

主要功能型现代分布的估测

SDGVM中用来估测功能型的方法之前已有详述。功能型只有6种[包括基于低温生存能力的4种木本类型(图4.5)和2种C3或C4光合途径的草本类型]，当然这只是对全球植被类型的粗略描述。用以估测的物种功能型包括常绿阔叶树种、常绿针叶树种、落叶阔叶树种、落叶针叶树种、C3光合途径草本植物和C4光合途径草本植物。出于演示的目的，预计大多数地点都存在不同功能型的混合，因此仅对地面覆被的主要功能型进行描述。

所有估测的植被图都应与实测的植被图进行对比。一个实际植被图产品自身也存在识别和分类的问题。虽然有大量的植被图可以采用(Küchler，1983；Matthews，1983；Olson et al.，1983；Wilson and Henderson-Sellers，1985；Prentice et al.，1992；Haxeltine and Prentice，1996)，但此项分析将采用ISLSCP光盘中的土地覆被图(Meeson et al.，1995)。土地覆被图主要由地面每个1°×1°分辨率的NDVI年度变化来确定。该方法(DeFries and Townshend，1994)建立在前人对NDVI数据分析和分类技术的基础上(Los et al.，1994；Sellers et al.，1994)。此外，基于NDVI数据的分类经过了Matthews(1983)、Olson等(1983)、Wilson和Henderson-Sellers(1985)所建立的植被图的校正，在一定程度上受到了限制。只有基于HadCM2模拟的ISLSCP气候数据可用于植被分类。

ISLSCP光盘中的土地覆被分类还包括因为农业而修改的土地覆被类型，是进行真实植被估测的一种尝试。SDGVM导出的图则适用于潜在植被，即它不考虑任何人类活动对植被的影响。

对两幅植被图(图 4.27 和图 4.28)的比较表明，功能型地理分布的一致性较高。两幅图上常绿和落叶北方针叶林的宽幅条带具有相似的分布；热带地区的常绿阔叶林和落叶阔叶林(包括寒冷和干旱落叶)也具有相似的分布，如美国东部、南美洲、非洲、东南亚和澳大利亚东部。在 ISLSCP 土地覆被分类(图 4.28)中，将寒冷落叶针叶林延伸至俄罗斯，在一定程度上是为了简化这两幅图，从而排除将优势功能型混合的区域。ISLSCP 和 SDGVM 数据均估测出该区域具有落叶阔叶林和常绿针叶林的混合区域。亚洲草原和非洲地区 C3 和 C4 类型的草原混合区域也表现出一致性。然而，在 SDGVM 或本版本的两种土地覆被分类中，都没有明确定义灌木的功能型。因此，两幅图中的苔原面积都被归入 C3 草原。SDGVM 似乎低估了俄罗斯苔原的面积，但为北美地区的 ISLSCP 分类提供了一个合理的相似性。

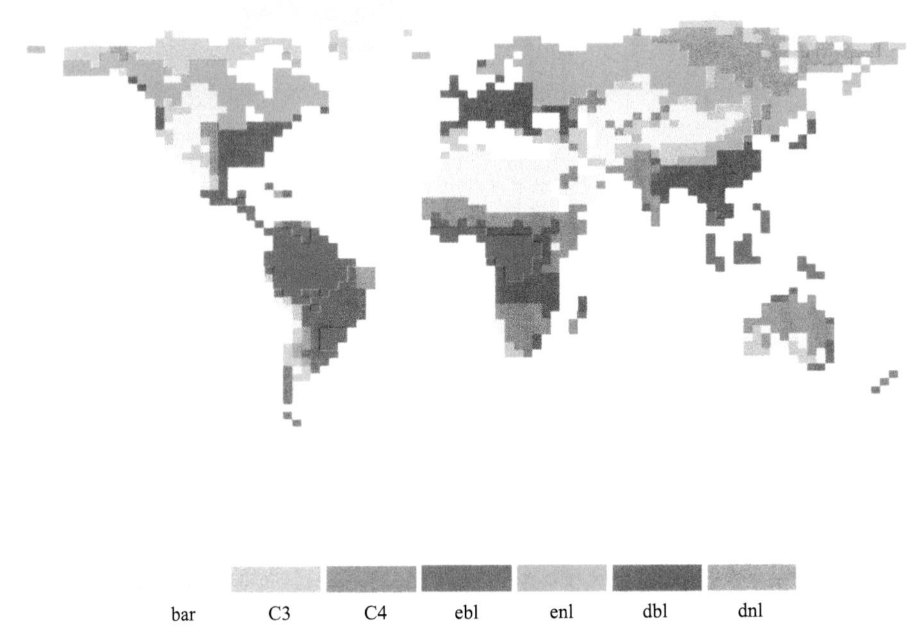

图 4.27　基于 HadCM2 气候数据的 SDGVM 模拟的 20 世纪 90 年代优势功能型(fts)分布

dbl，落叶阔叶树种；dnl，落叶针叶树种；ebl，常绿阔叶树种；enl，常绿针叶树种；bar，裸露土地；C3，C3 光合途径草本植物；C4，C4 光合途径草本植物

澳大利亚中部、中东、南美洲西南部和非洲南部等地区存在显著差异：SDGVM 估测这些地区为草原(尽管相当稀少)，而 ISLSCP 则判定此处为大片沙漠区域。另一个存在显著差异的地区是中国西北部：SDGVM 估测为常绿针叶林，而 ISLSCP 则将其归类为 C3 草地或阔叶林；而 Haxeltine 和 Prentice(1996)认为该地区为常绿针叶林和落叶阔叶林混交区域，部分地区还存在草原。因此，基于原有分类基础的简化版土地覆被分类在此区域存在一定程度的误差。ISLSCP 分类还包括了农业类型区域(在图 4.28 中约占 10%)，而这些并未包括在 SDGVM 中，但这显然是调查实际植被动态的必要工作。

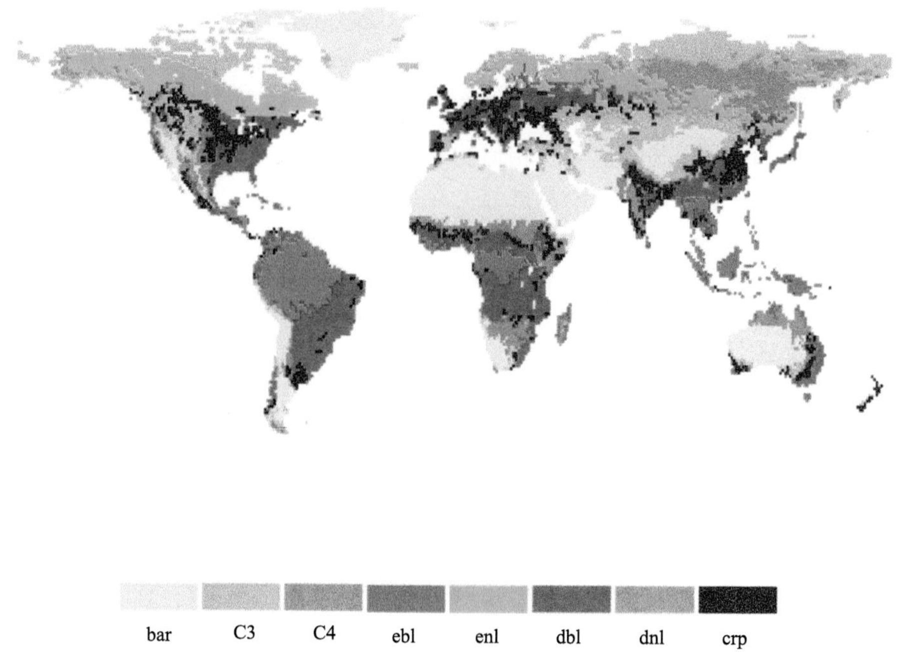

图 4.28　基于 ISLSCP 土地覆被分类的优势功能型图

对原始分类进行了简化，以便于同 SDGVM 模拟结果比较；功能型缩写同图 4.27，crp 表示农作物生长区域

SDGVM 和 ISLSCP 光盘中提供的分类矩阵是依据较大网格单元分辨率所制成的(表 4.1)。总体而言，57%的网格单元以相同方式分类(表 4.1 的对角线)。在植被覆盖区，落叶阔叶林和常绿针叶林的估测最为常见。但这种一致性在某种程度上低估了 SDGVM，因为 SDGVM 通常能够估测混合类型的功能，而这些功能型最初是在 ISLSCP 中显现的。最大的差异出现在半干旱地区，在 SDGVM 和 HadCM2 的气候模拟中，这些地区本应足够湿润，并可支撑一些草本植物。

表 4.1　基于 SDGVM 和 ISLSCP 土地覆被分类的优势功能型分类矩阵(SDGVM 估测值)

ISLSCP	dbl	dnl	ebl	enl	C3	C4	bar
dbl	**204**	0	46	46	2	3	0
dnl	2	**46**	0	55	2	0	0
ebl	21	0	**94**	0	0	0	0
enl	8	19	0	**169**	8	2	2
C3	23	52	0	102	**76**	13	16
C4	49	0	1	2	5	**25**	1
bar	6	0	0	8	60	73	**202**

注：功能型缩写同图 4.27，除图 4.28 归为农作物的区域(2.5°×3.75°网格单元的 10%)。对角线上的加粗数字代表两种分类中完全一致的数量。

总体而言，两幅图之间存在合理的一致性，但也存在一些气候上的差异。前面提到的 LAI 和 NPP 之间的对比讨论，在此也存在。特别是基于 SDGVM 的估测，相对于基于 NDVI 的观测而言，在沙漠地区的植被增加了(图 4.13)。

结论

本章对气候、植被和土壤模型的一般背景情况进行了介绍，这些模型将应用在之后各章气候和大气 CO_2 浓度变化对植被功能和结构影响的研究中。本章讨论了当前的情况，因此最适合测试由 GCM 及陆地植被模型相结合来估测观测结果的能力。通过解释卫星观测的地球表面反射辐射数据，并将其应用于全球尺度植被模型的验证，被证明是有价值的。没有其他技术有能力如此常规并快速扫描整个地球表面。但是，卫星数据受到了大气层的一系列干扰，包括星载辐射计校准的变化和植被观测角度不同等问题。此外，将实际辐射观测数据转换为归一化指数，常常会降低数据质量，特别是最终将其应用于某个特定的模式，而植被模型的输出结果却不同时。理想的检验模型的方式是提供与测试数据相同的输出。而这将带来两个变化，即在植被模型中内置一个辐射转移模型，从而估测空间中的太阳辐射的反射和利用卫星的辐射数据。这些方法在应用于全球尺度建模中尚处于起步阶段(Sellers et al.，1996)。

因此，卫星数据的潜在理想标准实际上并不理想。对于所有的检验数据都可能出现类似的问题，包括 LAI 和 NPP 的测量；对于这两者，尤其是 NPP 的测量，本质上并不精确(Hall and Scurlock，1991)。此外，这些数据基本上是点测量，因此无法提供景观尺度的平均 LAI 或 NPP 值的估计，而景观尺度则是植被模型分辨率的最佳尺度。另外，SDGVM 等植被模型均基于气候数据驱动所设计，但是并没有景观尺度的气候观测数据。因此，插值技术对全球覆盖是十分必要的，但这将不可避免地降低气候数据的准确性(Woodward et al.，1995)。

因此，对 SDGVM 和基于 HadCM2 及 ISLSCP 气候数据的所有检测在估测性和独立测量上均存在误差。好在植被 NPP 和 LAI 的估值误差足够低，并不影响相当精确和准确的全球尺度估测；而且其基于一个模型，该模型实际上是从特征明确的植物、冠层和土壤过程的点尺度扩展到全球尺度。在实验研究中，引用的结果通常带有数据置信区间，这一置信区间给定了部分数据(如 90%或 95%的观测数据)的可信度。这种方法可以应用于植被模型，但是误差范围将会非常大，部分原因是必要的输入数据(气候和土壤)的不确定性，部分是由于植被模型检验或校准的不确定性，或由于模型本身不可避免的问题。本章表明，大约 60%的模型估测落在 LAI±1 $t \cdot hm^{-2} \cdot a^{-1}$ (C) 和 NPP±1 $t \cdot hm^{-2} \cdot a^{-1}$ (C) 的范围内，80%～90%的观测值落在 1.5～2 个单位之间。考虑到观测误差和模型输出特定用途对精度的不同要求，似乎并没有必要进一步提高这些误差的精度。

对 LAI 或 NPP 的特定估测进行误差的定量估算是植被模型的一种用途，但更重要的也许是使用模型来阐明这些数值的空间分布及植物的功能型。NPP 的全球尺度格局对检验和校准没有强有力的比较，但卫星数据导出的 NDVI 可以用来检验 LAI 的空间格局。若植被模型运行的 NDVI 和气候数据是同一年的，那么这应当是一个有用的检测。目前的 ISLSCP 光盘数据提供了这种可能性，分析表明(图 4.14～图 4.17)上述模型估测的现场检验也有相同的误差范围。

另一种比较地图的方法是使用卡巴统计量(kappa statistic)(Monserud and Leemans，1992；Prentice et al.，1992)。这种统计逐格对比了两幅图，并进行了一致性评估(卡巴统计量的最大值为 1，最小值为 0)。这样的比较总会产生一些纯属偶然的一致性，卡巴统计量的推导也考虑了这一点。遗憾的是，观测表明，任何两幅多网格单元图总是会显示出显著的不一致，从而产生较低的卡巴值。我们提出的建议是将卡巴数量转换成卡巴质量，如差、中、好、很好和极好(Prentice et al.，1992)。早期版本的 SDGVM 应用于美国潜在植被(无农业转换)估测时，卡巴统计量为 0.72 或者极好(VEMAP，1995)，这与其他植被模型相似(Neilson，1995；Haxeltine et al.，1996)。

遗憾的是，卡巴统计量并不适合进行图件之间的对比。在对比同一年的 ISLSCP NDVI 和 LAI 时出现了新的难题。在这种情况下，NDVI 需要转换为 LAI，但分析(图 4.21)已经表明这种转换会引入显著误差。这引出了一个普遍的结论：植被模型是可以检验的；但是迄今为止的检验方法，无论是数据的点对比或者图件的空间对比，都不能进一步解决准确度和精确度问题。尽管如此，SDGVM 在定性处理过去和未来的气候上具有好或者极好的准确度和精确度，这是因为驱动变量本身特别是气候，将是比植被模型本身更大的模拟误差来源。

(崔一鸣、鲁宁 译，陈浩、金建华 校)

第 5 章 晚石炭世

引言

对陆生植物化石记录解释和分析的一个最根本的目的，是为了理解进化背后的模式和过程。通过对植物化石记录进行古植物学解释和建模，能够很好地实现这一目的。本书主要内容为如何使用核心生理模型并基于对现生植物生理机制的认识来研究古大气和古气候对植物功能的影响，以此作为植物本身化石记录分析的补充。在某些情况下，尤其在单枚叶片尺度上，考虑叶片 CO_2 同化作用和光合作用的生物化学计量之间的数学关系(Farquhar et al.，1980；von Caemmerer and Farquhar，1981)、古大气圈组成成分，通过建模方法可以相当简洁地实现上述目的(Beerling，1994；Beerling and Woodward，1997)。在另一些情况下，石炭纪独有的特征也需要慎重考虑，如火灾在陆地生态系统演化发展中所起的作用(Cope and Chaloner，1980；Chaloner，1989；Robinson，1989；Jones and Chaloner，1991；Scott and Jones，1994)，而这些影响因素也使得我们对模型的解释变得更加困难。

关于大气 O_2 变化，Berner 和 Canfield(1989)的地球化学模型估测在过去 5.7 亿年中大气 O_2 最高浓度(35%)可能发生在石炭纪，而现代大气水平(PAL)为 21%。35%的大气 O_2 含量已被广泛认为是极端上限数值，特别是一些实验数据表明，大气 O_2 含量高将导致频繁而剧烈的野火事件(“森林火灾”)(Watson et al.，1978；Chaloner，1989)。但令人惊讶的是，至少从表面来看，很少有人尝试从植物生理学的角度通过建模或实验来研究高 O_2 事件对植物功能的影响(Raven et al.，1994)。

石炭纪的低 CO_2 与 O_2 比值为陆地植被的生长和发育创造了得天独厚的条件，蕴含着古生代植物生理学和生态学的有趣现象。本章将基于植物光呼吸和光合作用过程，在单枚叶片尺度上讨论低 CO_2/高 O_2 的可能影响。具体研究方法是，通过扩展一个简单的生长模型来考虑如何将光合作用中 O_2 效应转化为冠层生长反馈效应(Lloyd and Farquhar，1996)。植物生长估测已尽可能通过在高 O_2 环境下有限的植物生长实验报告数据的检验。我们对石炭纪植物叶片化石记录的考虑包括定量评估气孔密度变化对光呼吸和光合作用过程的影响(Beerling et al.，1998)。

在全球尺度下，如第 4 章中所描述的植被模型是由大学全球大气模拟计划(UGAMP)大气环流模型(GCM)模拟的“石炭纪气候”驱动的，用以估测全球陆地净初级生产力(NPP)、叶面积指数(LAI)和土壤碳(C)浓度。然而，正如在第 3 章中提到的，由于缺乏全球量化反应的数据，我们尚未考虑气孔发育变化和大气 CO_2 之间的关系。相对于现今 21%的大气 O_2 含量，当时 35%的高 O_2 含量对陆地植被生产力和结构的影响已经在全球尺度上进行了定量化研究。实际上，这代表了一种叶片光合作用及其对生产力影响的评估标准，包括场地水平衡分析(Moore，1995)在内的植被估测，已经与全球石炭纪的煤分布(Crowley and Baum，1994)进行了比较。

晚石炭世土壤有机碳埋藏及成煤过程对于煤炭能源的勘探开发具有重要的经济意义。结合古植物学数据和岩相学、沉积学及地球化学信息，对于晚石炭世有机碳埋藏的研究促进了成煤的非定量概念模型(DiMichele and Philips，1994)的发展。土壤中碳储量的定量化估测特别适合于全球尺度的模拟研究，其与地表和植物根凋落物分解速率有关。晚古生代木质素含量较高的植物类群开始占据主要地位，而分解木质素的微生物相对缺乏(Robinson，1990a，1990b)，使得有机质分解速率降低，进而导致了石炭纪碳埋藏和煤炭的积累。我们通过改变第 4 章中描述的百年尺度生物地球化学模型中有机质的分解速率，研究了这一现象对土壤碳储量的影响。

很多学者注意到石炭纪的低大气 CO_2 与 O_2 比值可能有利于 C4 光合途径，甚至景天酸代谢(crassulacean acid metabolism，CAM) (Raven and Spicer，1996)植物的进化与发展(Moore，1983；Wright and Vanstone，1991；Raven et al.，1994)。这是因为 C4 光合途径的植物具有可利用磷酸烯醇丙酮酸(PEP)羧化酶的特殊结构特征。PEP 比 Rubisco 对 CO_2 有更高的亲和力，因此 C4 植物在高 O_2 大气下的光合效率降低幅度小于 C3 植物，在石炭纪大气中 C4 和 CAM 植物的水分损失(即蒸腾作用)也可能降低。CAM 植物通常为多肉植物，代表一种 C3 和 C4 植物的过渡类型，因为它们在白天通过 C3 途径吸收少量的 CO_2，而在夜间气孔趋于关闭时，CAM 模式与 C4 模式共同运行。考虑到这些因素，第 4 章中描述的功能型模型被用来估算晚石炭世全球范围内 C3 和 C4 植物的可能分布。结果显示，石炭纪的气候和大气可能对 C4 植物更为有利，因此自志留纪以来，C4 光合作用途径的进化已经发生了不止一次(Spicer，1989a；Wright and Vanstone，1991)。

本章的最后一节结合气候数据、枯枝落叶层和表层土壤的含水量估测值及 O_2 对纤维素着火概率影响的实验数据，分析了野火在其中扮演的可能角色(Watson et al.，1978；Beerling et al.，1998)。石炭纪沉积物中大量的植物炭屑证明了晚古生代陆地生态系统中存在野火活动(Cope and Chaloner，1980；Chaloner，1989；Robinson，1989；Jones and Chaloner，1991；Scott and Jones，1994；Falcon-Lang，2000；Falcon-Lang and Scott，2000)，也强调了有必要对野火发生的频率和它对生态系统结构的影响开展初步估测，即使这种估测只是基于一个相当简单的方法(Beerling et al.，1998)。

晚石炭世大气对光呼吸作用的影响

如第 2 章和第 3 章所述，Rubisco 是陆地植被中基本的固碳酶，它催化两种反应：一种是通过光合作用固定 CO_2，另一种是光呼吸作用中 O_2 与受体分子 RuBP 结合释放 CO_2。光合作用和光呼吸作用发生的程度取决于 CO_2 和 O_2 这两种反应底物的相对浓度及环境温度。在显生宙，这两种气体的比值呈现出引人注目的趋势[图 5.1(a)]，此外还有气候变化趋势(第 2 章)，这二者均清楚地显示了晚古生代(360～250 Ma)植物功能发生了变化。在固定温度(25℃)下和第 2 章所述的零维气候模型估测过去 400 Ma 的温度下，已经开展改变 CO_2 和 O_2 对光合作用和光呼吸过程的影响研究。光呼吸速率可以通过 Farquhar 等(1980)的叶 CO_2 同化模型(如下所示)进行计算。叶片净光合率 A ($mol \cdot m^{-2} \cdot s^{-1}$)

可以定义为(Farquhar et al., 1980)

$$A = v_c - 0.5v_0 - R_d \tag{5.1}$$

其中，v_c是光合作用CO_2固定率(羧化，$mol \cdot m^{-2} \cdot s^{-1}$)；$v_0$是光呼吸作用$O_2$固定率(氧化，$mol \cdot m^{-2} \cdot s^{-1}$)；$R_d$是除光呼吸以外的呼吸作用率($mol \cdot m^{-2} \cdot s^{-1}$)。羧化率的计算如下：

$$v_c = \frac{A + R_d}{1 - \dfrac{0.5o}{\tau c_i}} \tag{5.2}$$

其中，c_i指细胞间CO_2分压(Pa)，通常为外部环境中CO_2分压的70%(von Caemmerer and Evans，1991)；o是O_2分压(Pa)；τ是影响CO_2和O_2关系的Rubisco的特异性分子。将方程(5.2)代入方程(5.1)，并求解羧化率v_0得到

$$v_0 = 2o\frac{A+R_d}{2\tau c_i - o} \tag{5.3}$$

由于每两个氧化作用会释放一个CO_2分子，光呼吸速率可以羧化率v_0的一半来计算。为了在接下来的模拟中估算光呼吸速率和光呼吸与光合作用的比率，可以利用方程(5.3)从Farquhar 等(1980)叶片碳同化的生化模型中估测叶片光合作用。每个参数的温度敏感性如前几章所述。

由此产生的估测结果强调了石炭纪植物在生长过程中所面临的以高光呼吸率为代表的生理困境[图5.1(b)]。与此相关的另一个问题是，由于光呼吸使植物损失有机碳和能量，会产生相关能量消耗成本，这点需要额外加以考虑(Raven et al.，1994)。陆地植被从350～300 Ma经历了显著的光呼吸增加[图5.1(b)]，因为大气中CO_2浓度降低而O_2浓度增加，这二者均降低了羧化效率。光呼吸在较高温度下会增加(Sharkey，1988)，因此石炭纪低于25℃基准温度的情况导致了较低的光呼吸估测值[图5.1(b)]。

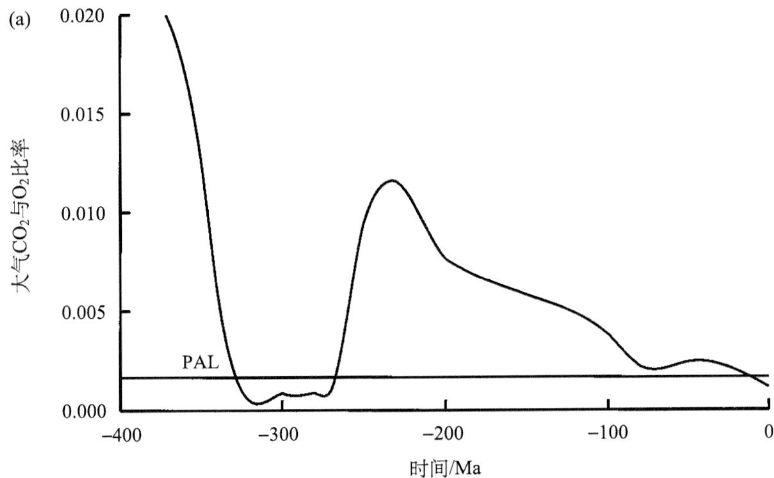

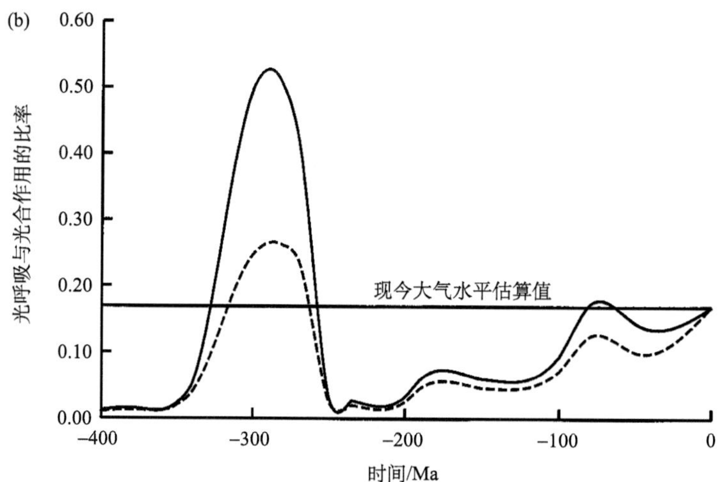

图 5.1　Berner(1994)及 Berner 和 Canfield(1989)模型分别估测的大气 CO_2 与 O_2 比率(a)和这些气体对光呼吸与光合作用速率的影响(b)

PAL 代表现代大气水平；采用 Farquhar 等(1980)的光合作用模型和方程(5.1)～方程(5.3)模型进行建模，得出 J_{max} 和 V_{max} 分别为 210 $\mu mol \cdot m^{-2} \cdot s^{-1}$ 和 105 $\mu mol \cdot m^{-2} \cdot s^{-1}$，其中，在 25℃(实线)和零维气候模型计算出的温度(虚线)下，饱和辐照度为 1000 $\mu mol \cdot m^{-2} \cdot s^{-1}$

特别有趣的一点是，石炭纪 CO_2 和 O_2 浓度的组合上升，这可能是当时陆生植物的活动造成光呼吸作用的最大幅度增长及随后光合作用的降低所导致的[图 5.2(a)]。事实上，这一简单的模型估测了石炭纪通过植物光合作用固定的大气中的碳，其中有 30%～40%会在其光呼吸作用中损失[图 5.2(b)及图 3.14]。如果这些计算是真实的，那么至少在短期内，石炭纪大气成分的生物控制似乎代表了一个明显的例子，即生物系统以不符合盖亚假说的方式来调节其非生物环境(Lovelock，1979)。Robinson(1991)进一步指出，在盖亚假说意义上，严格的调控是不可能的，元素(如 C 和 O)的地球化学循环对生物

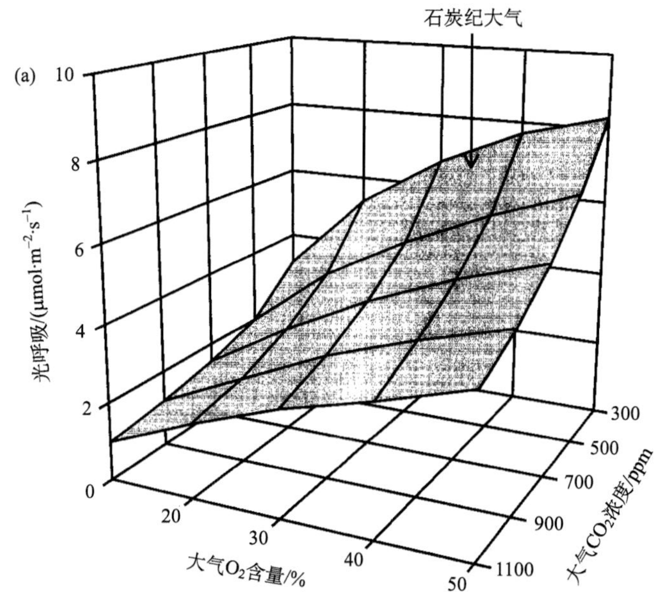

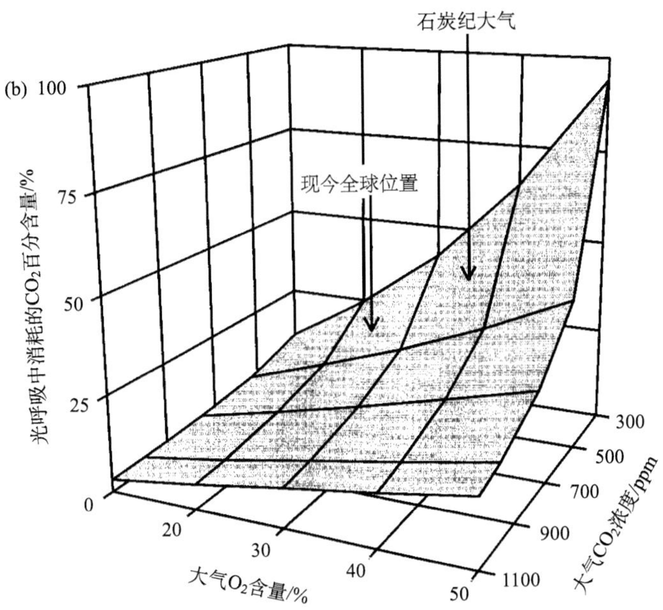

图 5.2 模拟的(a)光呼吸和(b)光呼吸在 25℃时对大气 CO_2 和 O_2 浓度变化的响应(光合作用固定的净 CO_2 的百分比)

光合作用和环境的变化如图 5.1 所示

进化造成的影响，往往在一亿年后才能显现出来。然而，在石炭纪之后很长一段时间内，随着陆地植被光合作用的减弱和可能的新抗菌有机物的降解途径的演化，可能促使大气成分恢复到更适合植物生长的条件(Robinson，1991；Berner，1993，1994)。当前和未来的一个有趣特征是，在相对恒定的 O_2 浓度下(在地质时间尺度上)，大气中 CO_2 浓度持续增加会使陆生 C3 植物的光呼吸负担减少(图 5.2)。

晚石炭世大气对叶片气体交换的影响

第 3 章提出，植物可能通过高气孔密度的叶片发育来解决光呼吸作用强这一问题，从而提高胞间 CO_2 浓度。对这一猜测的首次试验证实，对于在 35%和 21%的 O_2 浓度下生长的植物，O_2 浓度会影响叶片的气孔指数(Beerling et al.，1998)，这意味着控制气孔发育的机制受光照强度、O_2 和 CO_2 浓度的综合调节。无论其机理如何，现在已经针对叶结构的这种变化对晚石炭世植物的功能影响进行了更为详细的探讨。

我们首先研究了在大气 CO_2 分压为 30 Pa(Berner，1994)时，在现今(21%)和石炭纪(35%)的 O_2 含量下，叶片气孔密度增加对光合作用和胞间 CO_2 浓度的影响。这些模拟表明，随着叶片气孔密度的增加，光合作用的增加是渐进的[图 5.3(a)]，这一响应与实验研究报道的结果类似(Woodward and Bazzaz，1988)。假设模型准确，那么依据这里给定的气孔长度、宽度和扩散通道深度，将植物叶片气孔密度增加到 300 mm^{-2} 对于光合作用固定 CO_2 并没有太大帮助(图 5.3)。在 Beerling 和 Woodward(1997)的研究中，石炭纪植物的气孔密度信息证实了这一猜测，即石炭纪植物叶片气孔密度介于 100～300 mm^{-2}。

对石炭纪植物叶片气孔密度的测量大多来自蕨类植物的叶片，而这类植物仅仅代表了当时陆地森林的一小部分，因此对其他类群的植物化石数据进行测量很有必要。

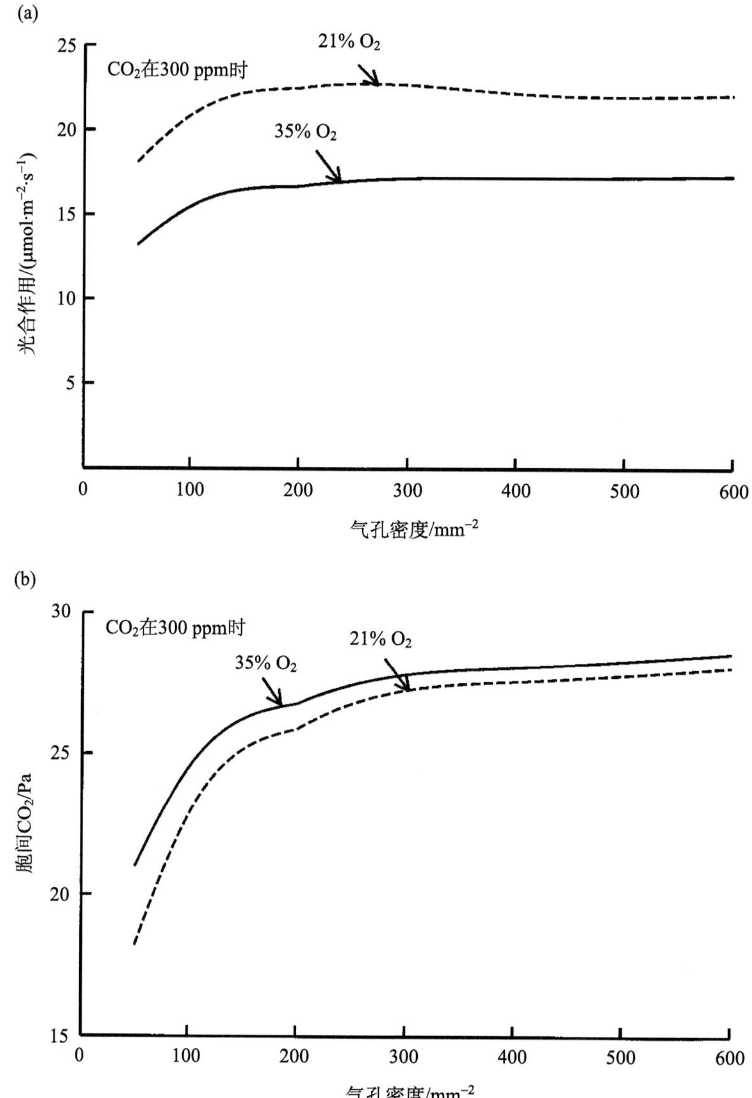

图 5.3　在两个不同的 O_2 浓度下增加气孔密度对(a)叶片光合速率和(b)叶片胞间 CO_2 浓度的影响

光合作用和环境条件如图 5.1 所示，但相对湿度变为 50%，并假设气孔长度为 10 μm，气孔最大孔径宽度为 5 μm，扩散通道深度为 15 μm；模拟使用 Beerling 和 Woodward(1997)描述的模型进行

在研究石炭纪高 O_2/低 CO_2 对植物功能的影响时，必须同时考虑气孔导度和光合作用的过程，这样才能获得它们对叶片碳平衡和水平衡的影响。气孔密度高的叶片往往具有较高的光合速率和胞间 CO_2 分压[图 5.4(a)]，后者有助于减少光呼吸作用。然而，假如气孔长度不随密度发生变化，增大叶片气孔密度的代价是气孔对水蒸气的导度增加约 75%[图 5.4(b)]。对瞬时水分利用率(光合作用/气孔导度)[图 5.4(c)]的计算结果表明，

基于气孔对环境的响应和树冠与大气耦合关系对蒸腾作用的调节，石炭纪大气环境下的植物必须适应时常缺水的环境。这对于生长在沼泽环境的植物来说，根系的水分供应不太可能受到限制，但在有时高度超过 40 m 的乔木状石松植物中，输导组织将水分输送到光合作用活跃组织的能力至关重要。对化石植物中木质部传导性和木质部与非木质部组织比值(即木质部束数量)的测量显示，从志留纪晚期到泥盆纪，木质部传输能力呈上升趋势(Knoll and Niklas，1987)。根据对化石木质部材料的分析，从泥盆纪到石炭纪再到侏罗纪，木质部传输能力没有进一步增加(Cichan，1986；Niklas，1985)。因此，有限的木质部传输能力和较高的气孔密度组合可能导致石炭纪植物在强烈选择压力下于化石中记录了旱生结构(线形叶而非宽叶、网状叶、凹陷的气孔和过度拱起的乳头状叶)(Spicer，1989a)。

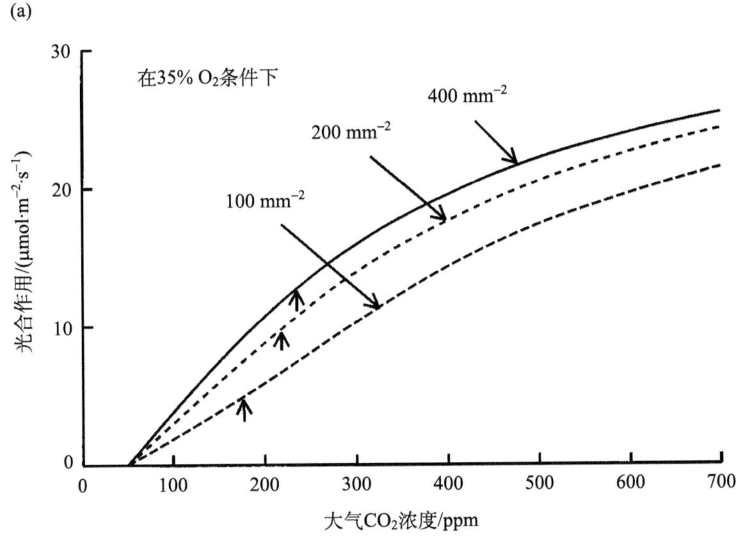

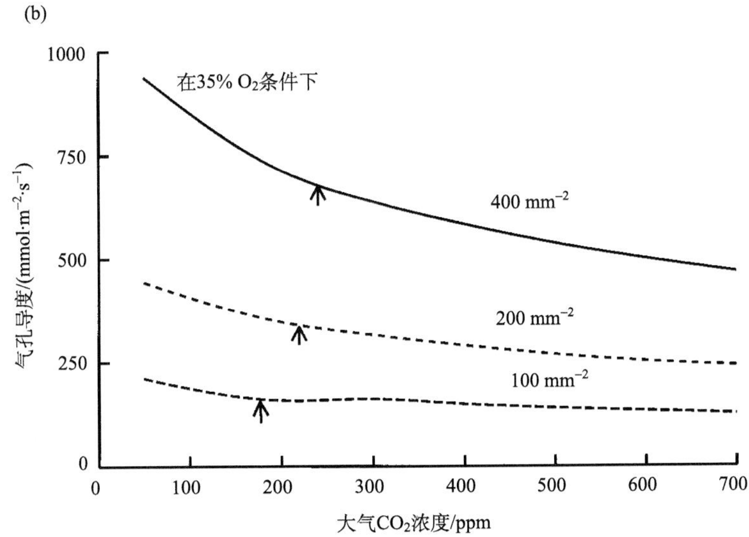

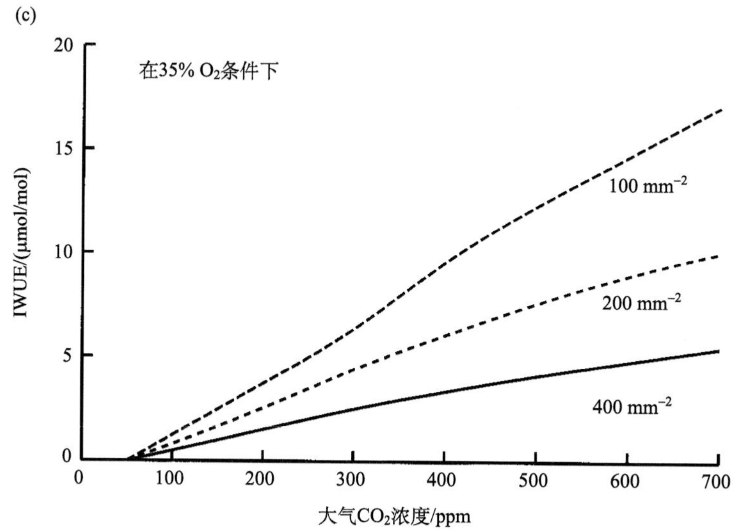

图 5.4　大气 CO_2 浓度范围内气孔密度对(a)光合作用净速率、(b)气孔导度和(c)瞬时水分利用率(光合作用/气孔导度，IWUE)的影响

光合作用和环境条件如图 5.3 所示；垂直箭头表示胞间 CO_2 浓度

晚石炭世光合作用与植物生长

从图 5.3 和图 5.4 可以看出，与现今相比，晚石炭世大气的高 O_2 含量使 C3 植物光合作用降低了 30%～40%。光合作用对一系列胞间 CO_2 浓度的响应(A/c_i 响应)模拟同样证实了这一观点(图 5.5)。虽然植物登陆以来大部分时期的大气 O_2 浓度都比当今的大气 O_2 浓度高(Berner and Canfield，1989)，但石炭纪较低的大气 CO_2 浓度加重了当时高 O_2 事件对陆生植物的影响。这种影响如图 5.5 所示。当大气中的 CO_2 浓度达到 300 ppm 时，

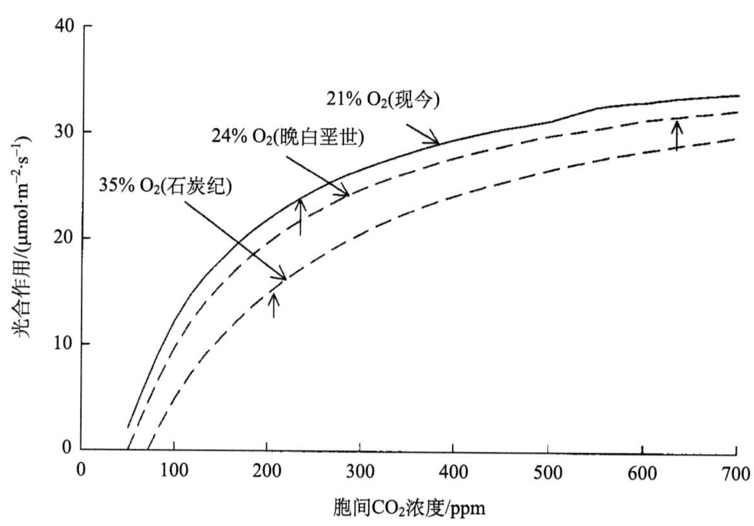

图 5.5　胞间 CO_2 浓度范围内 O_2 含量对光合作用响应的影响

垂直箭头表示根据估测的三个不同时间段大气 CO_2 浓度计算出的胞间 CO_2 浓度值；模型及条件如图 5.1 所示

叶片胞间 CO_2 浓度仍在曲线的上升部分，表明该系统还没达到饱和，所以这种影响预计要比大气中 CO_2 浓度更高的时期(如白垩纪晚期)要更大一些。

光合作用和植物生长息息相关，但生长不能简单地模拟为光合作用反应的函数。这两者之间的关系可以通过考虑光合作用速率与生长之间的一个简单表达式来检验(Lloyd and Farquhar，1996)：

$$\frac{\mathrm{d}M}{\mathrm{d}t} = A(1-\phi) \tag{5.4}$$

其中，M 是植物中碳(C)的摩尔数；t 是时间；A 是全株植物光合作用率[$\mathrm{mol \cdot d^{-1}}$(C)]；$\phi$ 是植物 A 在呼吸作用中消耗的部分(一般为 0.3；Lloyd and Farquhar，1996)。呼吸损耗可分为与现代植物生物量生长和维持有关的损失：

$$\phi = \phi_0 + \frac{mM}{A} \tag{5.5}$$

其中，ϕ_0 是将最近固定的碳转化为结构生物量时损失碳的比例(0.2；Penning de Vries，1975)；m 是维持呼吸系数[$\mathrm{mol \cdot mol^{-1} \cdot d^{-1}}$(C)]。将方程(5.4)和方程(5.5)结合起来，可以简单地描述基于光合作用的植物生长(Masle et al.，1990)：

$$\frac{\mathrm{d}M}{\mathrm{d}t} = A(1-\phi_0)mM \tag{5.6}$$

利用图 5.5 所示的光合反应来求解这个方程，需要将单位叶面积(以 $\mathrm{\mu mol \cdot m^{-2} \cdot s^{-1}}$ 为基础单位)转换为植物冠层(以 mol C per canopy C $\mathrm{day^{-1}}$ 为基础单位)。在这里，我们使用方程(5.4)来估测 LAI 为 5 的森林冠层的生长响应。利用标准气象方程(Jones，1992)计算在 45°纬度上模拟的每小时辐照度和温度值的光合速率，并对 6 小时的白天进行积分。然后对冠层中的每一层进行累加，得到 $\mathrm{mol \cdot d^{-1}}$(C)。根据比尔定律(Beer's law)计算每一个冠层下平均辐照度 I($\mathrm{mol \cdot m^{-2} \cdot s^{-1}}$)：

$$I = I_0 \mathrm{e}^{-k\mathrm{LAI}} \tag{5.7}$$

其中，I_0 是冠层辐照度；k 是消光系数(一般为 0.5；Woodward，1987a)。方程(5.5)中维持呼吸作用的项 mM，可通过求解方程(5.4)进行计算，其中 ϕ_0 值为 0.2，A 的值是已计算出的。

采用这种方法，可以将石炭纪大气对叶片光合速率的影响换算为冠层生长速率。这个转化相当粗略，尤其是考虑到石松类植物一般只是在接近成熟时“叶柱”才产生树冠。模拟结果表明，与现今相比，在 O_2 含量为 35%、CO_2 分压为 30 Pa 的条件下，光合速率会降低 40%，也就是说，LAI 为 5 的冠层生长速率降低了 30%[图 5.6(a)]。与这些估测相同，在高 O_2 条件(40%)下生长的 C3 植物糠稷(黍属)的生长实验数据显示，其营养干物质产量也同样有所下降(30%)(Quebedaux and Chollet，1977)。在该模拟中，我们计算了 LAI 为 5 的冠层氧气效应。然而，目前尚不清楚这一 LAI 对石炭纪植被来说是否现实。因此，为了进一步研究冠层结构的意义，将冠层的生长响应建模为 LAI 和大气 CO_2 的函数[图 5.6(b)]。

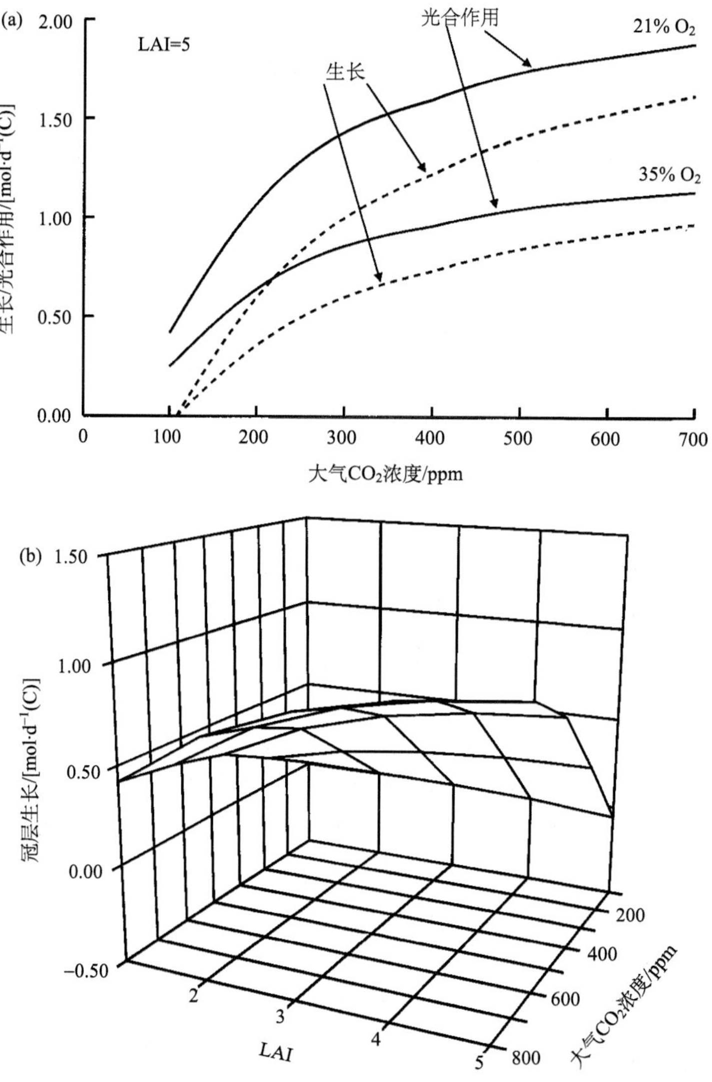

图 5.6　(a) 在大气 CO_2 浓度范围内外部环境和石炭纪 O_2 含量下 O_2 对冠层生长的响应，以及利用图 5.5 和方程 (5.4)～方程 (5.7) 中光合作用反应进行建模得到的 (b) 在 O_2 为 35%条件下冠层生长速率对冠层结构和大气 CO_2 浓度的响应

从这一分析中可以看出，在 CO_2 分压为 30 Pa 的环境中，LAI 大约在 3 以上，对植物冠层的生长影响不大。但当 CO_2 浓度较高时，该影响则会变得较为明显[图 5.6(b)]，此时，冠层生长速率随着 LAI 的增大而增加。因此，对于那些有较高气孔密度、蒸腾反应较大的植物叶片，除了发育有旱生结构外，还有一个明显的适应特征是减少了冠层的 LAI，在生长速率方面似乎没有什么损失。该模型的结果为稀疏冠层的概念提供了一个生理学解释。接下来，我们将考虑这些叶片和冠层如何响应晚石炭世大气异常的高 O_2/低 CO_2 值与气候的季节变化相互作用，从而影响该时期的生态系统结构和生产力。

晚石炭世全球气候

距今 300 Ma 的板块位置与现今有很大的不同(图 5.7)，其中一些板块在整个地质历史时期都在持续地运动。我们需要定义三个关键术语以助于解释后面的讨论。冈瓦纳古陆被认为是南半球主要陆地板块或“超级大陆”，由裂解前的南极洲、澳大利亚、南美洲、非洲、马达加斯加、印度、阿拉伯、马来亚和东印度群岛组成。北半球的“超级大陆”为劳亚古陆，由分开前的北美洲、欧洲、喜马拉雅山脉以北的亚洲组成(图 5.7)。劳亚古陆和冈瓦纳古陆共同组成了“超级大陆”泛大陆(Whitten and Brooks，1972)。对石炭纪板块运动的重建与分析(Scotese and McKerrow，1990)表明，由于冈瓦纳古陆的顺时针旋转，主要板块从东北向西南方向渐进式挤压；哈萨克斯坦与西伯利亚板块相碰撞，但此期间中国北方板块一直持续处于孤立状态(图 5.7)。冈瓦纳古陆的位置变化和泛大陆的存在都对石炭纪的主要气候产生了重要影响(Parrish，1993)。

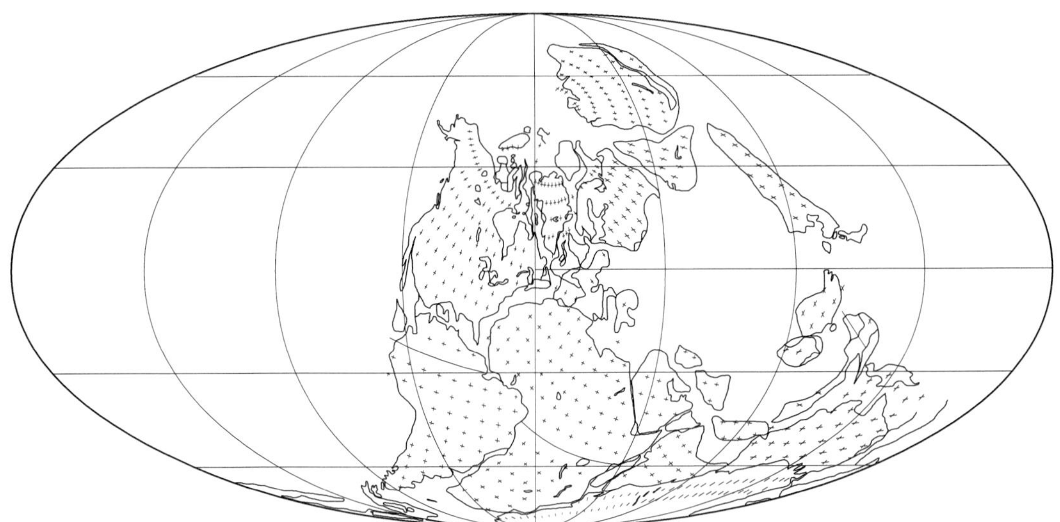

图 5.7　重建的晚石炭世全球大陆板块地图(威斯特法期)(来自 Scotese and McKerrow，1990)

UGAMP 气候模型(Valdes and Sellwood，1992)模拟了空间分辨率为 3.75°×3.75°时石炭纪威斯特法期(约 305 Ma)的全球气候(Valdes，1993；Valdes and Crowley，1998)。该时期虽然也有冰期–间冰期波动的沉积学证据(Witzke，1990)，但模拟的时间段接近于晚石炭世冰期的顶峰时期。模拟过程中，大陆位置引用了 Crowley 和 Baum(1994)的数据；其他重要的边界条件包括：降低 3%的太阳光度、30 Pa 的大气 CO_2 分压(Berner，1994)、更新世间冰期时期的轨道参数(Berger，1978)。UGAMP 气候模型没有明确对海洋进行建模，而是基于简单的能量平衡模型结果，使用了规定的海洋表面温度。这些海洋表面温度与 CO_2 和太阳常数的选择在能量上是一致的。该模型经过 5 年的调试，并在最后两年对数据进行了平均，得到了由月降水、温度和湿度组成的“石炭纪气候”。

图 5.8 和图 5.9 总结了驱动 SDGVM 的全球气候(温度和降水)数据集，显示了冈瓦

纳古陆北部延伸区域较高的月平均气温和高降水带。在降水较少的区域，土壤迅速干燥，而蒸发冷却作用却很小，导致了环境变得极热。此外，水分含量低也降低了云量，这会导致太阳辐射被大量吸收、地表温度升高(图 5.8 和图 5.9)。需要注意的是，这些地图是对气候数据的总结，没有任何季节性指示。Valdes 和 Crowley(1998)在美国科罗拉多州博尔德的国家大气研究中心(NCAR)详细比较了采用UGAMP模型和GENESIS模型模拟的石炭纪气候。与 GENESIS 模型相比，UGAMP 模型估测的南半球夏季温度较高，降水季节性分布范围较大。尽管如此，这两种模型都支持这样一个基本观点，即超级大陆经历了明显的季节性气候，加上炎热的夏季轨道，夏季温度足以阻止冰盖的形成。遗憾的是，在大陆重建、地质年代测定和地质指标解释方面，用于与气候模型输出进行比较的地质证据的质量不佳，使得我们无法在这一阶段对模拟的气候进行更为准确的评价。

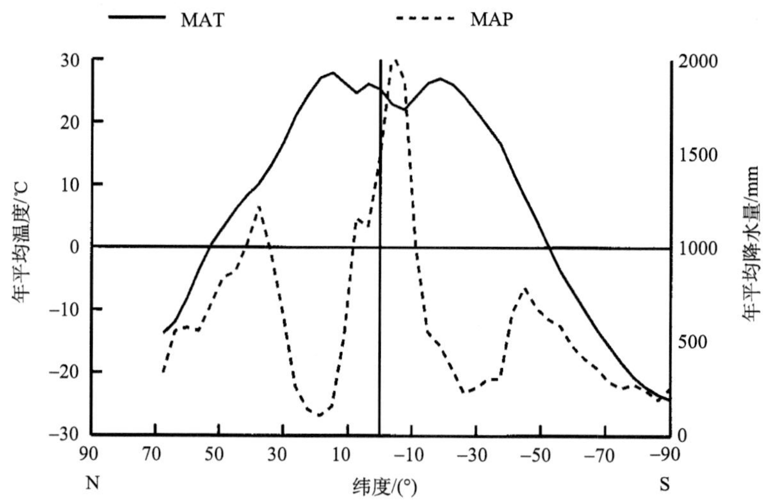

图 5.8　UGAMP GCM 模拟的晚石炭世面积加权纬向年平均温度(MAT)和年平均降水量(MAP)

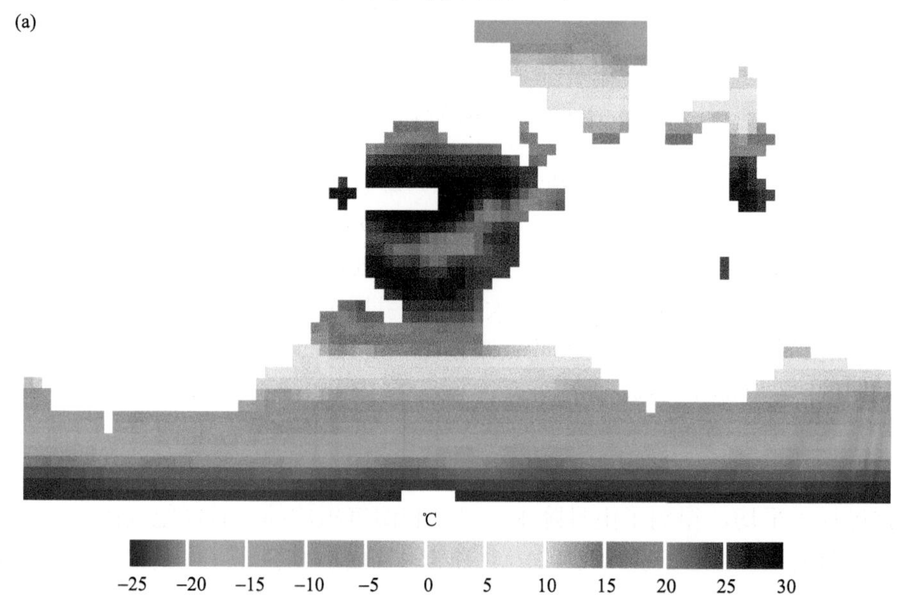

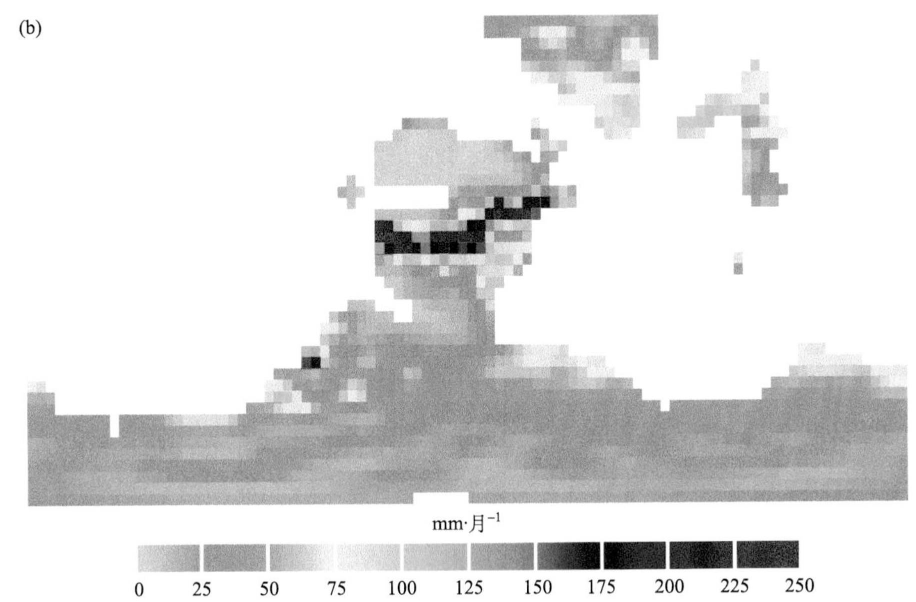

图 5.9 在陆地网格上建立的晚石炭世年平均气温(a)和降水(b)的全球模式

晚石炭世全球陆地生产力

到目前为止，在模拟叶和冠层对晚石炭世大气的响应时，一直未曾考虑土壤的影响(如土壤养分状况和土壤水分可用性)。然而，这种模拟可为分析高 O_2/低 CO_2 的大气成分对植物功能的影响，以及高气孔密度植被的演化等提供一个有效的参考。全球尺度下的分析，需要考虑土壤养分状况和叶面积指数，后者由每年的碳和水文储量预算确定，同时也考虑冠层输导反馈和通过土壤水分调节光合作用的程度。

石炭纪气候下 NPP 和 LAI 的平衡模型可以用来追踪驱动气候数据，特别是降水情况(图 5.9)。NPP 的全球分布显示出，在冈瓦纳古陆(泛大陆北部)北部板块延伸的中部区域，NPP 的值高于地表其他区域[图 5.10(b)]，在西伯利亚/哈萨克斯坦南部边缘和中国北方部分地区也有较高的 NPP。LAI[图 5.10(a)]、植被生物量[图 5.10(c)]和碳浓度高的土壤[图 5.10(d)]分布也呈现出类似的规律。上述所有区域都位于气候模型估测的高温和降水丰富的地区(图 5.8 和图 5.9)。晚石炭世全球 NPP 总量为 38.2 $Gt \cdot a^{-1}$(C)，与现在相比，这个值相当低(第 4 章)。将 NPP 地图[图 5.10(b)]与之前使用不同版本植被模型进行的模拟(其中生长的季节性处理和光合作用产物对植物根、茎和叶不同器官的分配不同)比较，二者的绝对值不同但有类似的空间分布(Beerling and Woodward，1998; Beerling et al.，1998)。

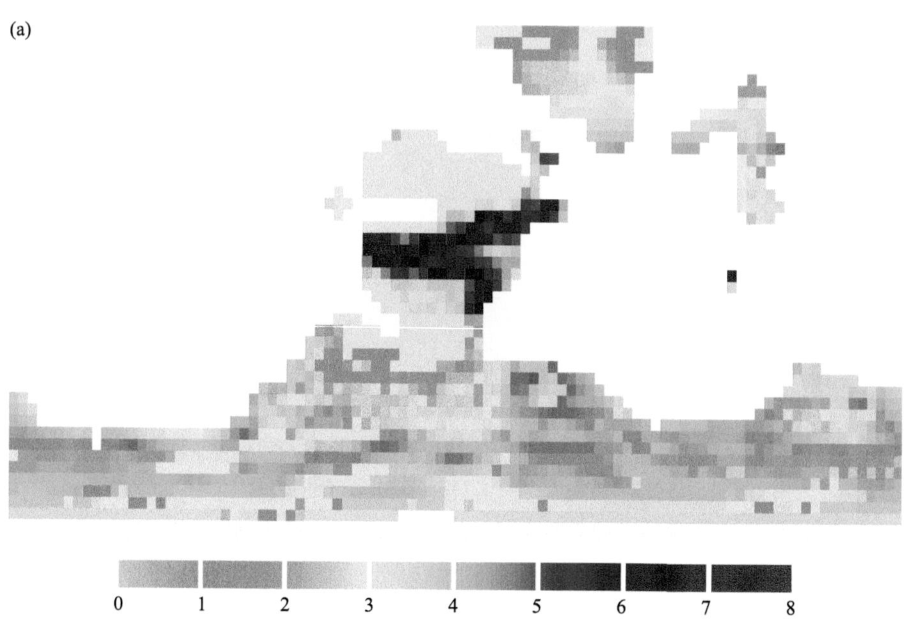
(a)
0
1
2
3
4
5
6
7
8

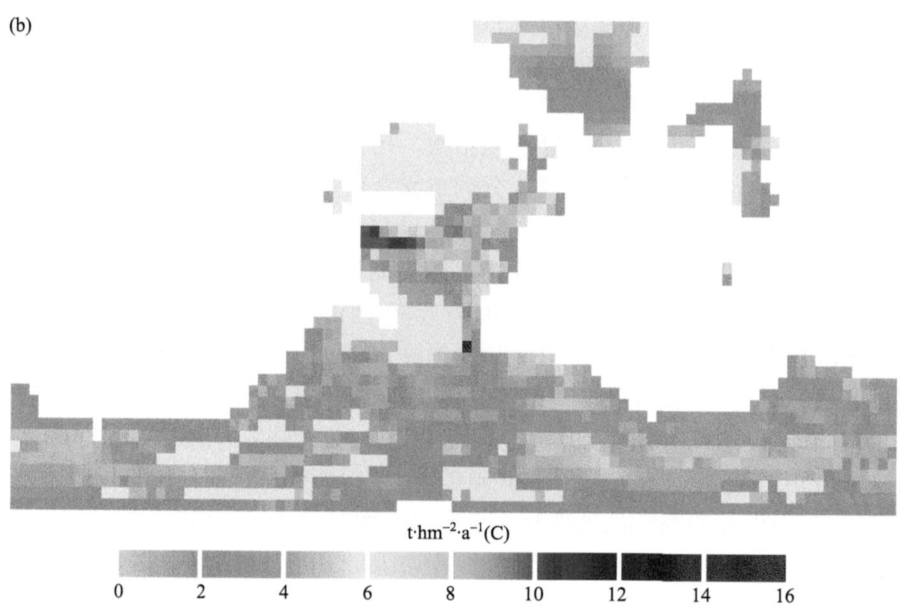
(b)
t·hm⁻²·a⁻¹(C)
0
2
4
6
8
10
12
14
16

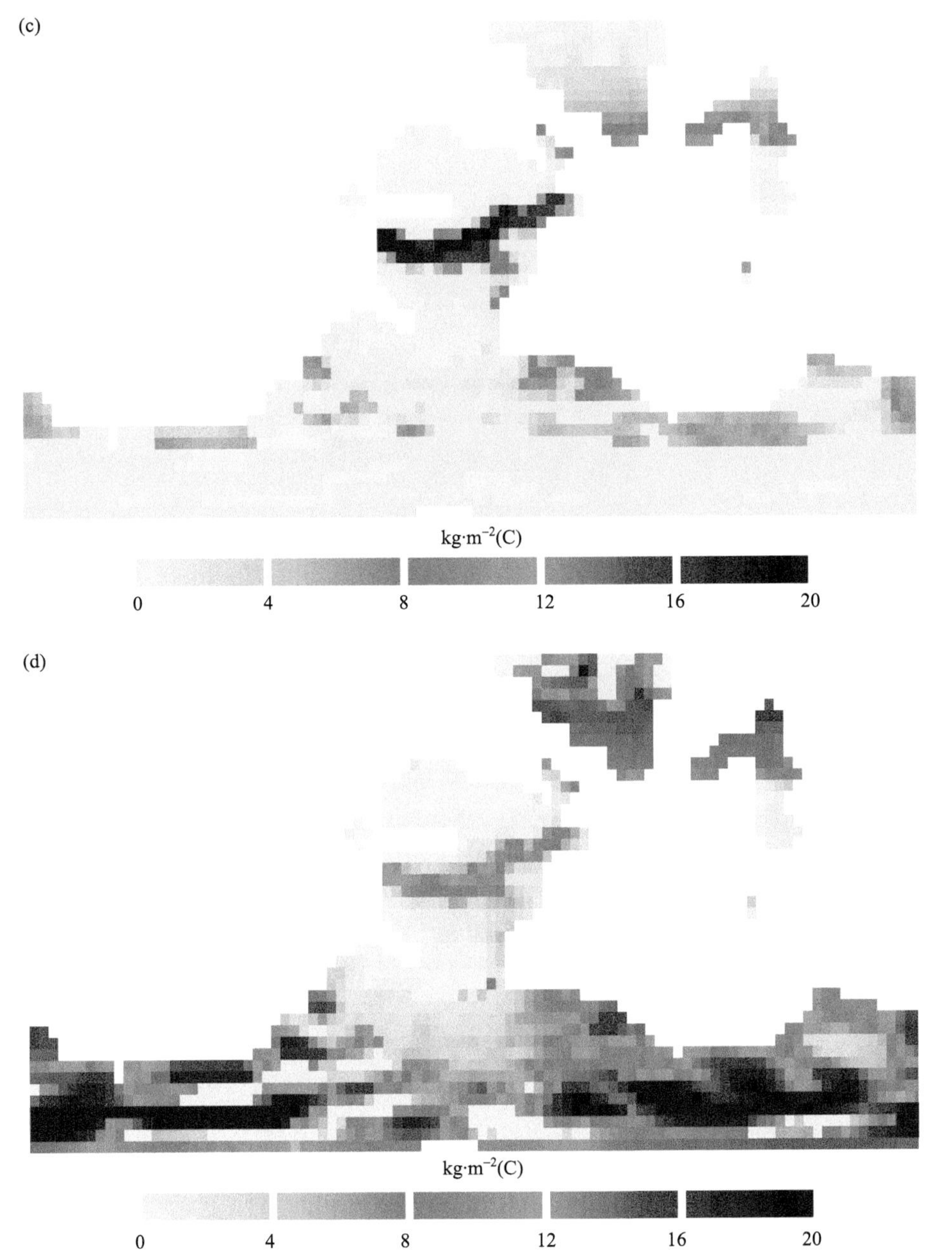

图5.10　模拟的晚石炭世(a)LAI、(b)NPP、(c)植被生物量和(d)土壤碳浓度的全球模型

模型结果与地质记录的比较

与测试驱动气候数据集本身时遇到的情况类似，在试图根据地质记录进行SDGVM估测时同样出现了沉积物的年代测定及其气候解释这样的问题。然而，尽管有这些保留问题，植被结构、功能和土壤碳的全球地图仍可以与之前收集的晚石炭世气候敏感型沉

积物的全球数据集进行比较(Crowley and North，1991)(图 5.11)。这些比较表明，横跨泛大陆北部、西伯利亚/哈萨克斯坦全境及中国北部部分地区的煤炭富集带，在很大程度上与该模型估测的 NPP 和土壤碳浓度高值区域吻合(图 5.10)。煤的富集带与土壤碳高浓度分布规律的一致性表明，石炭系煤的富集是由生态系统的中等生产力和缓慢分解速率所导致的。

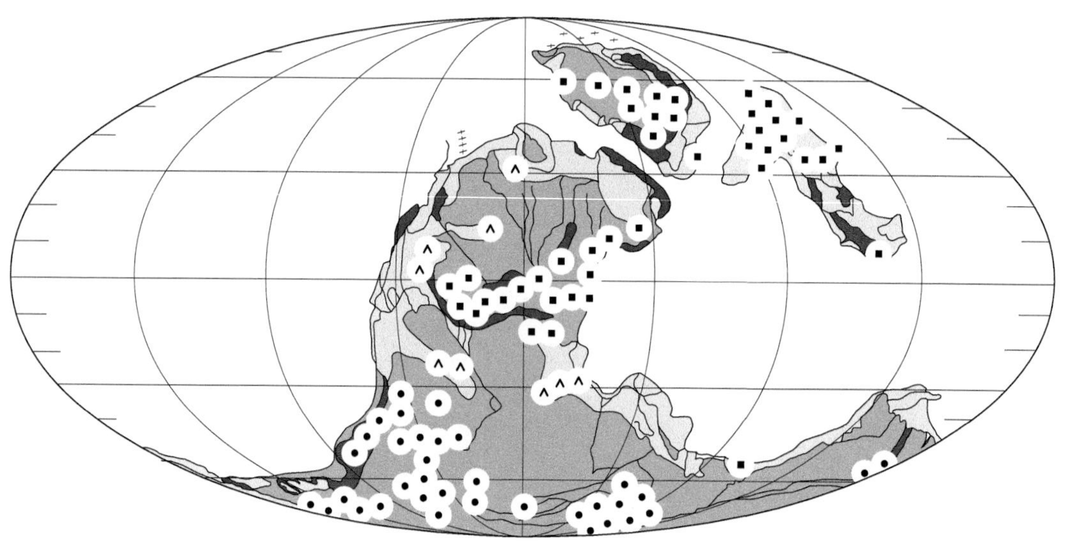

图 5.11　晚石炭世气候敏感型沉积物的全球分布图(引自 Crowley and Baum，1994)
●，冰碛岩(冰川沉积物)；■，煤层(高水分区)；∧，蒸发岩(低水分区)；黑色阴影，高地；中度阴影，低地；浅色阴影，大陆架

其他岩性古气候指标也显示出这几个方面的一致性。Witzke(1990)记录了一套厚而分布广泛的蒸发岩，为赤道以北的泛大陆北部存在着干旱带提供了明确的证据。植被模型模拟表明，在这些区域植物生长的潜能为零，这也与地质记录相一致，因此在一定程度上支持了气候和植被模拟的结果，可以充分代表这一时期的真实表现，至少在所涉及的广阔空间尺度上是这样。

现代泥炭的形成过程需要超过蒸腾作用的大量降水(即内涝)来实现不完全分解和残余有机物的积累(Moore，1995)。如果假定现代泥炭形成过程与古生代和中生代的成煤过程有关(Moore，1995)，那么根据晚石炭世土壤的涝渍程度可以估测煤分布的信息。估测煤炭形成的一般方法是结合土壤碳浓度模型估测，检查场地的水分平衡，其中场地水分平衡被定义为年降水量和年蒸发量(土壤和植被表面的水分损失)之间的差值(Beerling，2000b)。结果(图 5.12)表明，石炭纪可能的成煤地理范围明显减少。此外，与图 5.11 和图 5.12 进行比较可知，估测的煤层形成区域与地质记录几乎一致，这也为模型模拟提供了进一步的支持。

作为对模型土壤碳估计值的另一种定量检验，我们估算了欧美大陆(泛大陆北部板块)的土壤碳总量，并与基于该地区的煤炭储量计算结果(A. C. Scott，个人通信)进行了比较。模型计算的欧美大陆土壤总碳储量为 108 Gt·a^{-1}(C)(图 5.10)。根据石油公司的商业数据，A. C. Scott 估计欧美大陆上石炭统煤炭储量在 400～4000 Gt(C)，其中约 20%可能是威斯特法期 B 期时代的煤。由于煤的碳含量通常为 70%，计算出的欧美大陆土壤碳储量为 56～560 Gt(C)。虽然误差必然很大，但估测的土壤碳储量在这个范围内。

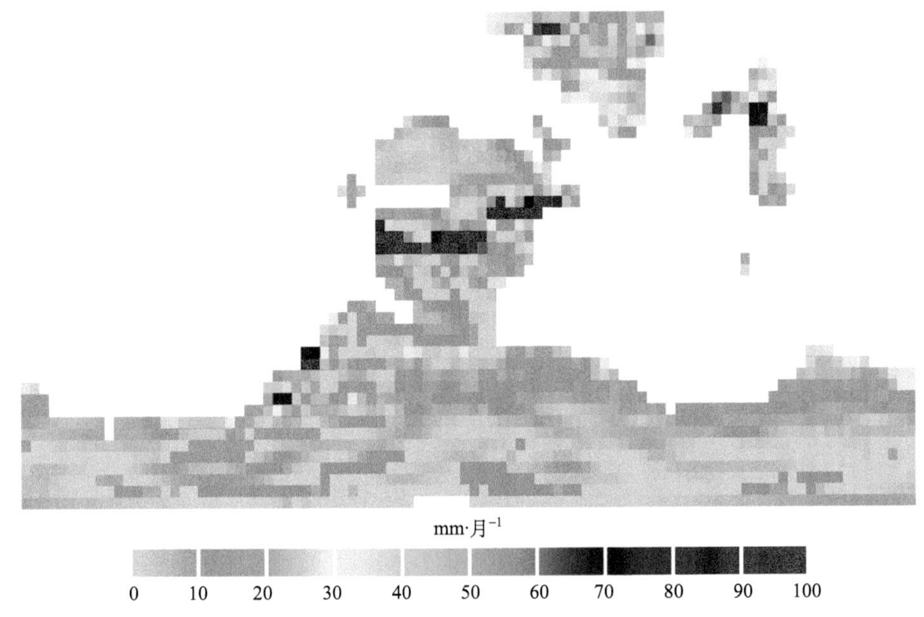

图 5.12　计算的年降水量与土壤和植被表面年水分流失量(蒸散)之间的差值

大量的冰川沉积物记录了南半球冰盖的存在，尽管其空间范围尚不确定，但该冰盖从阿根廷横跨到非洲中南部，延伸至马达加斯加、印度、南极洲和澳大利亚(Crowley and Baum，1991)。因此，对这些低生产率[1～2 t·hm^{-2}·a^{-1}(C)]的区域进行模拟似乎不太现实(图 5.10)。模型估测结果和统计数据之间的这种差异可能表明，GCM 和/或植被模型均不能对南半球高纬度地区的真实气候或反应进行模拟。石炭纪气候模型模拟值的最大差异出现在南半球的极地地区，这表明气候模型的应用可能存在一定的困难(Valdes and Crowley，1998)。Chaloner 和 Lacey(1973)认为，高纬度地区之前是被冰盖覆盖的，而晚石炭世到早二叠世才有舌羊齿植物群，特别是在南极洲的边缘和南美洲，这表明一些小区域的陆地生产力已有所提高，这样就解释了南半球 NPP 的模型估测结果为何出现巨大差异。此外，支持估测结果的证据还包括关于 *Botrychiopsis* 苔原的报道(C. Cleal，个人通信)，这是一种多样性低的矮小灌木，分布在澳大利亚和南美洲的部分地区。

另一种基于植物生理学的模型测试方法是将模型估测的植物生态生理学属性与那些受化石记录证据约束计算得到的植物生态生理学属性进行比较。在这种条件下，将最大羧化反应速率(V_{max})与两个基于植物化石材料稳定碳同位素组成($\delta^{13}C_p$)的估计值进行比较。利用植物化石碳同位素组成值，通过求解第 2 章所述的方程(2.10)，获得两个地点(英国和美国)的最大羧化反应速率值(V_{max})。其中，胞间 CO_2 浓度(c_i)利用以下估值获得，即化石植物生长时大气中 CO_2 浓度的估值(300 ppm)、海洋碳酸盐记录估计出的同位素组成(–1‰)，以及在 35%的 O_2 浓度和 300 ppm 的 CO_2 条件(15 μmol CO_2 m^{-2}·s^{-1})下，气孔密度为 200 mm^{-2} 的叶片(石炭纪叶化石所有观测值的平均值)计算出的光合速率中得到的 A_{max} 估值。Farquhar 等的光合作用模型可以用来求解 V_{max} (Beerling and Quick，1995)，尽管该方法并不完全独立于模型计算，但提供了一种由化石记录的植被活动估测方法。该方法给出了 V_{max} 的估值，代表了生长季植被活动的平均值，并根据生长季的温度进行校正。来自英国(Jones，1994)和美国(Mora et al.，1996)的有机物同位素值分别为–24.1‰和–23.6‰(图 5.7)，依据上述方法计算出的 V_{max} 分别为 52 μmol·m^{-2}·s^{-1} 和 54 μmol·m^{-2}·s^{-1}，这些值与该地区独立于化石证据计算的结果相吻合(图 5.13)。

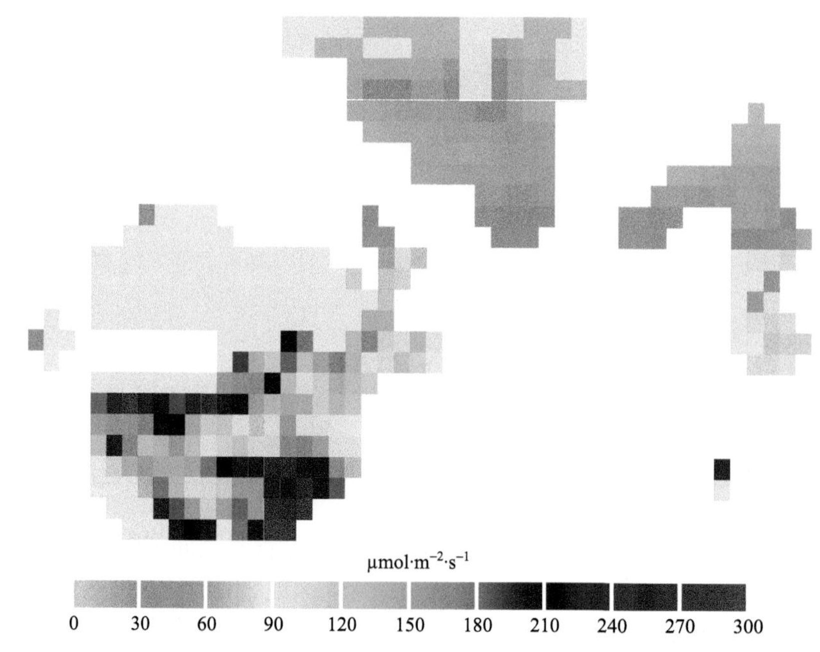

图 5.13　晚石炭世欧美大陆、劳亚古陆和哈萨克斯坦板块生长季的 V_{max} 模式

O_2 对全球陆地生产力和碳储量的影响

采用相同的石炭纪气候数据，在 O_2 含量为 21%的模式下，通过运行第二个模型，可评估 35% O_2 水平对 NPP、LAI 和土壤碳的影响。21%和 35%的 O_2 条件下的差异，代表了 O_2 对植物结构和/或功能属性的影响。正的差异值表明，植物结构和/或功能属性在 35% O_2 环境下受到了限制。总体而言，全球范围内的差异是正的，表明高 O_2 含量水平限制了 LAI、NPP 和土壤碳(图 5.14)。这种情况下，NPP 越高，植被生物量中的碳储量越大(表 5.1)。O_2 水平对 NPP 和 LAI 的限制，主要表现为叶片气体交换子模型中 O_2 对 Rubisco 功能的影响。LAI 的任何变化都是由于在高 O_2 含量大气中，CO_2 固定速率的季节性变化和蒸腾作用导致的水分损失引起的。

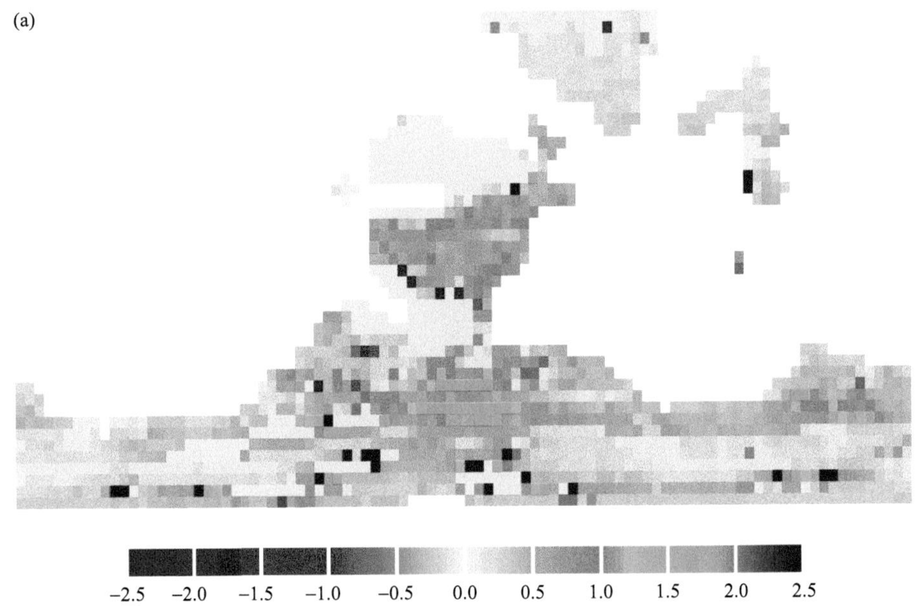
(a)
−2.5 −2.0 −1.5 −1.0 −0.5 0.0 0.5 1.0 1.5 2.0 2.5

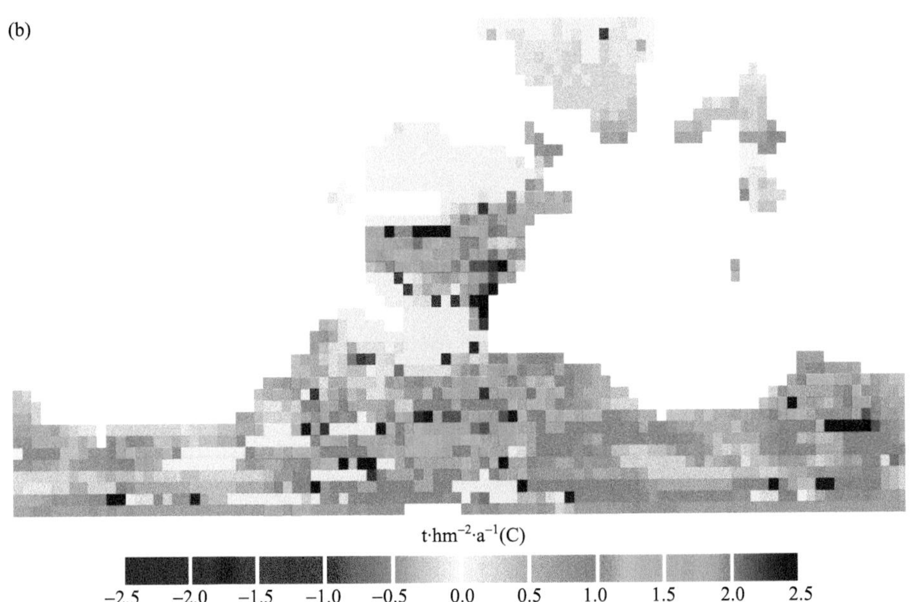
(b)
t·hm−2·a−1(C)
−2.5 −2.0 −1.5 −1.0 −0.5 0.0 0.5 1.0 1.5 2.0 2.5

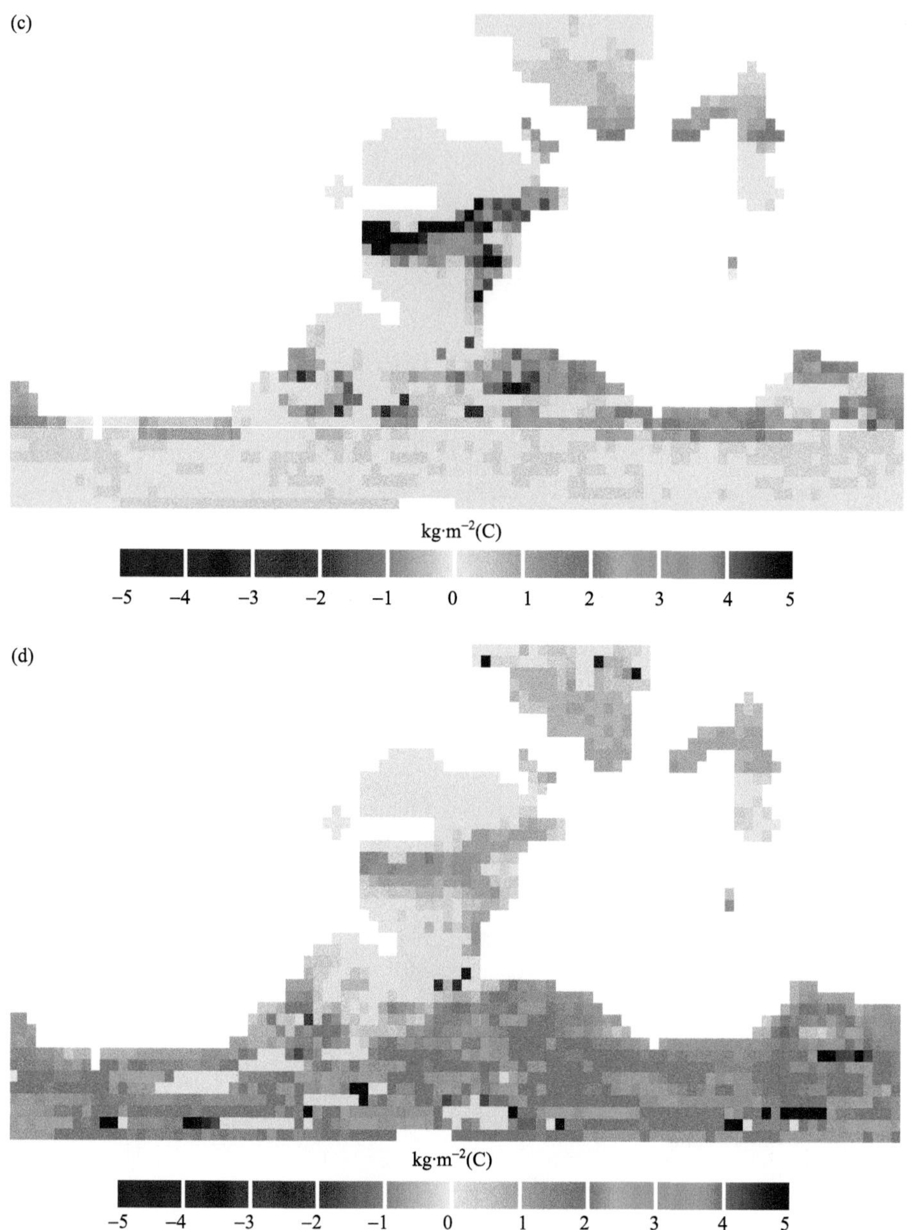

图 5.14　大气 O_2 含量从 21%上升到 35%对(a)LAI、(b)NPP、(c)植被生物量和(d)土壤碳浓度影响的差异图

由于较高的光合速率和较低的胞间 CO_2 分压，植被冠层导度在 21% O_2 水平下通常高于在 35% O_2 水平。在相同的气候条件下，植被冠层导度越高，其蒸腾速率越大，但只要小于或等于有效降水量，LAI 就会随着 CO_2 同化作用增加而增加。这种反应是最典型的(图 5.14)。在某些地区，由于蒸散量的增加，相对于 35% O_2 水平，LAI 和 NPP 在 21% O_2 水平下有较小幅度的下降(图 5.14)。

在 21% O_2 含量下，全球 NPP 比石炭纪 35%的 O_2 含量水平下的最大值要高出约

20%(表 5.1)。一般情况下，当 O_2 浓度为 21%时，土壤的碳浓度较高[图 5.14(d)，表 5.1]，这是生产力较高的植物凋落物积累量较大造成的。逐像素分析表明，在 21% O_2 水平下，NPP 的变化幅度与气候有关(即气候适宜地点对 O_2 含量下降的反应最大)。根据重建的晚石炭世沼泽森林的面积范围，基于利用当前全球沼泽生物量数据(1148 Gt)估计地质历史时期生物量的方法，在 35% O_2 水平下，由新鲜植被生物量估测的碳储量(表 5.1)小于 Moore(1983)估测值的一半。然而，Moore(1983)最初的原始估算并没有考虑 O_2 对 Rubisco 的影响，而这一影响在此类计算中是一个需要定量考虑的重要特征(表 5.1)。不过，重要的一点是，在前面的讨论中，Rubisco 的作用依赖于大气和气候中 CO_2 与 O_2 的比率。背景环境中 CO_2 浓度的不确定性，必然导致陆地生物圈对高 O_2 漂移估测响应的不确定性(Beerling and Berner，2000)。例如，如果晚石炭世背景环境中 CO_2 浓度接近地球化学模型估测的上限(600 ppm)，则高 O_2 水平对 NPP 和植被碳储量的影响就会减弱(Beerling and Berner，2000)。

表 5.1　晚石炭世陆地 NPP 和总初级生产力(GPP)及植被与土壤中的碳储量

全球总量 /($Gt \cdot a^{-1}$)	大气 O_2 含量	
	35% O_2	21% O_2
陆地 NPP	38.2	45.8
陆地 GPP	92.5	111.9
土壤碳储量	887.9	1026.9
植被碳储量	365.2	512.7

陆地生态系统的分解速率和碳储量

Robinson(1990a，1990b)从大量的古生代真菌孢子记录中发现石炭纪担子菌种类较少，但在之后的地质时期其含量开始相对增长，因此他认为石炭纪木质素含量高的类群优势增加，成为难降解有机化合物的分解“瓶颈”。从表面上看，微生物似乎不太可能进化出木质素降解所需的复杂生化途径，尤其是考虑到微生物在当时才刚刚诞生不久，而且所涉及的时间间隔也比较短(几百万年)。尽管如此，通过将世纪土壤养分循环模型(第 4 章)表层凋落物和根凋落物组分的分解速率分别降低 50%和 75%，我们对这个潜在“瓶颈”的影响进行了研究。

正如预期，土壤表层和根凋落物分解速率的降低增加了土壤碳储量(表 5.2)。随着土壤中碳含量的增加，植物对氮的吸收速率降低，从而限制了植物的生长(第 3 章)。这两种模拟均未显示出土壤碳浓度的地理分布有任何变化。根据我们的模型，从上述这个简单的建模工作中得出的结论是，Robinson(1990a，1990b)的假设对于获得高碳埋藏率或与晚石炭世煤分布相一致的全球模式并不是最基本的。然而，很难对上文所述以外的结果进行定量测试，因为煤炭工业往往按煤的类型而非年代来对煤进行划分，我们无法得到全球煤炭储量的数据。

表 5.2　晚石炭世地表和根凋落物分解速率降低对陆地 NPP 和 GPP 及植被与土壤碳储量的影响

全球总量 /($Gt·a^{-1}$)	分解速率（未变速率的百分数）	
	75%	50%
陆地 NPP	37.8	36.8
陆地 GPP	91.4	89.7
土壤碳储量	921.6	986.9
植被碳储量	351.6	331.3

石炭纪 C3 和 C4 植物分布

化石记录的缺乏令追踪 C4 光合途径可能的进化起源变得很困难(Moore，1983；Wright and Vanstone，1991；Raven and Spicer，1996)。然而，PEP 与 Rubisco 的动力学特征清楚地表明，与 C3 途径植物相比，35% O_2 含量对 C4 光合途径植物叶片的光合速率影响较小(Collatz et al.，1992，1998)。这是因为 PEP 羧化酶对 CO_2 的亲和力更高，与 C3 植物相比，C4 途径叶片光合作用饱和 CO_2 的浓度要低得多。基于这些核心生理机制，我们利用第 4 章所涉及的功能型模型，估测了石炭纪 C3 和 C4 植物在全球范围内的可能分布(图 5.15)。

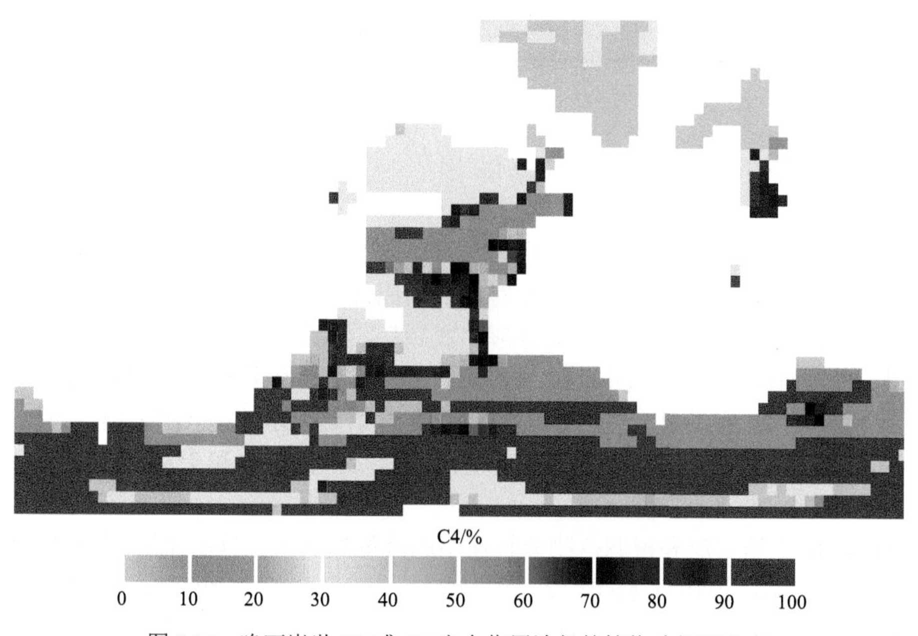

图 5.15　晚石炭世 C3 或 C4 光合作用途径的植物功能型分布

经过 400 年的模拟并且给定像素表示 C4 的百分比

由此得到的分布模式(基于给定像素的百分比覆盖率)表明，生产力最高的区域与近 100% C3 植物占优势的区域相关，特别是在劳亚古陆和冈瓦纳古陆中部[比较图 5.15 和

图 5.10(b)]。在冈瓦纳古陆南部的低纬度地区存在 C4 植物并有超过 C3 植物的潜力，这些地区通常具有强烈的气候季节性，表现为持续几个月的零下温度和随后而至的两个月的夏季高温。在这些地区，GCM 模拟了一个月气温超过 27℃的短而热的生长季，相较于 C3 灌木和乔木，更加有利于 C4 光合作用途径植物的发育(Collatz et al.，1998)。推测这些区域是否代表了 C4 进化早期的地点是很有趣的，图 5.15 显示了在中新世最古老的植物化石记录中发现 C4 光合作用之前的进化潜力(Thomasson et al.，1988)。需要指出的是，当时冈瓦纳古陆南部持续的零下温度可能导致大面积冰盖的形成(Crowley and Baum，1991)，冰盖的实际范围可能会减少，但绝对不可能完全不存在，这样的陆生区域有利于 C4 植物生长。

火灾与晚石炭世陆地生态系统

如前所述，石炭纪大气中 35%的 O_2 浓度并不容易与目前 O_2 浓度对植物燃烧的影响的实验证据相印证。Watson 等(1978)的实验确定了点燃植物燃料所需的最低能量，结果表明，大气中 25%～35%的 O_2 水平可能与陆地植被的存在不相容(Chaloner，1989)，这说明实验数据与观测数据存在一定的差异。欧美大陆石炭纪煤和沉积物中出现的大量丝炭(现在基本认为炭屑化石是野火的产物；Chaloner，1989)，表明由雷击或火山活动引发的野火在石炭纪频繁发生(Scott and Jones，1994；Falcon-Lang，1998)，但它们显然并不像 Watson 等(1978)的数据所估测的那样普遍或广泛。另一个未经测试的可能是，生长在高 O_2 条件下的植物可能会改变植物组织的化学性质和/或结构性质，而结构的改变可能使之更不易燃烧和腐烂。与此类似的一个例子是，高 CO_2 浓度下生长的植物改变了叶片的碳氮比。因此，需要解决在高 O_2 浓度下植物生长和植物组织燃烧实验中化石和当前数据之间不一致的问题。

在缺乏这些高 O_2 实验和燃烧试验的情况下，利用地表凋落物和土壤层的相对含水量可估测火灾的年发生概率，基于此，本书给出了一个全球尺度的最终分析。作为与气候相关的两个关键特征——凋落物干燥程度和凋落物数量对于决定火灾的发生至关重要(Johnson and Gutsell，1994)。基于之前的研究工作(Beerling et al.，1998)，SDGVM 中采用了一种非常简单的方法对火灾进行模拟。

首先，根据月降雨量、气温和凋落物含水量计算火灾的经验气候指数(fci)。将该指数的数值调整到与当前气候和 CO_2 浓度下观测到的火灾复燃间隔(fri)密切匹配。之后，对于现今的气候和大气组成成分，通过将已发表数据的特定地点和区域的模型估测相互关联(Archibold，1995)，进而确定 fci 和 fri 之间的关系，其关系式如下：

$$\mathrm{fri} = 7.24182\mathrm{e}^{4.937\,\mathrm{fci}} - 9.4399 \tag{5.8}$$

火灾概率(fprob)由先前描述的火灾概率函数修改得到(Beerling et al.，1998)

$$\mathrm{fprob} = 1.0 - \mathrm{e}^{\left(\frac{-1}{\mathrm{fri}}\right)} \tag{5.9}$$

Olson 在 1970～1980 年对全球范围内的复燃间隔进行了估测，并利用另一个来源的观测结果成功地进行了测试比较(Olson，1981)，为此处采用的经验方法提供了很大支持。

下一步的考虑是高浓度的大气 O_2 含量对点火概率的影响(Watson et al.，1978)。因此，利用 Watson 等(1978)的数据对方程(5.9)进行了修改，加入了 35% O_2 含量条件[fprob(35% O_2)]的影响，得到新的关系式：

$$\text{fprob}(35\%\text{O}_2) = 1.261 \times \text{fprob1}^{0.314} \quad (5.10)$$

利用此方法，无论是否有高 O_2 含量对燃烧的直接影响都可以在全球范围内模拟晚石炭世土壤凋落层火灾的年发生概率(图 5.16)。如果不考虑 O_2 的影响[方程(5.9)]，火灾发生

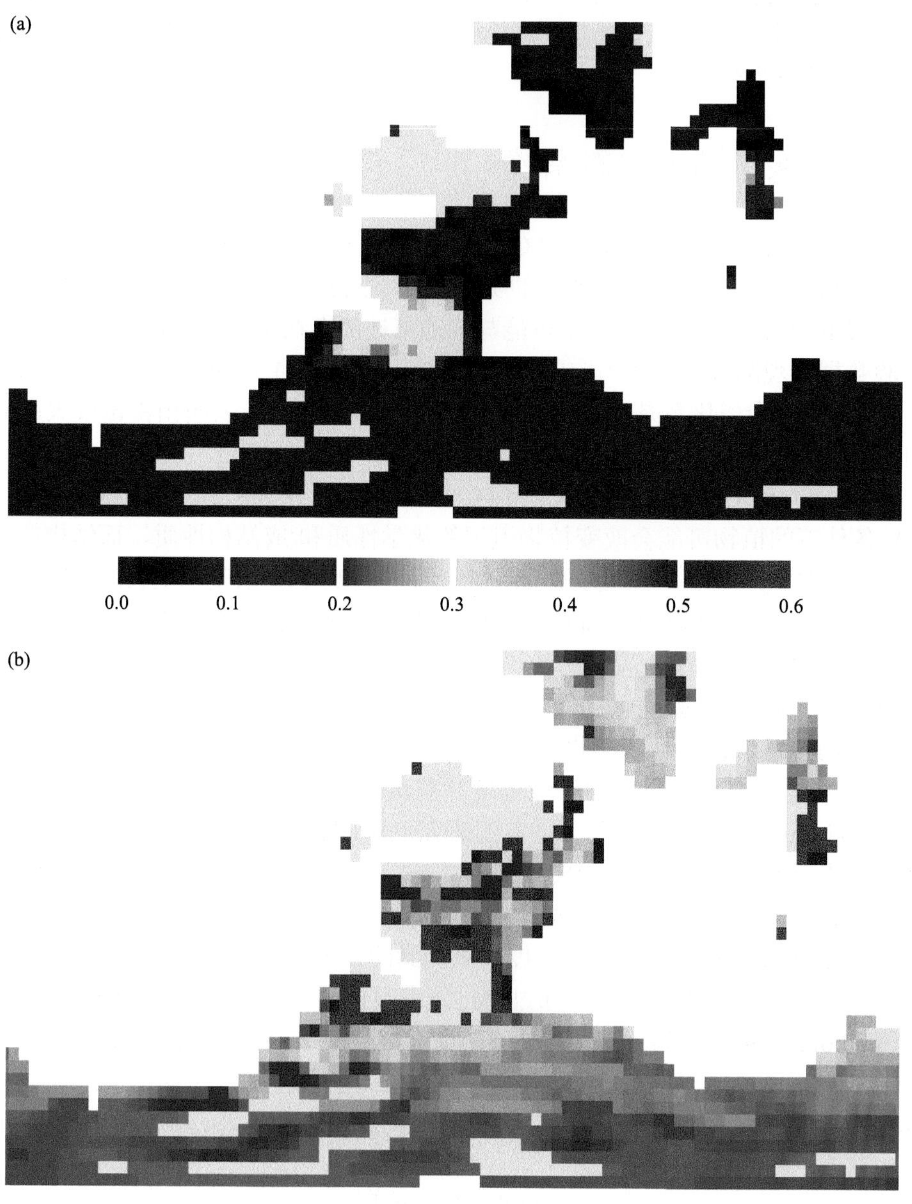

图 5.16　(a)未包含任何高 O_2 效应[方程(5.9)]和(b)修改后允许包含 35% O_2 效应的晚石炭世年火灾概率的全球分布模式

的概率相当低，几乎所有地方发生火灾的概率都为10%～20%；相当于每5～10年发生一次火灾。这种概率很难估计，同时还很难用地质数据进行验证。尽管如此，根据该时代沉积物中炭屑的反复出现，我们估算了上石炭统火灾的复燃间隔。通过设定一个沉积速率，加拿大新斯科舍省上石炭统的复燃间隔估计为6～70年，这与图5.16(a)所示的结果一致(Falcon-Lang，2000)。

如果将O_2的直接影响考虑在内，将大大增加火灾发生的概率[图5.16(b)]，某些地区一年内发生火灾的概率可达60%。值得注意的是，该模型仅估测了土壤凋落物层的火灾，被闪电引燃的树叶(而非落叶)并未考虑在内，也未考虑对给定区域的燃烧比例或火灾持续时间和强度的估测。然而，在这种情况下发生火灾的可能性相当高，似乎与石炭纪沼泽生态系统中大型成年的乔木状石松的发育相矛盾(Scott，1978，1979；DiMichele and Hook，1992；Falcon-Lang and Scott，2000)。由于炭屑在欧洲和北美洲石炭纪沉积物中含量丰富，可以假定在此期间泥炭堆积速率和压实程度，通过研究煤层中木炭层的垂直间距来估测一些热带植物群落的复燃间隔(Falcon-Lang，2000)。由此估算，在石炭纪早期，热带气候植物区系中的裸子植物频繁地遭受了火灾事件(每3～35年一次)，这可能代表了一种类似于现代季节性热带稀树草原的生态系统。然而，在晚石炭世，密集分布的低地鳞木森林发生火灾的频率较低，复燃间隔时间为105～1085年，这与现代雨林的森林火灾相似(复燃间隔时间为389～1540年)(Falcon-Lang，2000)。

O_2对火灾发生概率的影响通过改变不同植物的功能型优势，直接影响生态系统结构。增加的火灾频率也会使高大而古老的乔木和灌木消失，并被矮小的灌木所取代。在这种情况下，C4灌木的生产力高于C3乔木和灌木，因此优势度会增加。这种功能型的转变反映在全球新鲜植被生物量总碳储量的显著减少上，从未经调整的常规时的365 $Gt \cdot a^{-1}$(C)下降到O_2含量增加时的47 $Gt \cdot a^{-1}$(C)。

我们应该认识到，对火灾复燃间隔的估测并没有涉及火灾蔓延(火灾特性)的可能性和化石记录中重要黑炭沉积关系的讨论。除了火灾频率之外，在这种情况下，埋藏学及潜在的进化选择特性——抗燃性方面的考虑也很重要。我们试图将燃烧时的O_2实验作为数值模拟的基础，并考虑燃料(纸条)在不同O_2水平下被点燃的概率(Watson et al.，1978)。但这种燃料在实际森林火灾中是否具有代表性受到了强烈质疑(Robinson，1989)。事实上，除了对燃料类型的适当控制外，森林火灾发展的关键在于当O_2含量水平高于给定值时，火灾是否可控制(容易蔓延)。正确量化大气O_2含量与火灾动力学(点火、蔓延等)之间的关系相当重要，但这一目标目前还尚未充分实现。其重要性有两重意义。其一，由于火灾-气候-植被动态强烈影响了这一时期生态系统结构的发展，我们对石炭纪(事实上也贯穿了整个中生代的大部分时期)植被形成过程的解释极其有限；其二，在早期纸条燃烧实验的基础上，有人提出用火灾来调节大气中数百万年来的O_2(Lenton and Watson，2000)。Lenton和Watson(2000)的负反馈调节作用是这样运行的，当大气中的O_2含量超过当前的水平时，火灾频率增加，并抑制植被覆盖，同时也减少陆地上的碳埋藏。此外，植被的减少减弱了植物引起的岩石中的磷风化作用，从而减少了海洋的养分输入和碳埋藏。要验证这种假设的反馈机制，需要改进描述O_2-火灾事件相互作用的经验数据。显然，这是一个值得进一步研究的领域。

结论

本章研究了晚石炭世大气和气候对不同空间尺度下陆生植物和植被功能可能产生的影响。要考虑到分子尺度效应通过 CO_2 和 O_2 分子对 Rubisco 结合位点的竞争，以及这种竞争性相互作用如何影响光呼吸、冠层生长程度，最终影响陆地 NPP。晚石炭世的全球生产力可能比现在低，这可能是由于当时大气中 O_2 浓度高，而不是受气候的影响(表 5.1)。

全球植被结构和功能模拟结果与有限的晚石炭世数据显示出一定的一致性，支持全球气候模型和 SDGVM 在地质历史时期运行的可能性。石炭纪的煤炭聚集是由于明显的涝渍条件造成的，特别是在赤道地区，但这些地区的 NPP 较低(图 5.10)。我们没有必要通过降低分解速率来解释晚石炭世碳的高埋藏率(表 5.2)。根据冰川作用的程度，从模型中可以看出，C4 光合作用途径的植物可能在南半球占主导地位(图 5.15)。模型模拟佐证了古植物学的观点，即自志留纪以来，植物可能就已进化出了这种 C4 光合途径。然而，在植被模型中加入火灾事件的影响，仍然是一个难题，需要进一步的实验数据。

（董重、张筱青 译，刘锋 校）

第6章　侏　罗　纪

引言

现今的植物类群在侏罗纪晚期已经开始出现，当时陆生植物类群的面貌主要由木本裸子植物和草本蕨类植物组成(Wing and Sues，1992)。整体而言，此时的气候温暖而稳定，地球的温度更加均匀地按纬度分布，无冰盖的极地存在高纬度植物群(Valdes et al.，1996)。季节性干旱出现在中、低纬度地区，特别是在欧亚大陆南部(Hallam，1984，1985，1993)和北欧部分地区(Parrish，1993)。之前，地球化学模型估测的该时期大气CO_2浓度为1800 ppm(Berner，1994)，O_2含量为22%(Berner and Canfield，1989)，这样的组合会产生极低的光呼吸速率和高的光合生产力。然而，三叠纪和侏罗纪之交(T-J 界线)大气CO_2浓度变化存在一些不确定性(Hallam and Wignall，1997)，此时期十分适合利用化石植物叶片气孔特征进行研究(McElwain et al.，1999)。科研人员为了重建过去大气CO_2浓度的变化，对瑞典和格陵兰 T-J 界线附近化石中的陆地植被进行了研究。鉴于古CO_2重建的重要性(尤其是对于没有海洋沉积地球化学记录的 T-J 界线)，本章将详细介绍利用化石植物叶片模拟古大气CO_2浓度，并从生态生理学方面解释其对不同植物类群生存的影响。

侏罗纪晚期是本书所描述的几个关键地质时期之一，我们模拟了CO_2浓度高于现今时期的植被活动(Berner，1994，1997)。因此，在分析侏罗纪晚期全球气候对植被的影响之前，首先讨论植物适应高CO_2环境的重要性(Drake et al.，1997)。然后将这个主题扩展到全球范围，将大气CO_2浓度从现在的350 ppm提高到侏罗纪晚期的1800 ppm，看看它如何影响叶片CO_2同化率的生物化学控制(Wullschleger，1993)。这种分析将为研究未来高CO_2浓度下"温室世界"中植被的潜在生理响应提供一个有趣的案例。

接下来，使用本书第 4 章的 UGAMP GCM 中侏罗纪晚期"气候"(Valdes and Sellwood，1992；Valdes，1993；Price et al.，1995)和植被模型，对侏罗纪晚期大气和气候下的植被结构和功能的影响进行全球估测。本节包含了植被的生产力和结构对CO_2响应的敏感性分析，这两者都对地球表面的能量平衡产生影响。气候模型所用的几个关键陆地表面能量交换参数，需要对叶面积指数(LAI)进行评估(Sellers，1985；Betts et al.，1997)。如果 LAI 对大气CO_2浓度敏感，那么基于现代植被类型固定不变的 LAI 值来推演过去的植被(即现代模拟方法；Otto-Bliesner and Upchurch，1997)，将会给气候模型估测带来误差。因此，敏感性研究可以评估CO_2对植被结构的影响，以便更准确地模拟植被对气候的反馈情况。

如第 5 章所述，将植被和土壤性质的模拟模式与沉积气候指标、蒸发岩和煤的全球分布进行比较(Parrish et al.，1982；Rees et al.，2000)。最大羧化反应速率(V_{max})估测的植被活动可以与侏罗纪叶片化石的同位素组成重建估计结果进行比较(Bocherens et al.，

1994)。最后，根据古植物学和沉积学数据，可以估测主要植物功能群的地理格局，并与侏罗纪晚期主要植被类型分布的详细重建结果进行比较(Rees et al.，2000)。这为模拟未来高 CO_2 浓度的“温室世界”提供一个重要模型测试，如果这种模拟合理且准确的话，将为解释植物生物量中的碳储量提供更可靠的基础。

三叠纪-侏罗纪之交大气 CO_2 浓度和气候变化

三叠纪–侏罗纪(T-J)界线是地质历史上一个最严重的生物大灭绝事件的重要标志(Raup and Sepkoski，1982)，30%的海洋生物属和 50%的四足动物物种灭绝，同时欧洲和北美洲的植物群组成发生了显著变化。尽管如此，由于缺乏关于 T-J 界线环境变化的地球化学记录，人们对这些生物绝灭事件的环境变化和大气 CO_2 分压变化情况还知之甚少(Berner，1994；Yapp and Poths，1996)。前者主要是因为缺乏可用于地球化学分析的适当、连续的原生远洋沉积物(Hallam，1997)。此外，现有陆相沉积剖面的地球化学记录受到了成岩作用的干扰(Morante and Hallam 1996；McRoberts et al.，1997)。因此，分析和研究陆地植物的残遗(叶片化石)成为当前重建环境变化的最佳可行方法之一。

瑞典南部和格陵兰东部有丰富的植物化石，对这些植物叶片气孔指数的测量已应用于探测 T-J 界线的全球碳循环的波动变化。该方法利用了大气 CO_2 和气孔指数之间的反比例关系(McElwain and Chaloner，1995；Beerling and Woodward，1997)，通过计算气孔比率(stomatal ratio，SR)，即现存最近生态对应种的气孔指数(stomatal index，SI)除以化石类群的 SI[①]，可以得到半定量的古大气 CO_2 估算值，其中一个 SR 单位为 300 ppm CO_2(McElwain and Chaloner，1995)。采用这种方法，McElwain 等(1999)基于简单的温室公式，重建了 T-J 界线的大气 CO_2 分压及全球平均温度变化(ΔT)：

$$\Delta T = 4\ln\left(\frac{P_{\text{atm}}}{P_{\text{atmo}}}\right)$$

其中，P_{atmo} 是工业革命前的 CO_2 浓度(280 ppm)；P_{atm} 是重建的大气 CO_2 浓度(Kothavala et al.，1999)。

格陵兰和瑞典的植物叶片化石研究结果均表明，三叠纪和侏罗纪之交全球大气 CO_2 浓度和温度持续升高(图 6.1)。利用气孔比率的定量分析，大气 CO_2 浓度的估值从 600 ppm 增加到 2400 ppm，这与 Yapp 和 Poths(1996)对同一时期基于土铁矿的地球化学分析结果(900～4800 ppm)相比，其增加的幅度更为保守。在非洲和北美洲板块碰撞过程中，火山活动将气体从地幔释放到大气，以及海平面的快速变化，最为合理地解释了 CO_2 浓度升高的原因(Hallam，1997)。此外，由于温度每升高 1℃，CO_2 在海水中的溶解度降低 4%(DeBoer，1986)，随着海水温度的升高，这种机制将导致海洋对温室效应的正反馈。

---

① 译者注：此处原文有误，故未按原文翻译，译者认为可能是原文引用时不小心出错所致，请参考 McElwain and Chaloner，1995。

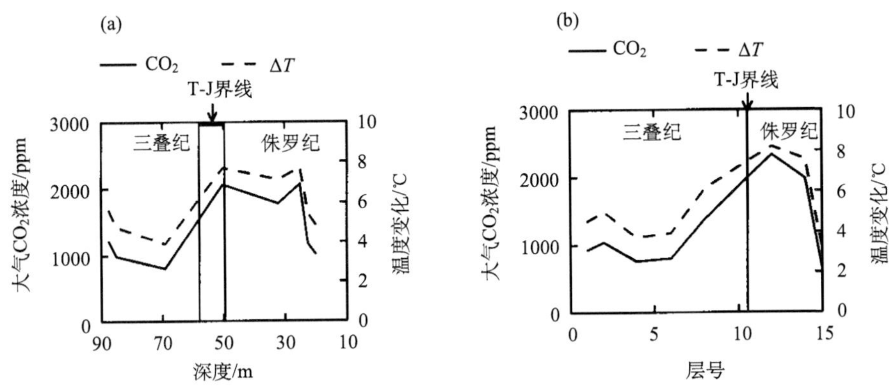

图6.1 基于(a)瑞典和(b)格陵兰的植物叶片化石生理生态分析重建的三叠纪和侏罗纪之交大气CO_2浓度和全球平均温度变化(据 McElwain et al., 1999)

对植物适应和生存的影响

据 GCM 模拟估算，三叠纪末期全球平均地表气温(图 6.1)超过 60°N～70°N 的夏季温度(约 35℃)(Wilson et al.，1994)。根据对化石本身的一系列生态生理测量(稳定碳同位素组成和气孔特征)，在这样的温度条件下叶片重建结果表明上部冠层植物(或开阔地带的类群)的叶片超过了热带植物对 CO_2 吸收的热量限制(Larcher，1994)，即使在相当高的纬度(60°N～75°N)地区也是如此。该限制范围(48～52℃)在多种植物分类群中非常稳定(Larcher，1994)。高浓度的 CO_2 会通过降低气孔指数和诱导部分气孔关闭来限制叶片的蒸腾冷却，而高温下叶片-空气之间的蒸气压力加大，这种恶性亏损会加剧了气孔关闭。重复季节性高温的长期异常持续，特别是在低风速下，可能导致对叶片光合作用和蛋白质合成系统的严重且不可逆的损害(Larcher，1994)，尤其在上部冠层，可能由于无法调节碳固定和水分流失最终导致个体死亡。

通过减小叶片尺寸，增大叶片边界层导度和散热，可以在短期内(千年尺度)避免这种热损伤。基于化石本身的气孔和同位素特征的能量预算(Beerling and Woodward，1997)，估测叶片宽度会显著减少，减少量最多可达 50%左右，以此来避免叶片温度达到 CO_2 吸收的致死极限。因此，基于化石记录初始化模型的估测，在跨 T-J 界线时期植物需要选择尺寸更小和/或具更多裂片的叶片(图 6.2)。事实上，格陵兰东部的化石记录表明，确实存在着增加裂片/狭窄叶片的自然选择(图 6.2)。这里的关键点是，在 T-J 界线时期同时发生 CO_2 浓度升高和气候变暖的情况下，我们只需要观察到叶片尺寸的减小就可以了。

大、小叶片在“恒定”或“变化”气候条件下对气体交换过程的影响表明，相对于较大的叶片而言，当叶片宽度很小(如 1 cm)时，光合速率有所增大(图 6.3)。对于较大叶片而言，当温度接近致死阈值时，会破坏气孔功能和光合作用对 CO_2 的吸收。在这种情况下，光合作用代谢将在高温下被光抑制作用进一步破坏(Long et al.，1994)。与光合作用相反，叶片大小对蒸腾速率没有显著影响(图 6.4)。因此，与大叶类群较低的光合速率相比，小叶类群具有较高的光合作用生产力和适度的蒸腾速率，进而拥有更高的水分利用效率(在炎热干燥的夏季很重要)。无论植物叶片是气孔下生型的(仅叶片下表面有气孔)，还是气孔两面生型的(叶的上、下表面都有气孔)，这些结论都保持不变(图 6.5)。但是，气孔下生型叶片的光合作用和蒸腾作用速率都低于气孔两面生型叶片。

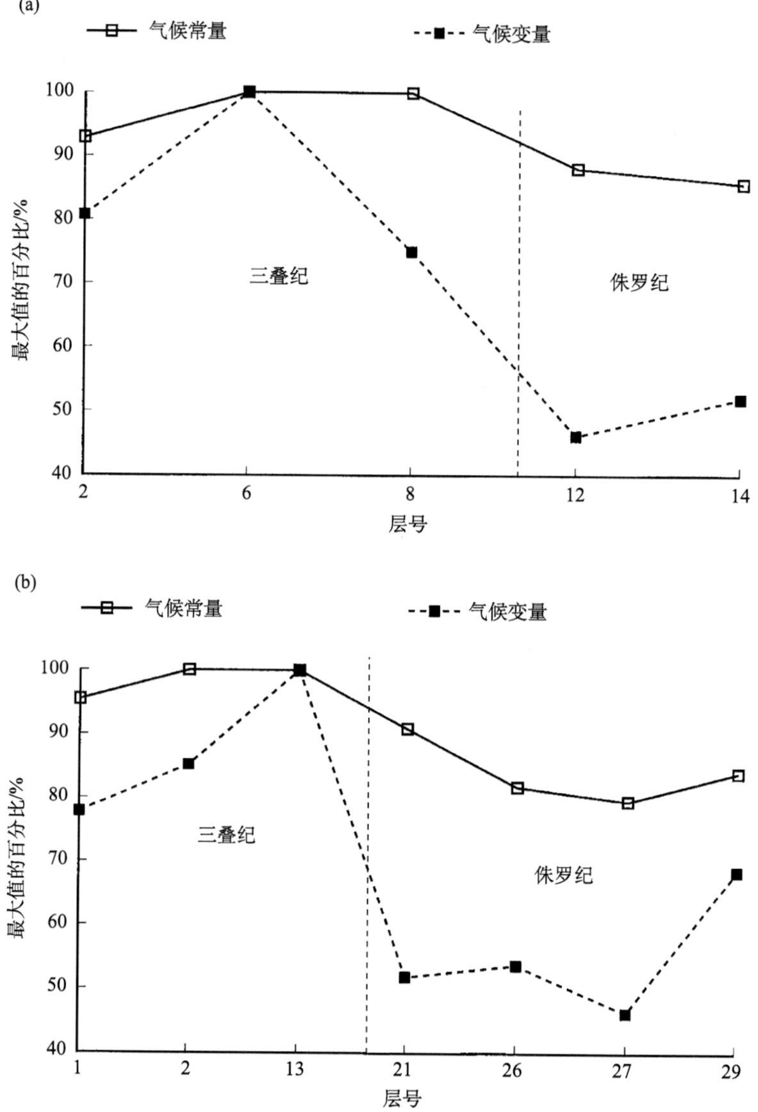

图 6.2　根据(a)瑞典和(b)格陵兰叶片数据计算的在三叠纪末期气候条件下植物叶片宽度的减小

但随着 CO_2 浓度和气温升高(图 6.1)，植物需要避免吸收的致死极限。气候常量和变量分别表示跨 T-J 界线为恒定气候和附加升温的重建气候，见图 6.1(引自 McElwain et al.，1999)

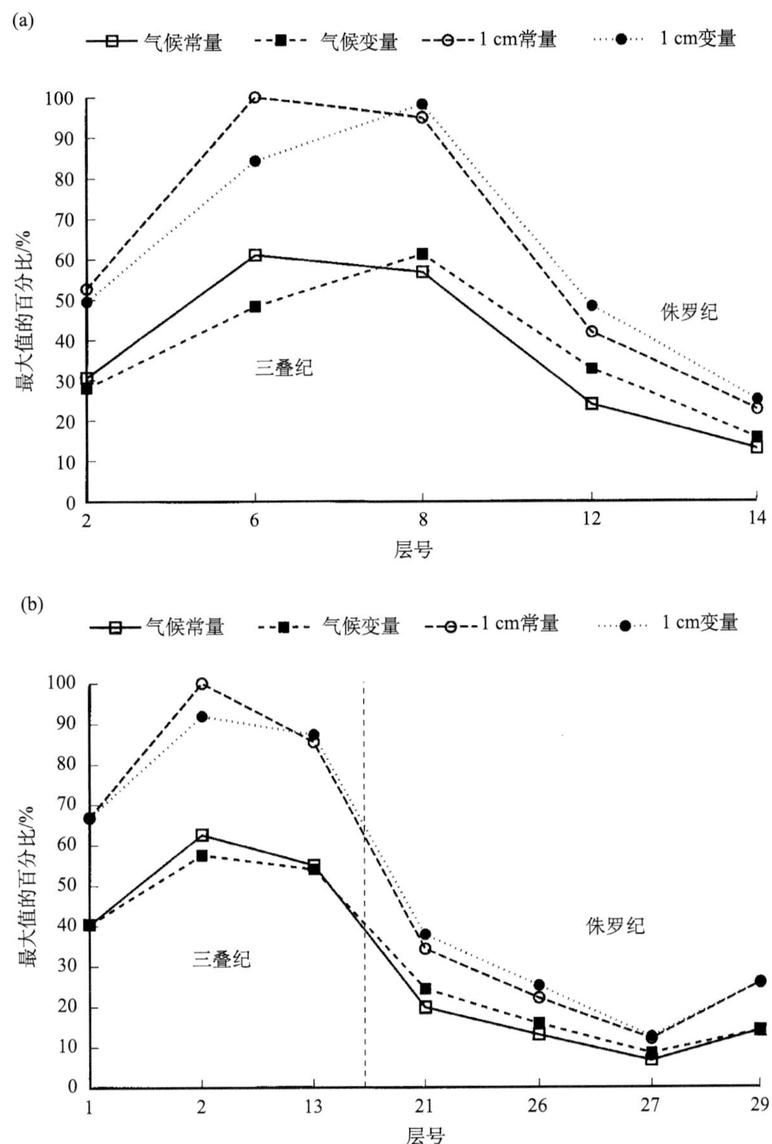

图6.3 根据化石的气孔和同位素特征并利用图6.2中气候变量和气候常量两种参数重建的(a)瑞典和(b)格陵兰直径分别为1 cm和4 cm叶片的光合作用速率(McElwain et al.，1999)

请注意，窄叶比宽叶能够实现的光合作用速率更接近最大值

在这个例子中，陆生植物化石的应用提供了研究跨越T-J界线大灭绝事件的独特环境记录。此外，重建的古环境变化(CO_2浓度和温度)是一个可验证的预测结果(叶片大小应该会减小)，该结果也得到界线之上小叶化石类群比例增大这一独立观察的支持。虽然植物具有对抗短暂高温事件的生理机制，特别是热激蛋白(Downs et al.，1998)和异戊二烯的合成(Singsaas et al.，1997)，但这些显然不足以使叶片降温，并防止大叶类群的灭绝。

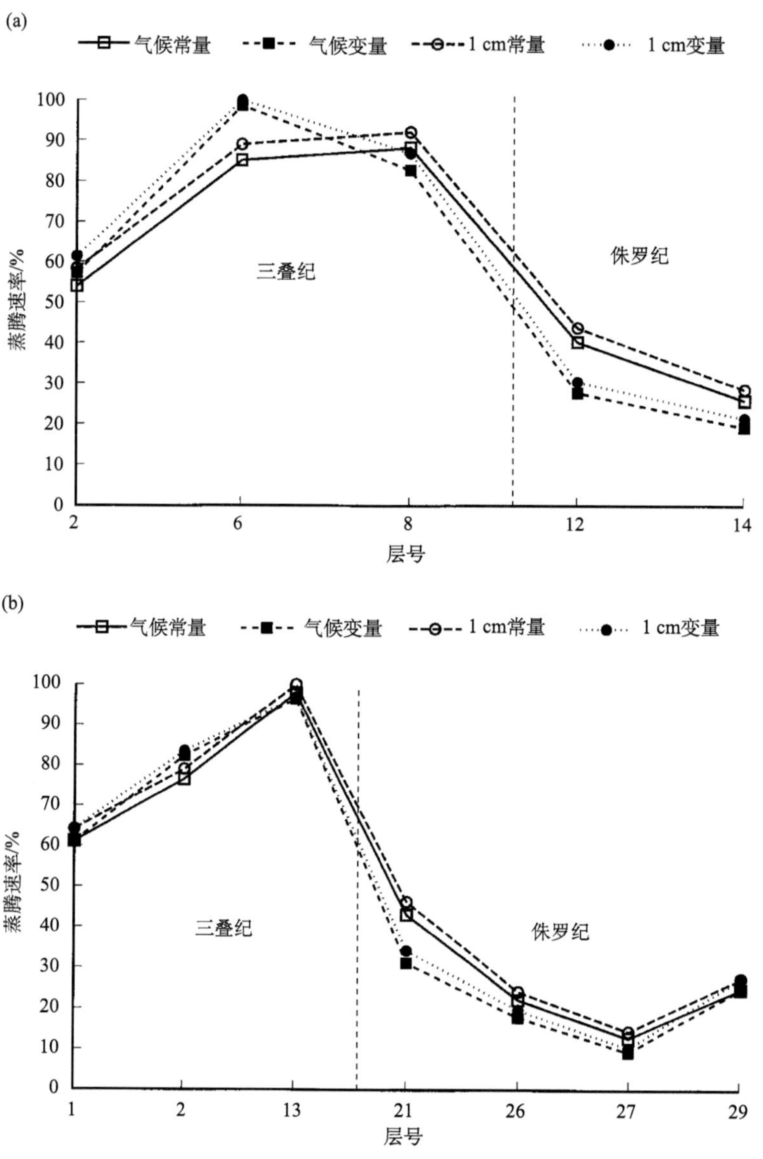

图 6.4　根据化石的气孔和同位素特征，使用第 2 章中描述的模型，并利用图 6.2 中气候变量和气候常量两种参数重建的(a)瑞典和(b)格陵兰直径分别为 1 cm 和 4 cm 叶片的蒸腾速率(McElwain et al., 1999)

这些例证为解释大灭绝时期植物物种选择性灭绝提供了基本的机理。此外，CO_2 浓度和陆地气温的升高及海平面的变化，也是地史时期其他几次大规模灭绝事件的特征，例如，塞诺曼期–土伦期界线(90.4 Ma；Kerr，1998)和白垩纪–古近纪界线(65 Ma；Wolfe，1990；O'Keefe and Ahrens，1989)，对植物类群的选择性热损伤(取决于叶片大小)也可能代表了该时期环境对植物选择性灭绝的方式。我们注意到，这里讨论的能量条件仅适用于上部冠层(在开放生境中生长的植物)占主导的那些植物类群，并且热损伤可能仅在具有低风速且炎热的晴天时才会持续产生。

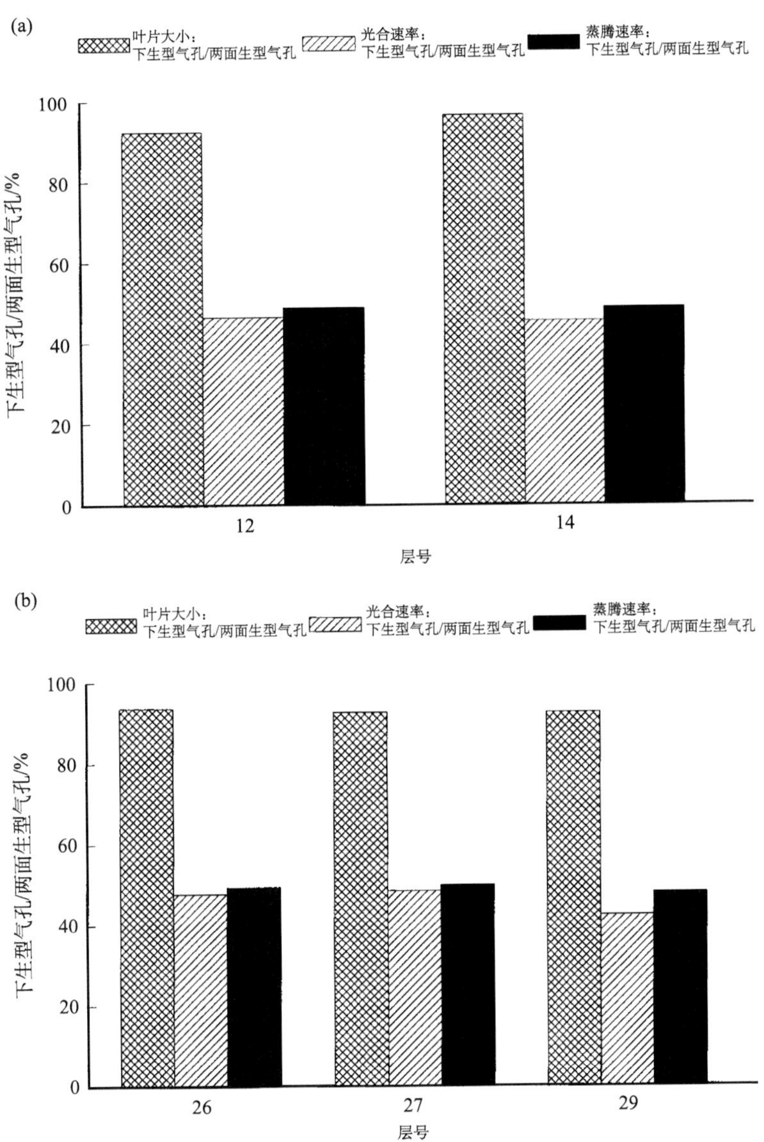

图6.5 侏罗纪早期(a)瑞典和(b)格陵兰叶片的下生型气孔和两面生型气孔对不同时段的叶片大小、光合速率和蒸腾速率的模拟影响

该模拟假设化石气孔密度(McElwain et al.，1999)或相等地存在于叶片两个表面，或只存在于一个表面；纵坐标显示了下生型气孔与两面生型气孔的模拟反应之比

本节重点从生态生理学角度来考虑利用化石植物重建古环境。在侏罗纪早期植物和植被生长在CO_2分压远高于现今的环境中，并持续到侏罗纪晚期，这具有进一步的生态生理学意义。下一节将讨论植物对高CO_2浓度的响应及其对模拟结果的影响。

植物对高CO_2浓度的适应

在对侏罗纪晚期进行全球尺度分析之前，需要讨论植物是否适应(在光合作用下调的意义上）高 CO_2 含量的大气，及其如何改变光合生产力对模拟响应的问题。将当前基因型植物暴露于富含 CO_2 的大气中，会提高叶片净光合作用的速率（Drake et al., 1997）。然而，光合作用的增加可能是短暂的，且随着时间的推移而下降，这取决于土壤氮的供应和其他影响植物源库平衡的环境因素（Sage et al., 1989; Sage, 1994; Gunderson and Wullschleger, 1994）导致所谓的"适应"。这种下调的机制通过影响叶片中糖分的积累来抑制参与光合作用的酶的基因转录（Sheen, 1990; Webber et al., 1994; Drake et al., 1997）；这在 CO_2 富集环境中培养拟南芥（*Arabidopsis*）的实验中被证实了（Chen et al., 1998）。然而，这些实验也表明，光合基因转录的抑制不能完全解释 Rubisco 蛋白含量的降低，并且它在多种分子水平上受到了多重控制（Chen et al., 1998）。在某些情况下，CO_2 同化作用的下调代表了额外吸收碳的能力受到限制，因此这种适应代表了在光合作用系统中资源（主要是氮）从非限制性组分（碳捕获）到更多限制性组分（如光捕获）的重新分配，即优化响应（Bowes, 1996）。

可以通过构建 A/c_i 的响应曲线来研究这种优化方案（图 6.6）。曲线表明，在高 CO_2 浓度环境下生长的植物中，Rubisco 活性/数量的减少不一定导致净 CO_2 同化作用的减少（图 6.6）。大气 CO_2 浓度（c_a）为 350 ppm 时的叶片净光合作用速率低于 1000 ppm CO_2 浓度时的速率，但高浓度 CO_2 环境下的 Rubisco 活性降低了 25%（图 6.6）。出现这种情况的原因是，在较高的 CO_2 浓度下，气孔导度（CO_2 供应函数）降低，叶片会以较高的胞间 CO_2 浓度（c_i）运转，从而弥补 Rubisco 活性的损失。在这个例子（图 6.6）中，出现了 CO_2 浓度为 1000 ppm 时 W_c 限制的光合速率（V_{max} 控制）接近于 W_j 限制的光合速率（J_{max} 控制）的情况，支持了植物可以脱离 Rubisco 而重新将氮投入光捕获蛋白，即提高氮利用效率，而不损失高大气 CO_2 浓度条件下光合作用活性的观点。本章后面（第 105 页）将进一步讨论光合作用的优化，即在 W_c 和 W_j 速率的共同限制点上的运行过程。

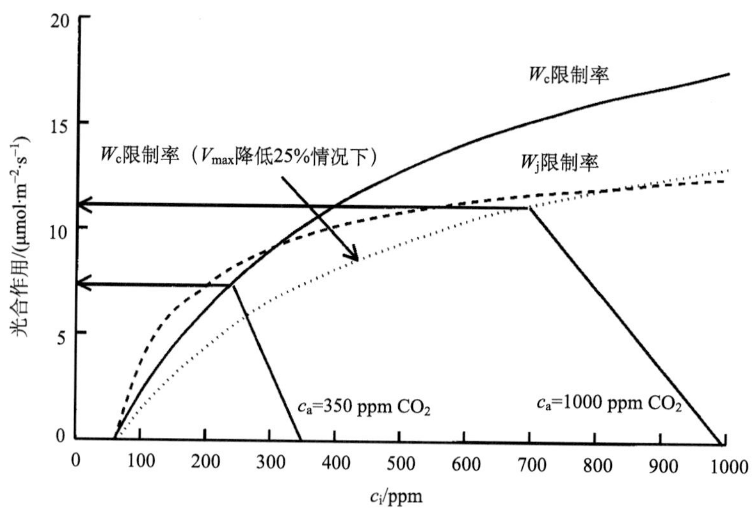

图 6.6　模拟了在 35 Pa 和 100 Pa CO_2 浓度下生长的典型叶片的 A/c_i 响应（V_{max} 降低 25%，模拟了对升高的 CO_2 的适应响应）

角度线的斜率代表气孔导度，其截距计算为 $0.7\times c_a$。采用在 25℃下 V_{max} = 27 $\mu mol\cdot m^{-2}\cdot s^{-1}$ 和 J_{max}=63 $\mu mol\cdot m^{-2}\cdot s^{-1}$，PAR 为 900 $\mu mol\cdot m^{-2}\cdot s^{-1}$，计算 A/c_i 曲线。W_c 和 W_j 的定义见第 24 页

很明显，当光合蛋白出现适应性时可能与它的资源优化有关。然而，目前尚无法预测哪些物种能够适应 CO_2 富集的环境，也没有发现它们与植物生长速率之间的相关性(Stirling et al.，1997)。生长速率提供了“汇”强度的衡量标准，例如，生长缓慢的物种更有可能反映出利用额外光合产物的能力有限，从而倾向于降低光合作用。事实上，Gunderson 和 Wullschleger(1994)对高 CO_2 浓度环境下生长的木本植物 V_{max}(Rubisco 活性)和 J_{max}(电子传递)测量结果进行了检验，并没有发现这两种能力在 CO_2 富集的情况下发生显著变化(图 6.7)。野外生长的木本植物暴露于高浓度 CO_2 下的测量结果显示，它们普遍缺乏适应性(Ellsworth et al.，1995；Beerling，1999a)。文献综合报道中，光合作用对高浓度 CO_2 的响应幅度约为 66%(Norby et al.，1999)，这个值高于 Gunderson 和 Wullschleger(1994)提出的 44%。Norby 等(1999)的研究支持了这样一种观点，即对于扎根于地面的树木，CO_2 浓度增大时光合作用通常没有明显损失，几乎没有证据表明其对 CO_2 敏感性的降低。

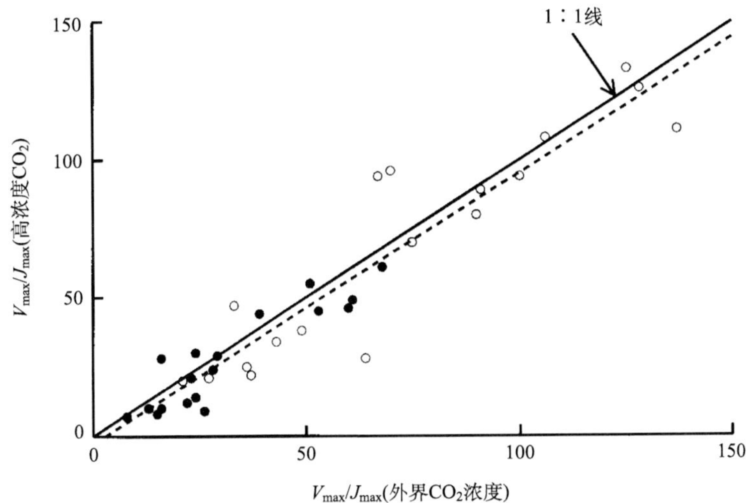

图 6.7 对生长在正常环境 CO_2 浓度和高 CO_2 浓度的木本植物类群的 V_{max}(●)和 J_{max}(○)测量值比较(数据来自 Gunderson and Wullschleger，1994)

实线表示周围环境测量值和升高测量值之间的完美相关性，虚线与数据相吻合。回归分析细节：截距= 0.98，斜率= –2.789，$r = 0.94$

暴露于 CO_2 富集环境的时间长短对于植物的环境适应性至关重要，这可能是适应性受限的一个重要原因。这一观点已经从一个地热泉周围高浓度 CO_2 环境下自然生长的植被气体交换测量实验中得到验证。研究这些物种时，假设这种环境与植物长期适应自然条件下高浓度 CO_2 的情况相类似，并且排除含硫气体的影响(Miglietta et al.，1993；Körner and Miglietta，1994；Fordham et al.，1997)。结果表明，长期适应高浓度 CO_2 的生长能够增加植物的生长潜力，但其光合酶没有发生变化(Fordham et al.，1997)。

尽管已经尝试了一些经验公式，但鉴于植物物种对光合酶的适应性可能发生变化、暴露时间的影响及尚缺乏对确切机制的理解，这种情况还不能包含在植被模型中(Sellers et al.，1996)。在充分了解这些不确定性之前，我们没有办法在本书中明确地解释环境适应的影响。因此，对于那些 CO_2 浓度高于现今大气的地质时代（第 7、8、10 章），陆地净初级生产力（NPP）生态平衡模型应该代表了较高的估值。尽管如此，谢菲尔德全球植被动态模型（SDGVM）对暴露在 CO_2 浓度和温度不断升高情况下的整个生态系统中的植物和植被的测量结果成功地进行了测试（Beerling et al.，1997）。选择叶片气体交换、降雨和土壤养分浓度作为广泛生态系统过程的时间积分器，显示出与观测结果的有利比较。这意味着过程和缩放程序在模型中得到了充分的体现，它提供了高 CO_2 浓度和温度条件下现实的生态系统响应（Beerling et al.，1997）。这种情况已经为考虑侏罗纪全球环境状况奠定了基础。

晚侏罗世全球气候

UGAMP GCM 使用了一个类似于由 Smith 等（1994）重建的 150 Ma 的地表分布模型，当时海平面相对较高（Hallam，1992），特提斯（冈瓦纳和劳拉古陆之间的海道）和大西洋中部形成了连续的海道（图 6.8）。晚侏罗世气候按照第 5 章中的描述进行了模拟（固定的海面温度），空间分辨率为 3.75°×3.75°（Valdes and Sellwood，1992；Valdes，1993；Price et al.，1995）。晚侏罗世古气候的 UGAMP 模拟与地质数据进行了广泛且适当的比较（Valdes and Sellwood，1992；Valdes，1993；Sellwood and Price，1994；Price et al.，1995；Rees et al.，2000），其中包括海岸上升流的模拟地点和石油烃源岩分布之间的良好匹配。值得注意的是，对晚侏罗世气候的 UGAMP 模拟与 NCAR GCM（Moore et al.，1992a，1992b）不同，这可能与对海洋的处理方式相关（Valdes，1993）。

驱动 SDGVM 模型的气候数据总结如图 6.9 和图 6.10 所示。在 SDGVM 中，使用 1800 ppm 的 CO_2 和 15%的 O_2 估值进行模拟（Berner and Canfield，1989；Berner，1997）。

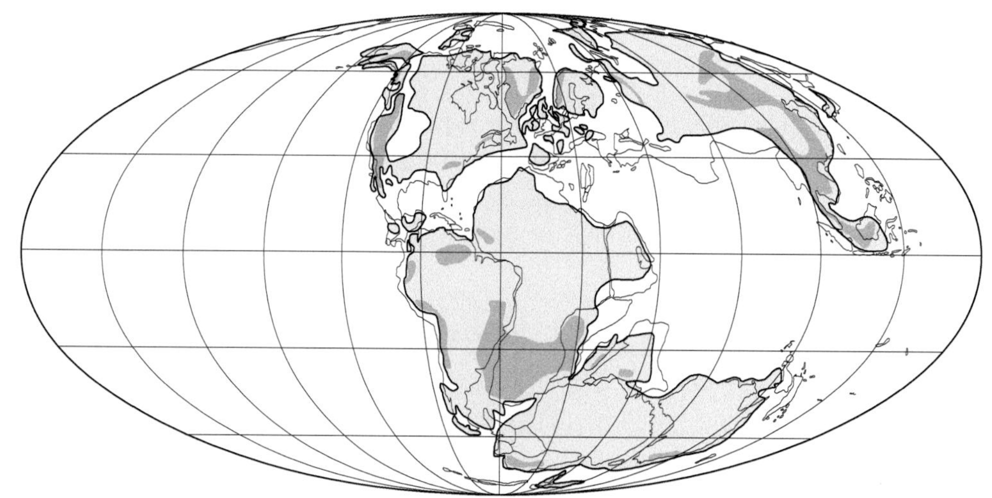

图 6.8　重建的侏罗纪基默里奇阶古地块位置（150 Ma）（引自 Smith et al.，1994）
深灰色表示高地地区

热带地区的年平均温度较温暖(高达30℃)，极地地区的温度非常温和(图6.9和图6.10)。气候模拟推测两极附近没有永久冰盖，美国西南部属干旱环境，而欧洲南部为季节性干旱气候(图6.9)。此外还估测了欧洲和澳大拉西亚的冬季风暴气候。在冬季的大部分时间，西伯利亚和冈瓦纳东南部的地表温度都会降到0℃以下。尽管热带降水带的位置是气候模型中最不确定的特征之一，但其降水模式与地质证据基本一致(Valdes，1993)。

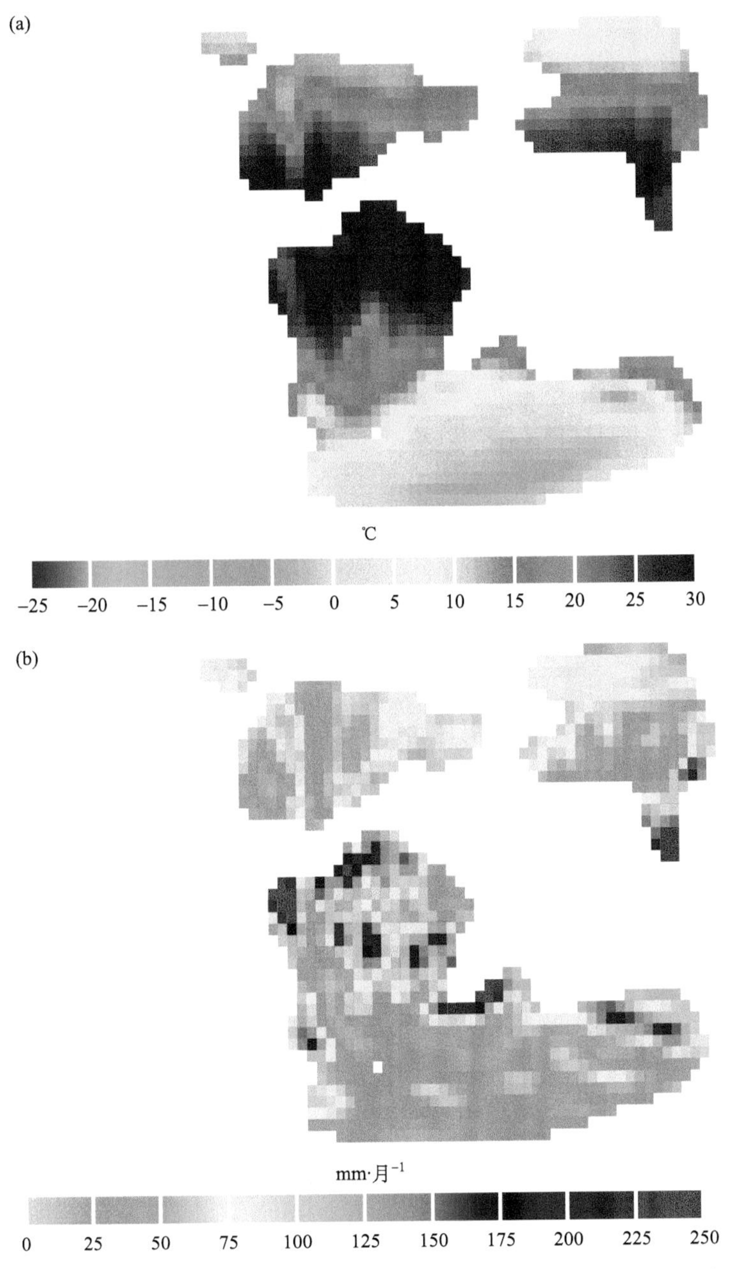

图6.9　UGAMP GCM模拟的晚侏罗世(a)年平均温度和(b)年平均降水的全球模式

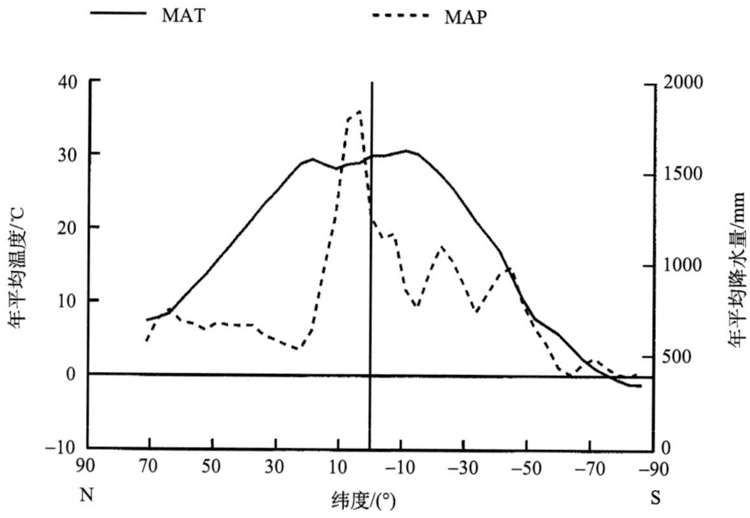

图 6.10　晚侏罗世年平均温度(MAT)和年平均降水量(MAP)的面积加权纬度平均值

晚侏罗世光合作用的全球模式

在讨论晚侏罗世植被的生产力之前，我们需考虑高 CO_2 浓度(1800 ppm)对冠层光合作用的影响，因为高 CO_2 浓度明显提高了生产力，并且这与未来“温室”世界高 CO_2 浓度情况下的植物行为息息相关。根据 Farquhar 等(1980)的模型，光合速率由 Rubisco 的浓度、活化状态和动力学性质(W_c)控制，或通过电子传递的 RuBP 再生速率(W_j)控制，至于哪种控制占主导，则主要取决于环境条件。在现今的 CO_2 浓度下，C3 植物倾向于在光合作用场所优化资源分配，特别是氮，使得羧化能力和 RuBP 再生能力达到平衡(Nie et al.，1995；Lloyd and Farquhar，1996)，即最大光合速率是 W_c 和 W_j 之间的限制边界(第 3 章)。即使叶片生长在低辐照度的条件下，如树冠阴生叶片，也倾向于调整其氮分配以维持电子传递和 Rubisco 活性之间的平衡(Evans and Terashima，1988)。在生长季期间，随着林冠发育和气候变化，植物在资源分配中经历季节性调整，以维持 W_c 和 W_j 两个过程之间光合控制的平衡，达到冠层氮含量的最大化(Chen et al.，1993；Lloyd and Farquhar，1996)。

对于生长在中生代高 CO_2 浓度条件下的植物来说，光合作用的控制可能与现今的情况截然不同，这在一定程度上取决于气候条件。从理论上讲，在没有任何气孔适应的情况下，W_j 控制应该发挥作用(图 6.6)，因为高浓度的 CO_2 会造成叶片内部的 CO_2 浓度(c_i)的升高，导致 RuBP 的生成受到最大限制。对生长在高 CO_2 浓度大气中达三年之久的北方灌木和乔木的气体交换测量结果，显示了这种响应的存在(Beerling，1998)。

将树冠向下分配的氮包含在植被模型中，并且还要考虑到 Farquhar 等的 CO_2 同化模型和土壤水分、冠层导度与光合作用之间的反馈因素(第 4 章)。因此，从现今 CO_2 浓度

(350 ppm)和晚侏罗世 CO_2 浓度(1800 ppm)的全球模拟中提取信息，对于研究其生长季如何改变调节过程(主要是 W_c 或 W_j 限制)具有指导意义。为便于解释，这里仅考虑树冠顶部的叶片。

在现今的 CO_2 浓度和晚侏罗世气候的条件下，炎热地区冠层顶部叶片在整个生长季的光合速率主要由 W_j 控制(图 6.11)。在较冷的地区，Rubisco 活性受温度限制，光合作用在大部分生长季受到 W_c 控制(图 6.11)。这两项差异很大程度上反映了 V_{max} 和电子传递的温度敏感性(DePury and Farquhar，1997)。然而，在 CO_2 浓度为 1800 ppm 时情况却非常复杂，并且出现了光合作用过程受控于温度和 LAI 响应的情况。在 CO_2 浓度为 1800 ppm 的热带地区，LAI 的变化很小，W_j 对生长季光合作用的生化控制时间得到了延长[图 6.11(b)]。然而，在较冷区域 W_c 的控制有所增大[图 6.11(b)]。之所以会出现这种情况，是因为这些区域显示出 LAI 的大幅增加(见下一节)。LAI 的增加降低了冠层叶片的氮含量，因为土壤中的氮可以通过更多层分配，而高浓度 CO_2 下产生的凋落物具有更高的碳氮比，使通过分解作用向土壤中释放的氮更少。因此，凉爽条件和较低叶氮浓度降低了 Rubisco 的活性和数量，W_c 倾向于成为控制光合作用的主要因素(图 6.11)。

在 W_c 和 W_j 控制下光合作用的最大速率受到 Rubisco 的最大羧化反应速率 V_{max} 和受控于电子传递的最大羧化反应速率 J_{max} 的限制。因为 V_{max} 与 J_{max} 是线性相关的，所以这里仅描述 V_{max} 的影响。V_{max} 和 J_{max} 均取决于营养状况、辐照度和温度(Long，1991；McMurtie and Wang，1993；Woodward et al.，1995)。与现今植被观察的结果(表 6.1)相比，晚侏罗世平均生长季的 V_{max} 值在赤道炎热地区明显更高(图 6.12)，这是由于晚侏罗世温暖气候环境的影响。因此，受到 W_c 限制的光合速率的一个因素被放宽，并且对于 J_{max} 和 W_j 限制的光合作用速率也有类似的效果。因此，在较温暖的气候条件下，相对较高的 V_{max} 和 J_{max} 值会使叶片的光合速率增加(图 6.13)。

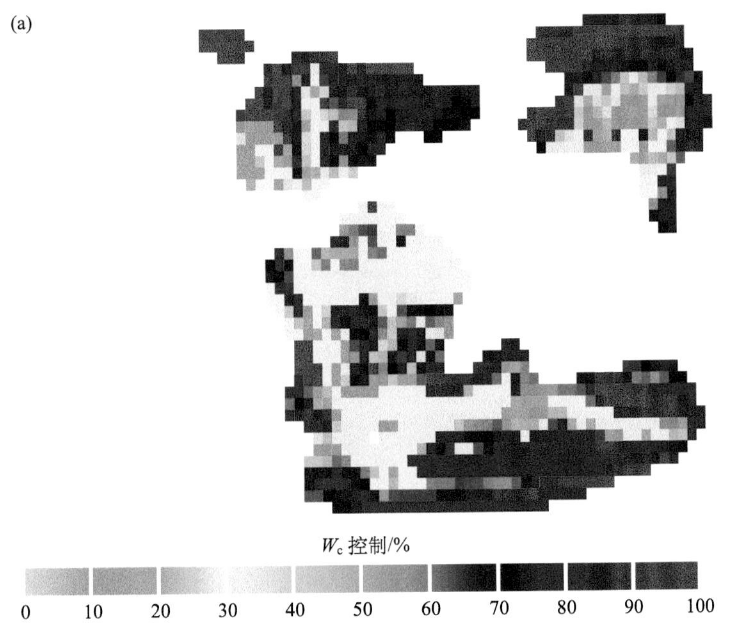

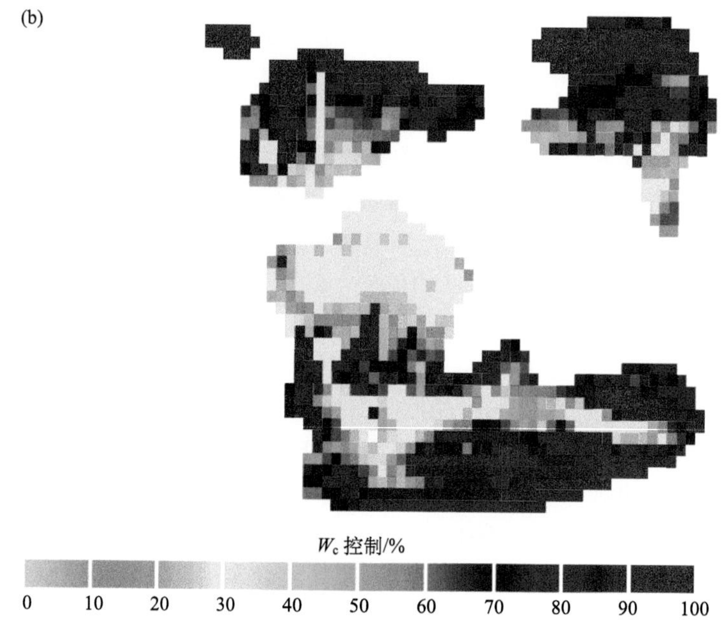

图 6.11　晚侏罗世(a) CO_2 浓度为 350 ppm 和(b) CO_2 浓度为 1800 ppm 时受 W_c 或 W_j 控制的冠层顶部叶片光合作用生长期比例

表 6.1　当前气候下不同植物类型的 V_{max} 和 J_{max} 的平均估值　　（单位：$\mu mol \cdot m^{-2} \cdot s^{-1}$）

植物类型	V_{max}		J_{max}	
	平均值	范围	平均值	范围
热带森林[a]	51±31	9～126	107±53	30～222
热带雨林[b]	62.4		120.6	
热带季节性森林[b]	94.1		183.1	
温带森林				
针叶林[a]	25±12	6～46	40±32	17～121
冷温带/寒带落叶林[b]	36.1		71.4	
冷温带/寒带混交林[b]	46.9		89.6	
冷温带/寒带针叶林[a]	30.6		53.8	
硬叶灌丛[a]	53±15	35～71	122±31	94～167
旱生林和灌丛[b]	171.4		276.9	

a：数据引自 Wullschleger(1993)；

b：数据引自 Beerling 和 Quick(1995)。

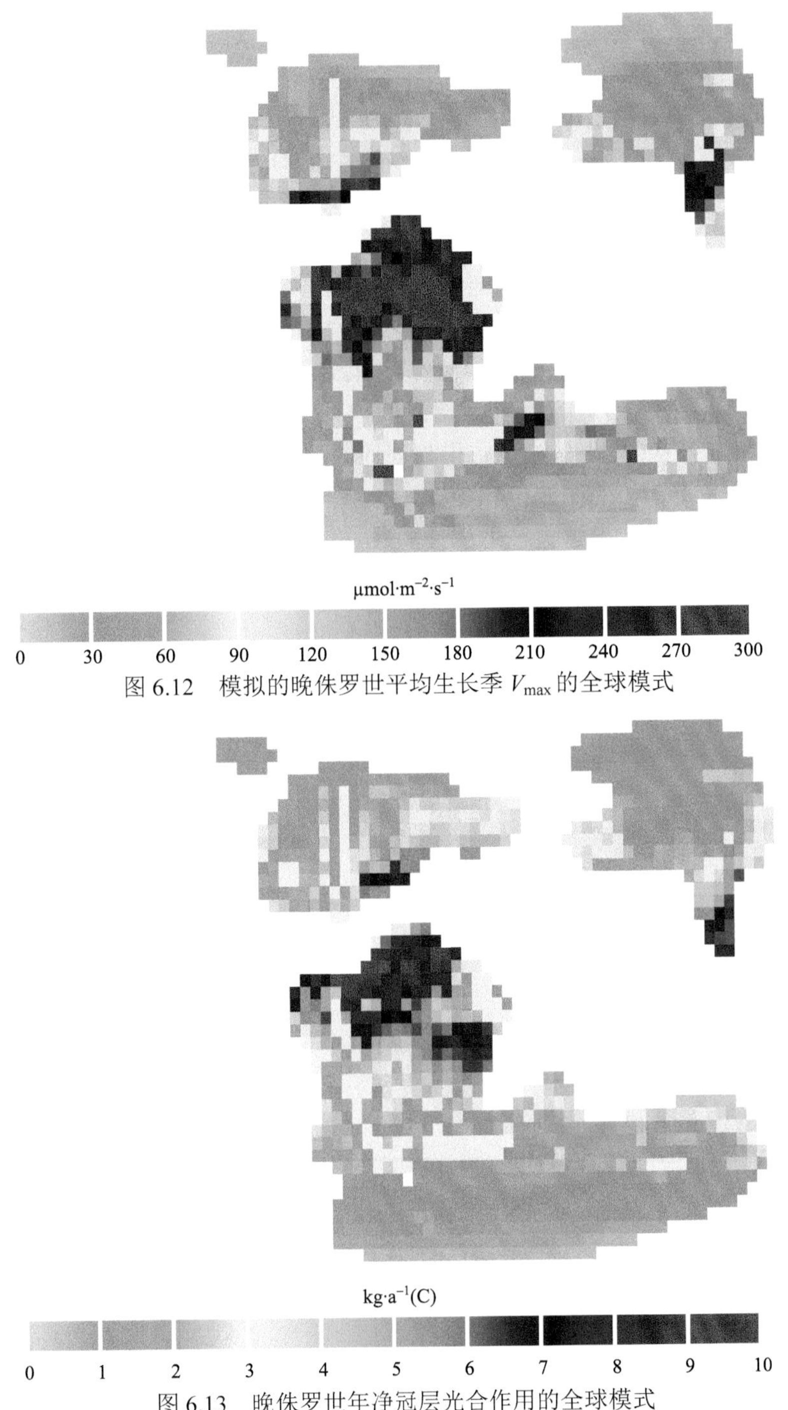

图 6.12　模拟的晚侏罗世平均生长季 $V_{\max}$ 的全球模式

图 6.13　晚侏罗世年净冠层光合作用的全球模式

模拟植被活动与地质数据的比较

第 5 章中介绍了测试植被模型的一种方法，是将估测的生长季最大羧化反应速率与叶片化石角质层的稳定碳同位素组成($\delta^{13}C_p$)进行比较。对于石炭纪(第 5 章)而言，由于无法找到可供测量的叶片化石材料而使用了陆生全岩有机质的 $\delta^{13}C_p$ 值。对侏罗纪晚期的植物化石材料，其同位素测量结果也不甚理想，但从中侏罗世几个确切鉴定的化石类群叶片获得了较好的测量结果(Bocherens et al.，1994)。因此，根据 $\delta^{13}C_p$ 测量结果计算出了这些叶片的 V_{max}，并根据前人对植物化石气孔特征的初始测量数据，推算出光合作用最大速率(A_{max})的估值(Beerling and Woodward，1997)。

然而该试验还存在一定的缺陷，因为无法找到晚侏罗世同类叶片的气孔和同位素数据，所以就无法估算每组叶片的 c_i 和 A_{max}。尽管如此，它还是提供了一种根据植物化石来估算和模拟植被活动的方法。用这种方式进行计算，发现一系列中侏罗世化石叶片的 V_{max} 值(表 6.2)与现代松柏类的 V_{max} 值相似(表 6.1)。所有的同位素测量都在英国境内进行(Bocherens et al.，1994)，且测量结果与该地区 V_{max} 的模型估值相当(英国在晚侏罗世的位置见图 6.8)，为 30～40 μmol·m^{-2}·s^{-1}。虽然测试不够完美，但地质数据与模拟植被活动之间的一致性表明，尽管存在适应性问题，但该模型模拟了这一关键光合作用过程的适当速率。

表 6.2　根据侏罗纪化石叶片稳定碳同位素测量的平均生长季 V_{max} 估值

样本	$\delta^{13}C_p$[a] /‰	c_i[b] /ppm	V_{max}[c]/ (μmol·m^{-2}·s^{-1})
苏铁目			
苏铁型蓖羊齿 *Ctenozamites cycadea*	–24.0	108.3	30.0
莱肯比蓖羊齿 *Ctenozamites leckenbyi*	–25.7	121.8	29.0
细脉带羊齿 *Taeniopteris tenuinervis*	–26.2	125.8	28.7
本内苏铁目			
约氏网羽叶 *Dictyozamites johnstrupii*	–24.5	112.3	29.7
狭带尼尔桑带羽叶 *Nilssoniopteris vitatae*	–23.8	106.7	30.2
栉形毛羽叶 *Ptilophyllum pecten*	–23.4	103.5	30.4
雅致韦尔奇花 *Weltrichia spectabilis*	–24.3	110.7	29.8
银杏目			
叉状拜拉 *Baiera furcata*	–26.4	127.4	28.7
纤细拜拉 *Baiera gracilis*	–23.5	104.3	30.4
雷格内尔似银杏 *Ginkgoites regnellii*	–23.8	106.7	30.2
胡顿银杏 *Ginkgo huttonii*	–24.1	109.1	29.9
茨康目			
穆雷似管状叶 *Solenites vimineus*	–23.7	105.9	30.2

a：化石叶片稳定同位素值引自 Bocherens 等(1994)。

b：200～150 Ma 的大气 CO_2 同位素组成由海洋碳酸盐岩记录估算而得，但其值负偏 7‰(图 3.17，第 33 页)，得到的值为–6‰。然后利用给定值 $\delta^{13}C_p$、$\delta^{13}C_a$ 及 c_a 估值 1800 ppm(Berner, 1994)，通过求解方程(2.10)(第 13 页)，得到 c_i 估值。

c：利用 c_i 估值和 200～150 Ma 的化石气孔数据获得 A_{max} 估值(该值在 25℃时为 22 μmol·m^{-2}· s^{-1}; Beerling and Woodward, 1997)(图 6.10)，通过 Farquhar CO_2 同化模型计算出 V_{max} 值。

晚侏罗世的全球陆地生产力

NPP 的全球估测表明，晚侏罗世气候与大气高 CO_2 浓度的结合，有助于提高陆地生产力(图 6.14)。相对于石炭纪而言，更大比例的可用陆地面积具有较高的生产力，而石炭纪的生产区域仅限于冈瓦纳古陆狭窄的赤道地区(第 5 章)。侏罗纪全球陆地生产力约为 108 Gt(C) (表 6.3)，是目前生物圈模拟结果的两倍多。LAI 和 NPP 均显示出几个强烈的气候梯度，严重限制了冠层结构和生产力，尤其是在冈瓦纳古陆西部、劳亚古陆南部的部分区域和中国南部(图 6.14)。考虑到相当温暖的温度和高 CO_2 浓度，这些区域可能是由 GCM 模拟的低降水量导致的，并且与地质数据相吻合(Parrish et al.，1982)。

表 6.3　晚侏罗世环境和“最佳”CO_2 浓度下的陆地 NPP 和 GPP 及植被和土壤碳储量

全球总数	大气 CO_2 浓度	
	1800 ppm	350 ppm
陆地 NPP / ($Gt·a^{-1}$)	108.3	62.9
陆地 GPP/ ($Gt·a^{-1}$)	376.1	199.7
土壤碳储量/Gt	1451.0	807.9
植被碳储量/Gt	1670.1	785.0

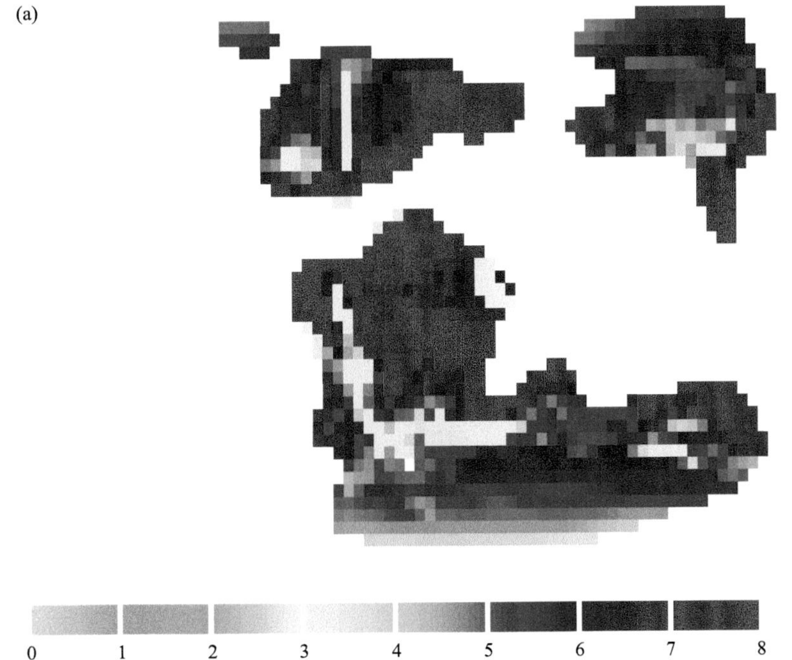

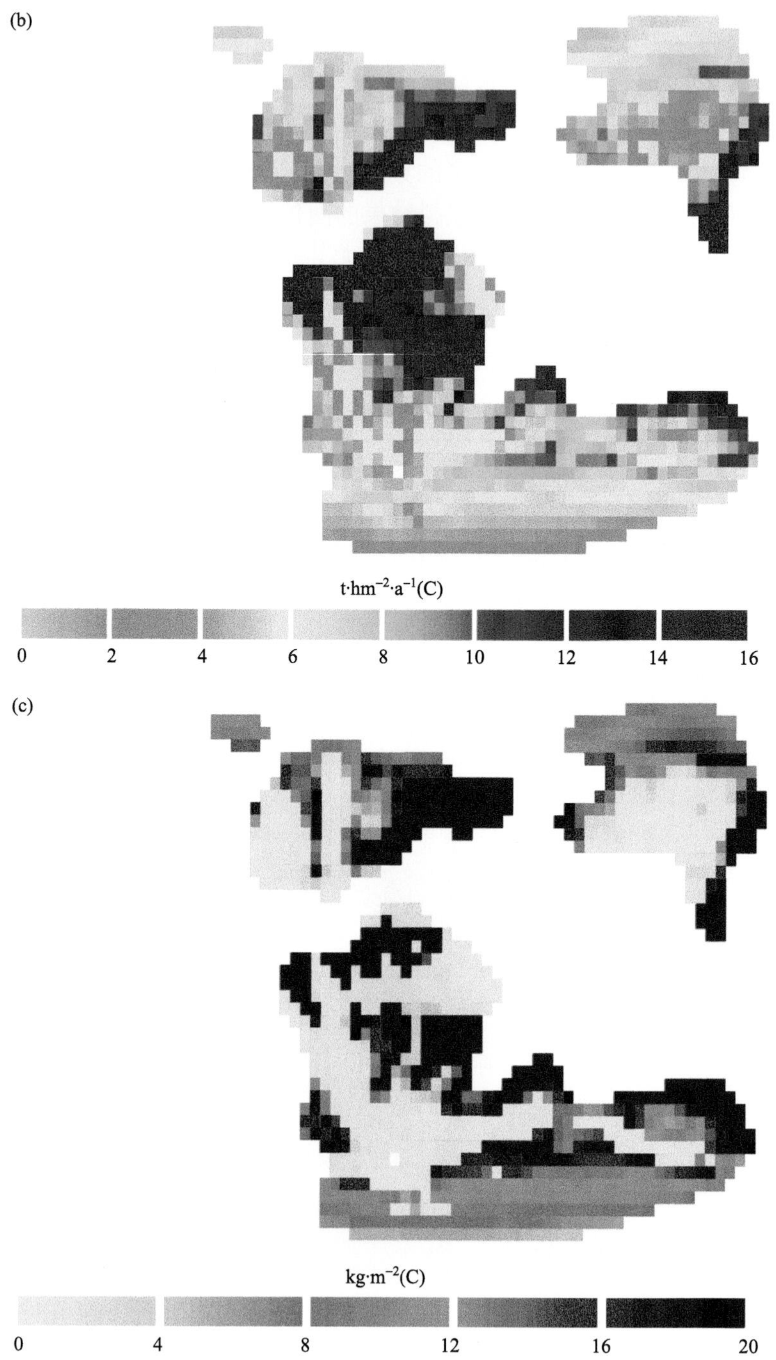
(b)
t·hm⁻²·a⁻¹(C)
0
2
4
6
8
10
12
14
16
(c)
kg·m⁻²(C)
0
4
8
12
16
20

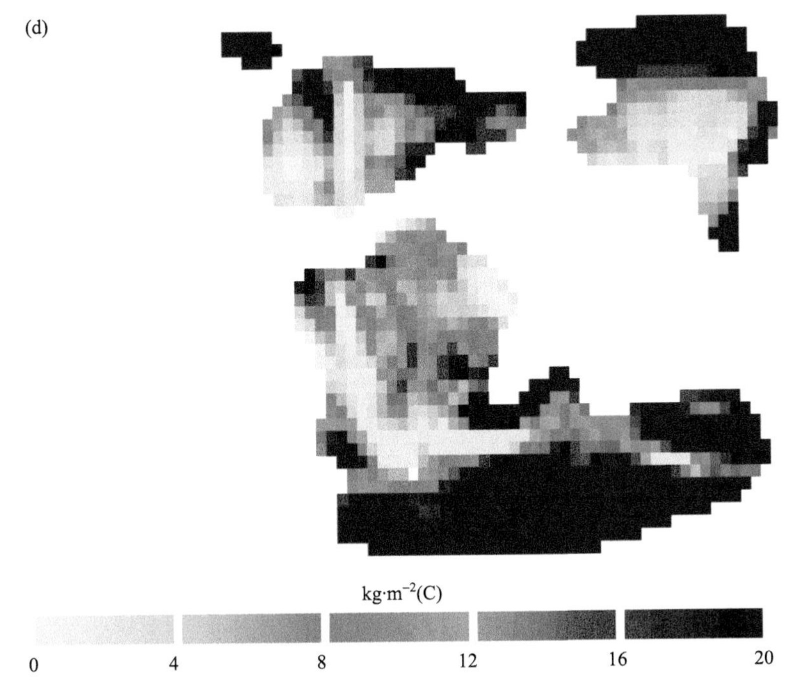

图 6.14 模拟晚侏罗世(a)LAI、(b)NPP、(c)植被碳浓度和(d)土壤碳浓度的全球模式

在赤道的一些地区，陆地 NPP 非常高[高达约 20 $t·hm^{-2}·a^{-1}$(C)](图 6.14)，大约是现在巴西热带常绿森林的两倍[在现今的气候和 CO_2 浓度下为 6.8～10 $t·hm^{-2}·a^{-1}$ (C)](McGuire et al.，1992；Lloyd and Farquhar，1996)。晚侏罗世热带森林生产力的剧增支持了先前的观点，即未来热带植被将对 CO_2 升高有积极的响应(Lloyd and Farquhar，1996)。然而，我们注意到地质历史时期热带森林的分类组成相对于现在有很大不同(Wing and Sues，1992)。模拟还证实了先前的计算结果(Creber and Chaloner，1985)，即中生代高纬度地区的气候和短生长季(由于从夏季到冬季日照时间迅速缩短)适合具有相当生产力的植被(图 6.14)，这与西伯利亚高纬度植物化石的组成相一致(Hallam，1984；Vakhrameev，1991)。

根据最近现生类群的亲缘关系，有人提出侏罗纪晚期植被的主要类群(包括南洋杉、掌鳞杉、苏铁类、本内苏铁类和银杏类)生产率相当低，不会产生大量的叶片(Wing and Sues，1992)。然而，晚侏罗世的 NPP 和 LAI 的模拟结果与现今的情况非常不同[图 6.14(a)、(b)]，有可能形成更深、更具生产力的冠层。晚侏罗世食草恐龙可能需要大量的陆地生产力来维持其种群的生存。Wing 和 Sues(1992)认为这可能部分来自低矮的草本蕨类植物，但在调和他们假定木本植物具有低生产力的结论方面存在很大困难。模型模拟显示，化石记录与这些解释正好相反，大气成分和气候适合高生产力的地表生态系统 (图 6.14，表 6.3)。这似乎也适用于季节性干旱的地区，因为生长在高浓度 CO_2 环境中的植物有较高的水分利用效率。这样的环境对于化石植物材料的保存也很重要。例如，保存完好的侏罗纪植物化石主要发现于代表干燥气候的沉积物中。

根据估测，晚侏罗世植被和土壤中的碳储量很大(表 6.3)，这与现今和石炭纪(第 5 章)的情况截然不同。然而，植被生物量中的大量碳储量就意味着存在巨大的地上和地下生物量，即长寿的树木。这种估测得到了波倍克组(Purbeck formation)“化石森林”(Francis，1983)和来自中国西北地区证据的支持，那里曾记录有直径 2.5 m 树干的大型树木(McKnight et al.，1990)。

尽管现在科学家对于晚侏罗世煤炭的地理分布情况有了很好的了解(Parrish et al.，1982；Fawcett et al.，1994；Rees et al.，2000)，但依然缺乏晚侏罗世煤的碳储存定量地质数据，本章后面的模型估测将对此进行比较。并非所有土壤中的碳都能作为煤被纳入地质记录中(Cobb and Cecil，1993)。值得注意的是，数据显示，在澳大利亚晚侏罗世的煤沉积相对于三叠纪有所增加(Fawcett et al.，1994)，落基山脉(Rocky Mountains)南部和不列颠哥伦比亚省(British Columbia)山麓(Bustin and Dunlop，1992)厚的(670 m)上侏罗统-下白垩统雾山组(Mist Mountain formation)地层，至少证明了这些地区具有较高的碳埋藏率。

CO_2对植被功能的影响

对高 CO_2 浓度下的模型结果的敏感性分析表明，陆地 GPP、NPP 及植被和土壤中碳储量大幅增加(表 6.3)。这些变化的发生是因为 CO_2 通过对叶片和冠层的 Rubisco 产生作用(第 2 章)，并提高资源利用效率直接刺激 CO_2 同化作用。这表明，用现今大气 CO_2 浓度下气候和植物 NPP 之间的相关性(而不是过程)，去估测古代较高 CO_2 浓度环境下的生产力会出现错误(Creber and Francis，1987；Ziegler et al.，1987；Lottes and Ziegler，1994)。

由于 CO_2 浓度的升高，LAI、NPP、植被和土壤碳储量的空间变化表现出地理上的异相模式(图 6.15)。从极地到赤道地区，NPP 的量级在 CO_2 浓度为 1800 ppm 和 350 ppm 之间的差异有所增大，而在中低纬度地区，CO_2 的增加对 LAI 的影响最大[图 6.15(a)](Beerling，1999b)。对于 NPP 而言，向赤道方向的增加反映了由高 CO_2 浓度导致的营养物和水分使用限制的减少，额外的 CO_2 转化为生物量，这是在典型的野外实验中观察到的(Lloyd and Farquhar，1996)。此外，高浓度 CO_2 和高温环境也会降低光呼吸作用，从而提高净光合速率(Long，1991)。

对 LAI 来说，CO_2 的影响并不是简单地随着纬度降低而气温升高的一种函数关系(图 6.15)。例如，与北纬 50°相比，赤道的 LAI 增幅相对较小，因为这些地区已经有较高的 LAI[图 6.14(a)]。尽管 CO_2 浓度很高，但是尚无法支撑冠层中多余叶层的增加，因为光线不足以穿透树冠深度来满足叶层的维持和结构所需的成本。虽然随着 CO_2 浓度的增加，光补偿点会降低，但仍会出现这种效应(Long and Drake，1991)。用白车轴草进行的富含 CO_2 的生长实验支持了这一观点，该实验显示，在低 LAI 条件下，生物量增长最强(Schenk et al.，1995)。相反，在 LAI 较低的低纬度地区，由于较高的水分利用率，在相同的降水量下，高 CO_2 浓度会有效地促使植物生长。LAI 的最大增幅发生在降雨量最充沛的地区。这意味着，用现今植被模拟的 LAI 来推断过去植被 LAI 的方法可能不太准确。例如，Kojima 等(1998)指出，加拿大北极始新世褐煤的成煤速率可以基于这样的假设来计算，即主要类群西方水杉(*Metasequoia occidentalis*)的 LAI 等同于现代落叶针叶林的 LAI。这种模拟和表 6.4 中总结的实验观察表明，这种古环境重建的现代模拟方法忽略了 CO_2 效应而导致了误差。

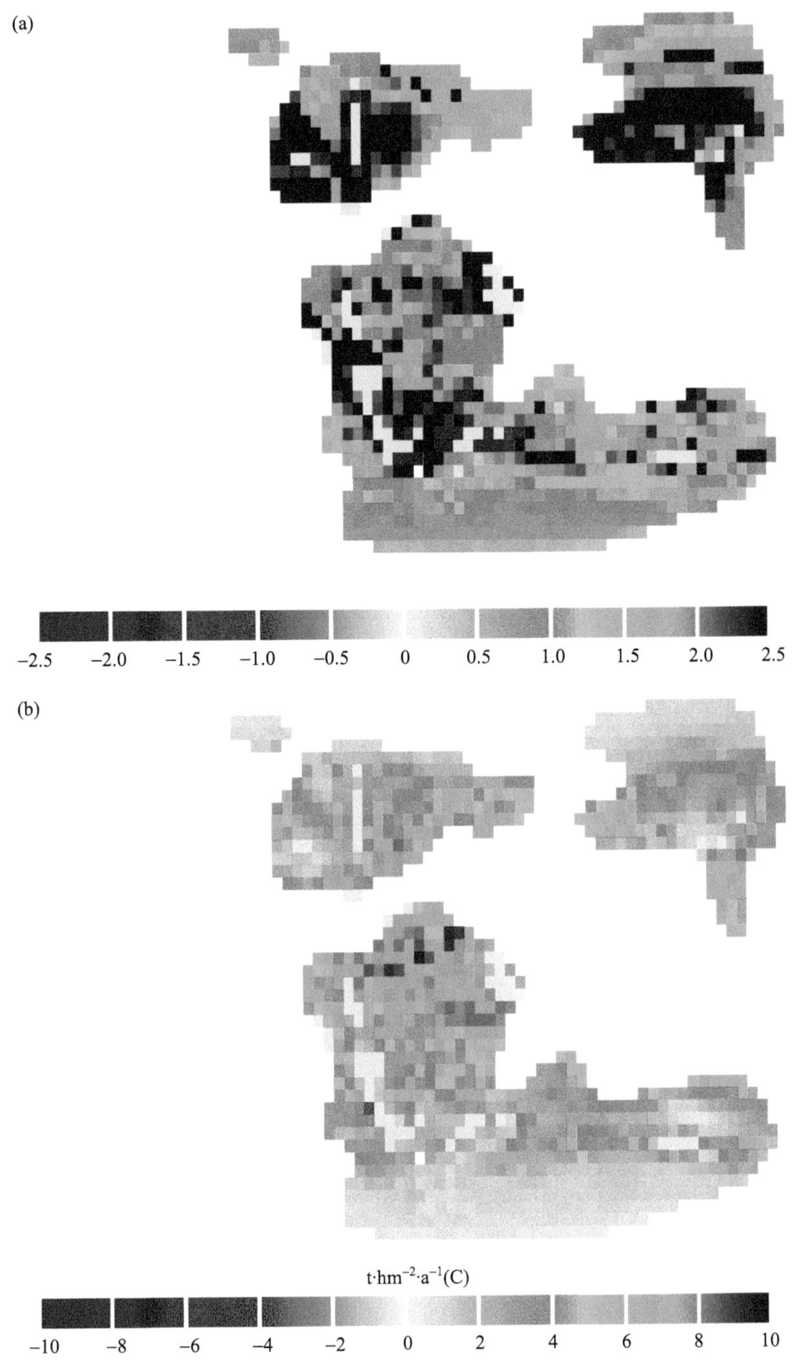

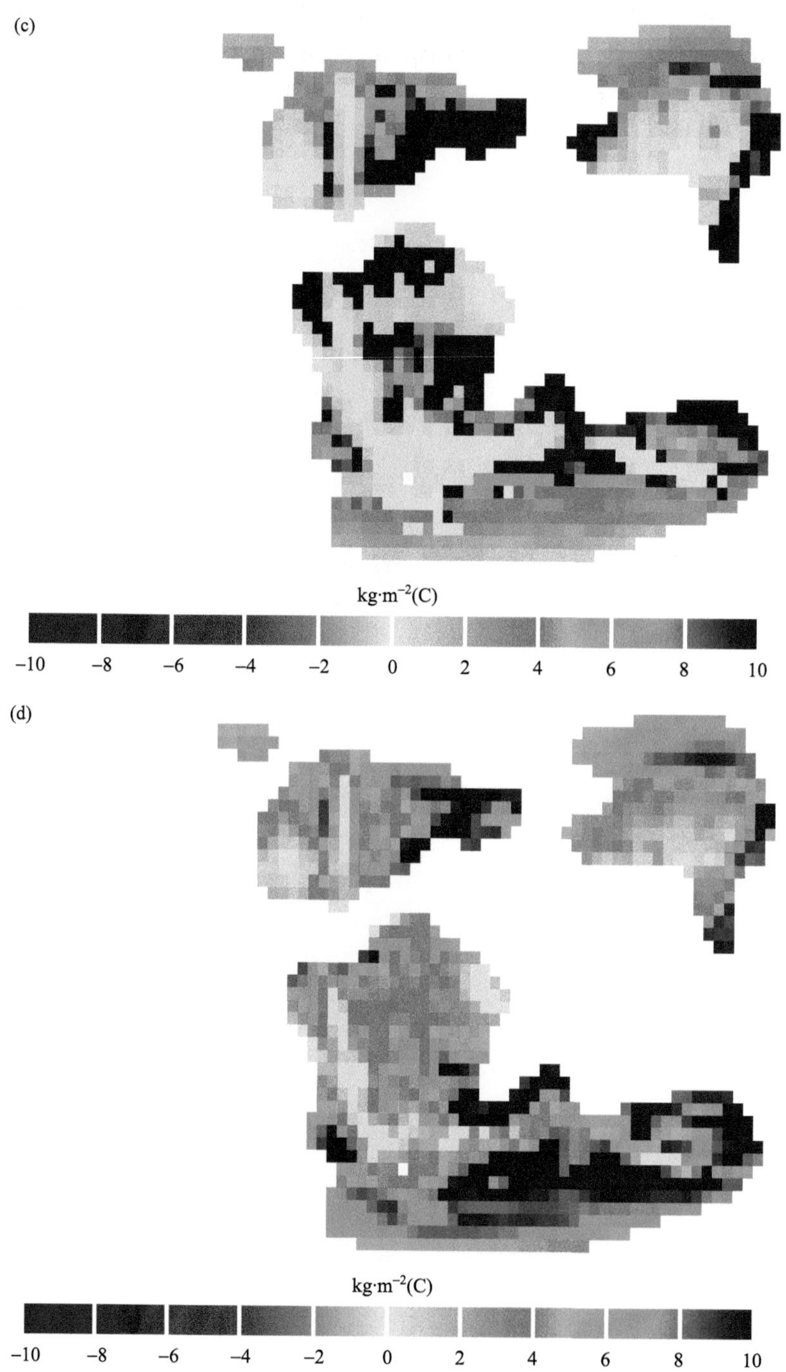

图 6.15　CO_2 对(a)LAI、(b)NPP、(c)植被碳储量和(d)土壤碳储量的影响

差异图由晚侏罗世气候条件下运行的植被模型计算得出的，但 CO_2 含量为 1800 ppm 和 350 ppm；正值表示 CO_2 的刺激作用

表 6.4 生长于不同 CO_2 浓度下对叶面积指数(LAI)的影响

物种	大气 CO_2 浓度(ppm)及暴露时间	叶面积指数(LAI)(按生长条件排序)	参考文献
木本			
毛果杨 *Populus trichocarpa* ×			
美洲黑杨 *P. deltoides*	1 年 350，700	1.0，1.2	Ceulemans et al. (1996)
	第 2 年 350，700	3.2，4.7	
毛果杨 *Populus trichocarpa* ×			
加杨 *P. canadensis*	1 年 350，700	0.5，0.6	Ceulemans et al. (1996)
	第 2 年 350，700	4.0，4.5	
西黄松 *Pinus ponderosa*	3 年 360，540，710	4.2，4.2，6.6	Tingey et al. (1996)
草本/作物			
苘麻 *Abutilon theophrasti*	53 天 360，700	0.76，2.3	Hirose et al. (1996)
豚草 *Ambrosia artemisiifolia*	53 天 360，700	1.0，2.3	
大须芒草 *Andropogon gerardii*	1 年 350，700	0.32，0.65	Owensby et al. (1993)
C4 植物(C4 species)	2 年 350，700	1.1，1.15	
草地早熟禾 *Poa pratensis*	1 年 350，700	0.3，0.25	Owensby et al. (1993)
	2 年 350，700	0.4，0.4	
黑麦草 *Lolium perenne*	1 年 350，700	9.1，10.7	Schapendonk et al. (1997)
	2 年 350，700	3.4，3.6	
小麦 *Triticum aestivum*	100 天 350，550，680	2.8，3.2，4.1	Mulholland et al. (1998)
水稻 *Oryza sativa*	56 天 350，700	1.6，1.7	Ziska et al. (1996)
+90 $kg \cdot hm^{-2}$ (N)	56 天 350，700	3.4，2.8	
+200 $kg \cdot hm^{-2}$ (N)	56 天 350，700	4.6，5.2	
普通结瘤大豆 *Glycine max* cv. Bragg	34 天 160，220，280，330，660，990	1.6，1.6，2.4，2.5，2.4，3.3	Campbell et al. (1990)
克拉克大豆 *Glycine max* cv. Clark	21 天 350，700	3.8，6.9	Ziska and Bunce (1997)
阳芋 *Solanum tuberosum*	193 天 350，460，560，650	3.6，3.4，4.0，3.7	Miglietta et al. (1998)
生态系统			
云杉生态系统模型	1.5 年 280，420，560	3.7，3.0，2.9	Hättenschwiler and Körner (1996)
+30 $kg \cdot hm^{-2} \cdot a^{-1}$ (N)	1.5 年 280，420，560	3.5，3.1，2.8	
+60 $kg \cdot hm^{-2} \cdot a^{-1}$ (N)	1.5 年 280，420，560	3.6，3.1，3.0	
云杉生态系统模型	3 年 280，420，560	5.0，4.0，3.6	Hättenschwiler and Körner (1998)
高山草原	4 年 360，680	1.2，1.1	Körner et al. (1997)
普列利高草草原(所有物种)	1 年 350，700	1.4，1.7	Owensby et al. (1993)
	2 年 350，700	3.1，3.0	

续表

物种	大气 CO_2 浓度(ppm)及暴露时间	叶面积指数(LAI)(按生长条件排序)	参考文献
非禾本科	1 年 350，700	0.2，0.3	
	2 年 350，700	0.3，0.8	
栎林	>30 年 350，700	4.0，4.0	Hättenschwiler et al.(1997)
意大利 Rapolano			
栎林	>30 年 350，700	4.0，4.0	Hättenschwiler et al.(1997)
意大利 Laiatico	>30 年 350，700	3.5，3.5	

注：原书中加杨的拉丁名使用的为异名 *P. euramericana*。

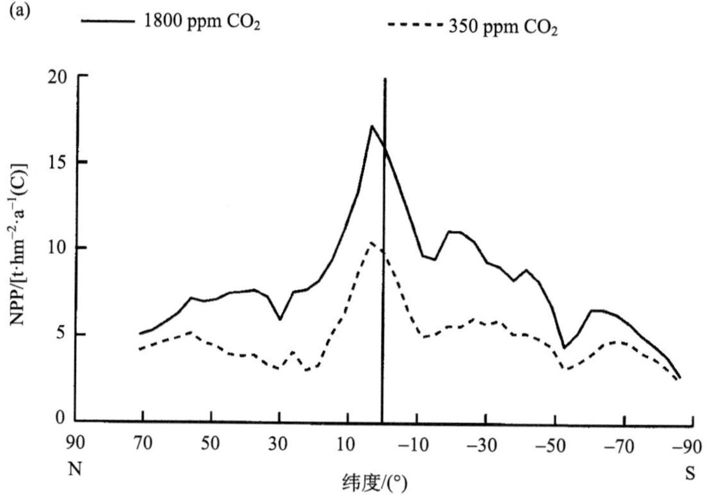

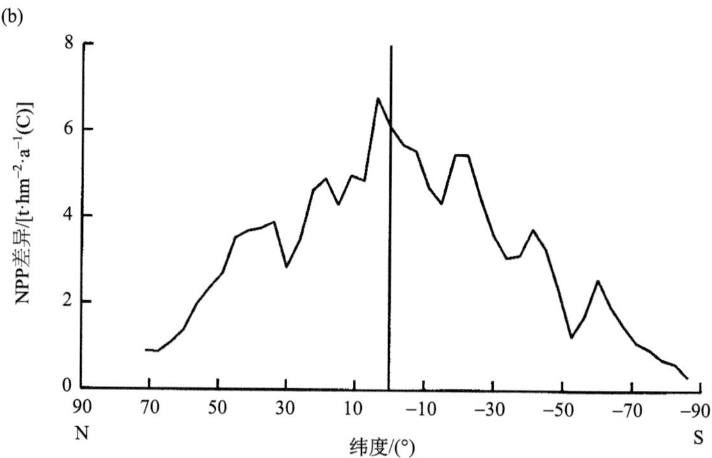

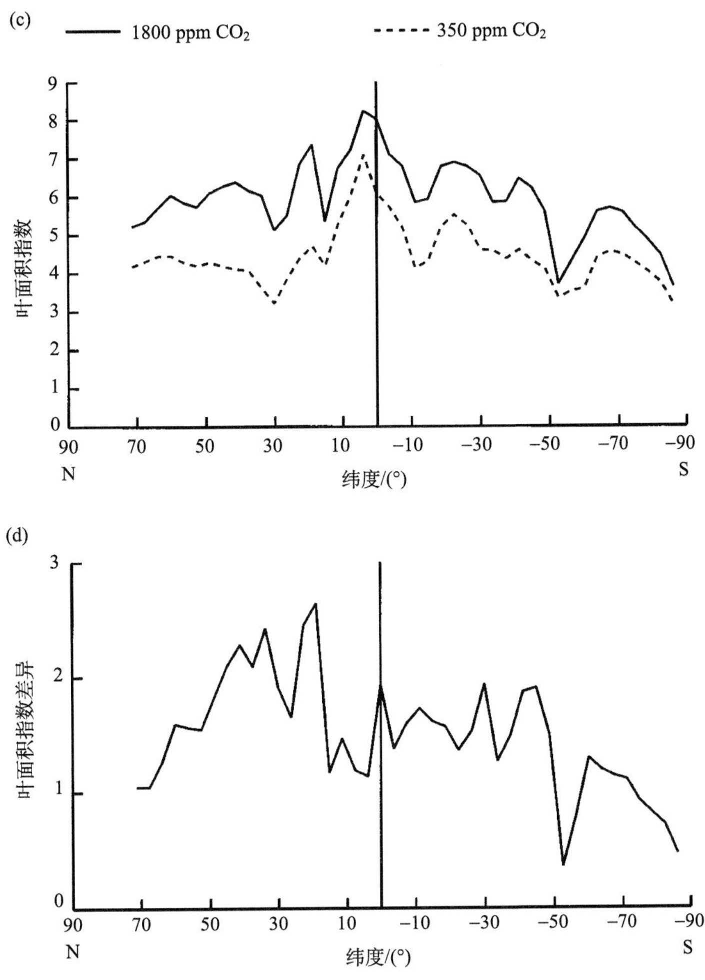

图 6.16　根据图 6.15 中描述的模型模拟计算(a)NPP 和(c)LAI 的面积加权纬度平均值及(b)NPP 和(d)LAI 在高、低 CO_2 浓度值之间的差异

大气 CO_2 浓度增加导致了 LAI 的空间变化(图 6.15)，表明这种典型增长在一定程度上取决于气候(决定土壤养分状况)和特定地点的原始 LAI。植物生长实验的数据被用于研究这种响应的可能性。对作物和本地物种的 CO_2 富集实验表明，LAI 对 CO_2 相当不敏感，在所有观察到的研究中，LAI 增加了 3%(Drake et al.，1997)。最近实验结果(表 6.4)的最新分析也支持这一结论，即在 CO_2 浓度升高时，LAI 仅仅略有增加(图 6.17)。图 6.17 的更详细研究表明，周围环境的 CO_2 可以使 LAI 为 1～5 的单个植物和群落显示出最多 3 个 LAI 单位的增加。然而，这些观察所提供的信息很少，在封闭冠层森林中，CO_2 对 LAI 的潜在影响受到营养、光和水的限制。更多问题出现在从实验到验证模型预测的外推过程中。CO_2 富集实验研究必须具有足够的持续时间，以允许树木长出成熟的树冠(即若干年)，但是到目前为止还没有实验能够实现这种长期响应。值得注意的是，从理论上讲，正如野外实验(Osborne et al., 1997)观察到的一样，在 CO_2 浓度升高的情况下，更高的光合作用光补偿点将保证叶片冠层深处的正常生长，并且从长期来看，可以增加

LAI。我们注意到，这些实验通常将 CO_2 浓度增加到 700 ppm，远远低于晚侏罗世的大气 CO_2 浓度(1800 ppm)，这表明实验数据仅指示了晚侏罗世响应的方向，而不是其绝对量级。

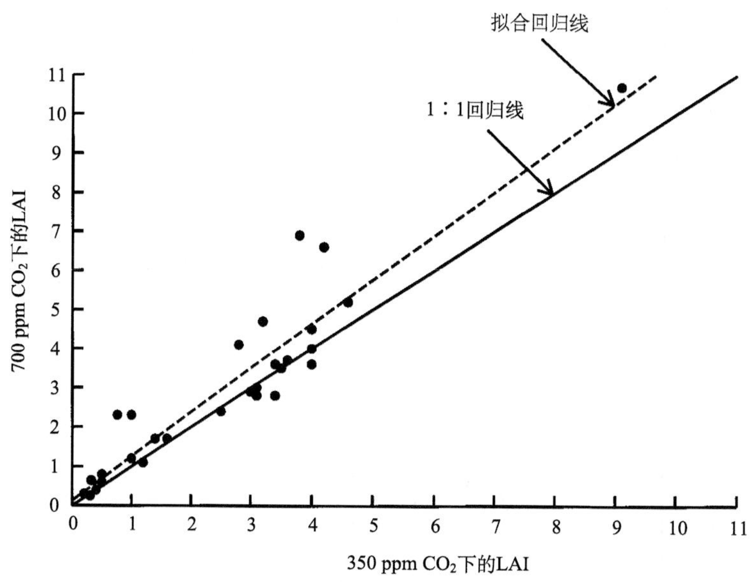

图 6.17　在 350 ppm 和 700 ppm 的 CO_2 浓度下测量的 LAI 数据(表 6.4)的回归分析
拟合直线的回归细节：$r = 0.93$；斜率=1.124；截距=0.135；$P = 0.001$

CO_2 浓度升高驱动的 LAI 变化，与冠层碳和水的平衡及冠层水分利用率密切相关。将 CO_2 浓度从 350 ppm 增大到 1800 ppm 会促进冠层的光合作用，这在赤道地区表现得最为显著[图 6.18(a)]。冠层蒸腾作用的响应变化较大，但在 CO_2 敏感性模拟中是普遍降低的[图 6.18(b)]，这是由于 CO_2 诱导的冠层内各叶层气孔对水蒸气的导度降低，冠层蒸腾的响应通常会降低。在一系列不同生态系统中进行的 CO_2 富集实验显示，冠层蒸腾作用在降低，支持了这种响应情况(Drake et al.，1997)。在某些中纬度地区，CO_2 对 LAI 的相对影响大于对气孔导度的影响，引起冠层蒸腾作用的增加。与 CO_2 相关的冠层蒸腾作用降低和冠层生产力增加将影响植物-土壤水力传导，这会影响到中生代(包括侏罗纪)森林可以达到的最大高度(Osborne and Beerling，2001)。根据树高的“水压限制假说”(Ryan and Yoder，1997)，树高的逐渐增加与水从土壤到叶片的流速的类似渐进限制相关。换句话说，这种影响造成了气孔开度和光合作用的减少，因此树木几乎可以生长到其最大高度。基于水压因素考虑 CO_2 对森林高度的影响，表明过去 CO_2 的高浓度可能是全球大部分地区发育巨大的中生代森林的关键因素(Osborne and Beerling，2001)。

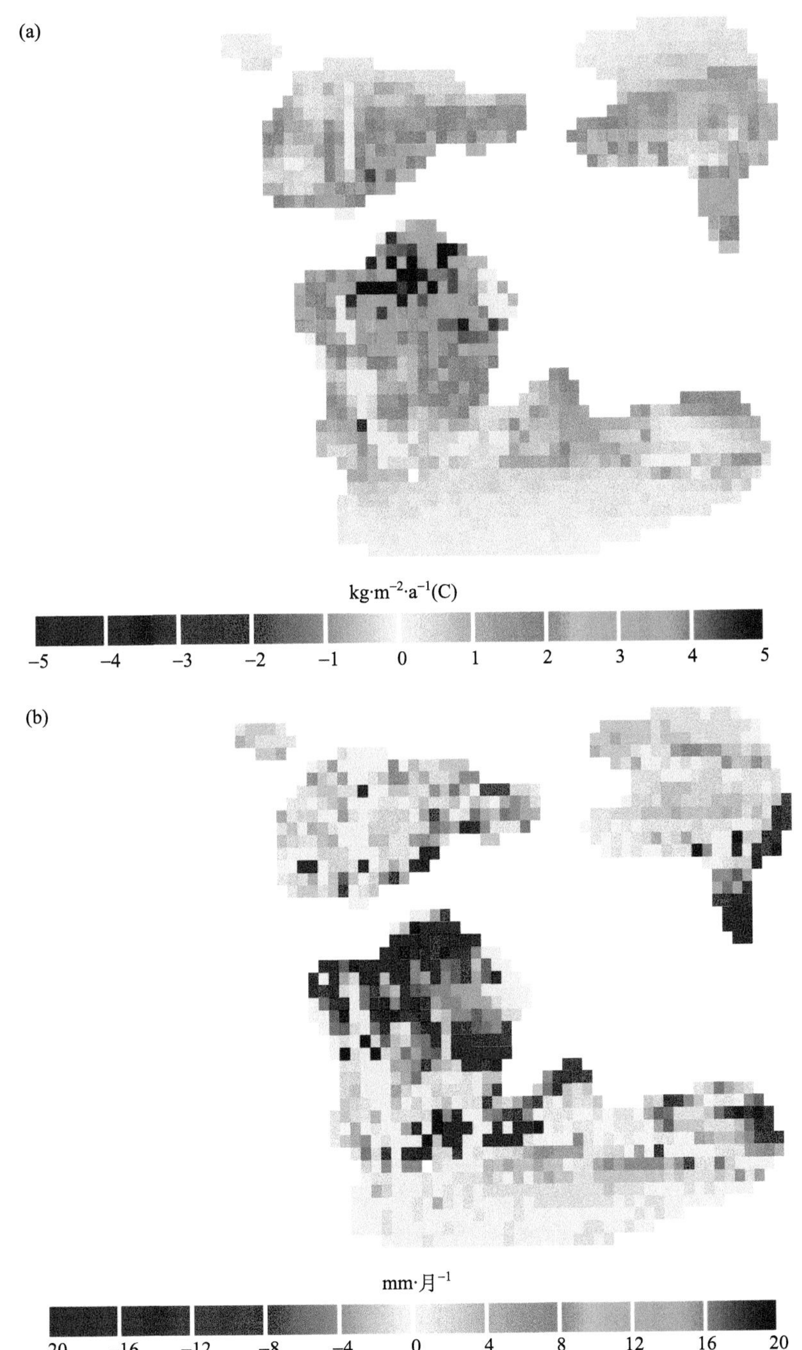

图 6.18 晚侏罗世 CO_2 对(a)冠层年固碳和(b)蒸腾作用的影响

这些数值代表了晚侏罗世高 CO_2 浓度(1800 ppm)和现代环境浓度(350 ppm)之间的差异

CO_2 效应对 LAI 的所有控制过程都有影响，它代表了各个 GCM 中植被的表现，因为可以用它来计算表面能量分配和交换并定义所需的几个地表结构参数(Chen et al., 1997)。为了说明 CO_2 对地表能量平衡特征的影响，我们计算了 CO_2 对侏罗纪 LAI 的影响，其中包括两个参数，即植被覆盖率和表面粗糙度长度。植被覆盖率(v)是地面一定区域的植被覆盖比例，决定了适用于其他变量的植被和土壤的相对加权值，计算方程如下(Sellers，1985)：

$$v = 1 - \exp\left(\frac{-\text{LAI}}{\text{LAI}^*}\right) \tag{6.1}$$

其中，LAI^*参考LAI，取值为2.0。以这种方式计算，侏罗纪CO_2浓度对LAI的作用对v有显著影响[图 6.19(a)]，如果将晚侏罗世CO_2浓度包含在内的话，则根据现代CO_2浓度计算的LAI值来估算植被覆盖率会被低估。

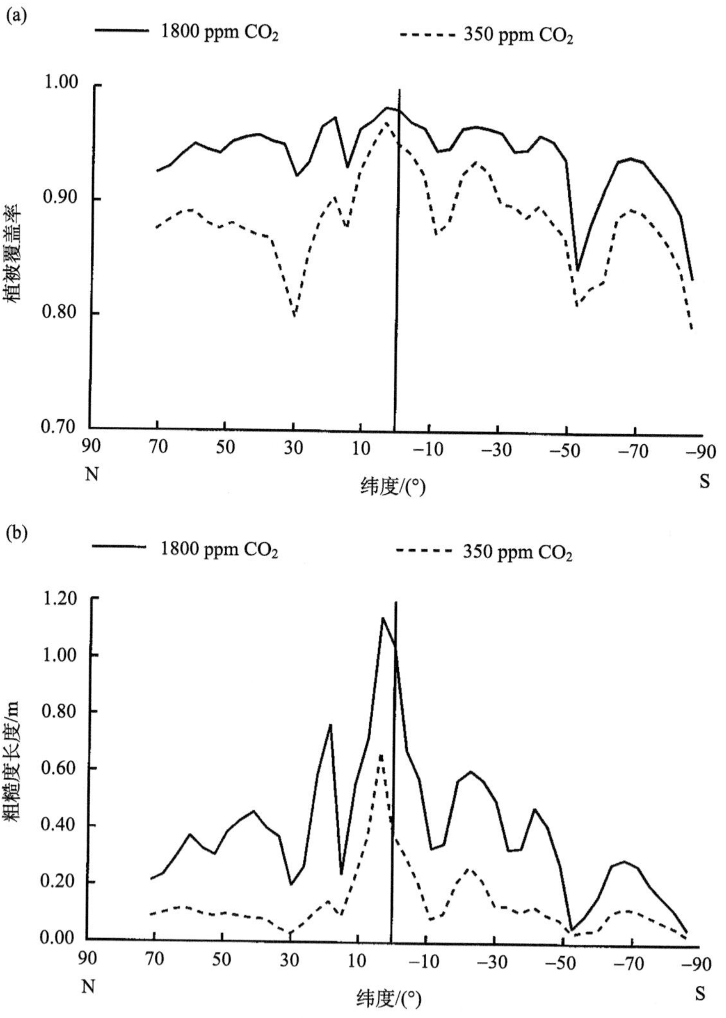

图 6.19 计算CO_2造成的纬度平均LAI效应对(a)植被覆盖率和(b)表面粗糙度长度的影响

各个GCM都需要这两个变量来模拟陆地-大气能量交换

表面粗糙度长度影响地表边界层的深度，因此热质传递可通过GCM来模拟。GCM代表了一个重要的参数，有助于了解植被对气候的反馈。使用纬度LAI曲线计算现代和

晚侏罗世 CO_2 浓度下的粗糙度长度，即 z(m)，可以用 Sellers(1985)的方程进行估算：

$$z = \frac{1}{\left(\dfrac{\ln l_b}{z_{ov}}\right)^2} + \frac{1-v}{\left(\dfrac{\ln l_b}{z_{os}}\right)^2} \tag{6.2}$$

其中，l_b 是“混合高度”；z_{os} 是裸露土壤(0.0003 m)或冰(0.0001 m)的粗糙度长度；z_{ov} 是植被的粗糙度长度(Shaw and Pereira，1982)。z_{ov} 取决于高度 h(m)和植被的 LAI，两者的关系如下(Woodward et al.，1995)：

$$h = 0.807\text{LAI}^{2.137} \tag{6.3}$$

然后,可以用 Shaw 和 Pereira(1982)及 Shuttleworth 和 Gurney(1990)提供的方程估算 z_{ov}，如下：

$$z_{ov} = z_{os} + 0.3hx^{\frac{1}{2}} \qquad 0 < x < 0.2\text{时} \tag{6.4}$$

以及

$$z_{ov} = 0.3h\left(1 - \frac{d}{h}\right) \qquad 0.2 < x < 1.5\text{时} \tag{6.5}$$

其中，$x=c_d \times \text{LAI}$，c_d 为构成树冠的单个植被元素的有效平均阻力系数，通常为 0.07(Shuttleworth and Gurney，1990)；d 为植被的零平面位移，由以下方程给出：

$$d = 1.1h\ln\left(1 + x^{\frac{1}{4}}\right) \tag{6.6}$$

根据两种不同 CO_2 浓度下两种 LAI 曲线的纬度平均值计算得到的粗糙度长度显示出相当大的差异[图 6.19(b)]。较高的粗糙度长度增加了边界层的导度和流动空气的热量传递，导致低层大气和植被冠层之间的空气温度混合加大。对空气温度的净影响不是那么容易估测的。利用 SDGVM 模拟未来 CO_2 浓度为 700 ppm 时的气候(Betts et al.，1997)表明，陆地表面往往通过增加反照率来降温，但抵消这一效应的是蒸腾作用降低造成的增温效应[图 6.18(b)]。但是，似乎很可能出现这种情况，即如果植被覆盖稀疏，反照率效应占主导，而如果植被覆盖稠密，则蒸腾“变暖”效应占主导。如果简单运用现代类比方法，即在一个给定植被类型的任何地方都有固定的 LAI，似乎不太可能准确捕捉植被对气候影响的空间变化细节(Otto-Bliesner and Upchurch，1997)。

晚侏罗世植物功能型的分布

使用现代生态数据解释古生态时存在一个问题，首先要定义植物的功能型，然后将其应用于过去的地质时期，比如落叶阔叶林，而那时该功能型可能还不存在。然而，用现代类比法获得估测结果与化石重建结果进行比较是一项有意思的工作。晚侏罗世 CO_2 浓度为 1800 ppm 的情况下，植物功能型的全球分布可与根据植物化石分析获得的同一时期植被类型的分布重建结果进行对比[图 6.20(b)和图 6.21]。模拟结果表明，在南半球的南极洲和澳大利亚以常绿针叶林占主导，这些森林对应于 Rees 等(2000)的寒温带生物群落。与罗汉松近缘的松柏类罗汉松型植物被认为是这些地区植物群中重要的组成部分

（Wing and Sues，1992）。

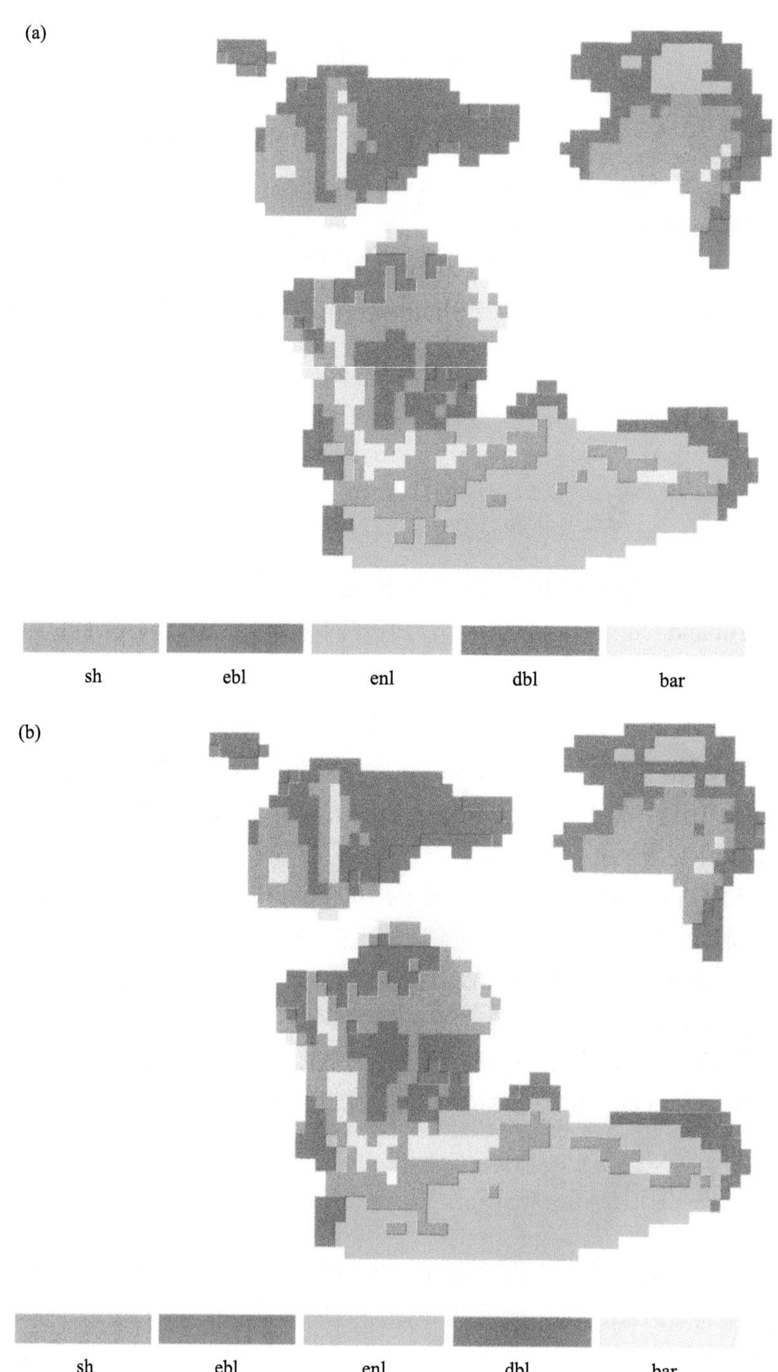

图 6.20 晚侏罗世 CO_2 浓度分别为(a) 350 ppm 和(b) 1800 ppm 时的植物功能型全球分布估测

主要的功能型：sh，灌木；ebl，常绿阔叶林；enl，常绿针叶林；dbl，落叶阔叶林；bar，裸地

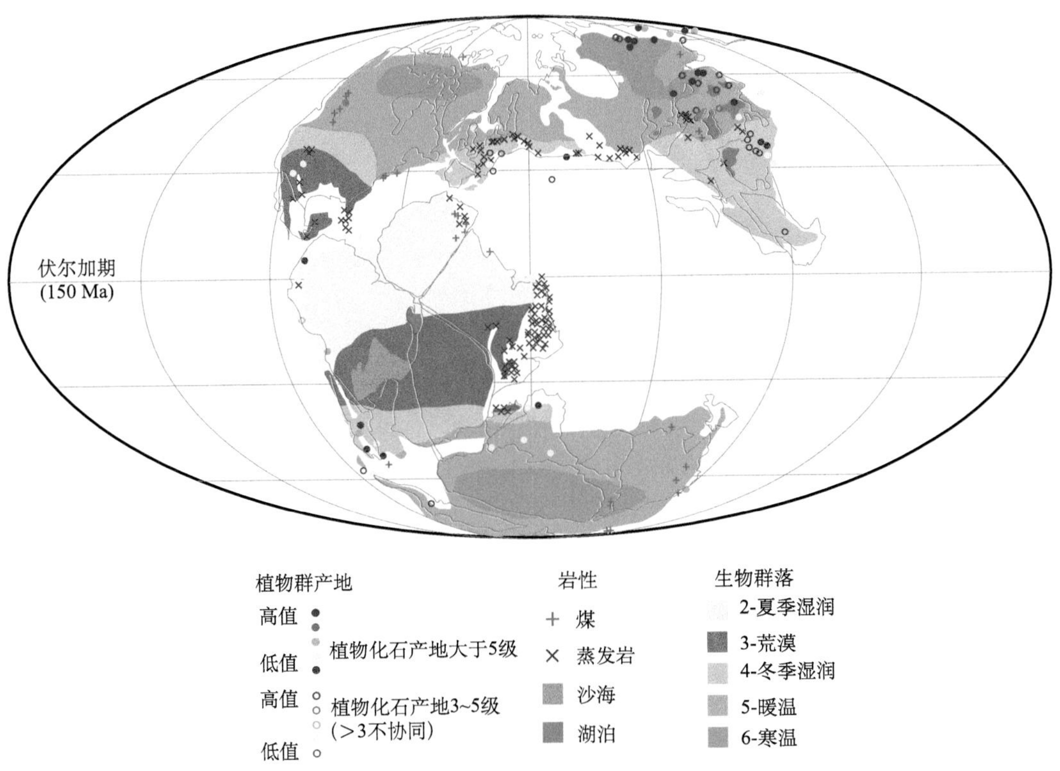

图 6.21 基于化石数据的植物群分区及岩性指标的全球模式（根据 Rees et al.，2000）

在低纬度地区，灌木分布很广泛[图 6.20（b）]，且对应于重建的冬季湿润生物群落区域，甚至有些地方是荒漠地区（图 6.21）。灌木估测结果与 Crane（1987）的结论一致，即侏罗纪分布于低纬度的本内苏铁类是占据了开放生境的灌木植物，该类群中的一些物种被认为是落叶类群，与现存的灌木非常相似（Wing and Sues，1992）。需要注意的是，灌木不属于阔叶或针叶类群，它可以代表任何一种叶型的植物。Rees 等（2000）的暖温带生物区系分布与模拟的北半球落叶阔叶林的分布最为吻合。常绿阔叶树的空间范围受到严重限制，一般局限于低纬度（近赤道）地区，与夏季湿润带和暖温带生物群区域重叠。

该模型的模拟结果没有出现 Rees 等（2000）认定的大面积“荒漠”区域。虽然这些 NPP 明显很高[图 6.14（b）]的区域十分有限，但它表明 GCM 所代表的气候太湿润，和/或植被模型对降水的季节分布过于敏感。另外，Rees 等（2000）根据相对较少的地质数据点推断如此大的荒漠地区可能并不可靠（图 6.21）。估测结果显示，落叶习性的植物分布相当广泛，特别是在北半球（图 6.20）；基于化石的枝叶形态和其在化石层中的堆积推测，晚侏罗世松柏类掌鳞杉科植物的一些属为落叶植物（Alvin et al.，1981）。

由于发现化石类群的报告和描述来自于文献，以及对它们解释的不确定性，全球植物化石的丰富程度限制了对 150 Ma 不同植被类型分布的估测和观测结果的对比。然而，在非常广泛的范围内，实际观察和估测之间的比较在很多方面表现一致，表明对功能型分布的建模所采取的方法是合理的。

现代的低浓度 CO_2（350 ppm）情况对晚侏罗世功能型分布的影响较小。最显著的差异是北半球灌木地理范围的缩小及它们被落叶阔叶林所替代，这种替代发生的原因是落叶习性可以让植物生长季更长，而不至于耗尽土壤水分。在低纬度地区 CO_2 浓度在 350 ppm 下与在 1800 ppm 下相比，常绿阔叶林的面积也有小幅度的增加。

与侏罗纪地质记录的对比

本章概述了一些相当具体的方法来检验模型估测结果，所有方法都基于植物化石记录的应用。通过研究植被属性的全球和纬度模式，进一步扩展了比较范围，以便与全球蒸发岩和煤分布汇编进行比较(Parrish et al.，1982；Rees et al.，2000)。蒸发岩和煤的分布具有重要的参考价值，我们更新了 Parrish 等(1982)的年代、地层学和古纬度的分布数据。还将利用化石树木生长轮数据，对模拟储量和重建结果进行验证。

将全球煤分布(图 6.21)与模拟的土壤碳浓度[图 6.14(c)]进行比较，表明澳大利亚及南极洲东部和西部边缘的高土壤碳与煤之间存在着对应关系。俄罗斯、欧洲中部和中国组成的陆块的北部和东部边缘也存在一些对应关系。图 6.14(c)和图 6.22 的对比也显示出类似的良好对应关系，后者展示了 Parrish 等(1982)对晚侏罗世的首创性重建。以面积加权纬度平均值来计算，土壤碳值与含煤沉积数量成正比(图 6.23；Crowley and North，1991)。在伏尔加期(约 150 Ma)，含煤沉积主要集中在北纬 50°附近、赤道附近和南纬 50°以南，而土壤碳的纬度平均模式反映了地质记录的这一特征(图 6.23)。由于土壤碳整合了生产力、凋落物生产及植被和土壤的养分和水分循环的生态系统特性，观测到的和估测的纬度带之间的相似性为我们在全球尺度上进行古生物地球化学建模工作提供了广泛的支持。

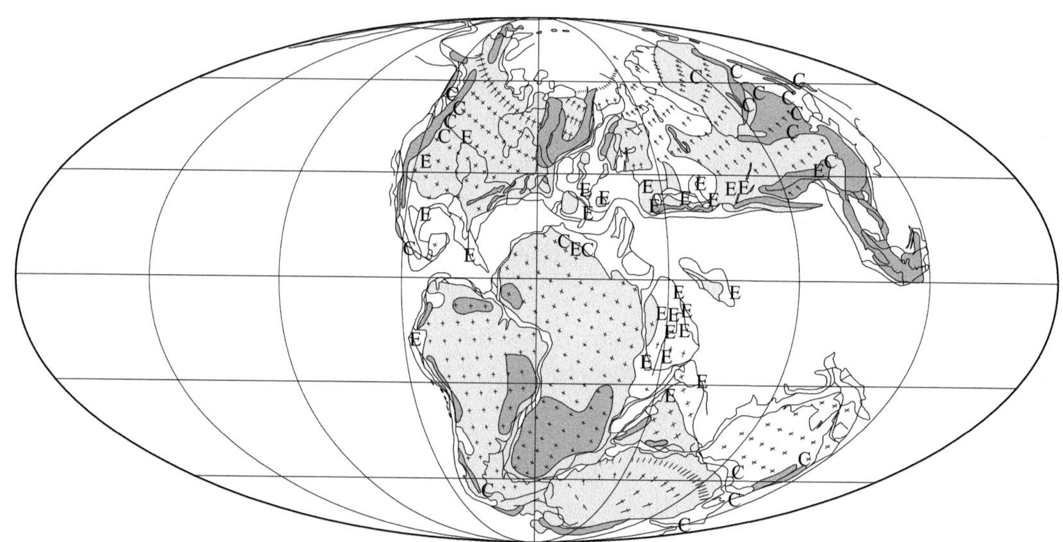

图 6.22　晚侏罗世蒸发岩(E)和煤(C)的全球分布(根据 Parrish et al.，1982)

深灰色区域代表高地

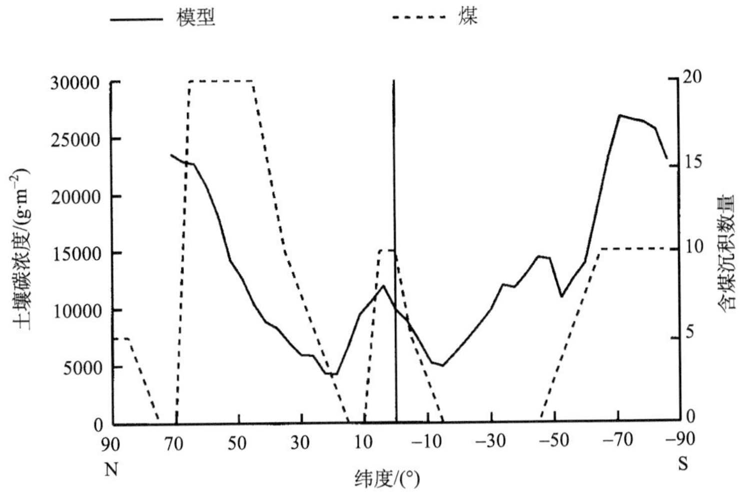

图 6.23 侏罗纪伏尔加阶土壤碳浓度及含煤沉积数量的面积加权纬度平均值

含煤沉积数据来自 Crowley 和 North(1991)

对典型的季节性干旱条件下蒸发岩的分布与 LAI 估测可以看出，两者既有相似也有不同。两者分布相似的区域沿非洲东海岸和北美洲东部地区延伸，蒸发岩矿床十分丰富(图 6.21 和图 6.22)，对应于非常低的 LAI 值(0～3)[图 6.14(a)]。此外，在哈萨克斯坦地块中部也有大面积的蒸发岩，且 LAI 较低。重建的荒漠区穿越南美洲中部和非洲(Rees et al., 2000)，而对应于 LAI 较低或为零的区域被估测为植被(图 6.19)，尽管它们的地理范围很小，但至少表明在这个荒漠区存在稀疏植被覆盖的可能。模型估测与地质记录不匹配的一个重要区域是在中欧南部边缘，那里蒸发岩丰富，但 LAI 很高，为 11～12。

有趣的是，重建的全球蒸发岩分布模式在陆地生产力的反映最为强烈，而非在 LAI 的模式[图 6.14(b)]。当 LAI 和 NPP 均以面积加权纬向平均值的形式进行表达，并与蒸发岩矿床的纬向分布进行比较时(Crowley and North, 1991; 图 6.24)，低 LAI 值并不局限于沉积物出现频率较高的纬度，而与 NPP 有较强的对应关系[图 6.24(b)]。

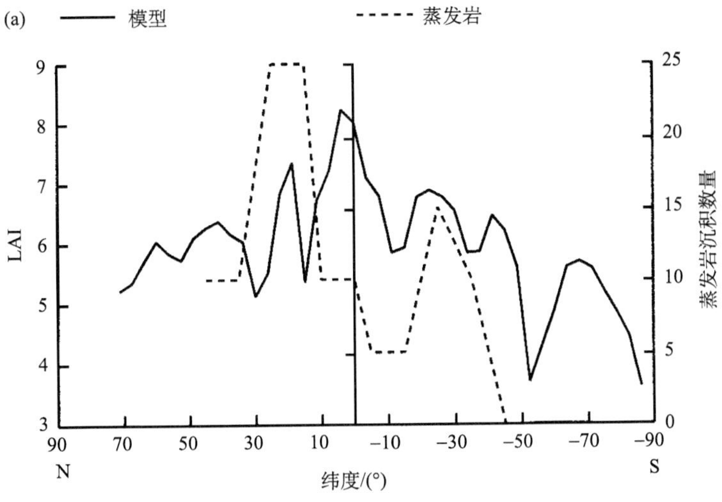

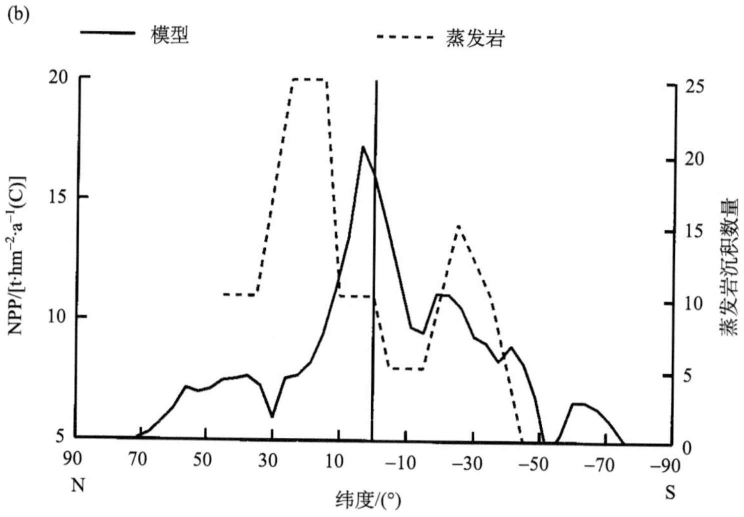

图 6.24　(a) LAI 和 (b) NPP 的面积加权纬度平均值与地质记录中蒸发岩沉积频率的比较

蒸发岩沉积数据来自 Crowley 和 North (1991)

模型结果的最终检验，是将陆地 NPP 估值与根据上侏罗统木化石生长轮获得的估值进行比较(Creber and Chaloner，1985)。根据之前的方法(Creber and Chaloner，1985；Creber and Francis，1987；Chaloner and Creber，1989)，NPP 是根据对木化石的观察计算出来的，首先假设干材的年增长量可简化地视为一个旋转抛物面的体积(Gray，1956)，因此，每年木材产量(m^3)为

$$年木材体积=\left(\pi\left(r+x\right)^2\frac{h}{2}\right)-\left(\pi r^2\frac{h}{2}\right) \tag{6.7}$$

其中，r 为树干基部半径(m)；h 为树高(m)；x 为树生长轮宽度(m)。方程(6.7)的左侧是经过一年生长后的木材体积，而右侧是一年前生长的木材体积。假设现生树木高度与直径的经验关系在地质历史时期是一样的，裸子植物树的高度 h(m)就可通过测量化石树干直径 d(m)来估计，利用 Niklas (1993)的方程：

$$h = 27.8d^{0.43} \tag{6.8}$$

然后通过乘以木材的重力密度(ρ)将一年的树干体积转换为木材质量，松柏类植物木材的密度取值为 $4.6\times10^5\ g\cdot m^{-3}$ (G. Creber and J. Francis，个人通信)，换算为有机物碳的等效质量(em) (42%) (Larcher，1994)，最后乘以单位面积树木密度(td)。通过这种方式计算，从树木生长轮可以得到树干木材年生产力的粗略估计。然后，根据现代树干或干材约占树木 NPP 的 40%来估计，将其扩展到森林的计算 NPP (Creber and Francis，1987)。结合方程(6.7)和方程(6.8)并进行简化，就得到了 NPP[$t\cdot hm^{-2}$(C)]：

$$NPP = \frac{1}{8\times10^5}\pi(2r+x)\rho\cdot em\cdot td \tag{6.9}$$

上述各步骤中使用的一些假设可能受到大气 CO_2 高浓度对树木生长的影响，因此很可能存在问题(Beerling，1998)。我们注意到，这种方法也有相关的问题，然而还是使用它，因为它提供了根据植物化石记录推断过去生产力值的唯一依据。因此，带着这些保留意见，Creber 和 Chaloner(1985)将这种方法应用于化石森林树木的生长轮。表 6.5 包括了北半球和南半球中-高纬度地区的数据，在这些地区，强烈的季节性气候使树木规律地生长，即出现有明显的生长轮。在低纬度地区的化石森林中，生长轮要么缺失，要么非常微弱，反映出这些地区缺乏季节性气候；因此，用上述方法计算 NPP 时，其数值具有一定的局限性。

表 6.5 根据中-晚侏罗世木化石估算的树木生长轮宽度和利用两种不同树木密度估算的 NPP 及模型生产力[c]

时代	产地[a]	纬度	生长轮宽度/mm	NPP[b] /[$t·hm^{-2}·a^{-1}$(C)] 树密度/hm^{-2}		模型估计 NPP /[$t·hm^{-2}·a^{-1}$(C)]
				50	100	
晚侏罗世	英国 Dorset	36°N	3.7	9.4	18.1	10～12
	中国河北	37°N	5.0	12.2	24.5	10～12
	俄罗斯 Koryak	72°N	3.0	7.3	14.6	8～9
	日本 Koti-ken	36°N	3.0	7.3	14.6	8～10
	阿根廷 Santa Cruz	53°S	2.5	6.1	12.6	12～14
中侏罗世	印度 Bihar	40°S	1.2	2.9	5.9	10～12
	新西兰 South Island	70°S	1.1	2.7	5.4	7～8

a：数据来自 Creber 和 Chaloner(1985)的总结。

b：除单独说明外，所有树木的 NPP 按侏罗纪森林中平均树干直径 1.8m 来估算(Francis，1983；McKnight et al.，1990)。森林中树木密度不确定，因此估算了两个 NPP 值。

c：模型估计 NPP 值来自图 6.14(b)。

根据晚侏罗世木化石生长轮计算出的 NPP 密度的依赖范围，在所有五个有树木生长轮数据的地点，其数值在该模型所估计的范围内(表 6.5)。该模型与中侏罗世木化石资料的结果对比表明，该时期的气候与晚侏罗世的模型估计不同。虽然与晚侏罗世森林的比较结果鼓舞人心，但利用这种方法计算地质历史时期的 NPP 还存在一些不确定性。这些不确定性不仅在于原始森林的树木(植物)密度，还在于当 CO_2 浓度升高时分配给茎干组织的 NPP 比例是否与环境 CO_2 分压相同。对于直径为 1.8 m 的树木，估测的 NPP 并不支持树木密度非常高的观点，即远高于每公顷 100 棵成熟树木(表 6.5)。

在古纬度为 66°S 的新西兰中侏罗世森林中，对于直径较小的树木(直径 0.1～0.16 m)，其密度要高得多(高达每公顷 850 棵)(Pole，1999)。在这种情况下，可以利用模拟所得 NPP[约 7 $Gt·a^{-1}$(C)；图 6.14]，设定平均树木直径测量值为 0.16 m，树轮宽度(r)为 2.5 mm，树高 14 m，通过对方程(6.9)进行重新排列来估算等效树木密度(td，hm^{-2})(Pole，1999)：

$$td = 8\times 10^5 \frac{NPP}{[\pi h r \rho (2x + r)]} \tag{6.10}$$

由图 6.25 可以看出，按照模型中的估值 7 $t \cdot a^{-1}$(C)[①]推导出的树木密度大约是实测密度的两倍。结合之前对中侏罗世的估值(表 6.5)，这些不同似乎表明了中侏罗世和晚侏罗世极地气候的差异性。然而，要查明任何程度上的任何这种差异存在的确切原因都十分困难，因此未来进一步开展 CO_2 浓度升高情况下树木异常生长和树干木材的快速形成研究将十分重要。

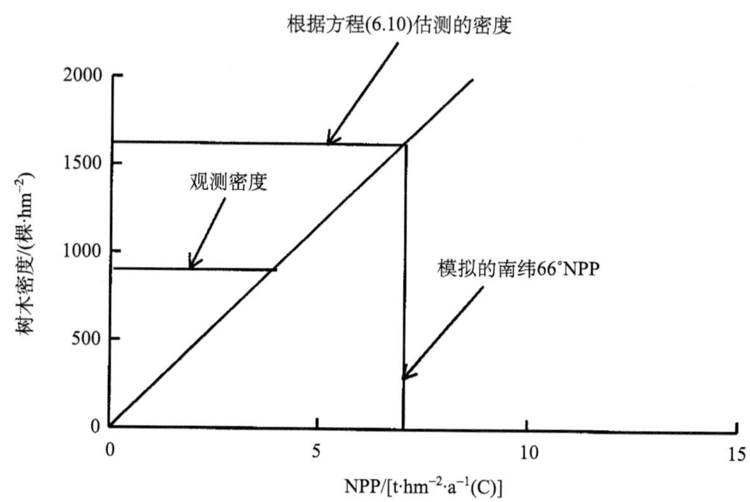

图 6.25　新西兰古里奥湾(Curio Bay)中侏罗世化石森林模拟的净初级生产力与观测到的树木密度之间的计算关系

观测密度来自 Pole(1999)

结论

在全球尺度上，尽管晚侏罗世存在陆相干旱带的证据，然而其生产力远远超过石炭纪(表 6.3)。据估测，生长在高浓度 CO_2 环境下的植被主要表现为光合作用对代谢控制的变化，相较于外界 CO_2 而言更主要取决于环境温度。对 CO_2 效应的敏感性分析表明，CO_2 对 NPP 和 LAI 有显著影响。例如，CO_2 浓度从 350 ppm 增加到 1800 ppm 时，全球陆地总 NPP 增加了约 70%，即从 63 $Gt \cdot a^{-1}$(C)增加到 109 $Gt \cdot a^{-1}$(C)(表 6.3)。利用木化石生长轮宽度计算的 NPP 估值，与植被模型估测的 NPP 值存在一些重叠，为我们的建模方法提供了支持。LAI 模型受到 CO_2 浓度升高的强烈影响，但这一响应尚未得到在高浓度 CO_2 下植物生长实验数据相一致的充分验证(表 6.4，图 6.17)。此外，这种方法对于精确模拟植被对气候的反馈作用具有十分重要的意义。

(李丽琴、周宁 译，吴靖宇 校)

---

① 译者注：此处译者将原文中“7 Gt C”改为“7 $t \cdot a^{-1}$(C)”，因为从图 6.25 及表 6.5 来看，NPP 应该是 7 $t \cdot a^{-1}$(C)，这里可能是作者笔误所致。

第7章 白垩纪[①]

引言

白垩纪(140～65 Ma)通常被认为是地球极端“温室”模式的代表(Frakes et al.，1992)，最明显的证据是植物化石记录显示出，当时地球高纬度地区出现了大量极地森林。全球气候不断变暖在某种程度上源于这一时期的古大陆分布格局(Barron and Washington，1985)，这一格局使得地球的热量显著地向极地传输(Herman and Spicer，1996)，而当时大气中CO_2的较高分压也是重要的因素(Berner，1994)。中白垩世的研究受到了相当多的关注，因为这一时期为评估大气中高CO_2含量在多大程度上促使地球变暖提供了一个可能的参考(Barron，1982，1983；Barron et al.，1993，1995；Price et al.，1995，1997，1998)。然而，将中白垩世的温室世界或者地球历史上存在的任何一个其他时期，与未来全球变暖做粗略的类比似乎不太可能，因为过去和现在的地球环境存在着诸多差异，尤其在地理、地形及海洋的边界条件等方面(Crowley，1990，1993；Barron，1994)。更何况这样的类比并未考虑到植被和陆地碳循环的影响。因此，在后面的第 8 章中，我们将更详细地探讨中始新世这一距离人类最近的极端“温室”时期与未来全球变暖的相关性。

尽管白垩纪被描述为一个温暖的“温室”环境，但在白垩纪有超过七千五百万年的时间地球环境总体呈现明显的降温趋势，尤其是自 90 Ma 左右以后(Douglas and Savin，1975；Boersma and Shackleton，1981；Spicer and Corfield，1992)。这一趋势得到了海洋沉积物中有孔虫氧同位素(δ^{18}O)记录的证据支持，因为氧同位素(δ^{18}O)能反映有孔虫的生长温度(如明显的壳层钙化)。利用浮游有孔虫和底栖有孔虫可分别估算表层海水和深层海水的温度，且两者之间的差异可以用来解释海洋环流的变化。当时低纬度太平洋地区表层水和深层水的有孔虫氧同位素记录均显示更加明显的负偏趋势(图 7.1)。

利用海洋氧同位素数据(图 7.1)，根据以下方程式可以估算出古海洋的温度：

$$T = 16.0 - 4.14(\delta_c - \delta_w) + 0.13(\delta_c - \delta_w)^2 \tag{7.1}$$

其中，T是温度(℃)；δ_c是碳酸盐岩δ^{18}O之比；δ_w是海水δ^{18}O之比(Attendorn and Bowen，1997)。然而，在运用方程(7.1)确定海洋古温度时，存在许多不确定因素。过去海水中的同位素组成仍然未知(Attendorn and Bowen，1997)，对于白垩纪而言，假设不受大冰盖影响，其典型值为–1.2‰(Sellwood et al.，1994)，但表层海水因蒸发导致^{16}O含量低，因而可能需要进行一些校正(Spicer and Corfield，1992)。盐度的改变也可能导致在利用

---

① 译者注：本章多处涉及“白垩纪–第三纪界线(K/T 界线)”的表述，在语义不变的情况下，译者采用现在更常使用的“白垩纪–古近纪界线(K/Pg 界线)”代替了原文中表述。同时，部分“早第三纪/第三纪早期”使用“古近纪”一词替换。但单独表示“第三纪”时，译者为保持原文语义，并未替换(使用古近纪至新近纪，或新生代均不恰当)。

方程(7.1)估算古温度时出现偏差(Klein et al.，1996)，因为淡水–海水的混合及海水中碳酸盐离子浓度的变化会引起盐度的变化(Spero et al.，1997)。

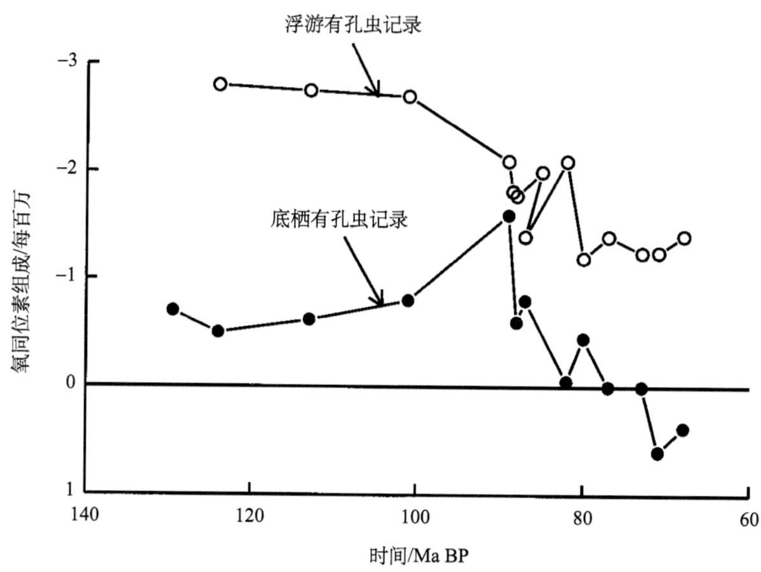

图 7.1　白垩纪低纬度太平洋地区浮游和底栖有孔虫的氧同位素数据(来自于 Douglas and Savin，1975；Boersma and Shackleton，1981)

当 $\delta_W = -1.2‰$时，使用方程(7.1)计算得到的深海岩心同位素数据表明，在 90～65 Ma 之间(白垩纪第二阶段，即晚白垩世)地球表层海水和深层海水的温度下降超过 5℃(图 7.2)。随后的 1000 万年中，氧同位素记录的分析揭示了一个持续但不甚剧烈的降温趋势，这意味着白垩纪早期是一个异常温暖的重要时期(Spicer and Corfield，1992)。初步分析表明，晚白垩世的温度下降是海洋表层生物光合作用增强所带来的生物生产力提高引起的，进而导致大气中 CO_2 含量的下降及碳埋藏量的增加(Spicer and Corfield，1992)。陆生植物作为大气 CO_2 浓度的长尺度控制因素之一，随着高等植物的不断演化，植物覆盖的增加势必会影响岩石风化速率(Berner，1994)。整体而言，白垩纪可分为两个阶段：第一阶段包括早白垩世和中白垩世，此阶段气候明显温暖，CO_2 分压较高(约 90～100 Pa)；第二阶段为晚白垩世，气候较前一阶段变凉，CO_2 浓度较低(约 500～600 ppm)。先前植物叶片尺度模型的机理研究表明，白垩纪 CO_2 和温度对陆地碳循环具有潜在影响(Beerling，1994)，本章将探讨全球尺度的影响结果。

本章研究了白垩纪不同时期陆地生态系统的生产力、分布和生物地球化学特征，用以反映海洋同位素数据所代表的整体降温趋势。这是通过对中白垩世(100 Ma) (Price et al.，1995，1997，1998)和白垩纪末期(65 Ma) (Otto-Bliesner and Upchurch，1997；Upchurch et al.，1998)的 GCM 气候模拟实现的。在 66 Ma 白垩纪结束和古近纪开启(白垩纪-古近纪界线，即 K/Pg 界线)之际，其标志是一个大的(直径 10～14 km)小行星撞击地球(Alvarez et al.，1980)，这一撞击事件对气候乃至陆地生态系统功能均产生了影响，但其在全球范围内对地球生物群的影响仍难以确定，正如化石记录所揭示的一样(Ward，1995；Archibald，

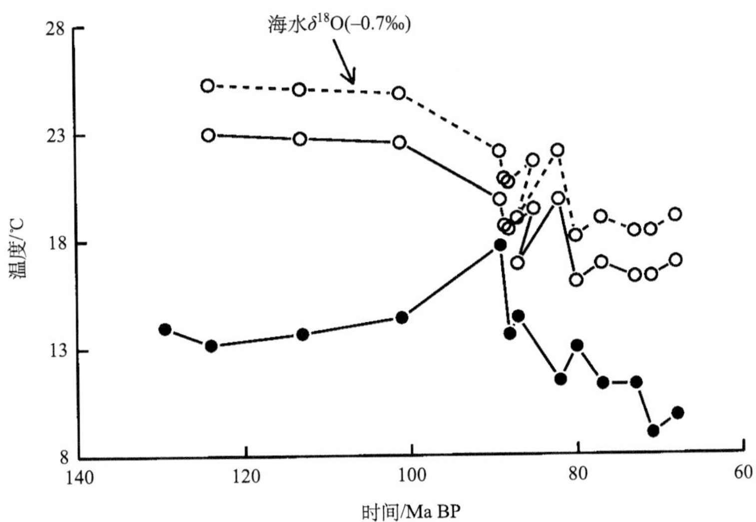

图 7.2 基于氧同位素数据(图 7.1)利用方程(7.1)估算的太平洋表层和深层海水温度变化趋势

对于表层海水第二套古温度数据，采用 Spicer 和 Corfield(1992)的建议将 $\delta_w = -0.7‰$计算得到。○代表浮游有孔虫；●代表底栖有孔虫

1996)，我们对其定量性质仍知之甚少。因此，我们试图研究全球范围内撞击事件对陆地生态系统的影响所带来的短期和长期环境变化，并尝试对它们进行量化解读(Lomax et al.，2000，2001)。所采用的方法是基于地质数据(Wolfe，1990)和模型研究(O'Keefe and Ahrens，1989；Barron et al.，1993；Covey et al.，1994)对晚白垩世 GCM 全球气候进行调谐(Otto-Bliesner and Upchurch，1997)，从而得到一系列撞击之后短期(10^0～10^3 年)和长期(10^4～10^5 年)的气候状况。

白垩纪同样值得关注的是被子植物的演化及其快速分异，这一特征在化石记录中得到了清晰的体现(Lidgard and Crane，1990)，许多争论集中在陆地生态系统植物多样性的控制因素方面(生物因素或非生物因素)(Wing and DiMichele，1995)。我们利用一个简单模型对这两个因素进行了研究，该模型基于低温、植物生长季的积温和冠层结构(叶面积指数，LAI)的重要性(Woodward and Rochefort，1991)，阐释了中-晚白垩世在科级的植物多样性特征。我们把这一评估扩展到 K/Pg 界线撞击事件后的气候变化，用于研究环境对植被多样组合的影响能力。

中-晚白垩世全球环境

我们根据 UGAMP GCM 对中白垩世(100 Ma)古气候进行模拟，并利用美国国家大气研究中心(NCAR)的晚白垩世(66 Ma)古气候模拟来呈现全球白垩纪气候。这两种模拟对各自涉及的时代区间都采用相似的大陆地理及地形值(图 7.3)，当时的全球地理与地形已经开始与现代的格局相似(Smith et al.，1994)。UGAMP 关于中白垩世的气候模拟是利用 GCM 的“温室”模式开展的，在此模式下，海洋表面温度通过简单区域性对称面确定，温度范围从热带地区的 28℃到两极地区的 0℃(Valdes et al.，1996)。该模型融合了季节性因素，并在英国雷丁大学以大气 CO_2 浓度为 1080 ppm 和空间分辨率为 3.75°×3.75°

进行模拟运算。所有其他参数，包括地球轨道特征和太阳常数，都采用了现今值。关于模型建立和气候的详细描述可以参考相关文献(Valdes et al.，1996；Price et al.，1995，1997，1998)。该模型设定的运行周期为10年，最后四年的平均气候用于代表“中白垩世气候”。

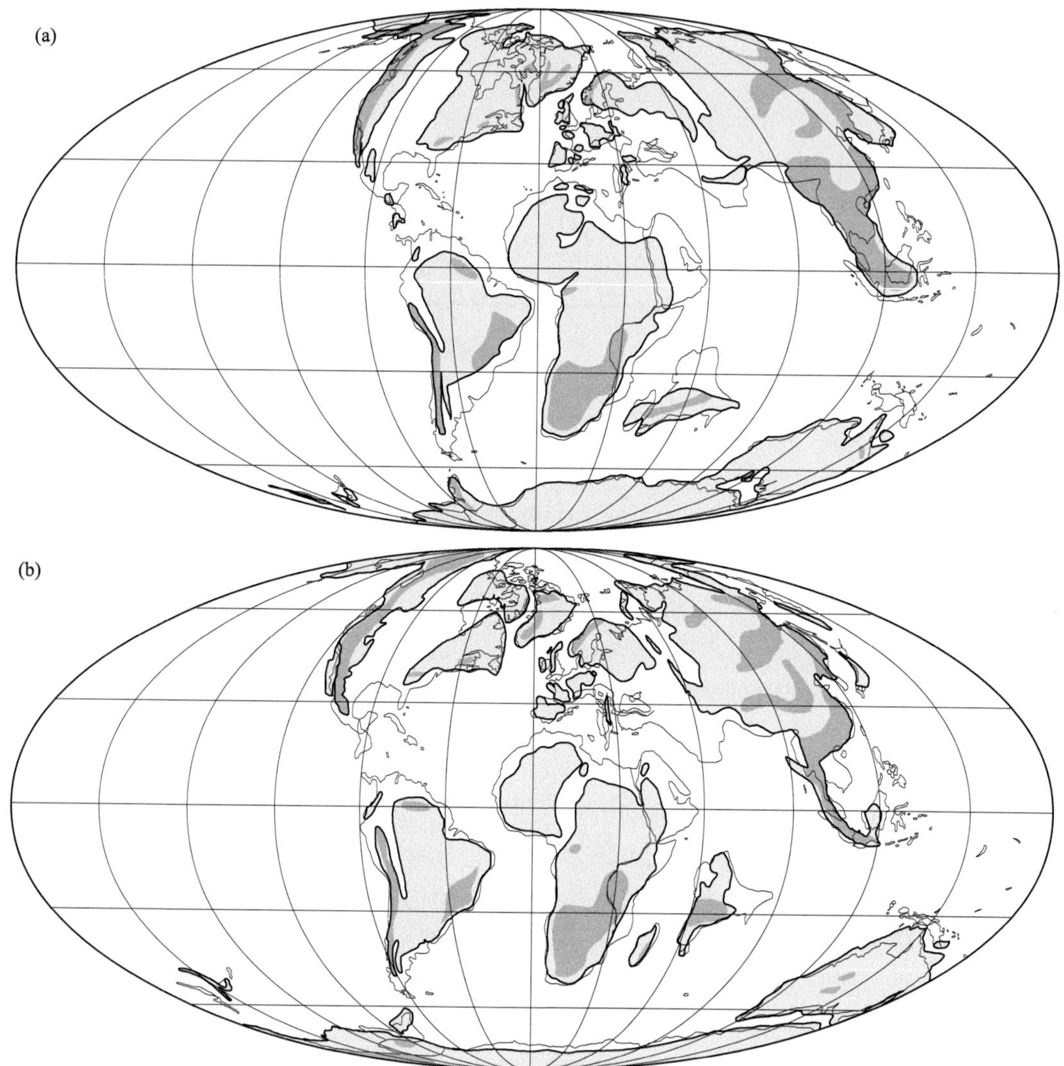

图 7.3　白垩纪(a)塞诺曼期(95 Ma)和(b)马斯特里赫特期(66 Ma)大陆格局重建(Smith et al.，1994)
深灰色阴影表示高地

我们通过 NCAR GENESIS GCM(Thompson and Pollard，1995)对晚白垩世进行了模拟，采用 Upchurch 等(1998)研究中建议的分辨率，即大气模型 4.5°(纬度)×7.5°(经度)和陆地表面模型为 2°(纬度)×2°（经度）。规定模拟的边界条件是大气 CO_2 浓度(580 ppm)、最新重建的马斯特里赫特期古地理格局[图 7.3(b)]和现在的轨道配置，但太阳常数略有降低(Crowley and Baum，1991)。完整的气候模型细节见 Otto-Bliesner 和 Upchurch(1997)及 Upchurch 等(1998)文献。本章中使用了 Otto-Bliesner 和 Upchurch(1997)的“最优猜测”模拟，其中涵盖了植被对气候的一些生理和机体响应，这对高纬度地区的气候重建至关重要。

从全球范围而言，基于 GCM 推导的年平均温度(MATs)(图 7.4)表明，有孔虫 $\delta^{18}O$(图 7.2)代表的中-晚白垩世之间的变冷趋势，在全球范围内最强烈地表现为高纬度凉爽地区的扩张和低纬度温暖地区的收缩。从纬向均值来看，这种趋势清晰可见(图 7.5)，其中中白垩世 MATs 即使在 60°N 以上的地区温度也不会降至 0℃以下；然而，晚白垩世 MATs 在南北两极地区都降至−10℃。

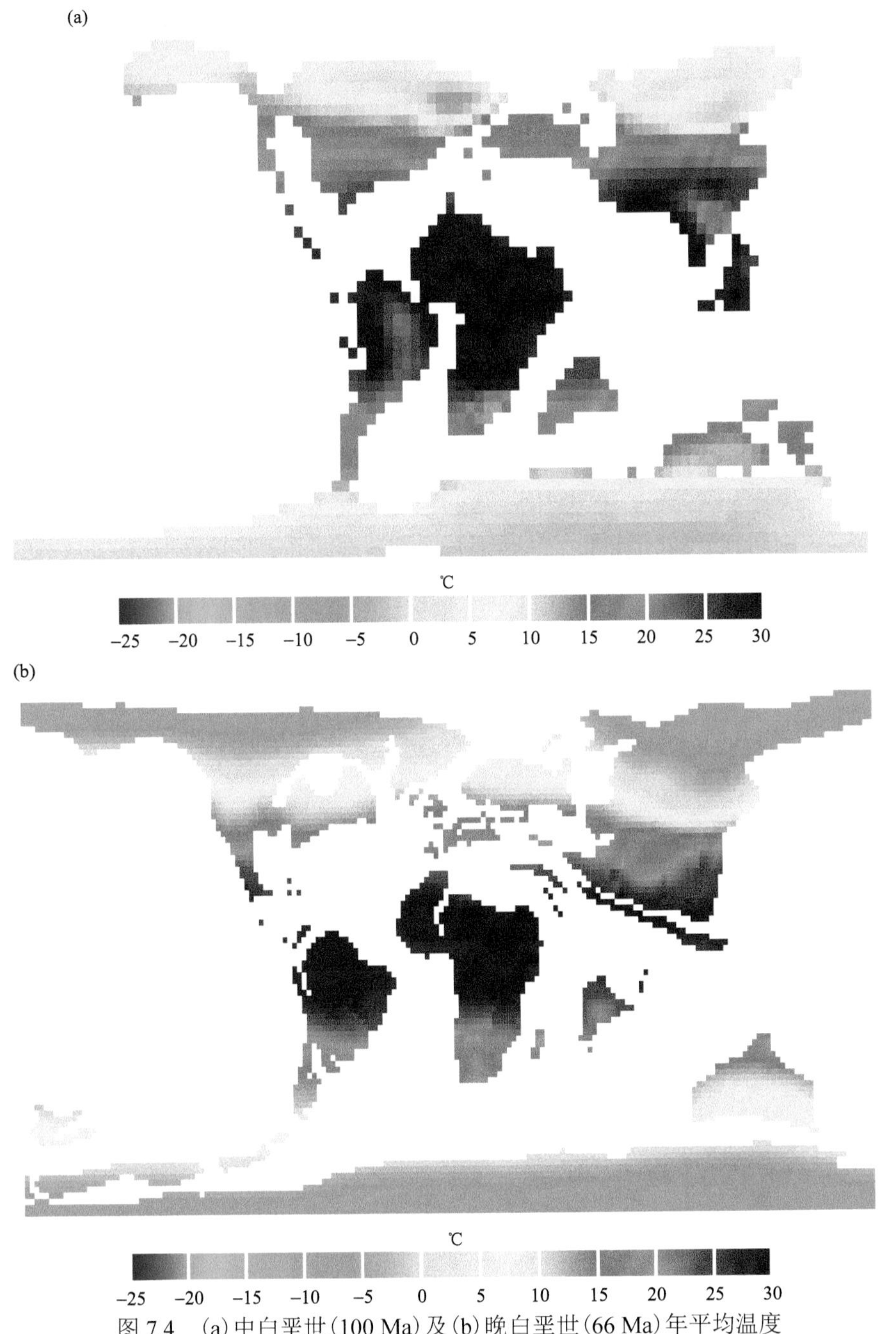

图 7.4　(a)中白垩世(100 Ma)及(b)晚白垩世(66 Ma)年平均温度

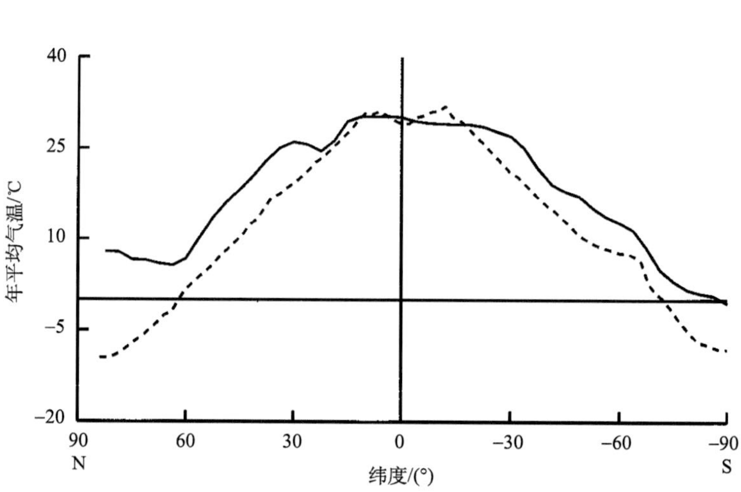

图 7.5　中白垩世和晚白垩世年平均温度的纬向均值

基于 GCM 推导的中-晚白垩世全球降水模式显示，两个时期大致相同的地区有着非常相似的降水量(以月平均降水量计)(图 7.6)。这种相似性令人惊讶，因为这两个时期的降水场由两种不同的 GCM 推导而来，且两种模式中的网格尺寸都远小于大气对流元素，这可能导致降水的季节周期无法体现。然而，这两个时期确实也存在一些差异。尤其在横穿南美洲中部、非洲中部、印度北部、北美洲东部和亚洲东部的赤道地区，晚白垩世较之前的中白垩世变得更加湿润(图 7.6)。这一特征在纬向均值方面最为明显(图 7.7)。

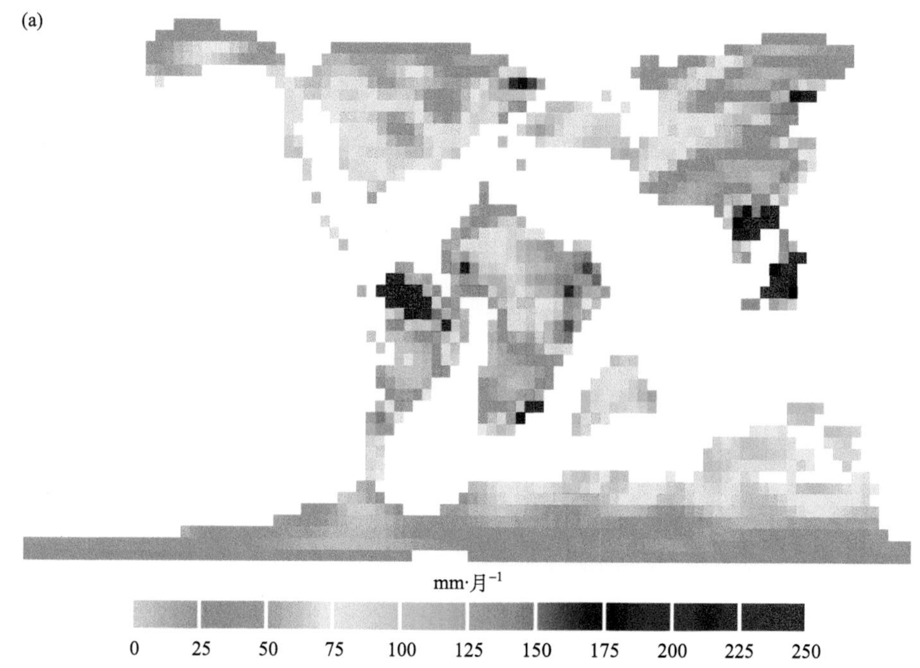

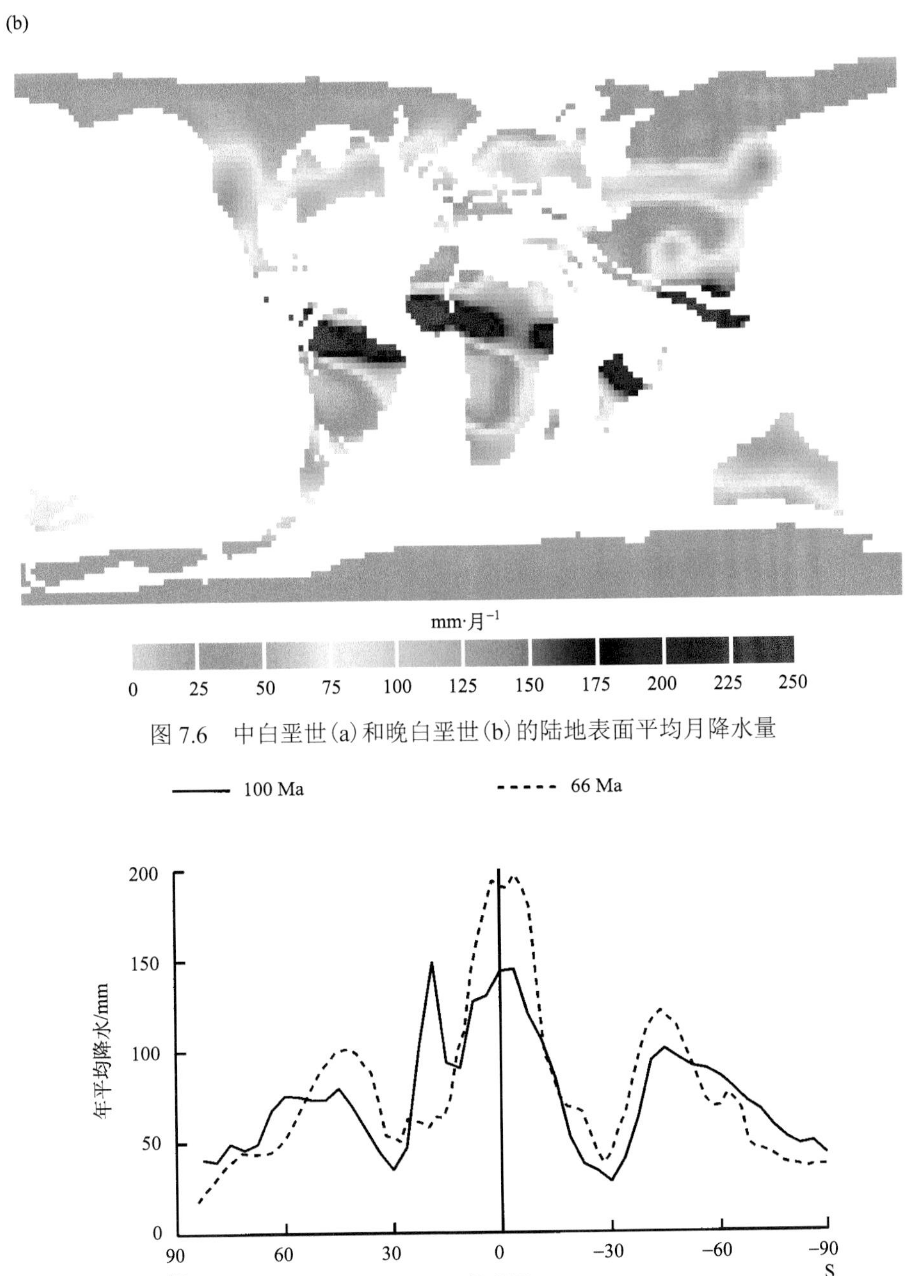

图 7.6　中白垩世(a)和晚白垩世(b)的陆地表面平均月降水量

图 7.7　中白垩世和晚白垩世 GCM 气候纬向平均的月平均降水量

我们对中白垩世和晚白垩世的气候进行了比较，并根据气候敏感指标的化石记录对它们进行了广泛的验证，不过每个时代采用了不同的验证方法(Price et al.，1995，1997，1998；Otto-Bliesner and Upchurch，1997；Upchurch et al.，1998)。对于 UGAMP 模拟的中白垩世气候，采用了定量验证的方法，将现代铝土矿和泥炭地的气候要求应用于白垩纪的输出，以估测这些沉积物的发生。在所有例子中，估测结果与实际观测到的沉积物分布具有很好的一致性，表明 GCM 成功地再造了中白垩世的全球降水和气温模式(Price et al., 1997)。

对于 NCAR 推断的晚白垩世气候，采用另一种不同的方法对地质数据进行了验证(Otto-Bliesner and Upchurch，1997)。将气候结果应用于相关方案中，通过现代气候包络对植被分布做出估测(Köppen，1936)。然后将该分类用于晚白垩世植被分布的估测，并与基于超过 300 个植物化石和岩性指标的全球植被重建进行比较(Otto-Bliesner and Upchurch，1997；Upchurch et al.，1998)。估测数据和观测数据匹配得相当好，表明 GCM 模拟气候与“真实的”晚白垩世气候非常接近。当然不能排除高 CO_2 浓度对植物气候范围影响的预期误差(Woodward and Beerling，1997)。总的来说，上述两个白垩纪 GCM 古气候的验证表明了它们在估测这些时期陆地生物圈的功能方面是有用的。

K/Pg 界线后的撞击环境

通过对 NCAR 模拟的晚白垩世气候进行校正，可以获得 K/Pg 界线小行星撞击事件对全球陆地生态系统运行可能造成的短期(10^0～10^3年)和长期(10^4～10^5年)的粗略影响。选择上述两个时间尺度是为了与气候模拟结果在温度和太阳辐射值减少的持续时间方面保持基本一致(Covey et al.，1994；Pope et al.，1994)，并与 K/Pg 界线后续的全球变暖所需的古植物学证据(Wolfe，1990)和基于沉积物重建的海洋表面水温(Brinkhuis et al.，1998)保持基本一致。

基于陨石坑中沉积物和下伏靶岩的年龄(Krogh et al.，1993)及其大小和形态(Morgan et al.，1997)研究，墨西哥(21°N)希克苏鲁伯陨石坑(直径 100 km)通常被认为是晚白垩世撞击事件最可能发生的候选地。Morgan 等(1997)从陨石坑的瞬态大小估测出撞击体的直径为 10～14 km(大小取决于它是一颗彗星还是小行星)，撞击能量为 5×10^{23} J(相当于 1.2×10^8 Mt TNT 所释放的能量，1 Mt=4.18×10^{15} J)。蒸发碳酸盐的质量取决于撞击体是一个彗星还是陨石，以及它的大小、撞击点的海相碳酸盐台地的深度(O’Keefe and Ahrens，1989)。对陨石碎片“化石”的地球化学和岩相学分析(Kyte，1998)及 K/Pg 界线的铬同位素研究(Shukolyukov and Lugmair，1998)都表明，这些陨石碎片具有与碳质球粒陨石而非多孔彗星物质一致的鲜明特征，意味着撞击体可能是一颗小行星陨石而非彗星。因此，从希克苏鲁伯陨石坑尺寸推测其为一颗直径 12 km 的陨石(Morgan et al.，1997)。据此推测撞击事件造成的短期影响可能表现为由大气中负载大量粉尘而导致的初始降温，而长期影响则是由于大量的碳酸岩汽化并转化为 CO_2 进入大气中而导致的气候变暖。接下来的两节将更详细地考虑这些变化，并对晚白垩世(66 Ma)全球气候做出相应的调整，以推动植被-生物地球化学模型的完善。

撞击后的短期环境(10^0～10^3年)

这种高能撞击最明显的影响是地球岩石发生了汽化，产生并推动大量细颗粒(粉尘、烟灰或含硫酸盐气溶胶)进入上层大气圈[图 7.8(a)]。这甚至会发生在海洋覆盖下的目标岩石上，因为海洋的深度(4 km)小于估计的撞击体的大小。硫酸盐气溶胶(Pope et al.,

1994）和野火产生的烟灰（Wolbach et al.，1985，1988，1990a，1990b）也可能进一步增强大气的不透明度。因此，K/Pg 界线碰撞的第一个短期环境影响是地球表面接收到的太阳辐射量的减少，进而对全球温度和光合作用产生影响。

根据 GCM 估测，伴随上层大气圈中灰尘浓度的增加，地表温度的下降幅度相当小，因为任何变化都将立即被海洋热容量库所抵消，从而将气候扰动的严重程度降到最低（Covey et al.，1994）。这些气候模型结果不支持早期的设想，即 K/Pg 界线撞击事件后可能出现的全球冰冻气候场景（Toon et al.，1982；Pollack et al.，1983；Wolfe，1991）。在气候模拟中设定全球布满了细粒尘埃云（直径 1 μm），Covey 等（1994）报道全球表

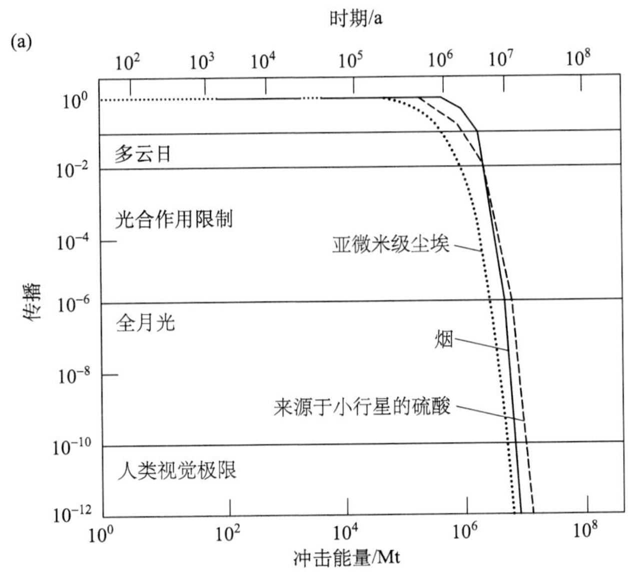

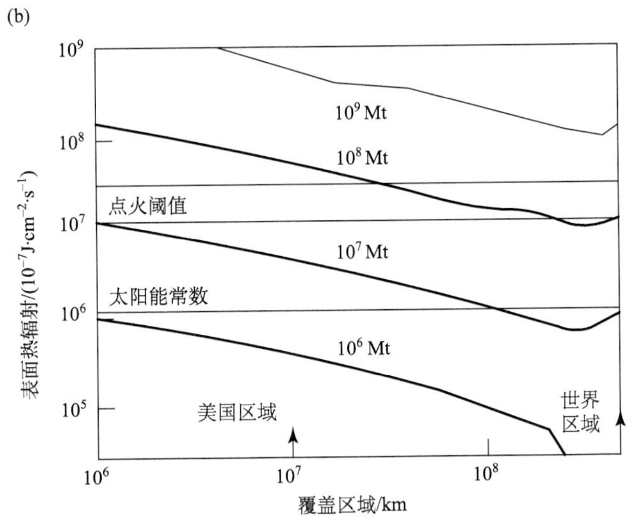

图 7.8　(a) 对可见光通过灰尘、烟雾和含硫酸盐气溶胶到达地球表面的传播估计（需注意的是，计算能量超过 10^6 Mt 会导致每隔 5～10 Ma 就会出现全球黑暗）及 (b) 地球表面所受辐射量经反射重新进入大气的效应（引自 Toon et al., 1997）

面温度在撞击事件发生后最初几天内迅速下降 13℃，一年后缓慢回升至 6℃，比正常温度低。之后 Pope 等(1994)的模拟表明，降温时间可能持续更久(8～13 年)，并且降温幅度更加剧烈；同时，海洋表面温度重建表明，撞击后的降温持续了一万年(Brinkhuis et al.，1998)。该项研究推测的短期撞击后气候状况是：首先晚白垩世的年平均气温在撞击当年降低了 13℃，在接下来的 100 年里回升至 6℃，这与 Covey 等(1994)的 GCM 结果一致。这项研究忽略了下落陨石碎片释放动能产生辐射热的可能影响[图 7.8(b)]。

对与尘埃云有关的太阳辐射输入减少的定量化分析则相对更为复杂。逃逸吸收和穿过特定浓度粒子(给定值为 1 μm 直径)的辐射量，与它们的特定消光系数、被尘埃散射而非吸收的部分，以及正向散射而非反向散射测量的不对称因素有关。以皮纳图博(Pinatubo)火山注入平流层的 SO_2 分布卫星观测为参考(约 15°N)(Graedel and Crutzen，1997)，发现喷出的尘埃极有可能快速分布于赤道附近 25°N～30°S 区域。撞击地点和皮纳图博火山之间在纬度上略有不同，这为斜向撞击造成的可能偏差提供了一个便利的自然补偿(Morgan et al.，1997)。假设初始粉尘负荷为 2.5×10^{15} kg，但由于沉降作用，一年后减少了 70%(Pollack et al.，1983)，且分布范围压缩到较窄的纬度，入射到该区域的太阳辐射将减少 35%；因此，我们对模型输入进行了调整。一项独立的气候影响模型评估(Pope et al.，1994)支持这种减少情况，并指出与正常水平相比，传输减少了 10%～20%。全球尘埃云也可能改变水循环(Covey et al.，1994)，但这是 GCM 中最不确定的特征(第 4 章)，因此目前认为这只是一种推测，而且 66 Ma 模拟的降水场没有变化。

由于小行星撞击着陆使海相碳酸盐岩台地几乎瞬间蒸发，大气中的碳库将额外积累 3000～10000 Gt(C)，具体数值取决于被撞击碳酸岩台地的深度(分别为 1 km 和 4 km)(O'Keefe and Ahrens，1989)。假设释出的 CO_2 没有被海洋快速吸收，这可能会将撞击前的 CO_2 分压提高 3～10 倍。至少在短期内，此次撞击可能创造一个非常不同寻常的组合条件，即陆地植被处于一个高 CO_2、低温和低光照的环境。可能唯一相近似的现代环境是茂密的温带雨林的林下层，那里近乎完全封闭的树冠减少了光照，并保留了土壤呼吸作用所释放的 CO_2。

除了影响气候外，撞击事件对植被也有直接的影响，由于爆炸波以伴随着一股突然压力脉冲后跟着巨大的风为特征(Toon et al.，1997)，而风的强度主要取决于周围的压力与爆炸波前沿的压力的差值。以一个 276 hPa 的超压为例，其对应的风速可达 70 $m\cdot s^{-1}$，远远超出飓风的力量。关于 K/Pg 界线撞击事件产生的超压等值线的最远传播距离 r(km)，可以从如下所示的核武器试验得出的经验关系来估算：

$$r = ah - bh^2E^{-\frac{1}{3}} + cE^{\frac{1}{3}} \tag{7.2}$$

其中，h 是给定爆炸点的高度(km)；E 是百万吨爆炸的能量；a=2.09；b=0.449；c=5.08。据估计，K/Pg 界线撞击事件所释放的能量有 40%最终到达了大气层(O'Keefe and Ahrens，1989)，其中大部分进入长期的低级供热，只有 3%对空气造成超压冲击。因此，基于最佳爆炸高度 $h_0(\text{km}) = 2.3\times E^{\frac{1}{3}}$，一个 276 hPa 超压爆炸波传播的最大距离可能是 1.2×10^3 km，以古纬度 20°N 为中心，总冲击面积为 4.2×10^6 km^2(Morgan et al.，1997)。这所代表的面积仅仅是地表总面积的百分之几，但与美国面积比较接近。这种性质的计算是估计爆炸区域的唯一方法，因为古证据不足以直接确定爆炸区域。除产生爆炸波外，也有证据证明撞击事件能引发广泛的野火(Wolbach et al.，1985，1988，1990a，1990b)，并将碳释放到大气中。后文将详细阐述这场全球性野火可能带来的影响。

为了模拟撞击后环境对陆地生态系统的短期影响，首先利用 66 Ma 的全球气候建立了平衡植被和土壤碳库。然后，我们按照表 7.1 所示，降低辐照度，增加大气中 CO_2 的含量，并使撞击年份的年平均气温下降 13℃。按照这个“撞击年”的场景，随着之前辐照度的降低和大气 CO_2 浓度的升高，温度降低了 6℃，模拟运行了 100 年。在另一项独立的敏感性分析中再次运行同样的场景，但温度和辐照度的影响限定在 30°S～25°N，以解释可能从大气中快速损失的灰尘及其集中在赤道附近地区的分布状况。

表 7.1 用于植被建模的 K/Pg 界线撞击事件后全球短期(10^0～10^3 年)气候总结

项目	参数
纬度上辐照度降低	35%
年平均气温下降	6℃
大气 CO_2 浓度升高	4×580 ppm

注：上述所有环境变化都被用于爆炸波波及区域内植被生物量破坏后的植被模拟。

撞击后的长期环境(10^4～10^5 年)

通常认为 K/Pg 界线撞击事件对环境产生的长期影响(10^4～10^5 年)与短期影响正好相反，并且可能引发全球升温事件(O'Keefe and Ahrens，1989；Wolfe，1990)。一般认为，这种升温作用是大气中灰尘比 CO_2 消散速率更快导致的。此时海洋对大气 CO_2 可能已经产生一定的影响，因为在 10^3～10^4 年的时间尺度上溶解在深海中的 CO_2 或深海沉积物的溶解可能发生再平衡(Broecker and Peng，1982)。10^5 年后，地壳中的碳酸盐岩和硅酸盐类也可能受到风化作用的一定影响(Berner，1994)。然而，我们选择允许 CO_2 浓度保持在 4×580 ppm(2320 ppm)水平，来研究撞击给陆地生态系统造成的长期影响可能的上限值。

大气中除了 CO_2 增加，还会有大量的水蒸气注入(来自大气下面的海洋)。水汽是撞击后全球变暖的一个重要贡献者(通过“温室”效应)，而且与 CO_2 类似，它们在大气中的滞留时间比尘埃更长。然而，我们对水蒸气效应的迹象和量级尚不清楚。因为尽管在全球范围内，注入平流层的水蒸气会增强温室效应，但冰云的形成和快速的水平输送过程，将富含水的空气输送到平流层较冷的极地区域会导致反射率的增加，这将在一定程度上抵消变暖的作用(Toon et al.，1997)。从长时间尺度来看，撞击后全球温度变化的驱动机制显然存在不确定性。来自撞击地点附近的古植物证据支持了撞击后持续 10^4～10^6 年变暖事件的估测(Wolfe，1990)。因此，基于白垩纪的古地理格局，我们运用 NCAR GCM 的相似版本，根据对 CO_2 的敏感性研究，通过提高晚白垩世不同纬度和季节的月温度，在全球范围内模拟这种变暖(Barron et al.，1993)。

根据 K/Pg 界线植物叶化石组合重建的古环境显示，在撞击发生后的 10^4～10^6 年里除了温度产生变化外，水循环也发生了改变(Wolfe，1990)。这些叶化石组合表明，撞击后的降水增加了四倍，尤其是在 30°N 以上的地区(Wolfe，1990)。由于没有足够的现有信息来合理验证对南半球的推断，这里仅根据北半球在晚白垩世每月增加 30%的降水，将这一结果纳入长期的撞击后对气候的影响。

如上文所讨论和表 7.2 所总结，通过调节撞击前的气候，能够评估撞击事件对撞击后陆地生态系统的长期影响。然后，将短期影响的模拟结果作为数值模拟的起点，结合最新校正的气候和大气 CO_2 浓度，对长期影响进行数值模拟。

表 7.2　用于植被建模的 K/Pg 界线撞击事件后全球长期(10^4～10^5 年)气候总结

项目	参数
大气 CO_2 浓度上升	至 2320 ppm
年平均降雨量纬度分区	增加 30%
温度按纬度分区	升高 4℃

白垩纪全球植被生产力与结构

全球陆地 NPP 在中-晚白垩世呈下降趋势(表 7.3)，然而整个白垩纪全球陆地 NPP 普遍较高，约为现今气候下初级生产量估值[约 50 Gt·a(C)]的两倍。对中白垩世和晚白垩世 NPP 变化的空间格局的检测表明，南、北半球高纬度地区的 NPP 在晚白垩世的减少(图 7.9)可能是由 GCM 模拟中这一时期较低的极地温度造成的(图 7.4)。相反，赤道地区在晚白垩世比中白垩世更具生产力(图 7.9)，而这些地区在这两个时期的年平均温度大致相似(图 7.4)，所以很可能应将其归因于晚白垩世相对更高的降水量(图 7.6)。

表 7.3　白垩纪全球陆地净初级生产力(NPP)和平均叶面积指数(LAI)

项目	NPP/[$Gt·a^{-1}$(C)]	平均 LAI
中白垩世	100.7	5.6
晚白垩世	78.9	4.8
爆炸波破坏的植被生物量	78.2	4.8
撞击后短期环境(10^0～10^3 年)	73.9	4.1
撞击后长期环境(10^4～10^5 年)	146.8	6.6

注：具体数据见表 7.1 和表 7.2。

植被生产力最高区域的最大冠层叶面积数据表明，LAI 的全球模式在中白垩世和晚白垩世呈现出与 NPP 相似的变化趋势。但在一些降水较少的区域内，LAI 和 NPP 均严重受限，相当于荒漠/半荒漠区。在中白垩世，这些“荒漠”区延伸到亚洲南部、南美洲和非洲[图 7.10(a)和图 7.11(a)]。到晚白垩世，亚洲南部的荒漠区缩小，但南美洲和非洲仍大致保持原样[图 7.10(b)和图 7.11(b)]。中白垩世荒漠的位置与此时期全球广布的蒸发岩分布有一定的一致性(Price et al., 1997)，出现铝土矿的亚洲中部除外。因为铝土矿通常被认为代表相对潮湿的环境，但目前尚不清楚造成上述差异的原因。对于晚白垩世而言，荒漠和半荒漠区的位置与干旱条件下岩性指标的重建显示出非常好的对应关系(Otto-Bliesner and Upchurch, 1997; Upchurch et al., 1998)。

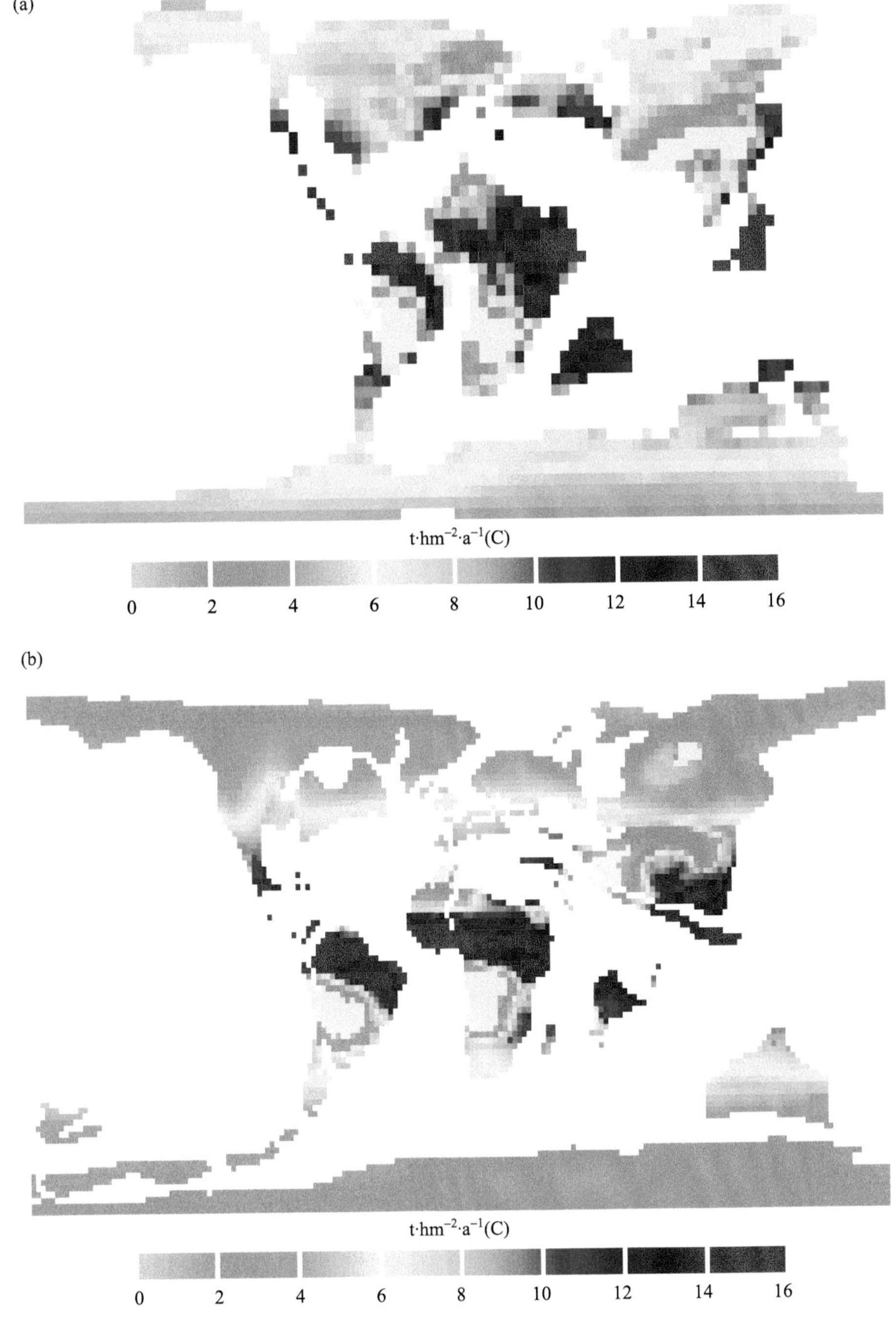

图 7.9 (a)中白垩世和(b)晚白垩世净初级生产力的全球模式

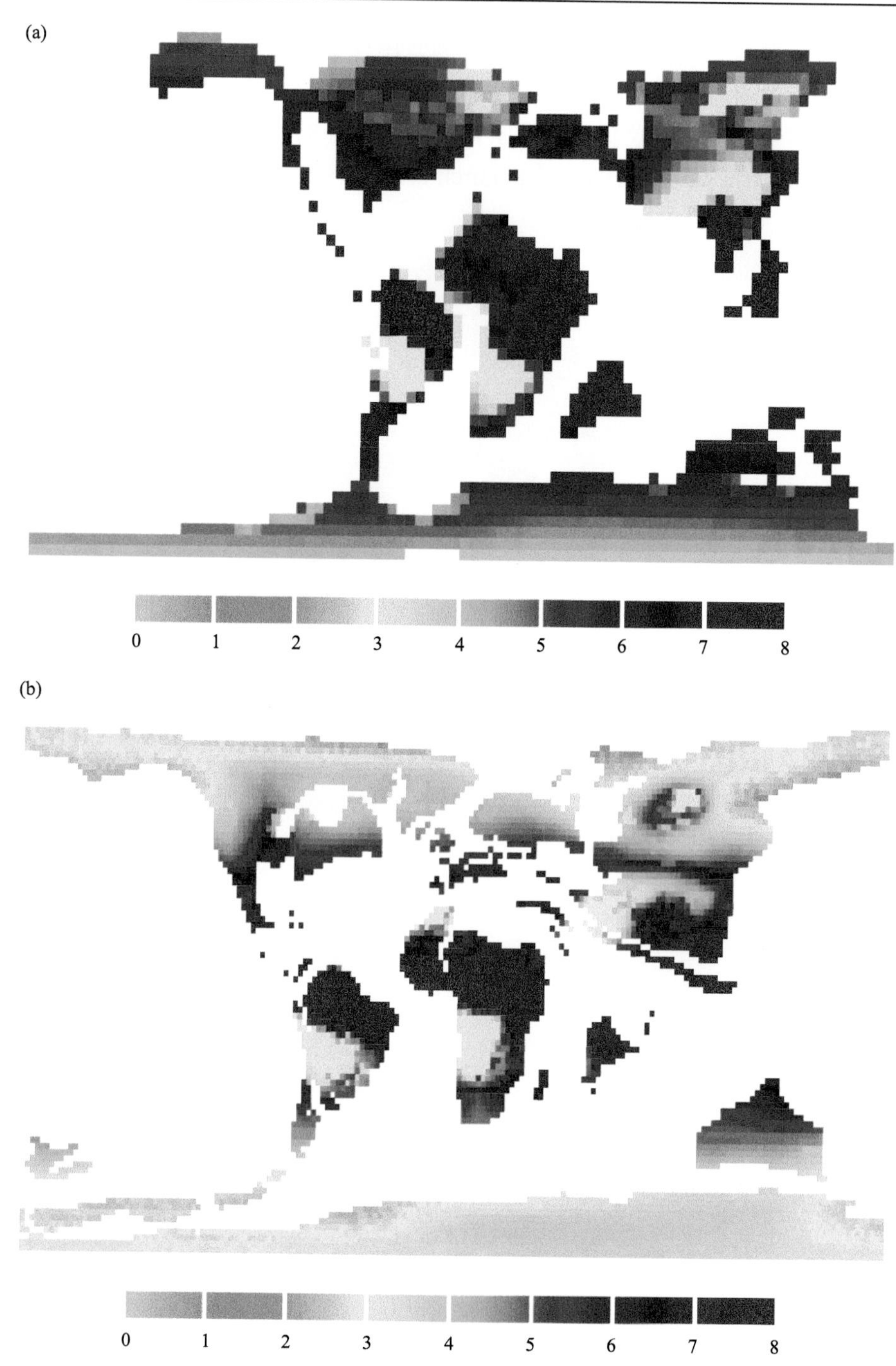

图 7.10　(a) 中白垩世和 (b) 晚中白垩世叶面积指数的全球模式

研究表明，白垩纪在南、北半球均有大型树木茎干化石为代表的极地森林存在，且森林密度通常较高，这证明了整个白垩纪的气候有利于植被生长(Frakes et al.，1992)。假设较大的树轮宽度表示高生产力，且不受光照和水分供应的限制，在低温季节(即冷凉的冬季)，高生产力的模拟区域应该对应宽的年轮宽度，至少在植被经历了一定程度季节性的地区是这样。和现代高纬度地区的北极植物相比，由中白垩世和晚白垩世的木化石(Creber and Chaloner，1985)测得的生长轮宽度相对更宽，这在一定程度上证明了当时高纬度地区森林具有快速生长的潜力。在南半球，南极洲保存的化石森林的树轮序列分析也显示出与北半球一致的树轮宽度，表明树木处于有利的生长条件，而这些地区的化石森林也被认为类似于现在澳大利亚的热带森林(Francis，1986a，1986b)。因此，目前有限的古植物学观测结果与上述模拟的 NPP 全球模式在白垩纪是一致的。

对模拟环境施加短期影响的滞后效应会导致 NPP 的动态响应与植被生物量和土壤有机质中的碳储量变化存在差异(图 7.12)。全球 NPP 在撞击后出现了急剧下降，辐照度和温度骤降，然后在 10 年内迅速恢复到撞击前的水平[图 7.12(a)](Lomax et al.，2001)。对环境施加的影响无论是全球范围的，还是限制在狭窄的纬度范围内的，上述的两个特征都在模拟中得到了一致的再现。全球 NPP 能够恢复到撞击前的水平，是因为 CO_2 含量的升高对植被的冠层发育和光合生产力产生的相对效益抵消了太阳能量到达地表过程中消减的损耗。陆地初级生产力的快速反弹与海洋的情况形成鲜明对比，在 K/Pg 界线发生大灭绝之后，深海的有机碳通量在长达 300 万年的时间内都没有重新建立(D'Hondt et al.，1998)。

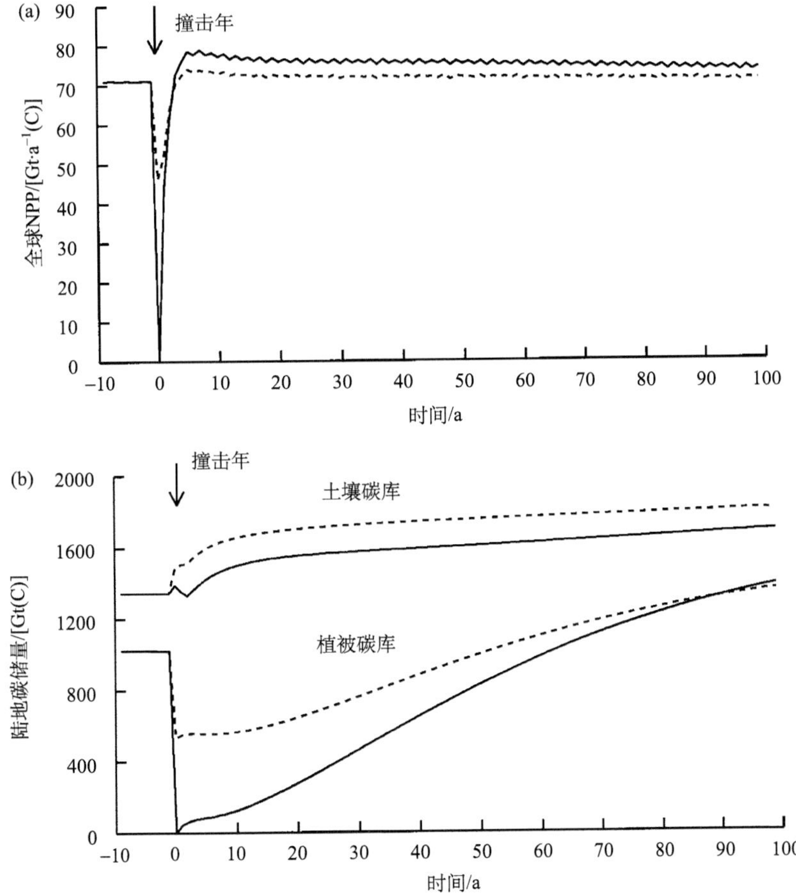

图 7.11　施加影响导致短期气候变化后(a)全球 NPP 与(b)植被生物量和土壤有机质碳储量(见表 7.1)的时间序列响应(根据 Lomax et al.，2001)

实线和虚线分别表示限定纬度区域和全球的环境变化

地表净初级生产力会影响植被生物量中碳的积累(即叶、茎和根的 NPP×它们各自的碳滞留时间的总和)和土壤有机质的碳储量。在全球碳循环中这两个组成部分都具有较长的滞留时间，因此比 NPP 具有更长的响应时间[图 7.12(b)]。野火的增加会导致植被生物量发生初始丧失，之后森林又开始重建，而且由于树木较长的寿命和受 CO_2 刺激提高了 NPP，使得树干生物量中的碳逐渐积累。上述情况与在北美洲地区观察到的孢粉化石和角质层分析的结果是一致的，表明至少在北美洲南部地区，低生物量的蕨类先锋植物被高生物量的木本被子植物所替代(图 7.26)(Beerling et al.，2001a)。土壤有机质碳库的响应性一般较弱，但在 CO_2 含量较高的地区由于森林凋落物(树叶和地表根系)不停地增加使碳的积累增加，不过在较冷气候条件下这些累积的碳由于滞后效应，并不会很快释放出来重新参加到碳循环中。

K/Pg 界线撞击事件后，环境对植被的长期影响通常是单向的(图 7.12)。根据目前的“最佳推测”，撞击事件对环境的长期影响(高大气 CO_2 含量、气候变暖和北半球降水重新分配；表 7.2)使得全球 NPP 几乎比撞击前翻了一番(表 7.3)。NPP 和 LAI 的最大增幅发生在北半球的广大区域(图 7.12)，而在低纬度地区一般来说增长较少。这种纬向的差异主要受控于温度的影响。在低纬度地区，冠层的 LAI 和 NPP 接近晚白垩世盛行气候条件下可达到的峰值，因此只有小幅增加。相比之下，高纬度地区的温度限制(图 7.9 和图 7.10)因变暖而得到缓解，并随之带来相应的植被生长和冠层发育。类似的影响在第 6 章讨论侏罗纪气候模拟的 CO_2 敏感性分析中已提及。

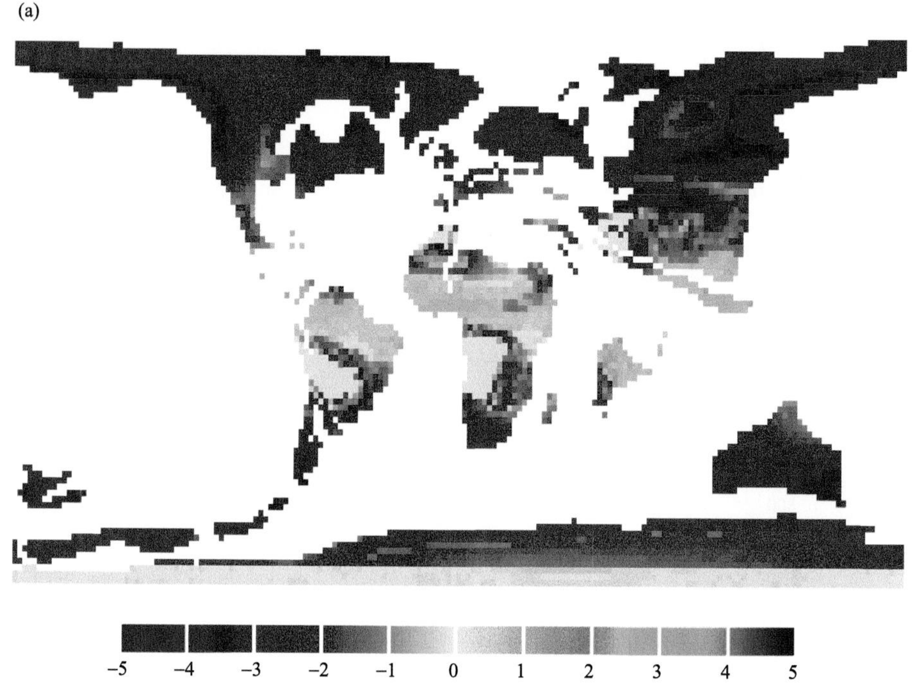

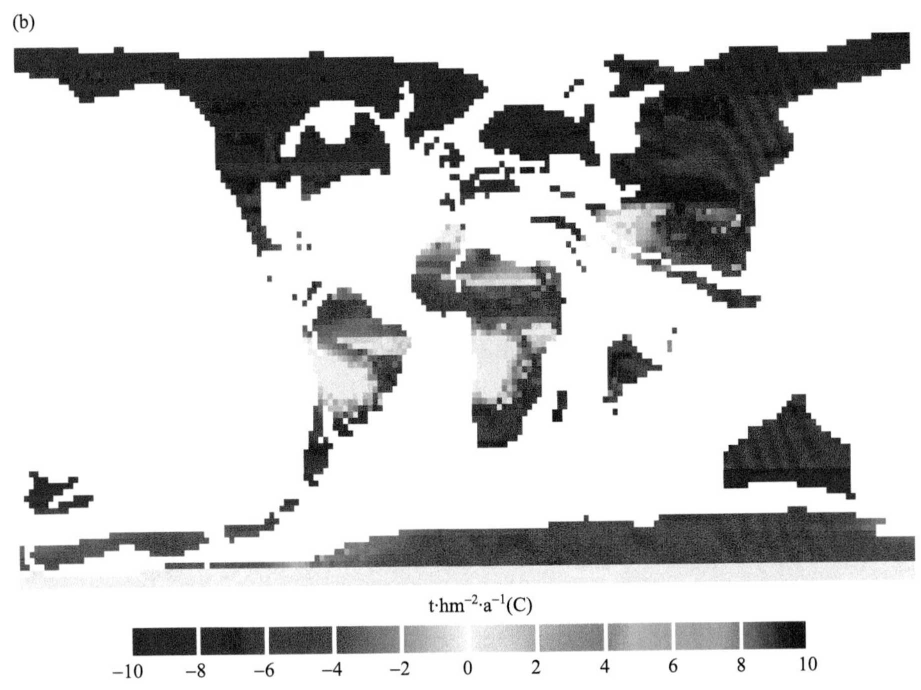

图 7.12　K/Pg 界线撞击事件后的长期环境作用对(a) LAI 和(b) NPP 全球模式的影响

这些地图显示了晚白垩世对气候施加影响前后的数值模拟的差异

白垩纪全球陆地生态系统碳储量

如前文所述，撞击事件造成的长期影响改变了植被的生产力和结构，进而直接影响了植被和土壤碳库的大小规模。中白垩世和晚白垩世植被和土壤的总碳储量远远大于模拟的现今植被的总碳储量，但这两个时段的数值十分接近(表 7.4)。全球模式显示，在低纬度地区有着较高的植被碳积累(图 7.13)，南美洲、非洲和亚洲南部地区，植被碳积累量在晚白垩世比中白垩世规模更大。通常最高的植被碳生物量反映了陆地植被中由生活史长的常绿阔叶林占主导地位。对估测的全球生物碳含量模式的验证，在一定程度上

表 7.4　白垩纪全球陆地碳储量

项目	植被碳/Gt(C)	土壤碳/Gt(C)	总量/Gt(C)
中白垩世	1465.1	1344.4	2809.5
晚白垩世	1396.9	1568.6	2965.5
爆炸波破坏的植被生物量	1342.8	1553.5	2896.3
撞击后短期环境(10^0～10^3年)	1352.9	1900.9	3253.8
撞击后长期环境(10^4～10^5年)	3488.4	2232.8	5721.2

注：撞击事件对气候短期和长期的影响分别详见表 7.1 和表 7.2。

取决于主导植被功能型的分布，本章稍后将对此进行讨论。然而，对于晚白垩世来说，当前阶段值得注意的是，南美洲、非洲、印度和亚洲南部地区的高植被生物量与此时期重建的热带雨林和半落叶林的分布密切相关(Otto-Bliensер and Upchurch，1997；Upchurch et al.，1998)。

全球土壤碳积累模式主要反映了温度对地表凋落物分解速率的限制，因此在凉爽的高纬度地区累积最多(图 7.14)。相反，在低纬度地区，高温和多雨加快了土壤中碳循环的速率。中白垩世和晚白垩世土壤碳含量的模式总体相似，但略有差异。与晚白垩世的情况相比，中白垩世估算的整个澳大利亚的土壤碳积累量较高，而北美洲东部、格陵兰岛和欧亚大陆中部地区的土壤碳积累量相对较低(图 7.14)。这些差异中有一些已经被地质学的证据所证实(图 7.15)。关于适宜成煤期全球煤炭的分布重建研究(McCabe and Parrish，1992；Price et al.，1997)显示，在澳大利亚及北美洲东缘的低纬度地区，中白垩世煤的赋存量有所增加。对于晚白垩世而言，没有证据显示南美洲北部或非洲中部的土壤具有较高的碳含量[>16 kg·m^{-2}(C)]，但是地质数据显示这些地区存在含煤沉积[图 7.15(b)]。目前估测结果和观测结果之间存在差异的原因尚不清楚，可能是煤炭的沉积，除需要通过诸如积水等介质使地表凋落物堆积之外，还涉及其他的因素。然而，模型估测显示，在阿拉斯加地区土壤碳含量较高，并且在中白垩世有大量煤层的报道(Spicer and Parrish，1986；Spicer et al.，1992)。这可能反映了土壤碳含量高与降水量大于蒸发量有关，它们之间有重合的关系，本章后文将对这一主题做进一步探讨。

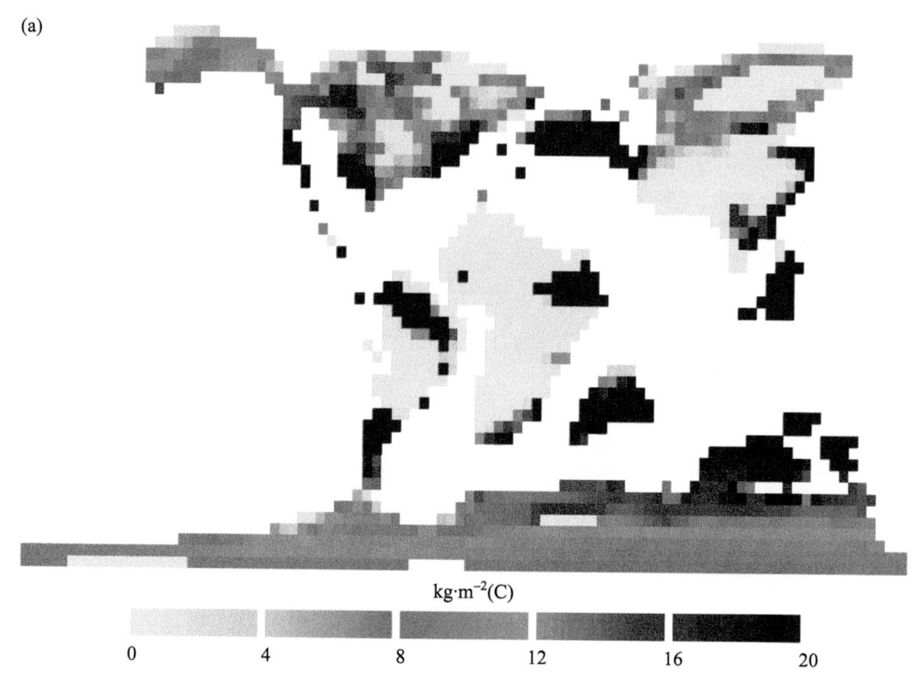

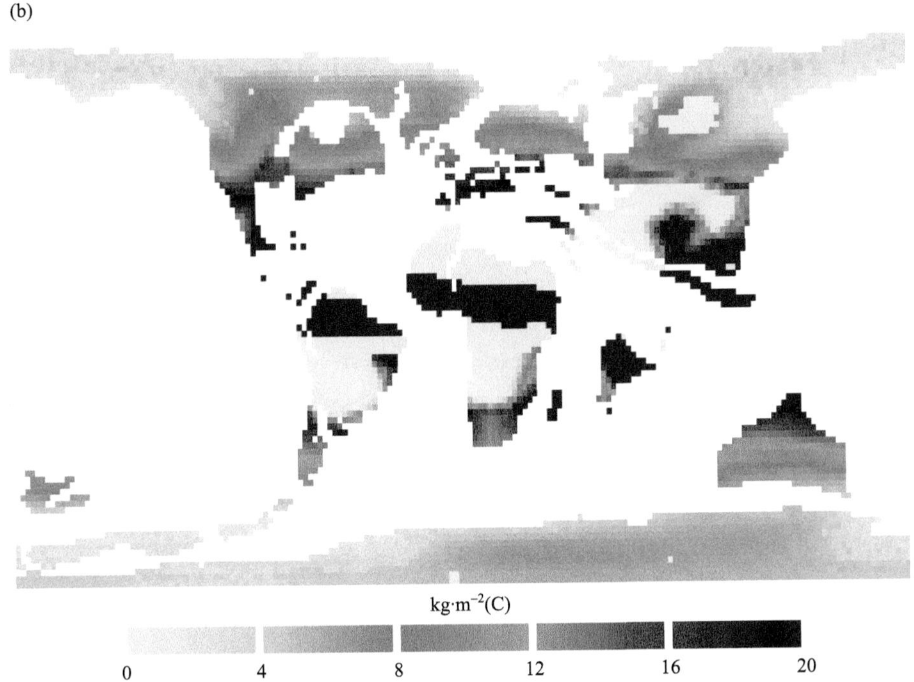

图 7.13 (a)中白垩世和(b)晚白垩世植被生物量中碳储量的全球模式

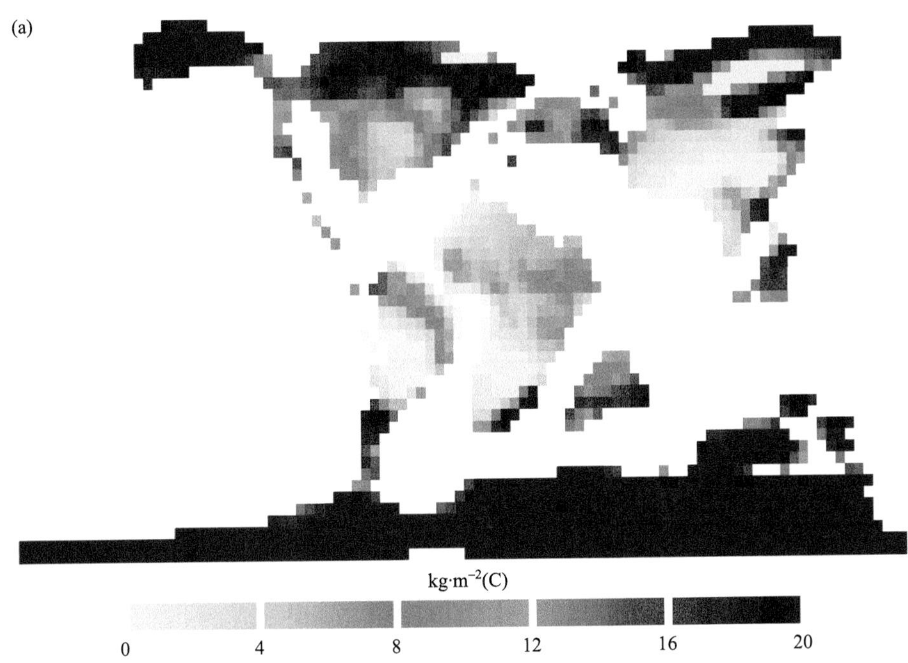

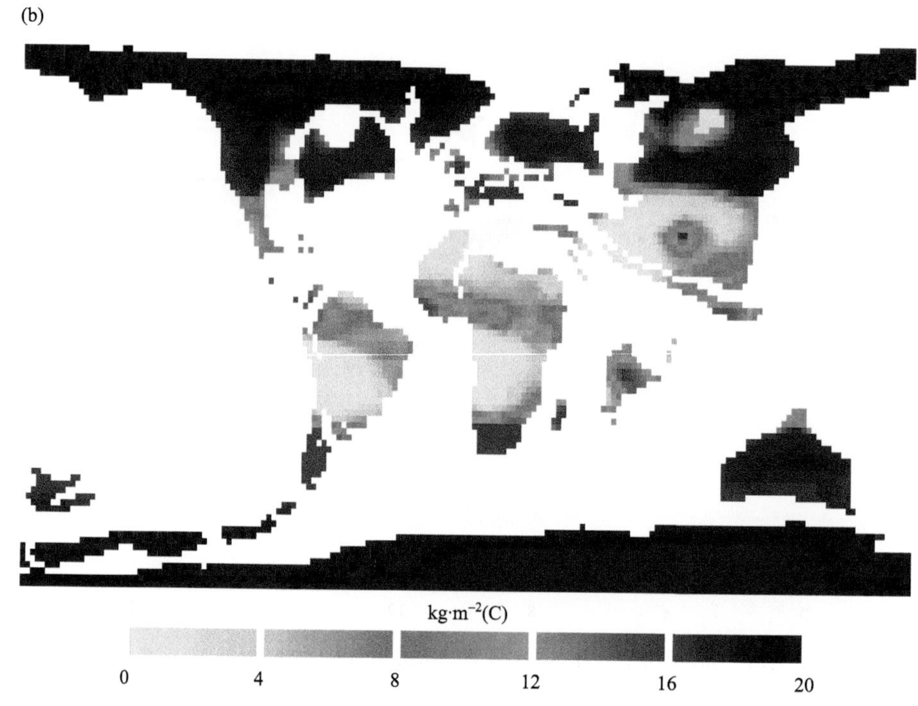

图 7.14　(a)中白垩世和(b)晚白垩世土壤碳含量的全球模式

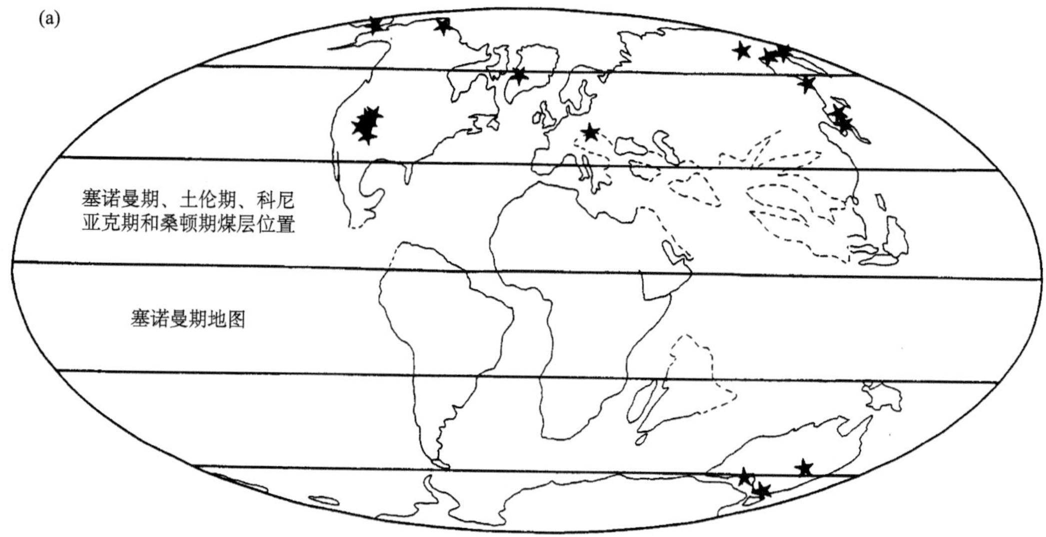

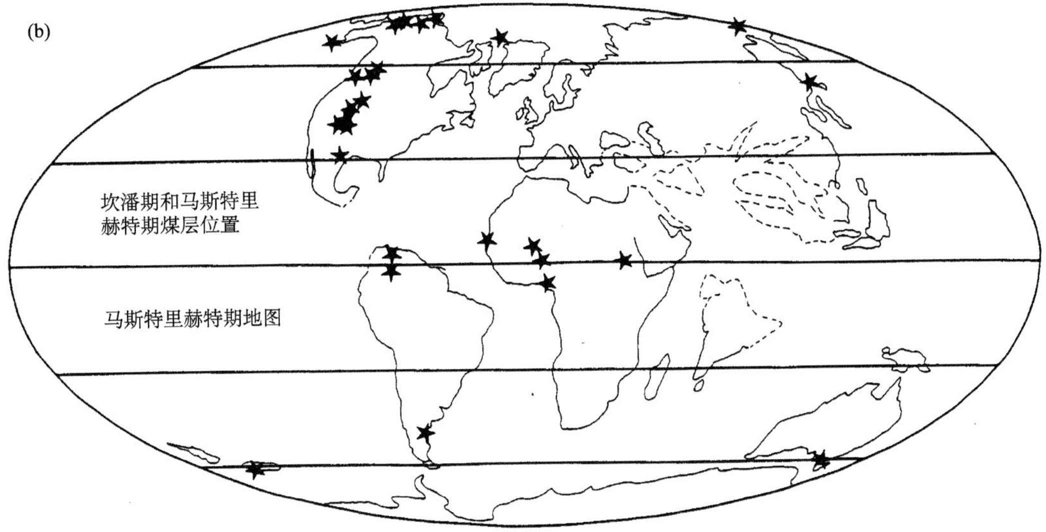

图 7.15 (a) 100～85 Ma 和 (b) 85～65 Ma 煤炭的全球分布(引自 McCabe and Parrish，1992)

利用中白垩世 UGAMP 数据集，为基于陆相生物地球化学的可能成煤地点估测与基于气候相关性的估测之间提供了有趣的比较。Price 等(1997)使用非常相似的中白垩世 GCM 气候模拟，将现代泥炭发生的标准[一年内有一个月的干旱期(每月降水<40 mm)或更久的温暖期(T >10℃)]应用于相关的含煤地层气候模型上。对土壤碳含量[图 7.14(a)]和基于气候分析的泥炭地估测(图 7.16)之间的比较表明，整个南极洲和北半球的所有主要陆地都有很高的一致性(就高土壤碳含量而言)，而分歧最大的地区是格陵兰。上述一致性令人鼓舞，尽管这两种估测都依赖于气候数据，但土壤碳含量的估测依赖于陆地碳循环中所涉及的一系列综合响应。

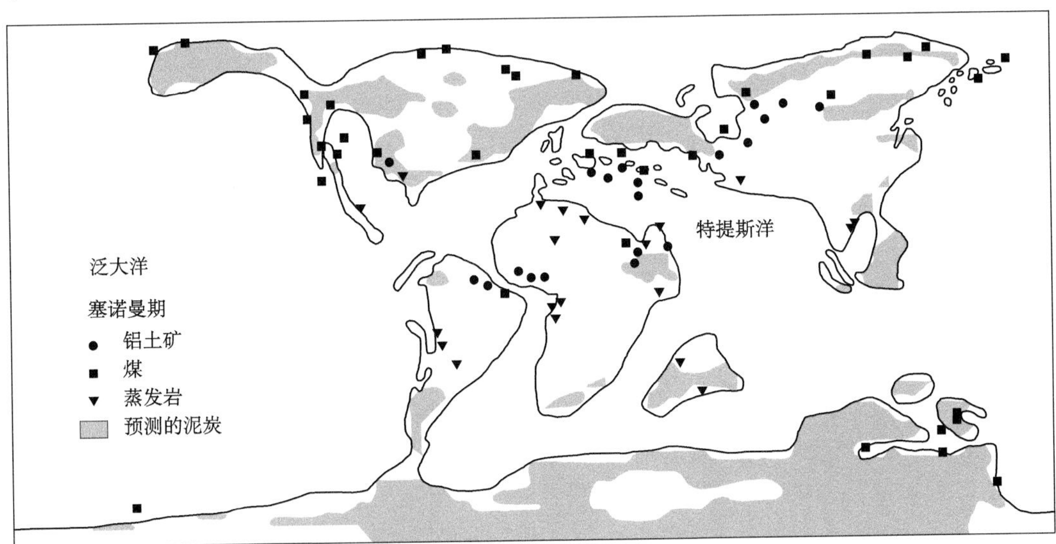

图 7.16 中白垩世气候敏感沉积物的全球分布和基于气候估测的泥炭地(阴影区域)的分布(引自 Price et al.，1997)

有趣的是，我们通过土壤中碳的高含量，对中–晚白垩世南极洲的煤炭储量进行了估测(图 7.14)，而对中白垩世则是基于气候分析进行估测(图 7.16)。然而，尽管在南极大陆发现了一些零星且非常薄的不连续煤层，但尚未发现任何意义重大的白垩纪含煤沉积(Macdonald and Francis，1992)。而南极大陆极地位置的变化不足以解释有机质积累的缺乏，因为模拟结果显示中白垩世的生产力是合理的[图 7.9(a)]，并且得到了化石森林证据的支持(Francis，1986a，1986b)，所以似乎没有先验的理由能够解释为什么在南极大陆没有发育含煤沉积(Macdonald and Francis，1992)。就南极大陆西部盆地而言，很可能是火山作用和构造活动共同限制了当地的沉积物积累，而植被则影响了当地的水平衡(Beerling，2000b)，但大陆东缘的盆地尚未得到充分的研究。

K/Pg 界线撞击事件所形成的爆炸波对陆地植被生物量的直接消减相对较小，生物圈碳总储量只不过减少了约 70 Gt(C) (表 7.4)，约占植被总生物量的 2%。随着全球气温下降和地表凋落物分解速率减缓，土壤碳储量在短期内增加，从而部分抵消了由野火造成的生态系统的碳损失(下一节中有量化解读)和爆炸波造成的破坏(表 7.4)。下一节，将利用与撞击事件有关的环境改变所造成的陆地生态系统碳储量的变化及其对陆地碳循环的影响，列出一份由 K/Pg 撞击事件的短期影响所导致的陆地碳储量净变化的清单。

从长远来看，气候变暖、大气 CO_2 含量上升和降水增加，使陆地植被生产力显著提升，植被冠层结构更加发育(表 7.3)，并且上述气候条件通常被认为可持续数千年，这导致了成熟的、生活史长的及生物量中碳储丰富的森林的发展(表 7.4)。由于植被生产力受到强烈激发，同时植被和土壤有机质的碳氮比增加，土壤碳含量也大幅度增加，其中土壤有机质碳氮比的增加使其更不易被分解。模拟结果显示，陆地生物圈碳储量约比撞击事件前增加了三倍，但土壤碳储量却没有相应的增加，这反映了生活史长的热带森林的扩张。

K/Pg 界线时期全球野火造成的碳损失

撞击事件造成陆地生态系统生物地球化学环境的变化，这种变化的直接短期影响可能导致陆地碳储量的小幅增加(表 7.4)。与这一增加相反的可能是野火造成的碳损失，比如在 K/Pg 界线处，全球炭屑和烟灰层(Wolbach et al.，1985，1988，1990a，1990b)与富铱层的出现正好相吻合。陨石撞击引发大气被加热，可直接在撞击点附近将植被和土壤碳点燃，而其他地方的植被和土壤碳也可以被在亚轨道再进入的炙热撞击喷溅物点燃(Melosh et al.，1990)，以及由喷射物通过大气沉降而导致的电荷分离引发的高频雷电所引燃(Wolbach et al.，1990a)。无论着火机制如何，在全球范围内一系列丰富的炭屑和烟尘记录，已经被当作野火与 K/Pg 界线撞击事件同时发生的证据。

K/Pg 界线处的植被燃烧程度难以确定，因为很难通过古代沉积物中的烟灰层对其进行重建。为了估计生物量燃烧的程度，基于对目前全球稳定碳同位素变化的理解发展了一种替代方法。由陆地生态系统中的碳经燃烧后进入大气的 CO_2 同位素组成(δ'_a)及碳酸盐岩台地因撞击而蒸发释放的碳，都可以通过所涉及的大气、植被生物量和海洋碳酸盐这三个系统的碳同位素组成的质量加权来描述：

$$\delta'_a=\frac{\delta_b m_b+\delta_a m_a+\delta_c m_c}{m_b+m_a+m_c} \tag{7.3}$$

其中，涉及的 δ_b、δ_a 和 δ_c 分别指陆地生物圈的碳通过燃烧释放到大气中的碳同位素组成(δ_b)、燃烧前的大气 CO_2 的碳同位素组成(δ_a)和撞击后碳酸盐岩台地蒸发的碳同位素组成(δ_c)；m_b、m_a 和 m_c 指每个碳库的相应质量。

方程(7.3)中的大多数术语可以由早期研究中定义。假设大气同位素组成长期受海洋无机碳抵消 7‰(Mora et al.，1996)，从海洋底栖生物碳记录中可以获取 1‰，这样 δ_a 结果为–6‰。假设大气层中 CO_2 浓度 10 ppm = 20 Gt(C)，则 580 ppm 的大气中的碳质量将相当于 1160 Gt(C)(Siegenthaler and Sarmiento，1993)。底栖生物 $\delta^{13}C$ 的记录也是海洋碳酸盐岩台地同位素组成适宜的量度指标，在撞击前给出的值为 δ_c=1‰(Zachos et al.，1989；Stott and Kennett，1989)。根据 O'Keefe 和 Ahrens(1989)的计算，直径 6 km 的小行星释放的 CO_2 质量介于 3000～10000 Gt(C)，具体数值取决于目标海洋台地的厚度。

方程(7.3)中最后一个的未知项是植被燃烧后大气 CO_2 的同位素组成(δ'_a)。如前所述(第 3 章)，陆地有机物化石的同位素组成同时结合了一个生理学术语，即识别光合作用中 ^{13}C(Δ)，和一个大气术语(δ_a)，它们的相关性如下(Farquhar et al.，1989)：

$$\Delta=\frac{\delta_a-\delta_b}{1+\dfrac{\delta_b}{1000}} \tag{7.4}$$

因此，对陆地植被碳同位素加以识别(Δ)然后进行统计，并将该估量与 K/Pg 界线之后的 δ_b 的测量相结合，重新排列方程(7.4)，可以计算 δ_a：

$$\delta_a=\Delta+0.001\Delta\delta_b+\delta_b \tag{7.5}$$

在此，使用描述 C3 植物冠层在光合作用过程中识别 $^{13}CO_2$ 的标准模型(以总初级生产力加权)在全球范围内进行碳计算(Lloyd and Farquhar，1994)(表 7.5)。

表 7.5 全球和美国南部(所有陆地区域在 15°N～30°N 和 66°W～110°W 之间)GPP 和面积加权平均每年对植被 ^{13}C 的识别

模拟	区分度 Δ/‰	
	全球	美国南部
晚白垩世	18.9	16.9
撞击后短期	21.2	20.9

注：更多详细信息参见表 7.1。

随着 Δ 值的增加理应导致在跨越 K/Pg 界线后 δ_b 值略有负偏，而 δ'_a 没有任何变化[方程(7.4)]。然而，美国南部地区的陆地化石有机碳(Schimmelmann and DeNiro，1984；Beerling et al.，2001a)、古土壤碳酸盐(Lopez-Martinez et al.，1998)和元素碳(Wolbach et al.，1990a，1990b)测量的 δ_b 值在 K/Pg 界线之后都出现一个更偏的负值。这种偏移与生理学估测的方向相反，表明陆地植被利用的碳源是 CO_2，且撞击事件后碳同位素数值更加向负的方向偏移。因此，δ'_a 值也势必出现更偏的负值。

为了估算 δ'_a，方程(7.5)受限于获取撞击后 δ_b 的平均测量值，从美国南部的两个地点录得的数值为–27.6‰(Schimmelmann and DeNiro，1984；Beerling et al.，2001a)，而同一地区 Δ 的模拟值为该地区植被的平均值(表 7.5)。这一过程中获得的 δ'_a 值为–7.3‰，假设这种负偏的变化不依赖于植物群落结构的变化和死亡后有机碳的积累，则生物量燃烧导致的负偏率为 1.3‰。从上述结果似乎可以推断：假设同位素值偏负的 CO_2 在全球范围内迅速混合，那么在世界范围内的陆地沉积物中都应该能检测到这种同位素的负向偏移。

现在通过将燃烧损失的 CO_2 质量作为 δ'_a 的函数，可以将之前建立的质量平衡方程[方程(7.3)]重新排列后求解 m_b，如下：

$$m_b = \frac{-(\delta_a m_a + \delta_c m_c - \delta'_a m_a - \delta'_a \delta_c)}{\delta_b - \delta'_a} \tag{7.6}$$

如图 7.17 所示，δ'_a 和 m_b 之间的关系表明：随着更多陆地碳燃烧，δ'_a 会趋向更大的负值。如果 CO_2 汽化量增加，则生物量燃烧对 δ_a 的影响效果会被削弱(图 7.17)。用给定 δ_a=7.3 求解方程(7.6)，得到 m_b 的两个值分别为 199 Gt(C)和 546 Gt(C)，这取决于从海洋碳酸盐台地释放的 CO_2 质量(m_c)。这种质量平衡方法往往无法区分表层土壤有机碳库和植被的贡献，因为土壤有机质与植被的同位素组成通常较为相似(Bird and Pousai，1997)。现代森林火灾数据表明，大部分 CO_2 来自植被而不是土壤(Crutzen and Goldammer，1993)。除了碳酸盐台地汽化之外，燃烧作用快速释放的净产量达 199～546 Gt(C)，可使大气 CO_2 分压提高 10～25 Pa(O'Keefe and Ahrens，1989)，导致温度在跨越 K/Pg 界线之后升高了 0.4～1.0℃，诚如古植物学基于叶化石组合研究所揭示的那样(Wolfe，1990)。

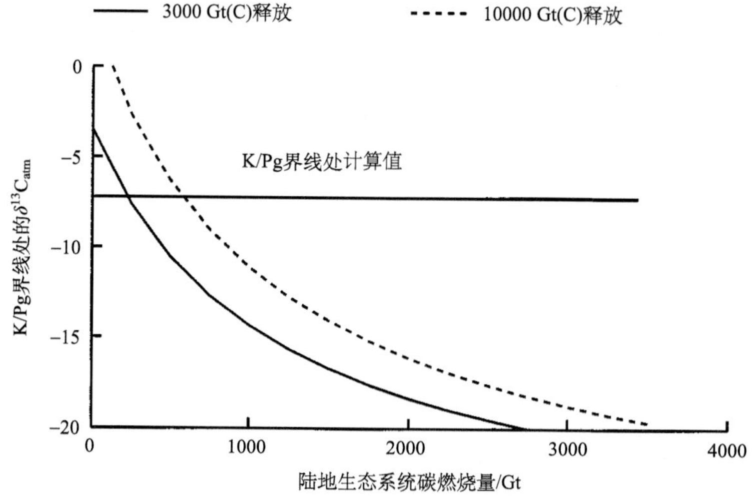

图 7.17　使用方程(7.6)计算的 K/Pg 界线撞击事件后大气 CO_2 的同位素组成(δ_a)与通过全球野火燃烧释放到大气中的陆地碳(m_b)之间的关系

这两条曲线分别代表 3000 Gt(C)和 10000 Gt(C)释放到大气中的影响，上述两个数值分别代表了目标碳酸盐海洋台地深度的上下限

质量平衡计算忽略了海洋化学和生物学对大气 CO_2 及其同位素组成的任何相关影响，因为 CO_2 在深海水中或深海沉积物中溶解的重新平衡时间通常在 $10^3 \sim 10^4$ 年(Broecker and Peng，1982)。当前全球循环的箱式扩散模型表明，生物量燃烧会对 δ'_a 值产生影响，从而导致在 K/Pg 界线出现碳同位素峰值(Ivany and Salawitch，1993)，以及海洋初级生产的崩溃(Stott and Kennett，1989；Zachos et al.，1989)。然而，主要受到沉积间断的限制，沉积测年存在不确定性，进而导致解释的受限(Keller and MacLeod，1993)。

由于燃烧通常是不充分的，大火后大部分原始生物量仍保存为炭屑和死后未燃烧的材料，对植被通过野火释放到大气中的净碳量的新估值仅表明植被燃烧的原始量。对原始生物量燃烧的估值，可以利用沉积数据中的约束条件来获得。以此方法推导出一个关于全球野火的“燃烧效率”(b_e，0～1)和燃烧总生物量(m_{bb})之间的简单理论关系，m_{bb} 计算为 m_b/b_e(图 7.18)，并产生一个幂律关系：

$$m_{bb} = a_0 b_e^{-1} \tag{7.7}$$

其中，a_0 定义曲线的位置，并且当释放量为 3000 Gt(C)和 10000 Gt(C)时，其对应值分别为 25340 和 61500。这种关系表明，随着燃烧效率的提高，晚白垩世陆地生物圈在 K/Pg 界线火灾中碳损耗比例将会下降(图 7.18)，因为完全有效的燃烧能够将生物量碳完全转化为 CO_2。

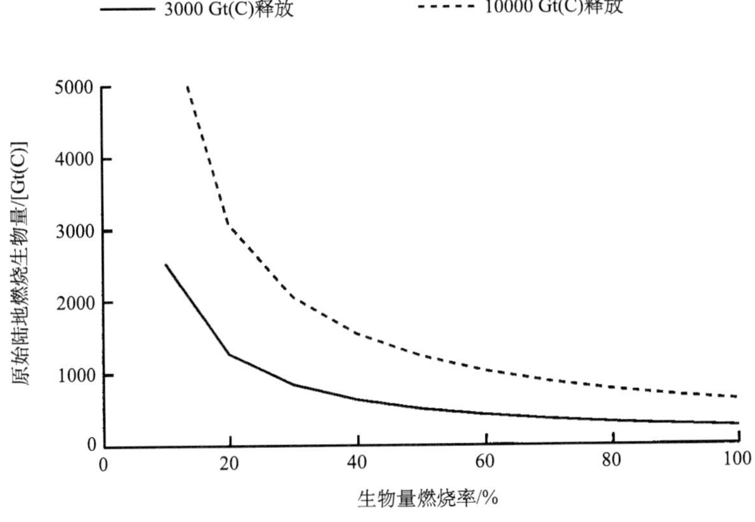

图 7.18　晚白垩世陆地碳燃烧比例与全球野火燃烧效率的关系

注意，高效的火灾意味着释放到大气中的 CO_2 的量等于燃烧的植被量

植被的 CO_2 排放量平均为燃料碳排放量的 80%～85%(Lobert and Warnatz，1993)。如果采用 80%的较低值，方程(7.7)推导出的燃烧原始生物量在 248～683 Gt(C)，即 16%～44%的可利用碳储量存在于地上植被生物量中。有些研究提出(Melosh et al.，1990)，虽然这并不能构成显著的全球森林火灾，但它仍然是一个重要的燃烧事件，尤其

是把它放在现代森林火灾碳排放的背景下。根据现今北方泥炭地的全球分布估算出的全球野火碳排放为 29 Gt(C) (Morrissey et al.，2000)，这个数量级小于在白垩纪末期撞击事件之后的火灾程度。值得注意的是，在大部分的中生代沉积记录中炭屑化石反复出现，表明火灾在地球地质历史时期的植被发展中发挥了重要作用(Scott et al.，2000)，正如在石炭纪时期，无论是有氧还是无氧，情况均是如此。野火的发生与气候有关，中生代和古近纪的温暖、高 CO_2 的环境可能是引发这种植被变化的诱因。一些研究表明，陆地表面温度与闪电呈正相关关系(Williams，1992)。最近的一项气候变化模拟研究得出了一个有趣的结果，即在现代地理条件下的高 CO_2 环境中对比一般的大气 CO_2 环境，云对地面的闪电活动增加了 30%(Price and Rind，1994)。

假设这么大范围燃烧产生的烟灰大约为 4%(元素碳)，那么全球分布的与 K/Pg 界线火灾有关的碳元素浓度峰值在界线后将立即变为 2～5 $mg \cdot cm^{-2}$。研究人员对来自全球 11 个地点的碳元素数据进行了测算，但许多数据因方法学上的缺陷和/或铱峰值的不确切定义而受到影响(Wolbach et al.，1990b)。其中，新西兰的 Woodside Creek 和苏联的 Sumbar 这两个最佳地点测出的值分别为 4.8 $mg \cdot cm^{-2}$ 和 11 $mg \cdot cm^{-2}$，这两个计算值接近较低的观测值范围。然而现实情况是，植被发生火灾产生的碳元素不会均匀地分布在陆地和海洋表面，而是受到粒度和大气传输过程的影响，呈现出明显的空间异质性。

K/Pg 界线撞击事件后的短期影响给全球陆地碳储量的变化带来了许多直接的和间接的影响。这些具体影响(表 7.6)表明，生物量燃烧和撞击的损害造成的碳损耗实际上被环境变化对陆地生态系统生物地球化学过程的影响所抵消。因此，在 K/Pg 界线撞击事件对初始环境造成影响之后，可以估测短期的碳净损耗相当小。

表 7.6　K/Pg 界线前后陆地生态系统碳储量的变化

项目	全球陆地碳储量/Gt(C)
撞击前	2896
K/Pg 撞击后的碳损失	
植被和土壤碳在撞击点的消减量	70
全球野火(上下限估算值的均值)	446
K/Pg 撞击后的碳捕获	
生物地球化学系统的环境影响	358
撞击后	2738
净变化量	–158

K/Pg 界线后生态系统特性的变化及地质记录

在 K/Pg 界线发生撞击事件后，全球环境的短期变化和长期变化都对植被生产力显示出影响，并对陆地生态系统碳储量产生截然不同的影响。植物冠层蒸腾作用损失的水量较输入的降水相对变化，导致土壤形成潜在的积水，这一特征能够增加煤的沉积

(Beerling，1997，2000b；Beerling et al.，1999)，并可在古土壤的特征中识别(Fastovsky and McSweeney，1987；Retallack et al.，1987；Lehman，1990)。因此，如第5章石炭纪中所叙述的，煤的形成潜力可以确定为降水和蒸腾的差异。

晚白垩世的降水与蒸散作用的差异图[图 7.19(a)]与前文描述的全球成煤图[图 7.15(b)]具有良好的相关性(McCabe and Parrish，1992)。由于观测到的低纬度煤分布区直接对应于土壤水分积累高的区域，因此与模拟土壤碳浓度的一致性较接近。在南美洲南部、北美洲东部和亚洲东部地区也出现了类似的高度一致性区域[图 7.19(a)]。上述比较为估测降水带来的水分输送与植物生长过程中蒸腾损失之间的差异提供了强有力的支持。差异图还表明，南极洲不太可能存在大规模的含煤沉积，因为尽管南极洲土壤碳浓度很高，但降水量仅略超过蒸腾作用的蒸发量，这表明无法进行厌氧保存。因此，我们接下来将研究在K/Pg界线撞击事件后，气候的短期和长期变化如何影响煤的生成潜力。

K/Pg界线撞击事件后对气候的短期影响大幅度增加了潜在的积水面积，从而增强了煤层的生成潜力。这些潜在积水区域的地点没有改变，但其地理分布范围已超出受撞击影响前所限定的地区。上述土壤水分的增加是植物在高大气CO_2分压和较低的环境温度下蒸腾显著减少造成的。在全球范围内，植物和土壤蒸腾总量至少减少到了撞击影响前总量的78%(表7.7)。北美洲(Izett，1990；Sweet et al.，1990)地区在K/Pg界线层的上覆地层有明显的煤层形成，对上述估测提供了支持[图 7.19(b)]。对其他地区煤层形成的估测研究[图 7.19(a)]也可以有效地检验模型的模拟结果。此外，冲击层和界线上覆煤层之间的接触关系是突然转变的，表明煤层是快速形成的，这种快速成煤现象可能与估测的植物蒸腾作用突然减少有关。

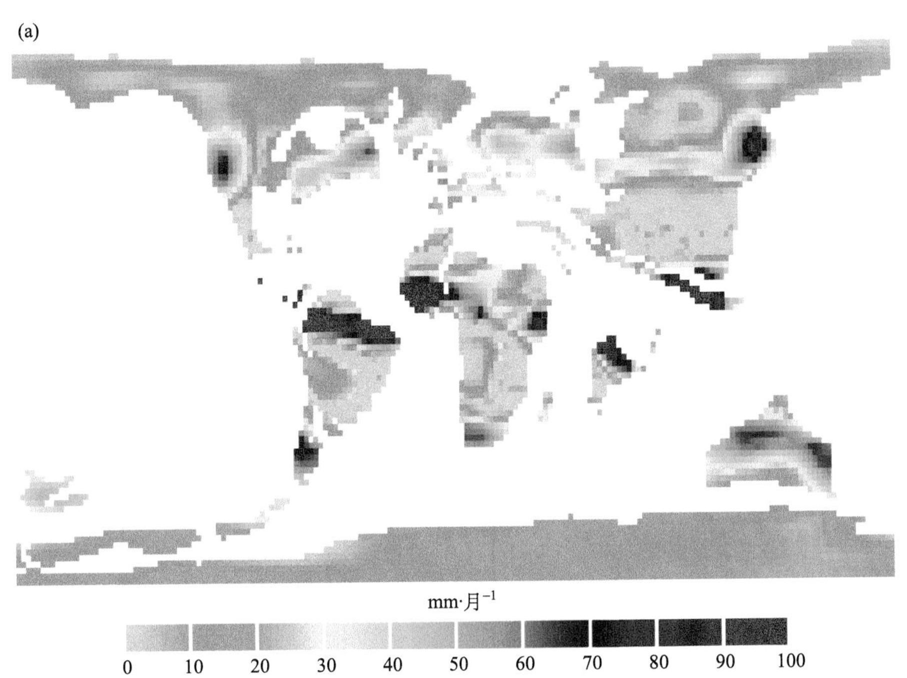

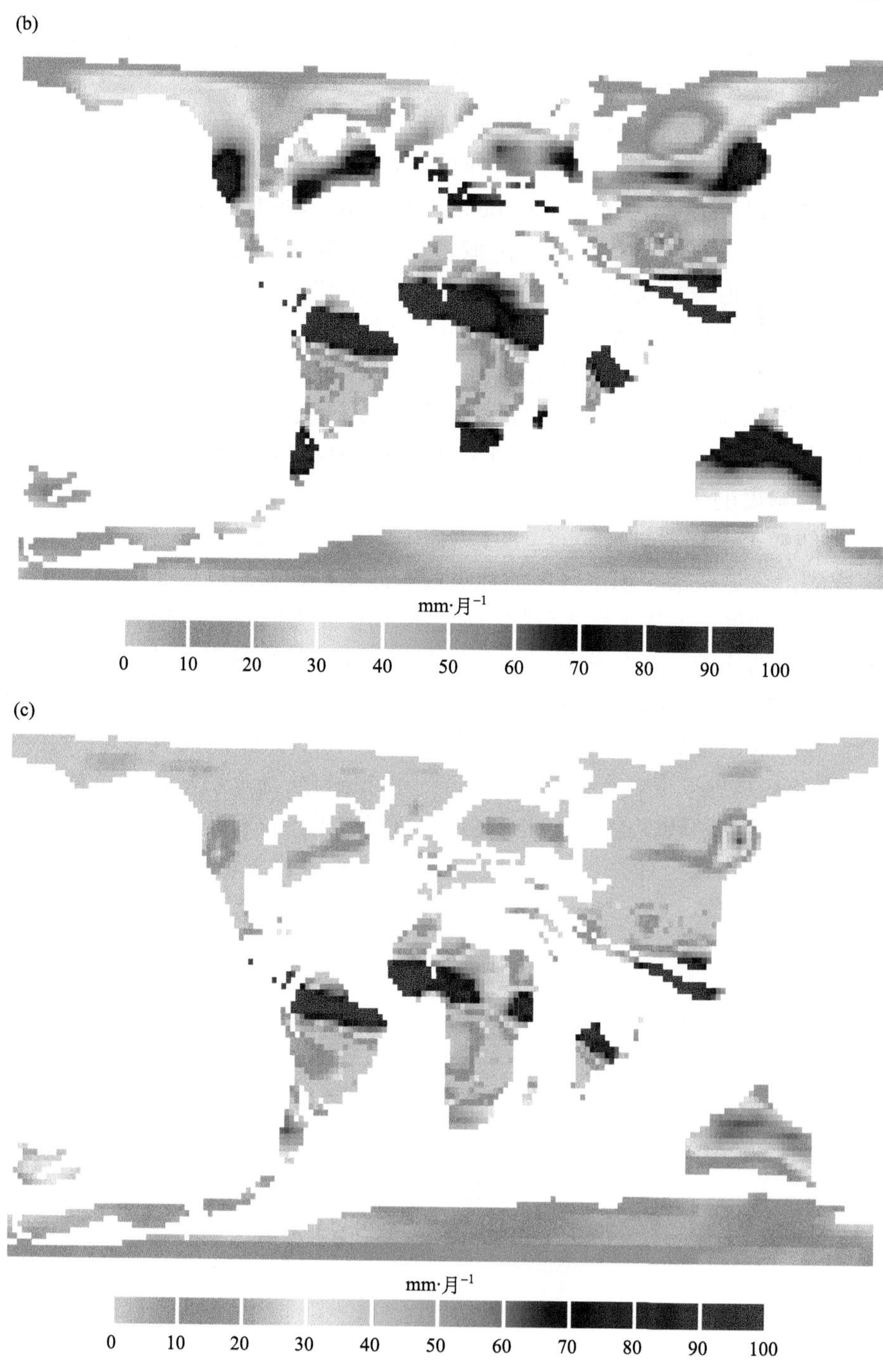

图 7.19　年降水量与年蒸散量之间的差异图

(a)晚白垩世、(b)K/Pg 界线撞击事件后对环境短期影响的“最佳猜测”和(c)K/Pg 界线撞击事件后对环境长期影响的“最佳猜测”

表 7.7　晚白垩世和古近纪早期全球植被水分流失和水分利用效率

项目	植物总蒸腾量 /[$Gt \cdot a^{-1}(H_2O)$]	陆地生物圈水分利用 [$10^{-4}Gt(C) \cdot Gt^{-1}(H_2O) \cdot a$]
晚白垩世	95870	8.2
撞击后短期环境(10^0～10^3 年)	75110	9.8
撞击后长期环境(10^4～10^5 年)	111970	13.3

注：将全球 NPP(表 7.3)除以全球蒸腾量来计算陆地生物圈的水分利用效率。

根据古土壤的研究，传统上认为白垩纪-古近纪过渡期(Fastovsky and McSweeney，1987；Retallack et al.，1987；Lehman，1990)表现为降雨增加和气候变冷的特征。基于对植被-气候-CO_2 相互作用的模拟研究，我们认为 K/Pg 界线的积水证据通过影响植物生态系统功能，尤其是对植物蒸腾作用的抑制，为大气 CO_2 含量的上升和气候变冷提供了进一步的支持(Beerling，1997)。

撞击事件对环境的长期影响产生了一系列不同的反应，特别是在北半球[图 7.19(c)]。撞击事件后，全球变暖和高 CO_2 水平可以显著提高中、高纬度的植被生产力和树冠发育(图 7.12)，因此几乎所有的年降水量都可以通过植被蒸腾作用来平衡。这种转变导致估测的从土壤积水到干旱的转变，而这些反过来也可能导致在这些区域陆地沉积物类型的差异。显然，在北半球范围内广泛开展 K/Pg 界线的沉积研究，也许可以为这些估测提供有用的验证。

在不同的白垩纪-古近纪环境下，全球植被蒸腾和净初级生产力的变化也影响整个陆地生物圈的年水分利用效率(WUE)(表 7.7)。通过与植被冠层蒸腾作用的反应对比，气候的短期和长期变化都会导致陆地生物圈的水分利用量增加。在短期内，高 CO_2 水平和全球变冷减少了全球蒸腾，同时植被初级生产力只有很小的变化，因此生物圈的水分利用效率增加；但从长远来看，温暖环境和高 CO_2 水平会刺激植物生长，因此树冠通常叶片较多(LAI 较高)，从而导致更多的水分流失，进一步增加了更高的温度响应。然而，由于 NPP 也受到这些条件的强烈刺激，生物圈的水分利用效率相对于撞击前的情况几乎翻了一倍(表 7.7)。

模拟白垩纪植被活动的稳定碳同位素限制

地质记录只能以植物化石组合的形式间接反映植被生产力，通常依据植被的类型进行解释(如 Spicer et al.，1993)。通过比较陆地有机质稳定碳同位素组成($\delta^{13}C$)的估测值和测量值，可以对模拟的植被活动进行直接检验。当大气成分从该信号中去除时，就会分离出一种与生物相关的 ^{13}C 识别度(Δ)，而这反过来又取决于叶片内 CO_2 浓度(c_i)相对于大气中 CO_2 浓度(c_a)的同化加权比率。这是将 CO_2 固定酶——Rubisco 相关的同位素分馏及通过空气和气孔的扩散(第 3 章)纳入考量之后所得来的结果。因此，基于陆地有机质 ^{13}C 的测量值计算出的Δ值与叶片光合作用期间的年平均 c_i/c_a 比率相关。该值相当于每个地质时期的模拟值，并受环境对光合作用 CO_2 降低和气孔限制 CO_2 向叶片扩散的影响。

在该项测试中，对中-晚白垩世具有陆地生产力的所有像素点编制了模拟 ^{13}C 识别频率直方图[图 7.20(a)和(c)]，并与观测结果进行对比。对获取的观测数据用于中白垩世(Bocherens et al.，1994；Tu et al.，1999；Hasegawa，1997)和晚白垩世(Bocherens et al.，1994)测试；$\delta^{13}C$ 测量值由海洋碳酸盐(第 3 章)转换为 Δ，方程(7.4)中的 δ 值为–6‰[图 7.20(b)和(d)]。

中白垩世的测试结果[图 7.22(a)]表明，最常出现的Δ模拟值为 18‰～19‰，这与观测结果一致[图 7.22(b)]。但Δ模拟值的范围比目前观察到的范围更广，这可能反映了这样一个事实，即 $\delta^{13}C$ 的测量仅仅是在中白垩世有限的几个地点的叶化石中开展的。对中白垩世Δ值的全球年平均模式的研究(图 7.23)表明，它们主要发生在非洲中部的低纬度地区，以及南极洲东部和澳大利亚。有趣的是，澳大利亚东南部白垩纪早期木化石的 $\delta^{13}C$ 测量值高达–16‰(Gröcke，1998)，而相应的Δ值为 10‰，但这些特定地区的化石材料仍有待进一步研究。

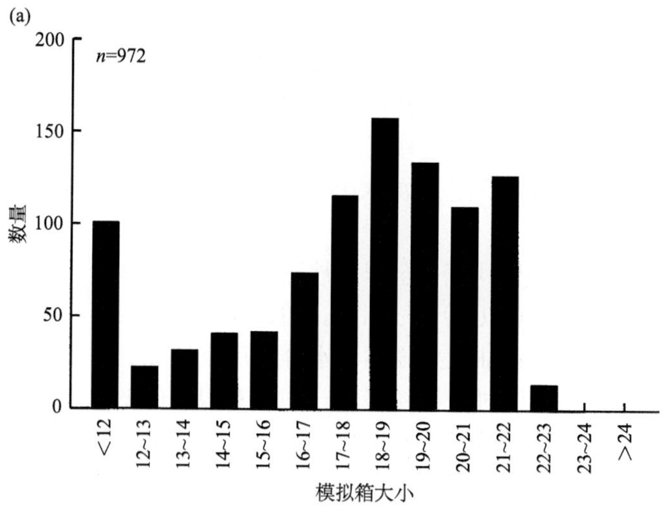

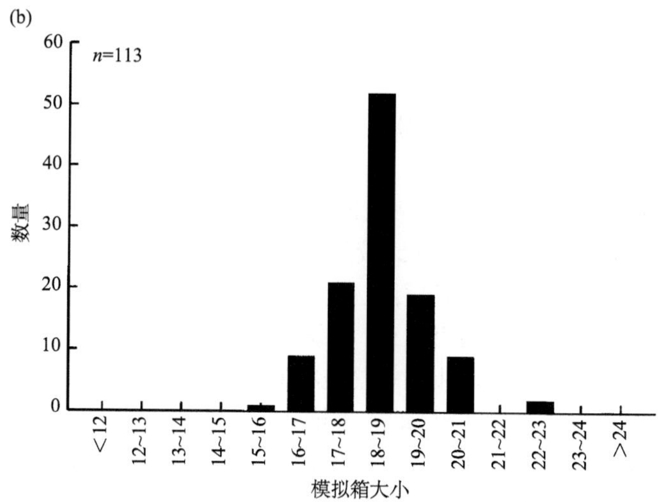

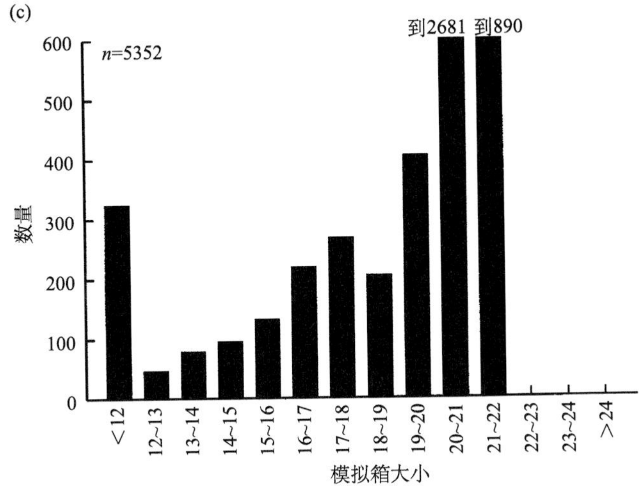

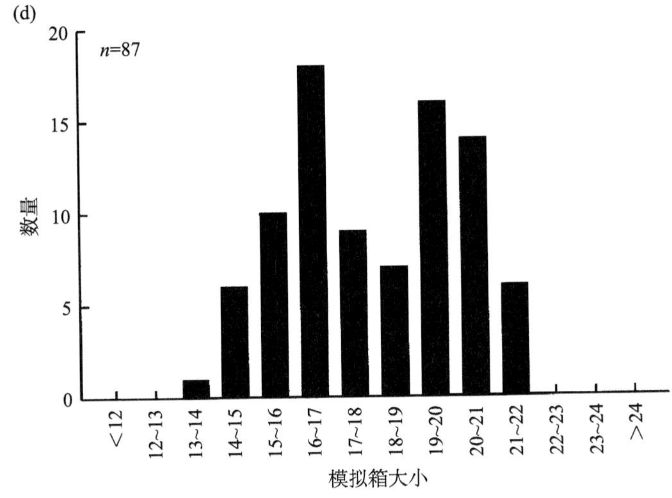

图 7.20 ^{13}C 识别量的直方图(模拟箱的单位为‰)

中白垩世：(a)模拟值，(b)观测值；晚白垩世：(c)模拟值，(d)观测值。观察结果来自 Bocherens 等(1994)、Tu 等(1999)和 Hasegawa(1997)

从生理学角度来解释，低Δ值表示 c_i/c_a 低，而这种低比率可以通过高光合速率和/或低气孔导度产生。鉴于该时段的年平均温度[图 7.4(a)]和降水[图 7.6(a)]均较低，所以它很可能反映了气孔对 CO_2 向叶片内部扩散的限制。显然，我们需要对南半球植物化石进行更多的同位素研究，以阐明中白垩世高纬度地区植物生产力的生理控制。

在晚白垩世，出现了Δ值不同频率的分布[图 7.20(c)]，其最常见的范围倾向于20‰～22‰和一个较小的范围偏向 17‰～18‰。观察结果也出现了类似的模式[图 7.20(d)]，最常见的值为16‰～17‰和 19‰～22‰。在这种情况下，从观测中记录了更大范围的 Δ 值，以支持更大范围的估测值[图 7.15(a)]。

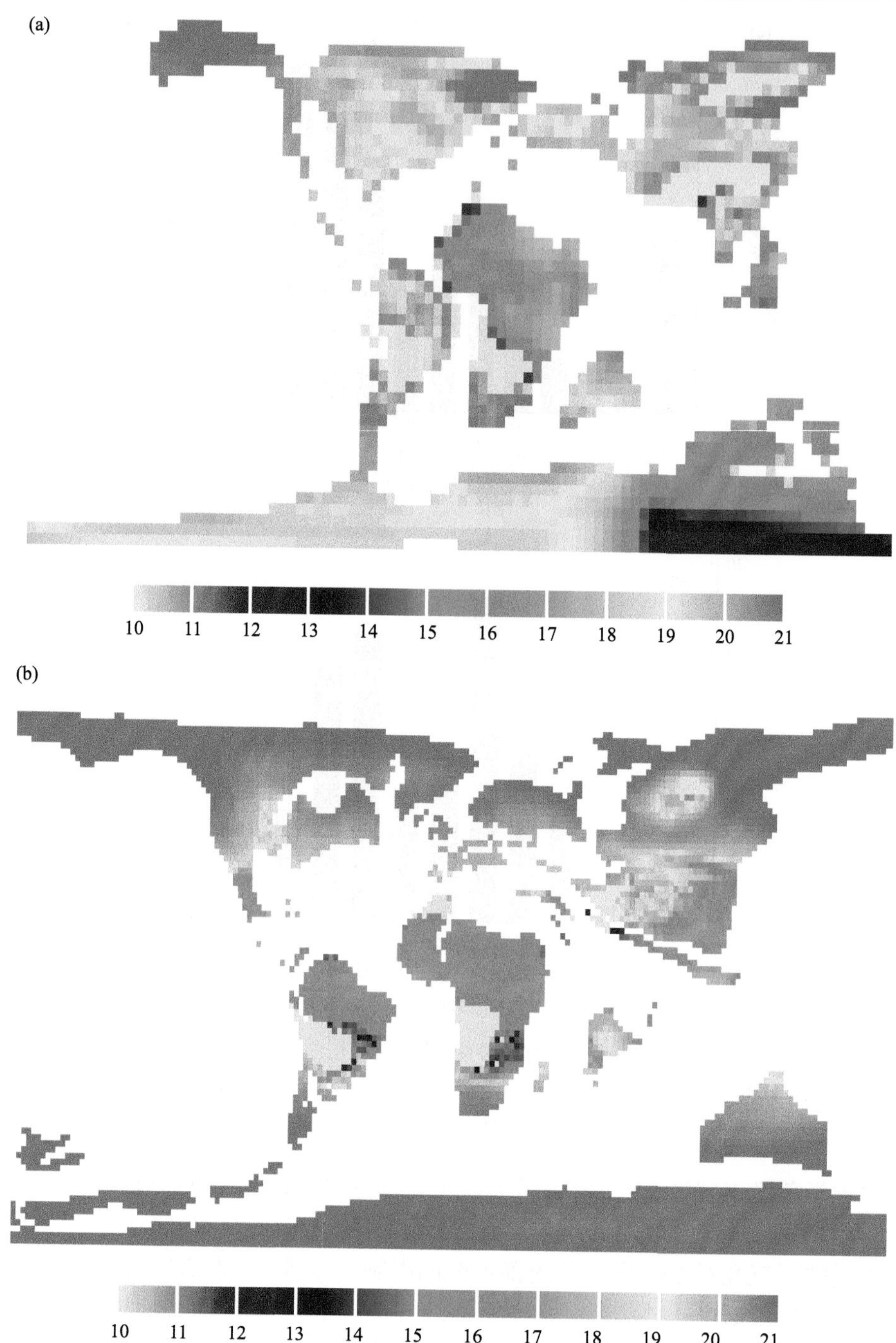

图 7.21　(a)中白垩世和(b)晚白垩世 GPP 加权平均年度 ^{13}C 识别模式(‰)

白垩纪植被多样性

本章最后一节关注的是白垩纪全球植被格局的变化，并与重建的古植被图进行了比较；该植被图是在含植物化石地层的沉积相分析、孢粉学分析及气候敏感沉积物等比较的基础上恢复的(Saward，1992；Upchurch et al.，1998)。K/Pg 界线撞击事件对地球的影响结果也被用于评估不同时间尺度下植物功能型分布的可能变化。白垩纪的潜在承载能力(就开花植物多样性而言)，可以通过白垩纪的热环境(植物生长季的最低温度和热量总和)和植被冠层的发育潜力进行定义。人们认为被子植物的演化正发生在这一时间段。

植物功能型的全球分布

模型估测，在中白垩世(100 Ma)有五种主要植被类型，它们的分布与模拟的 5000 万年前的晚侏罗世(第 6 章)相似[图 7.22(a)]。一亿年前，热带常绿混交林和热带稀树草原灌丛带在全球赤道附近的低纬度地区占主导地位。然而，南、北半球高纬度地区的植被由于温度的差异，表现出截然不同的功能型分布模式[图 7.4(a)]。北半球以落叶阔叶林为主，散布着少量常绿针叶林；而南半球则以常绿针叶林为主，散布着少量落叶阔叶林。热带常绿森林在南美洲和非洲部分地区、澳大利亚北部及整个印度占主导地位。上述所有地区的植被生物量中，相应的碳浓度全部都是最高的[图 7.13(a)]。这是由于这种森林类型的植物寿命较长，碳得以在树干中积累。

缺乏详细的植被重建阻碍了人们对中白垩世植被分布模型估测的验证。然而，利用从植物大型化石和孢粉学研究中获得的化石植物群中优势种类/次要种类的数据，可以推导出中白垩世的全球古植被图(Saward，1992)。中白垩世可以识别出三个植被带[图 7.22(b)]：植被带 1i，热带，多样性较低；植被带 1ii，准热带，几乎没有季节性，以热带稀树草原(萨瓦纳型)植被为主；植被带 2i，准温带，由温带和准热带地区的植物种类组成的过渡带；植被带 2ii，温带，以生长的季节性变化和大量的落叶/半落叶针叶树为

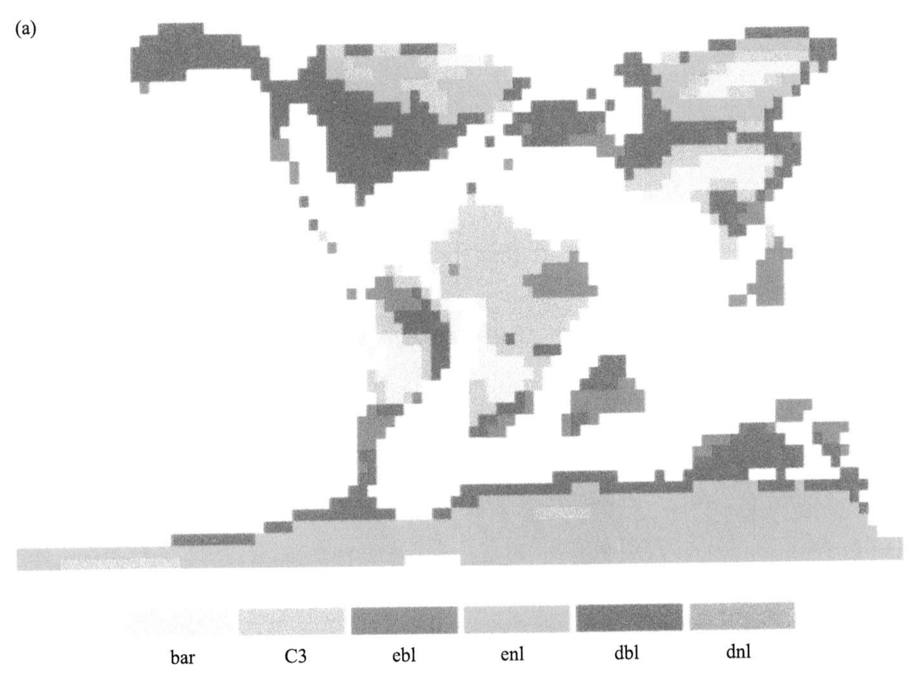

(b)

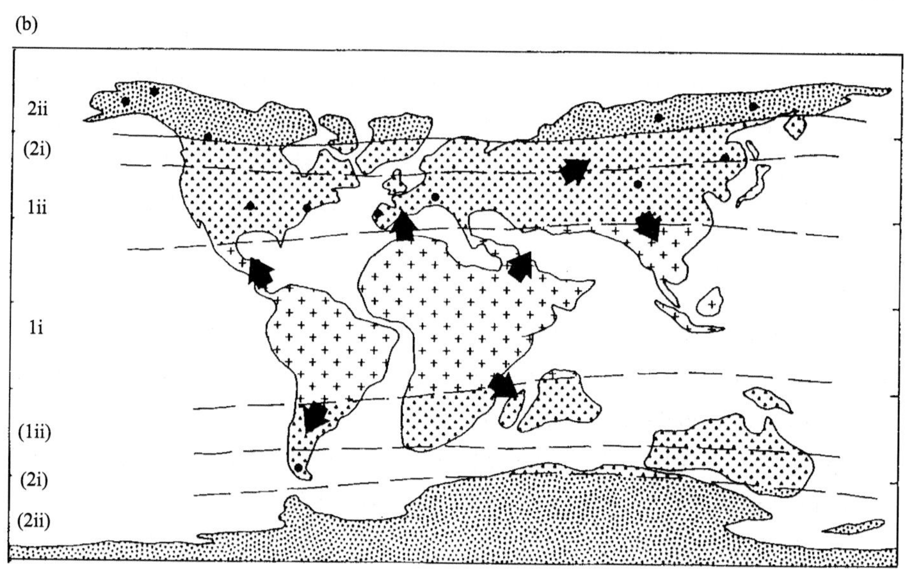

图 7.22　(a) 中白垩世(100 Ma) 的主要功能型植被的模拟分布及(b) 中白垩世的古植被图(引自 Saward，1992)
bar，裸露土地；C3，灌丛和热带稀树草原；ebl，常绿阔叶林；enl，常绿针叶林；dbl，落叶阔叶林；dnl，落叶针叶林；• 表示地点来自大型化石数据，箭头表示被子植物的大概的扩散路线方向；1i，热带植被包括热带稀树草原的林地和荒漠；1ii，2i，准热带植被，热带稀树草原的林地(苏铁类、蕨类和松柏类短叶杉)；2ii，温带植被，落叶和半落叶的“叶状”松柏类、银杏类和蕨类组成的森林

特征的森林。重建的全球古植被图并非没有问题，实际上现今植被图的重建也是一样的(详细讨论见第 3 章)。例如，化石的选择性保存可能会扭曲某一特定地点植被的真实面貌，而全世界只有少数地点保存有化石，在主要植被型之间精确划分界线的困难是显而易见的。因此，下文所示的数据与模型之间的比较只能是定性的。

然而，将中白垩世的全球古植被图[图 7.22(b)]和基于模型估测的结果[图 7.22(a)]进行比较可以发现，两者具有相当程度的相似性。热带植被的化石证据非常稀少，但在重建的热带植被地区，该模型估测了常绿阔叶林、落叶阔叶林和热带稀树草原型灌丛的混合分布。热带常绿森林的分布受到 GCM 估测的低降水率的限制。除热带雨林外，化石数据为上述所有类型的植被提供了证据。

晚白垩世高纬度地区较凉爽干燥，导致南、北半球落叶针叶林的扩张和北半球常绿针叶林的大范围扩张[图 7.23(a)]。到晚白垩世，由于 NCAR GCM 模拟估测的降水量较大，热带雨林在整个低纬度地区有了相当程度的扩张。基于广泛的岩性和古植物学证据建立的晚白垩世古植被图(Upchurch et al.，1998)，证实了模拟估测植被分布的一些特征。特别是 Upchurch 等(1998)的地图显示了北半球和南半球高纬度的极地都是落叶林占优势，尽管叶化石记录中常绿针叶林和落叶针叶林之间的区别无法确定[图 7.23(b)]。重建结果还显示了低纬度地区存在热带雨林和热带半落叶林的情况在较大的区域与模型估测是相对应的[图 7.23(a)]。

在模型估测的结果和实际获得的化石数据之间，最大的差异是落叶阔叶林的范围。模型估测表明，这些落叶阔叶林分布在基于化石证据重建的亚热带常绿阔叶森林和林地区域。在这种情况下化石证据相当充分，包括了常绿的小型叶、少见或未见滴水叶尖、棕榈和姜(没有生长轮的木化石)及具有厚角质层的被子植物等(Upchurch et al., 1998)。由于中纬度地区存在明显的旱季或高纬度地区存在寒冷期，模型估测这些地区为落叶阔叶林，说明这类植物在过去 65 Ma 中气候耐受性可能发生了进化，抑或 GCM 气候数据得出的季节性循环存在问题。类似的误差也可能出现在中白垩世落叶阔叶林的模拟中。然而，这种特殊功能型替代了亚热带阔叶林和林地的错误配置，不至于给植被生物量储存中的碳储量带来较大的误差。

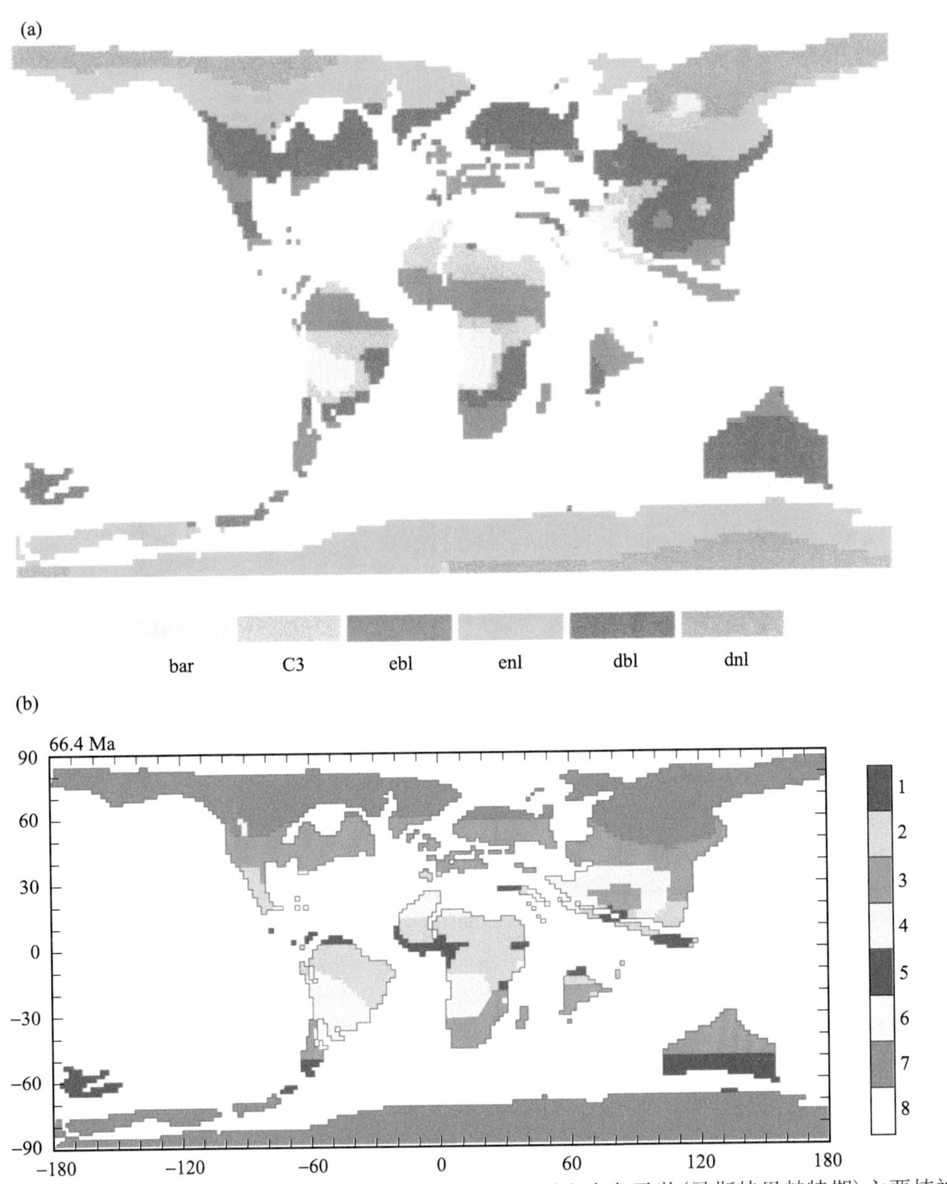

图 7.23 (a)主要功能型植被的模拟分布(图例同图 7.22)及(b)晚白垩世(马斯特里赫特期)主要植被型分布的重建(引自 Upchurch et al., 1998)

1，热带雨林；2，热带半落叶林；3，亚热带常绿阔叶林和林地；4，荒漠和半荒漠；5，温带常绿阔叶林和针叶林；6，热带稀树草原；7，极地落叶林；8，裸地

白垩纪-古近纪界线发生的地外天体撞击事件，可以引起长期(10^4～10^5年)气候变化并对植物功能型分布产生影响；在这方面，前面章节对这些气候的构建已有所考量(图 7.24)。

K/Pg 界线撞击事件发生后，对环境的长期影响带来高温、降水增加和高 CO_2 水平，导致在短期降温之后，分布区域大大缩小的热带常绿阔叶林从未受冲击的区域向外大规模扩张(图 7.24)。这种扩张在一定程度上导致了在同一时间尺度上陆地碳储量的显著增加。常绿针叶林在南极洲得以重新建立，但其随后被向南迁移的阔叶林取代。在北半球，由于落叶阔叶林和常绿森林的竞争性迁移，它们的分布缩小了，这些森林现今可以忍受这些地区较暖的温度。

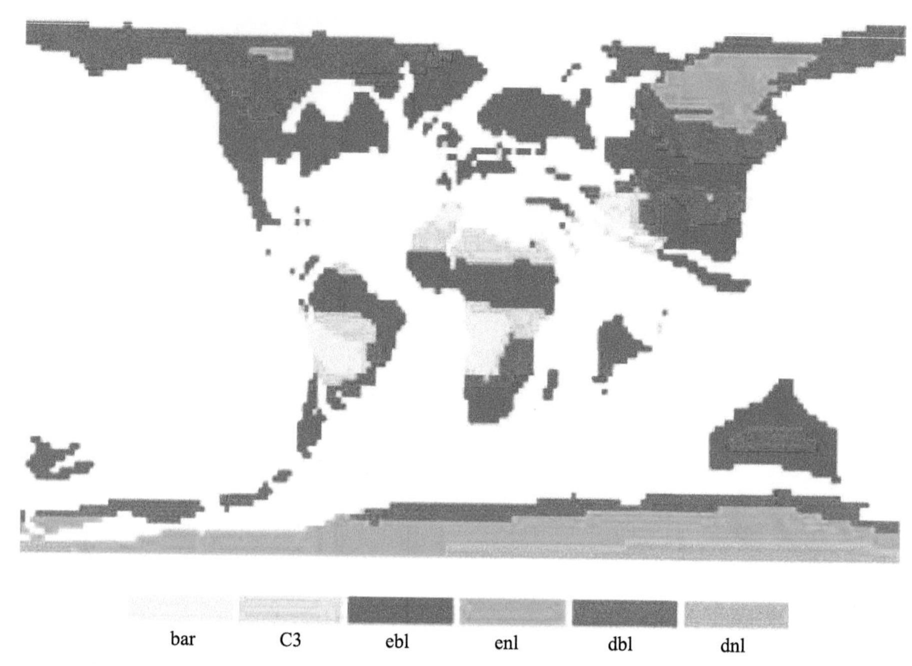

图 7.24　K/Pg 界线撞击事件引起的气候长期变化后的主要功能型植被的模拟分布

图例同图 7.22(a)

白垩纪植物科级多样性变化

植物功能型分布根据第 4 章描述的生态生理学属性进行模拟。然而，这些地图(图 7.22～图 7.24)并没有显示白垩纪环境能够承载的植被多样性，也没有表明与撞击事件相关的气候变化如何影响植被多样性。对植物化石记录(主要是叶片、果实、种子和木材)的广泛分析，为揭示白垩纪被子植物的快速分异提供了确凿的证据。但是导致被子植物快速扩张的驱动因素目前仍然存在争议，推测可能与某些生物和非生物因素有关(Wing and Sues，1992)。

因此，白垩纪在研究气候变化如何影响环境承载能力及物种多样性方面，代表了一个很有意思的时间段。具体方法是使用一个非常简单但经过验证的模型，该模型描述了环境对裸子植物和被子植物科级多样性的调控。有三个环境特征对植物区系的多样性发挥了主导作用，即绝对最低温度、生长季长度和植物的水分供给(Woodward and Rochefort，1991)。每个组成部分对给定研究区的植物整体多样性都有贡献，D(标准化为100)：

$$D=\frac{D_m D_d D_w}{10^6} \tag{7.8}$$

其中，D_m、D_d和D_w分别代表由绝对最低温度、生长季长度和水平衡控制的相关多样性要素。将该模型应用到古代气候时，假定控制了源自当代植被的植被多样性，并应用于过去地质时期的植被。

最低温度限制了生物多样性，因为不同的物种对低温的耐受力不同(第3章)，这一特征通常被视为是对许多现代植物分布的控制(Woodward，1987a)。科的多样性与绝对最低温度(T_m)之间存在线性关系，当将T_m限定在–90～10℃范围内，对观测数据的分析(Woodward and Rochefort，1991)描述如下：

$$D_m = 90.9 + 0.909T_m \tag{7.9}$$

如果$T_m > 10$℃，则限制D_m=100；如果$T_m < -90$℃，则限制D_m=9。

生长季长度对于植物完成其生活史很重要，并且被计算为一个热量总值H，定义为高于定义阈值的平均每日温度的年度总和，即有效积温。观测表明，来自寒冷气候的植物如苔原，能耐受的最小的热量总和约为200，而热带植被则不能小于10000。一个简单的线性关系式描述了植被多样性在日热量值为200～5000范围之内是如何增加的(Woodward and Rochefort，1991)：

$$D_d = 0.02H \tag{7.10}$$

如果H>5000，则D_d =100；如果H<200，则D_d =4。通过记录光合净初级生产力为正值的全年天数，然后计算温度超过5℃阈值的天数的温度总和，可以推算植物生长季长度(H)。

控制植被多样性的第三个要素是降水量和蒸腾量之间的平衡，后者反过来又在很大程度上决定了植被的LAI(第4章)。某一植被类型的最大叶面积指数通常发生在年蒸腾量等于降水量时。下面的线性方程描述了植被多样性的增加与LAI之间的关系(Woodward and Rochefort，1991)：

$$D_w = 11.1\text{LAI} \tag{7.11}$$

需要注意的是，由SDGVM计算的LAI对气候、CO_2分压及土壤条件具有敏感性。

当用以上方法计算本书涉及的五个时代的全球平均植被多样性值(D)时，我们发现中生代和古近纪的各个时期，其气候环境都能够支持比当今气候下更丰富的植被多样性(图7.25)。这一模式产生的唯一例外是晚石炭世(300 Ma)的凉爽气候(图7.25)。然而，考虑到取样工作，对植物化石记录的仔细分析似乎表明，古生代和新生代的地点具有相似的多样性(Wing and DiMichele，1995)，尽管这些分析者认为对“整体”多样性的全球模式的解释仍然存疑。与石炭纪相比，估测的晚侏罗世(100 Ma)和中白垩世全球平均植被多样性值超过40%，现在为31%的环境适合支持高度多样化的植物组合。这些估测之所以出现，是由于地表温度升高会使绝对最低温度 T_m 升高，热量总值 H 增加，则植被多样性 D_m 和植物生长季 D_d 也会升高。此外，在高 CO_2 浓度的环境下，LAI 增加及由该特征(D_w)控制的多样性也将随之增加。上述结果支持这样一种观点，即当时的环境高度适宜植物的生长发育，支持物种的多样化组合，为陆生植物的演化备足了环境空间(Lidgard and Crane，1990)。

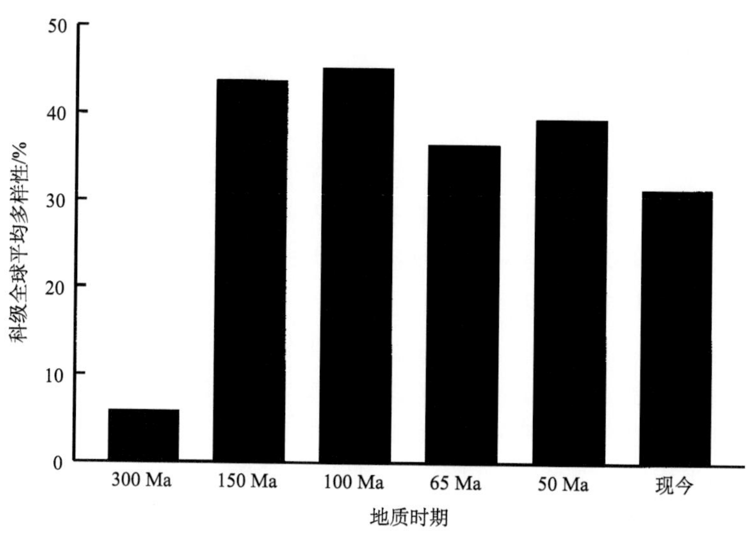

图 7.25　五个不同地质时代的全球平均面积加权植被多样性与现今(1988 年)的比较

当相同的分析分别应用到白垩纪末期撞击事件对植被和气候变化造成的短期和长期影响时，对比效果十分鲜明。相对于受撞击前的地球植被，撞击事件造成的短期影响是在科级的水平上，导致全球平均多样性下降了近 10%，而长期影响则增长了 15%。出现植物多样性下降的原因是，气候变冷降低了各地的最低温度[方程(7.9)]并缩短了植物生长季[方程(7.10)]，这些影响不会被植被冠层的叶面积指数(LAI)的变化所抵消[方程(7.11)]。化石记录表明，K/Pg 界线处的植物灭绝程度与纬度有明显的相关性，其中在靠近小行星撞击点的北美洲中、低纬度地区灭绝程度最大(Wolfe and Upchurch，1986；Spicer，1989b；Nichols and Fleming，1990)。植物灭绝的模式和模型模拟总体上表明，撞击产生的爆炸波，除了对局部生态系统造成破坏外，环境过滤器在几百年时间尺度上限制了植物多样性的恢复。大范围的灭绝机制(Wolfe，1991)提出，在一个影响短暂的寒冷期之后，整个环境气候发生了变化。在这样的环境下，只有那些能忍受季节性较低温度和能够在一个较短的生长季内完成生长和繁殖的类群，才能生存下来。只有少数的类群能够适应这种对生存、生长和繁殖的严格限制。随着撞击事件后地球“温室”气候的建立，这种环境过滤作用或限制显然得到了缓解。尽管如此，对新墨西哥州白垩纪-古近纪界线处保存的植物大型化石的详细分析表明，虽然植被生产力已经恢复，但生物多样性仍然很低(图 7.26)(Beerling et al.，2001a)，而完全恢复需要长达 1～2 Ma 的时间(Wolfe and Upchurch，1987)。因此，如同在海洋领域一样，灭绝事件后陆地生态系统的生物多样性恢复似乎需要非常长的时期(Kirchner and Weils，2000)。

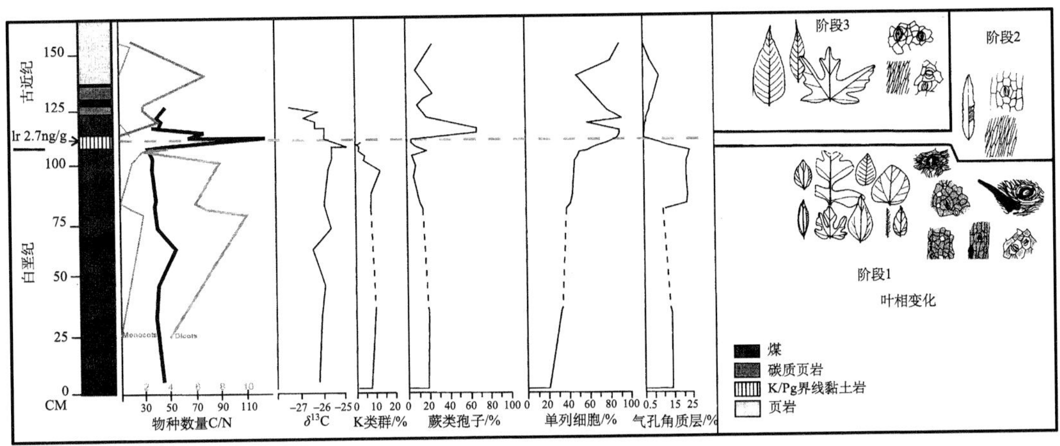

图 7.26 基于孢粉和角质层分析对美国新墨西哥州拉顿盆地撒哥拉特地区白垩纪至古近纪多样性变化的重建和生态系统结构的变化(引自 Beerling et al.，2001a)

注意：在 K/Pg 界线处白垩纪(K)花粉分类群的消失和蕨类孢子的高丰度与富铱层相一致，也与角质层丰度(以草本植物茎、叶柄和叶轴为代表)的突然下降和恢复相一致；以双子叶植物角质层代表的物种数量显示，生态系统生物多样性在 K/Pg 界线的崩溃后未能恢复到白垩纪的水平；叶和角质层的形态类型说明了不同的植被阶段；根据 Wolfe 和 Upchurch(1987)重绘

结论

本章所描述的全球尺度模拟表明了白垩纪环境具有高生产力的性质。中-晚白垩世，陆地植被初级生产力的变化与这段时期气候和 CO_2 的变化是同步的。中-晚白垩世陆地生物圈的碳储量与可获得的地质与古植物学数据基本一致，使得晚白垩世的模拟可以为分析 K/Pg 界线撞击事件提供一个基准案例。

没有人试图把与撞击事件相关的环境变化同植物灭绝联系起来。与之相反，对 K/Pg 界线发生的外星撞击事件可能带来的后果分析，一直局限于估测生态系统结构和生物地球化学的变化，这些结果从感兴趣的时间尺度来看，在迹象和量级上有显著的差异。基于之前提出的三个灾难性过程(撞击爆炸波、全球野火和全球变冷)的分析，气候变化的短期(10^0～10^1 年)“最佳猜测”不会导致全球陆地生态系统的破坏。先前提出的与撞击事件有关的其他死亡机制(Alvarez et al.，1980)，尤其是大气中高载荷 SO_2 产生的酸雨及野火产生的氮氧化物的影响，并未列入考量，因为尚缺乏与它们生理过程中的作用有关的机制信息。如印度德干地盾产物所证实的那样(Courtillot et al.，1988)，火山喷发的增多会给大气中 CO_2 升高带来潜在影响(Caldeira and Rampino，1990)，尽管这尚未被明确纳入考量，但据我们分析，这在一定程度上导致了 CO_2 的升高。

结合生理模型和稳定同位素观测，全球碳同位素质量平衡方法分析表明，在 K/Pg

撞击后，野火在全球陆地生态系统重建中所起的作用相对较小。撞击事件导致的长期(10^4～10^5 年)环境变化，将非常适合建立丰富和多样化的植被组合。采用这种跨学科的方法避免了撞击时间不确定的相关问题(例如夏季和冬季对比)，以及这种不确定性在估测全球野火范围时随之产生的影响问题(Davenport et al.，1990)。

如按本书建议的那样，撞击事件后持续高浓度 CO_2 导致气候出现长期变暖，那么陆地生态系统的初级生产力和碳储量将会大幅度增加。从定性上来讲，这些估测与 K/Pg 界线后北半球煤沉积增加所记录的生态系统功能变化相一致。本章中所做的全部分析都有力表明，在 K/Pg 界线发生的这次撞击事件所造成的环境剧烈变化将导致生物对气候做出一种负反馈响应，从而有助于恢复撞击前的环境。此外，与撞击前的情况相比，计算得出的初级生产力增加可能加速硅酸盐岩的风化速率，这一机制最终导致大气中过量的 CO_2 被清除。

(杨小菊、李青、李婷 译，田宁 校)

第8章 始 新 世

引言

早-中始新世(55～50 Ma)是过去65 Ma以来最温暖的时期，也是地球最后一次受到强烈“温室效应”影响的时期，那时的大陆板块分布格局已与现代板块模式相近。海洋氧同位素数据(Shackleton and Boersma，1981；Zachos et al.，1994)表明，虽然中新世(15 Ma)是比始新世距今更近的一次无冰期，但其气候并未达到始新世中期的极端温暖，尤其在高纬度地区更是如此(Barron，1987)。气候模拟研究表明，始新世的温暖气候与高于现今的大气 CO_2 分压相一致(Sloan and Rea，1995)。长期碳循环模拟估测的始新世大气 CO_2 浓度为600～900 ppm(Berner，1994)，而基于海洋及陆地同位素组成的地球化学结果也表明，始新世时，大气 CO_2 浓度分别为700 ppm(Freeman and Hayes，1992)和300～700 ppm(Sinha and Stott，1994)(图8.1)。因此，这些研究为始新世期间高浓度 CO_2 温室效应机制提供了直接和间接的证据。然而，人们认为其他机制已经发挥作用，导致极地变暖而热带地区没有明显变化(Sloan et al.，1995；Valdes，2000)。

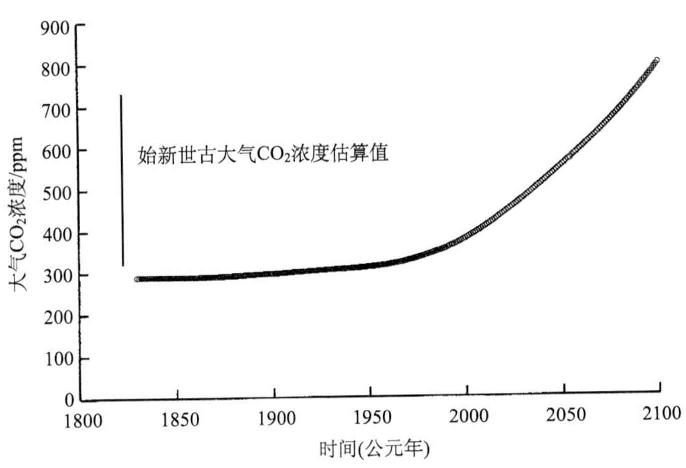

图8.1 基于IS92a CO_2 排放方案得到的公元1830～2100年的大气 CO_2 浓度趋势(Wigley and Raper，1992)

图中还显示了根据Berner(1994)地球化学模型、古土壤(Sinha and Stott，1994)及海洋有机碳(Freeman and Hayes，1992)同位素研究估算的始新世 CO_2 浓度范围

基于政府间气候变化专门委员会(Intergovernmental Panel on Climate Change)的IS92a(“一如往常”的)排放方案计算(基准方案790 ppm CO_2)(Wigley and Raper，1992)得到 CO_2 浓度在持续升高，假设在经济增长缓慢降低的同时，碳燃料节约措施逐步增强(Mitchell et al.，1995)(图8.1)，那么预计到2100年大气 CO_2 浓度会达到估测的始新世

期间的水平。这一趋势是通过海洋吸收 CO_2 及陆地生物圈没有吸收碳的简单观点来预测的(Wigley and Raper，1992)。由于过去和未来大气中 CO_2 浓度之间存在相似性，有必要研究未来“温室”地球的气候变暖情况是否会接近约 50 Ma 古老的始新世温室环境。

对于这种可能性的研究有两重意义。它既可以提供合适的时间间隔来测试 GCM 在高 CO_2 浓度环境下模拟全球气候的能力，还可以用来对比所预测的未来陆地生态系统的全球变化与地质历史时期的异同之处。换言之，正如 Chaloner(1998)指出的，“过去究竟是未来的钥匙，还是这把钥匙早已被人换了锁？”在始新世的情况下，“锁”很可能已经被换掉了，这是由于当时的许多边界条件与现今明显不同。例如，始新世时地球表面大部分地区无冰(Miller et al.，1987)，随后海平面上升(大约 75 m)改变了海洋环流模式。而在当前全球变化的背景下，预测 2100 年全球变暖(Wigley and Raper，1992)及第四纪间冰期导致的海平面上升幅度则很小，分别为 60 cm 和 90 cm。通常也认为始新世的极地-赤道-极地温度梯度与大气 CO_2 浓度无关(Barron，1987；Sloan et al.，1995；Sloan and Pollard，1998)。

尽管这些边界条件有差异，然而这是我们首次将中生代和新生代全球温度变化趋势与 GCM 预测的未来温室变暖趋势进行的比较，其结果很有意义。如无意外，这项工作可以为未来可能出现的全球尺度变暖提供地质学视角的观点。Crowley 和 Kim(1995)绘制了过去 100 Ma 以来的全球平均温度趋势，他们使用一系列数据通过底栖有孔虫氧同位素记录重新计算了古温度，包括对始新世和白垩纪塞诺曼期(90 Ma)的修正估计数值。修订考虑了海水氧同位素组成的纬度变化(第 7 章)，并排除了 Shackleton 和 Boersma(1981)及 Sellwood 等(1994)的原始计算结果。将得出的地质温度变化曲线与哈德莱中心海气耦合 GCM 预测的两个未来变暖结果进行对比：第一种基于 IS92a 排放方案，只考虑大气 CO_2 浓度升高，预测到 2050 年时的温度变化；第二种在相同的情形下，同时考虑大气 CO_2 浓度升高及气溶胶负荷增加，预测到 2050 年时的温度变化。这种人为成因的硫酸盐气溶胶会将长波辐射反射回太空使地球冷却。

这是首次对所预测的短期未来全球变暖的简单比较(图 8.2)，结果表明，大气中硫酸盐负荷具有强烈的敏感性。海洋-大气耦合模型预估结果显示，未来几十年全球温度升高，明显高于过去 10～15 Ma 地球经历的温度，但低于重建的中新世中期或始新世中期的温度(图 8.2)。因此，未来短期大气 CO_2 浓度的升高，不太可能导致气候变暖，这种变暖不会超出最近演化的陆地植物群所经历的范围。

Crowley 和 Kim(1995)将简单的一维(1-D)能量平衡模型(EBM)(第 2 章)耦合到上升流扩散模型，预测出 2050 年后较长期(几个世纪)可能的变暖趋势。该方法看似简单，然而早期的工作表明，一维 EBM 模型能够再现短期内气温变化，并能够与更复杂的耦合 GCM 紧密相关(Kim and Crowley，1994)。在这种情况下，一种简单的方法为我们提供了一个经济且快速的工具，以评估百年尺度下气候对 CO_2 浓度升高的可能响应。

EBM 由两种不同 CO_2 排放方案所驱动。一种是考虑严格保护措施将 CO_2 排放限制在现有水平[5 $Gt \cdot a^{-1}$(C)]、停止砍伐森林及对 CO_2 浓度的简单生物圈负反馈的影响，即所谓的“限制”方案(Walker and Kasting，1992)。相比之下，另一种方案则是“不受限制”，代表了高度的 CO_2 排放情况[图 8.3(a)]。在所有化石燃料储备燃烧之后，随着百

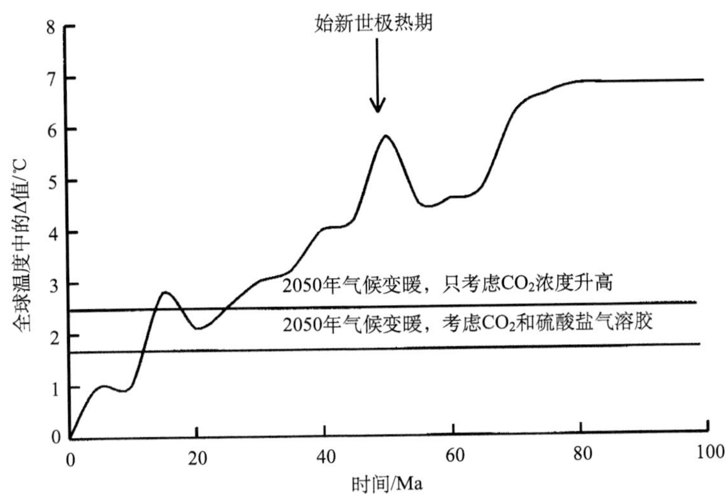

图 8.2 相对于现在全球温度的变化的过去 100 Ma 全球温度变化(Δ)的重建(依据 Crowley and Kim，1995)以及通过哈德莱中心 GCM 基于 CO_2 排放方案 IS92a 排除或不排除硫酸盐气溶胶负荷的直接影响预测的公元 2050 年的全球气温升高幅度

年尺度下海洋吸收 CO_2 逐渐耗尽大气中的储量，大气 CO_2 积累的两种模式开始衰减(Walker and Kasting，1992)。将这些 CO_2 模式转换为辐射强迫，用于 EBM，然后就可以分析它们对地球长期温度的可能影响。这种模拟工作的最终要求，是双倍 CO_2 浓度下 EBM 的温度敏感性。这是所有气候模型都具有的不确定特征，因此这里使用了三种不同的估算值(1.5℃、2.5℃和 4.5℃)(Crowley and Kim，1995)。

以这种计算方式，对未来几百年由人类活动导致的最高气温上升幅度进行预测，表明在过去 100 Ma 的升温是前所未有的[图 8.3(b)]。即便是对 CO_2 浓度变化不甚敏感的限制 CO_2 方案，其结果也是气候变暖超过中新世[图 8.3(b)]。GCM 中成云过程的不确定性限制了它们对 CO_2 浓度变化的气候敏感程度。然而，来自古气候记录的全球温度变化必然包含云反馈过程的净效应，因此有人认为，古气候重建可以缩小气候模型中这一不确定区域(Hoffert and Covey，1992；Covey et al.，1996)。Hoffert 和 Covey(1992)分别以白垩纪中期和末次盛冰期为例，计算出气候对 CO_2 浓度翻倍[(2.3±0.9)℃]敏感性的“最佳估计”，这一结果没有超出政府间气候变化专门委员会(IPCC)引用的范围(Houghton et al.，1995)。这一“最佳猜测”估计的推导，假设气候系统对 CO_2 浓度增加的敏感性呈线性反应，但当 CO_2 浓度超过当前值的两倍时，这种反应可能并不稳定。然而，对长期温度上升的“最佳猜测”[即图 8.3(b)中的中间范围]显示，未来几百年的变暖预测将高于过去 50～100 Ma 的估值。此外，由于白垩纪温度与早古生代的温度相当(Crowley and Baum，1995)，温室效应增加的潜在影响将超过过去 500 Ma 的大部分时间。

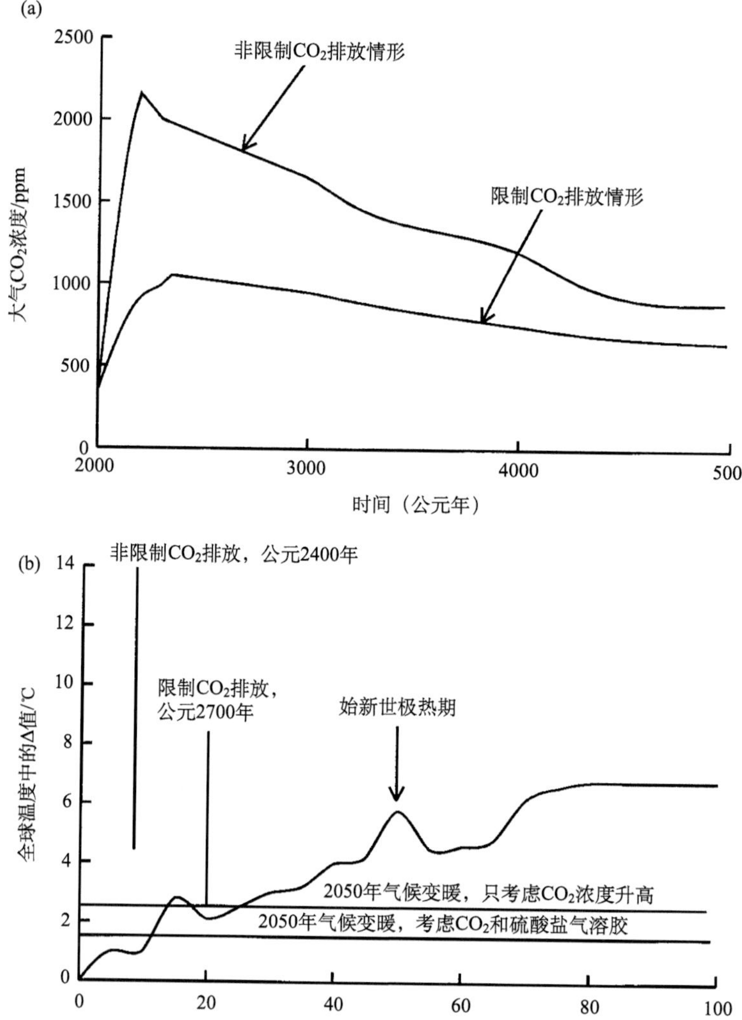

图 8.3 (a)化石燃料燃烧的排放方案和长期生物量破坏导致的 CO_2 变化(Walker and Kasting，1992)及(b)使用 1-D EBM 预测未来最大变暖相对于过去 100 Ma 的全球温度变化的同位素曲线(Crowley and Kim，1995)

注意(a)和(b)的时间标度不同

始新世的高 CO_2 温室变暖世界及未来某一时刻 CO_2 升高的温室变暖世界，可能对陆地植被功能产生类似的影响(Drake et al.，1997)。在目前的大气 CO_2 分压下，需要大量的 Rubisco 来支持光饱和的光合作用速率，相应地需要大量的氮。在更高的 CO_2 浓度[接近于始新世和 2100 年的浓度(800 ppm)]下，用叶片中 Rubisco 含量减少的转基因植物进行实验，结果表明 Rubisco 需求的减少不会导致碳增益的损失(Masle et al.，1993)。植物在高 CO_2 环境中生长，最终导致更有效地利用氮。随着温度升高和 CO_2 浓度升高，情况会进一步改善(Woodrow，1994)(图 8.4)，因为 Rubisco 的运行效率更高。因此，在中生代大部分时期，特别是侏罗纪和始新世之间，植物的生长在氮气(和其他营养素)的利用

方面，可能比在现今的气候和 CO_2 浓度下的植物生长成本要低。

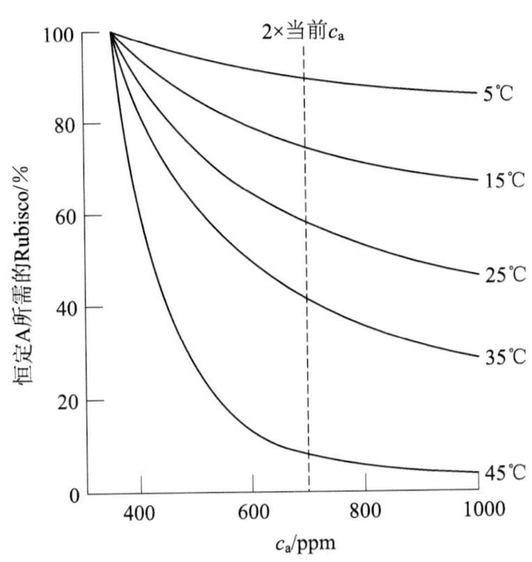

图 8.4 在 CO_2 浓度为 350 ppm 时随着 CO_2 和叶片温度的升高需要维持恒定的 Rubisco 限制光合速率所需的 Rubisco 比例(Drake et al.，1997)

考虑到始新世的全球温暖气候及未来的高 CO_2 水平世界，本章的目的是比较过去和未来模拟的生态系统反应，以梳理两个时期之间可能存在的相同和不同之处。代表 2060 年和 2100 年的全球气候被当作未来气候(Mitchell et al.，1995)，因为它们代表了 CO_2 浓度分别为 600 ppm 和 800 ppm 的 GCM 模拟(图 8.1)，均在估计的始新世可能范围内。通过气候模型模拟观测始新世海表温度梯度的难点在于(Zachos et al.，1994)需要与各种独立的陆地古气候替代数据进行比较，以重建古温度和古降水(Wing and Greenwood，1993；Greenwood and Wing，1995；Wilf et al.，1998)。结合当代植物 CO_2 富集实验的证据，探讨估算古降水的生理基础。

我们首先考虑这三个全球气候中每一个对陆地植被生产力和结构的影响。对于始新世，通过植被对地球表面反照率的影响来考虑它对极地气候的影响。将过去与未来的比较扩展到不同森林类型的空间平均生产率。使用第 6 章中描述的方法，通过比较高纬度生产力模型与树木生长化石记录，我们尝试对始新世森林生产力进行估测。接下来，考虑未来的温室气候改变了植被分布以再现始新世的可能性。在本节中，首先将估测的始新世不同功能型植被的全球分布与基于植物化石记录的全球分布进行比较(Wolfe，1985；Frakes et al.，1992)。在最后一节中，讨论了始新世植被和土壤生物量中的碳储量与未来预测结果的比较，以及它们对大气和全球温度中 CO_2 积累的潜在反馈。

始新世和未来的全球气候

始新世早期的特点是，海洋盆地的构造发生了重大变化，特别是特提斯洋的封闭、挪威-格陵兰海的开启和南极洲的初始隔离(图 8.5)。这些构造变化对海洋环流模式产生了后续影响，与现今相比，南半球高纬度地区的海洋垂直温度梯度较弱(Kennett and Stott，1991)而大西洋深海水域则更加温暖(Miller et al.，1987)。

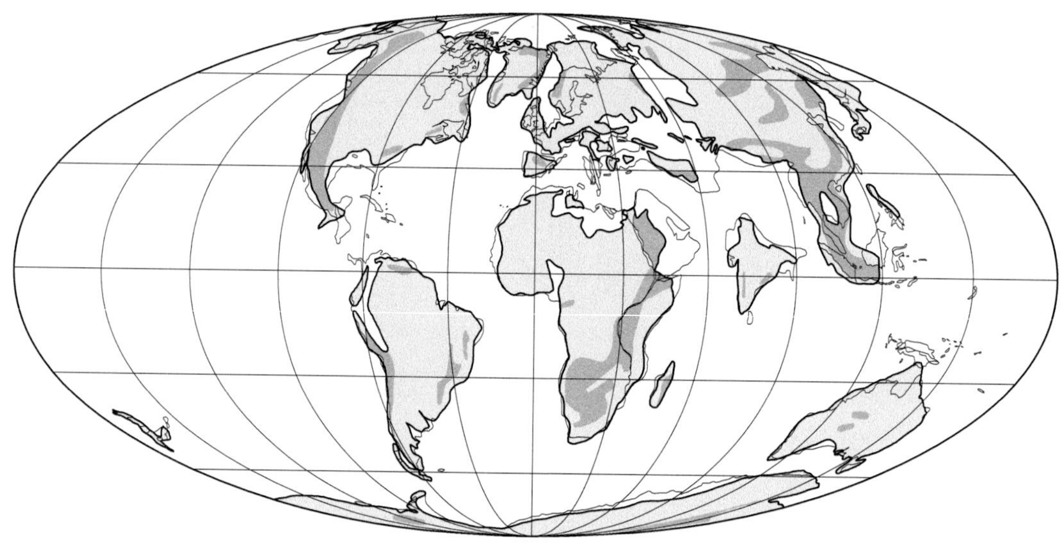

图 8.5　重建的 50 Ma 的主要陆块的位置(Smith et al.，1994)

深色阴影表示高地

这里使用雷丁大学利用 UGAMP GCM 模拟产生的植被模型。模拟源自有孔虫的氧同位素组成，包括过去和现在之间的许多古地理差异(图 8.5)，采用 3.75°×3.75°的空间分辨率和规定的海面温度(SSTs)运行(Zachos et al.，1994)。基于观测估计的海面温度计算方法，能够更可靠地模拟古气候，特别是在高纬度地区，避免了需要确定高纬度海面温度的机制。因此，该模型并不能够真正估测海洋的温度。

始新世和 2100 年的全球陆地年平均温度(MAT)模式，在中低纬度地区显示出具有相似的数值(图 8.6)。与现在相比，澳大利亚在始新世的位置更偏南，导致了相应较冷的陆地 MAT。应该指出的是，在比较这些过去和未来的气候时，与始新世相比，2060 年和 2100 年的气候并不是处于平衡状态的，而是瞬态 GCM 模拟的一部分。如果 Mitchell 等(1995)继续在特定的 CO_2 浓度下进行模拟，将会得出未来气候更温暖的结果。由于他们的模拟是短期的，北半球大面积冰盖持续存在，并对气候产生影响，而这一特征在始新世没有出现(尽管估测有季节性积雪覆盖)。如果未来的变暖模拟达到平衡态，那么所有的冰盖都可能融化，从而产生一个类似始新世气候的世界。地球历史中大部分时期的大气 CO_2 浓度都高于现今，陆地 MAT 的纬度梯度(图 8.7)表明，始新世热带地区的温度稳定(Crowley，1991)，但极地地区的温度较高。然而，到 2100 年，赤道以北的陆地 MAT 可能会超过始新世的陆地 MAT(图 8.7)。

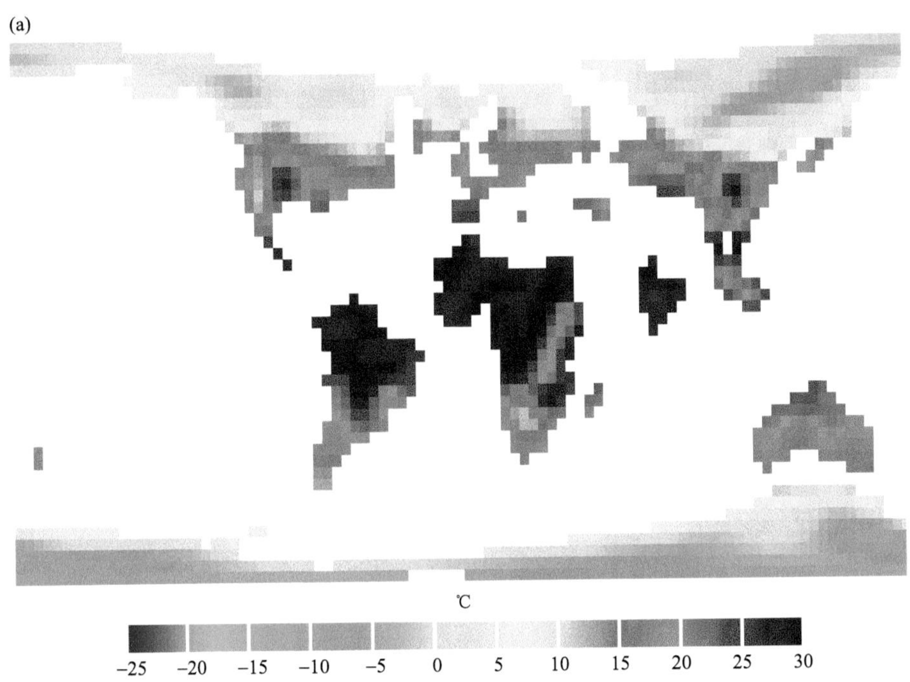
(a)
℃
−25 −20 −15 −10 −5 0 5 10 15 20 25 30

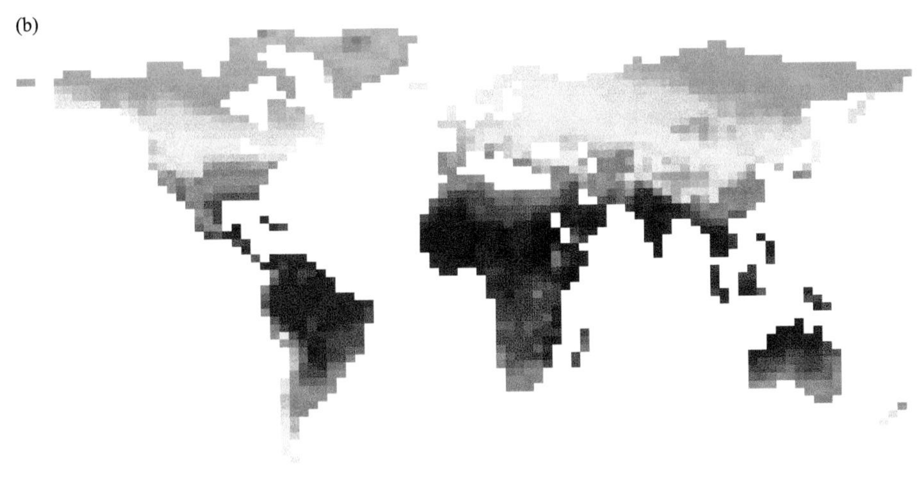
(b)

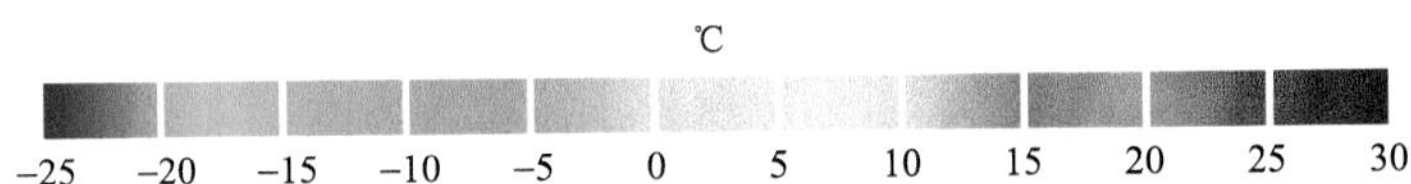
℃
−25 −20 −15 −10 −5 0 5 10 15 20 25 30

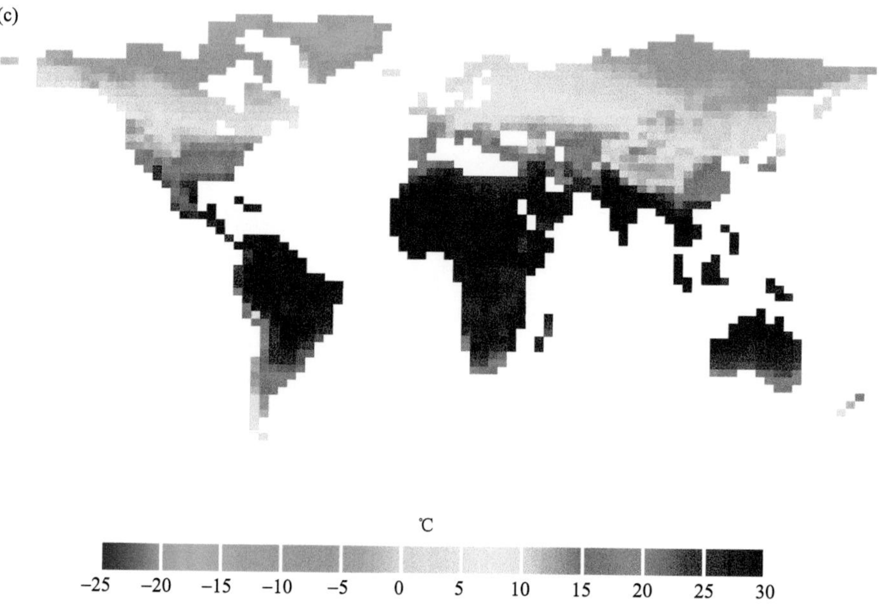

图 8.6　(a) 始新世、(b) 公元 2060 年和 (c) 公元 2100 年的全球年平均陆地温度分布

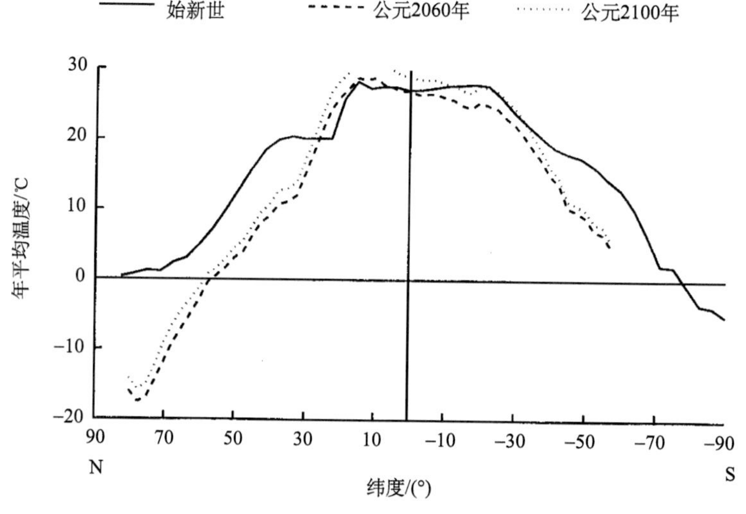

图 8.7　始新世、公元 2060 年和公元 2100 年的年平均陆地温度的面积加权纬度平均值

模拟的始新世地表年平均降水 (MAP) 全球模式显示，和 2060 年及 2100 年的陆地 MAT 估值相比，高纬度地区地表 MAP 相差更大 (图 8.8)。在始新世，低纬度和中纬度地区在较大的地理区域比未来更湿润，特别是在格陵兰岛、美国东部、印度和澳大利亚附近。这种模式反映在纬度平均值上，其中始新世的地表 MAP 通常高于未来的 MAP (图 8.9)。在始新世，格陵兰岛和南极洲的降水更多，这可能与冰盖的缺乏有关。例如，对现今没有永久冰盖的气候情况进行的模拟 (未发表数据) 表明，高纬度地区会更加潮湿 (P. J. Valdes，个人通信)。未来气候的 GCM 模拟显示，随着 CO_2 的增加，降水量变化相

当小。同样，这可能与 GCM 运行的瞬态性质有关。但是，如前面第 3 章所述，降水模式是 GCM 最不确定的特征之一，不应过度解释。

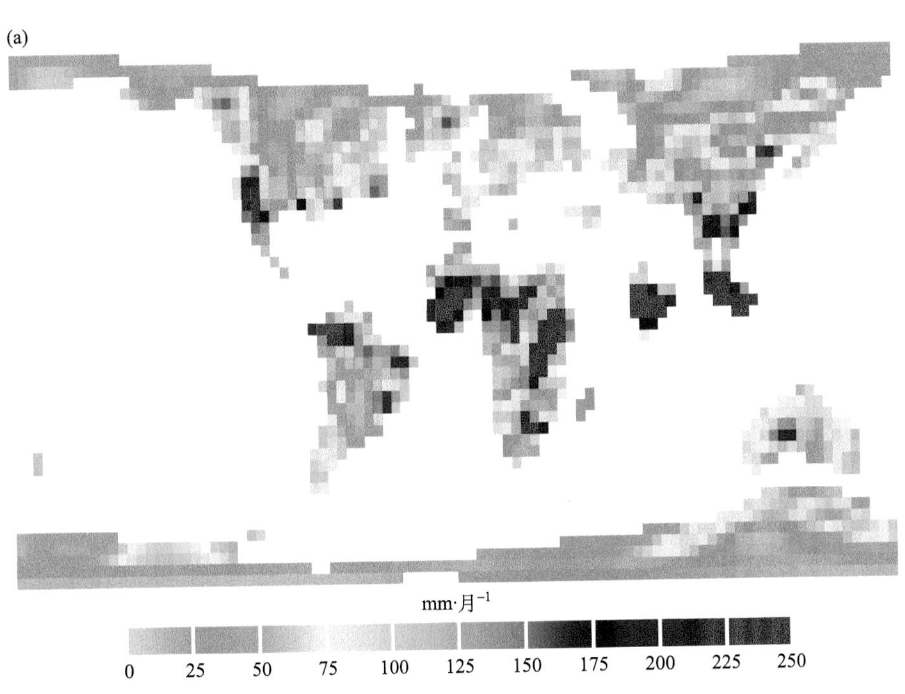

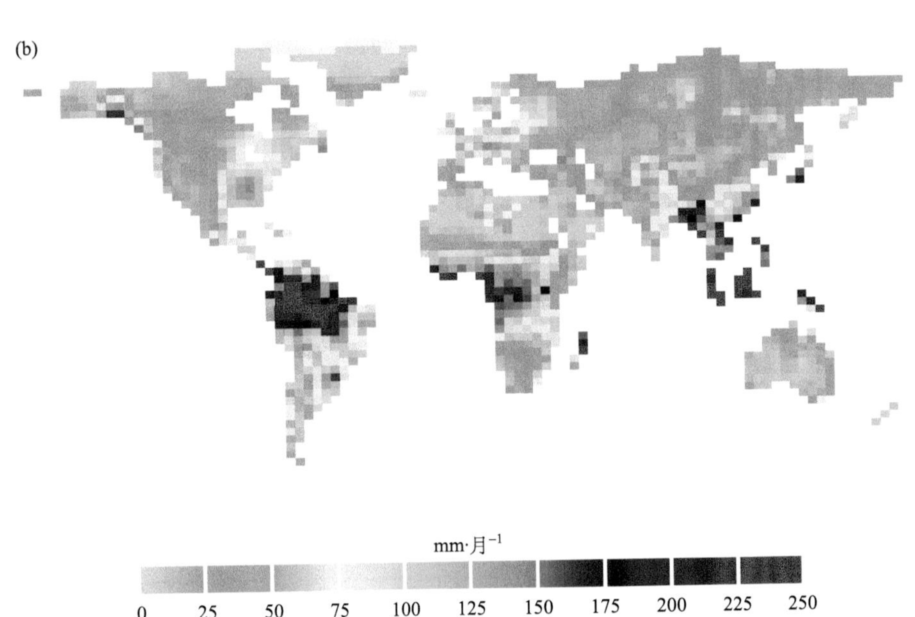

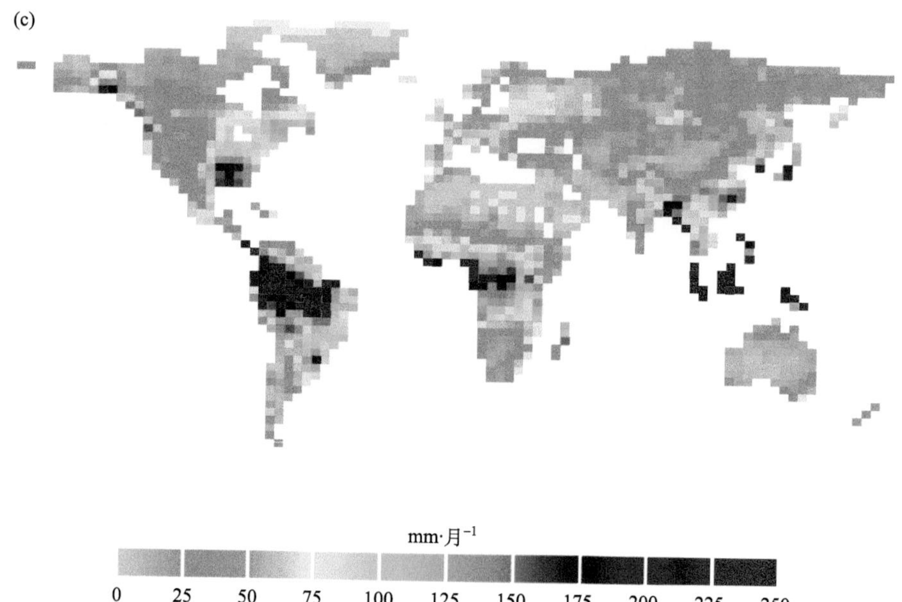

图 8.8　(a) 始新世、(b) 公元 2060 年和 (c) 公元 2100 年陆地年平均降水量的全球分布

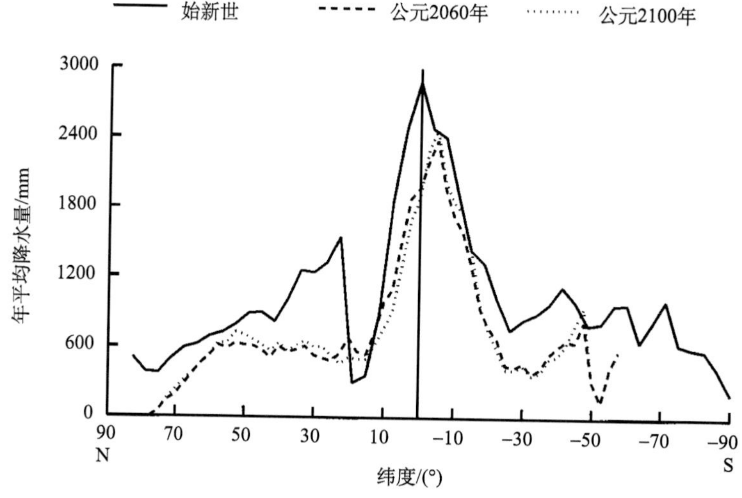

图 8.9　始新世、公元 2060 年和公元 2100 年陆地年平均降水量的面积加权纬度平均值

总之，模拟的始新世全球陆地温度，可能会在 2060～2100 年的某一时间段达到 (表 8.1)。然而，未来气候的 GCM 模拟表明，这些气候不太可能像始新世那样湿润 (表 8.1)。

表 8.1　模拟的始新世和未来气候的地表特征

时间	MAT/℃	MAP/(mm·d^{-1})
始新世	16.6	3.1
公元 2060 年	15.0	2.2
公元 2100 年	17.0	2.0

始新世 GCM 模拟气候与地质数据的比较

利用化石证据来重建始新世极地的温暖气候有一定的困难(Barron，1987；Sloan and Barron，1992；Sloan et al.，1995)。因此，需要将 UGAMP 模拟结果与地质数据进行比较，以确定气候模拟中可能存在的误差。

首先比较的是模拟的陆地气候和来自植物化石记录的替代性数据。重建始新世陆地气候(MATs 和 MAPs)，主要是基于对植物化石记录的分析(Sloan and Barron，1992；Wing and Greenwood，1993；Greenwood and Wing，1995；Wilf et al.，1998)。人们对用植物化石类群组成和叶缘分析估算的地质历史时期的温度有所保留，尤其因为假设在中生代较高大气 CO_2 浓度的温室世界生长的植物与现在一样。如前几章所强调的那样，这种情况不太可能出现(参见 Beerling，1998)，尤其会限制古降水的估算(Wilf et al.，1998)。因为在高 CO_2 环境中，植物生长期间树冠蒸腾将减少，并且水分利用效率会提高。此外，叶缘分析估算的温度较低，有时和植物群中存在寒冷敏感类群，如棕榈树、苏铁和姜等植物相矛盾(Wing and Greenwood，1993；Greenwood and Wing，1995)。然而，对陆地化石植物分析获得的结果，是目前唯一可用来比较气候模型和地质证据的方法，因此在这里也加以使用。

比较表明，用横跨宽纬度梯度的 MAT 所模拟的始新世模型，通常与分析植物化石群得到的模型接近。总体而言，GCM 估测的 MAT 值高于基于南半球化石重建的数据，而低于基于北半球化石重建的数据[图 8.10(a)]。因此，气候模型和陆地植物群重建的古气候误差限制了对这些差异意义的解释。

从始新世早期到中期，依据植物化石估算出的 MAP 模拟趋势主要局限于北美洲和阿拉斯加，跨越了一个相当狭窄的古纬度范围 40°N～60°N(Sloan and Barron，1992；Wing and Greenwood，1993；Wilf et al.，1998)，以及澳大利亚南部地区(Greenwood，1996)。与温度估算相反，GCM 计算的 MAP 与化石植物群估算的 MAP 存在非常显著的差异[图 8.10(b)]。基于现代植物叶缘特征与 MAP 之间的多元回归分析的估算(Wing and Greenwood，1993)，

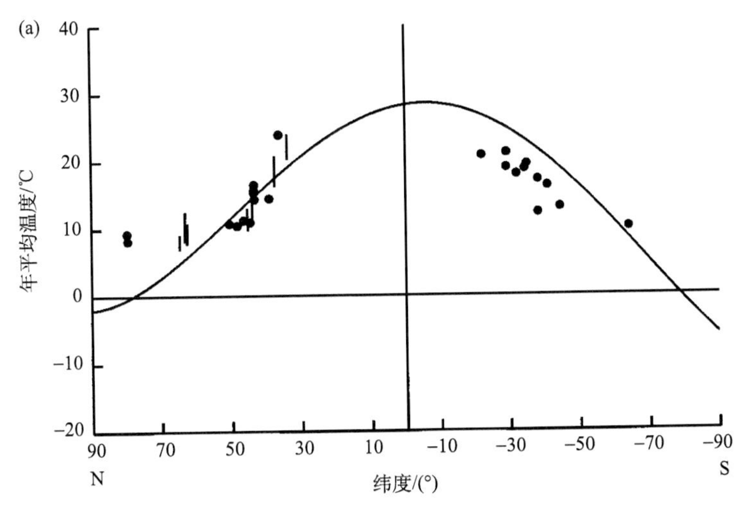

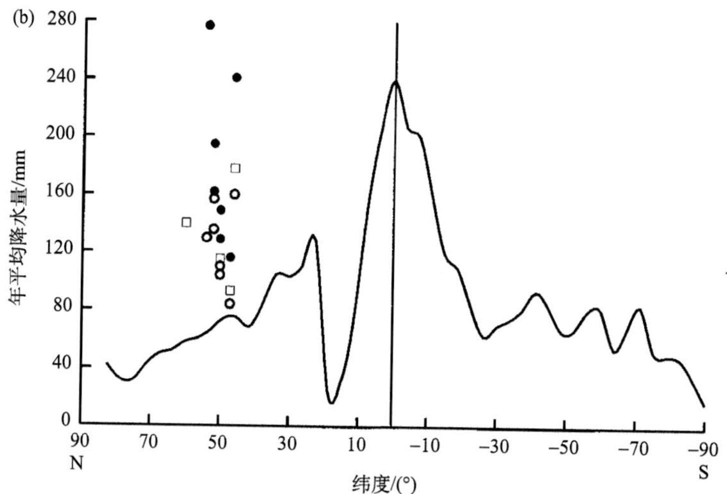

图 8.10 (a)年平均陆地温度(MAT)和(b)年平均陆地降水量(MAP)的纬度平均值

图 8.7 中(a)的直线与面积加权 MAT 的拟合为三阶多项式，(b)的样条与 GCM 模拟的 MAP 拟合为 3 阶多项式。(a)中古估算来自 Greenwood 和 Wing(1995)(●)及 Sloan 和 Barron(1992)(竖条)；(b)中古估算来自 Wing 和 Greenwood(1993)(●)、Wilf 等(1998)(○)、Sloan 和 Barron(1992)(□)及 Greenwood(1996)(■)

仅解释了这一关系的 50%，表明其在降水重建中的应用受到了限制。认识到这些局限性，Wilf 等(1998)试图通过将植被样本的平均叶面积回归到 MAP 中来改进该方法。这种方法解释了从一系列地点收集的现代数据集中 76%的变化，但也需要用现代类似的植被类型来估计叶面积(Wilf et al.，1998)，这里隐含地假设在高 CO_2 的始新世环境中，植物的生长对叶面积没有影响。

我们可以利用已发表的植物 CO_2 富集实验数据来验证这一假设(表 8.2)。每株植物的总叶面积数据来自对多种植物类型(树木、灌木和草)的研究，以及包括干旱、辐射、温度和氮肥在内的试验处理。实验结果(图 8.11)令人信服，在受水分限制和不受水分限制的条件下，大气 CO_2 的富集会导致植被叶面积增大。在所有 38 个物种的 68 个测量值(表 8.2)中，CO_2 增加一倍时，总叶面积平均增加 70%(图 8.11)。增加的原因是，在给定的供水条件下，高 CO_2 水平的增长潜力更大。这种影响将导致对化石记录中某一特定观测叶面积所需降水量的高估，这与始新世的估测情况一致。在始新世，重建的 MAP 比 GCM 计算值要高得多[图 8.10(b)]。

表 8.2 物种及用于检测 CO_2 富集对叶片大小影响的研究

物种	作者
热带树木	
马占相思(*Acacia mangium*)	Ziska et al.(1991)
马格达莱纳附生凤梨(*Aechemea magdalena*)(CAM)	
凤梨(*Ananas comosus*)(CAM)	
钝叶榕(*Ficus obtusifolia*)	
两耳草(*Paspalum conjugatum*)	
宽叶法洛斯(*Pharus latifolius*)	
木薯(*Manihot esculenta*)	

续表

物种	作者
掌叶黄钟木（*Tabebuia rosea*）	
大喙桉（*Eucalyptus acrorhyncha*）	Roden and Ball（1996）
赤桉（*E. camaldulensis*）	Wong et al.（1992）
香果桉（*E. cypellocarpa*）	
朱蕊桉（*E. miniata*）	Duff et al.（1994）
少花桉（*E. pauciflora*）	Wong et al.（1992）
银叶山桉（*E. pulverulenta*）	
罗斯桉（*E. rossii*）	Roden and Ball（1996）
达耳文纤皮桉（*E. tetrodonta*）	Duff et al.（1994）
灌木	
北方山胡椒（*Linera benzoin*）	Cipollini et al.（1993）
草本植物	
岩豆（*Anthyllis vulneraria*）	Ferris and Taylor（1993）
百脉根（*Lotus corniculatus*）	
紫苜蓿（*Medicago sativa*）	
小地榆（*Sanguisorba minor*）	
大车前（*Plantago major*）	Ziska and Bunce（1994）
温带树木	
糖槭（*Acer saccharum*）	Tschaplinski et al.（1995）
垂枝桦（*Betula pendula*）	Rey and Jarvis（1997）
杨叶桦（*B. populifolia*）	Rochefort and Bazzaz（1992）
黄桦（*B. lenta*）	
纸桦（*B. papyrifera*）	
加拿大黄桦（*B. alleghaniensis*）	
欧洲栗（*Castanea sativa*）	Kohen et al.（1993）
欧洲水青冈（*Fagus sylvatica*）	Egli et al.（1998）
北美鹅掌楸（*Liriodendron tulipifera*）	Norby and O'Neill（1991）
北美枫香（*Liquidambar styraciflua*）	Tschaplinski et al.（1995）
欧洲云杉（*Picea abies*）	Egli et al.（1998）
一球悬铃木（*Platanus occidentalis*）	Tschaplinski et al.（1995）
夏栎（*Quercus robur*）	Picon et al.（1996）
	Guehl et al.（1994）
禾草	
老挝黍（*Panicum laxum*）	Ghannoum et al.（1997）
蓝稷（*P. antidole*）	（C4 光合途径）
鸭茅（*Dactylis glomerata*）	Ziska and Bunce（1994）

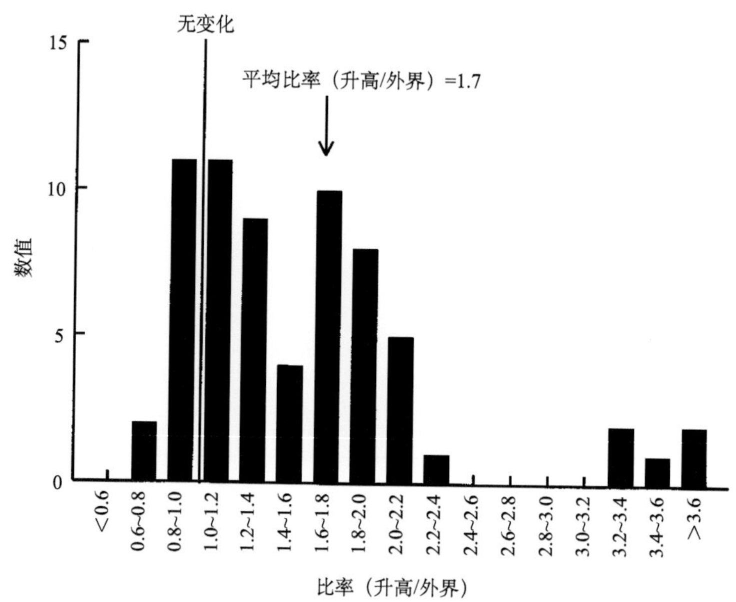

图8.11　由68个测量值(来自38种植物)汇编而成的显示了植物叶片总面积在生长过程中随着大气CO_2浓度增加一倍而发生的变化的柱状图

所有的测量值都表示为CO_2升高时的叶面积比除以外界CO_2时的叶面积比，数据来自表8.2中列出的已发表的研究

将始新世UGAMP温度与地质资料进行比较，发现与一些高纬度古植物群所重建的MAT有较好的对应关系。不过，模拟和重建的MAP出现较大的差异。然而，从化石记录中提取降水信号所需要的基本假设是有缺陷的，因此限制了模型检验的有效性。温度对叶片大小的影响及其与其他环境因素的相互作用也引起了人们的关注，这些因素可能会进一步限制该方法的使用(Wolfe and Uemura，1999)。当大气中的CO_2浓度相似时，将始新世的温室气候与模拟未来的温室气候(公元2100年)相比较发现，在50 Ma时期具有更高的极地温度和降水。

根据现代植被类型相似的气候耐受性来测试由GCM得出的始新世陆地气候，结果可能并不可靠，因此需要开发其他替代方法。将树木生长轮的同位素应用于海洋和陆地生物的研究可以为我们提供一种可能的途径。海洋腹足类和双壳类化石的壳体(Andreasson and Schmitz，1996，1998；Fricke et al.，1998)与草食动物牙齿化石(Sharp and Cerling，1998)都具有明显的季节生长轮。两者的同位素记录都具有强烈的与温度变化相关的季节性循环。地面温度的季节变化，也可以从保存异常完好的高纬度始新世森林同位素值中提取出来，这些森林已经“木乃伊化”，而不是“煤化”(即原始的有机物质被保存了下来)，并且显示出大量而明显的生长轮。

始新世陆地植被的结构与生产力

以始新世气候和600 ppm的大气CO_2浓度值(地球化学研究的“最佳猜想”值)为条件来运算SDGVM模型，我们可以研究始新世和未来气候对陆地生态系统在全球尺度上的影响。模拟的始新世全球温暖和高 CO_2 环境，可以使具有高叶面积指数(LAI)的陆地植被冠层广泛发育[图 8.12(a)]。这一估测得到了北半球加拿大北极高纬度地区沉积证据的支持。该证据指示了一个温暖潮湿的、有着茂密植被和广泛成煤沼泽的环境(Miall，1984)。在未来全球变暖和大气 CO_2 浓度升高的世界里，具有高 LAI 的地理区域也变得相当广泛，但是即便到 2100 年也无法接近始新世的情况[图 8.12(c)]，特别是在南北半球的高纬度地区。

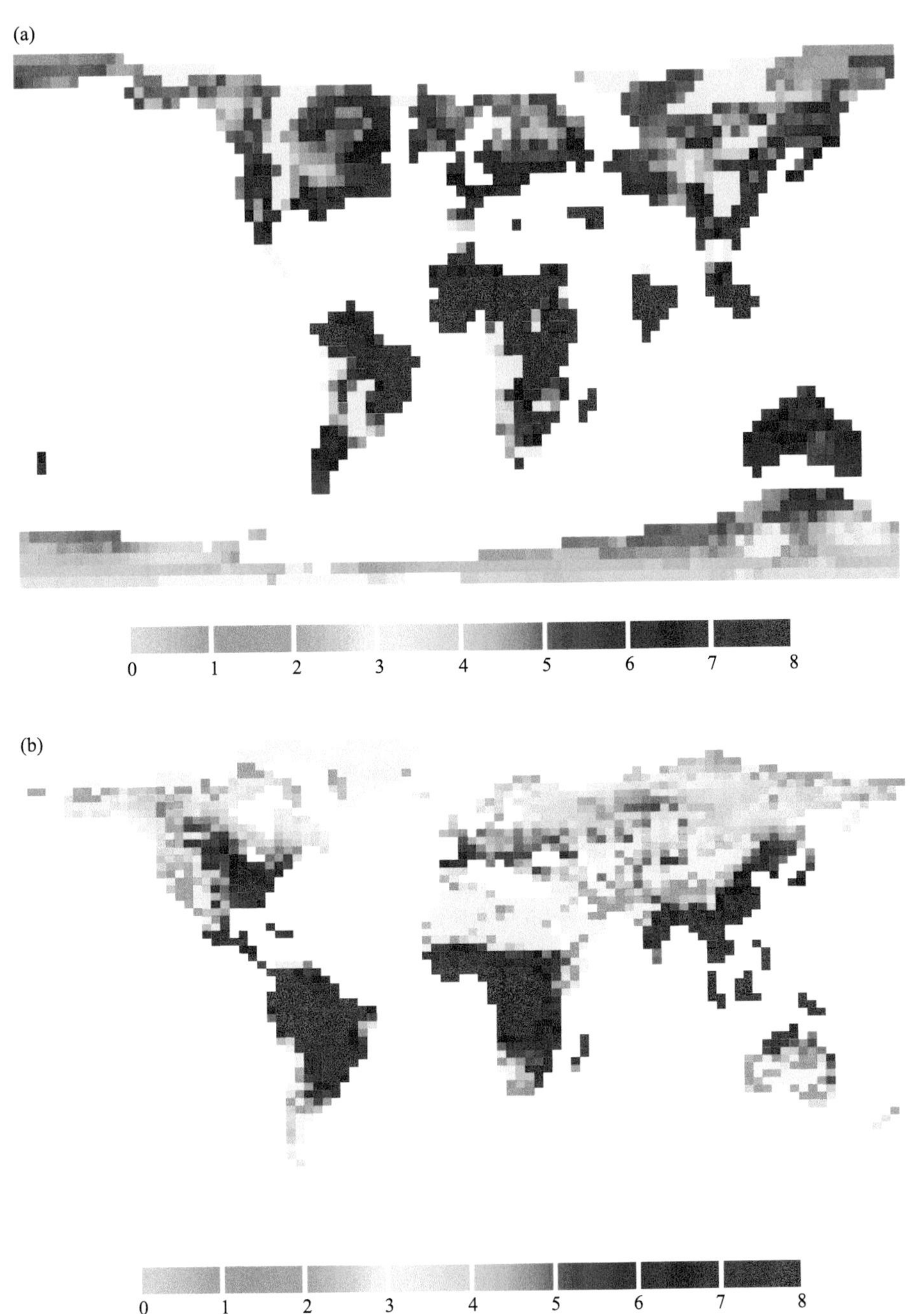

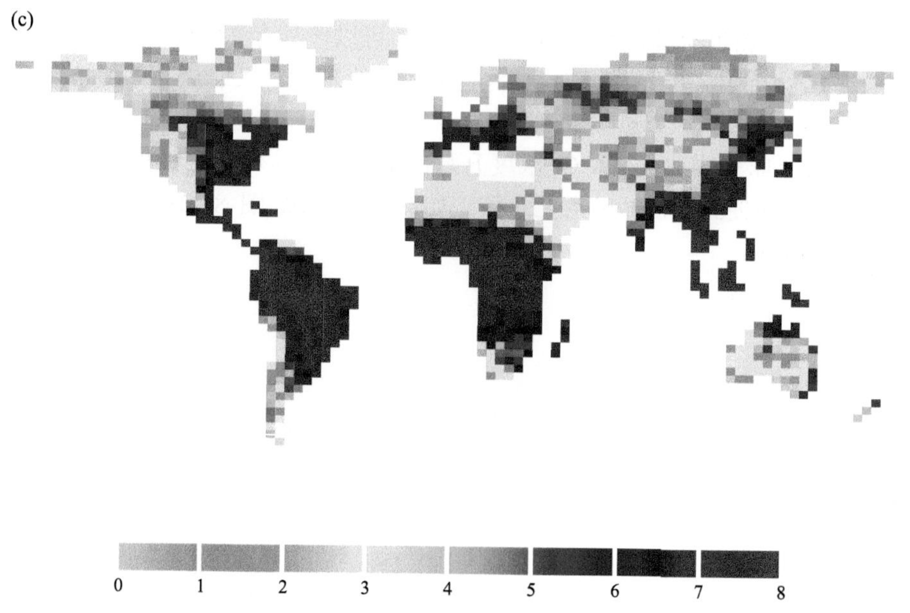

图 8.12　(a)始新世、(b)公元 2060 年和(c)公元 2100 年叶面积指数(LAI)的全球模型

全球陆地净初级生产力(NPP)的格局，基本上反映了 LAI 的大体模式(图 8.13)。在始新世，较发育的植被冠层[图 8.12(a)]具有很高的生产力，即使在高纬度地区也是如此。但是在一些大的地区，特别是俄罗斯北部和亚洲部分地区，以及加拿大北极地区和北美洲的一个纵向地带[图 8.13(a)]，NPP 受到限制。这些限制是通过减少夏季降水来实现的。对始新世 LAI 和 NPP 全球模式的估测和对未来气候 LAI 和 NPP 的预测之间，存在

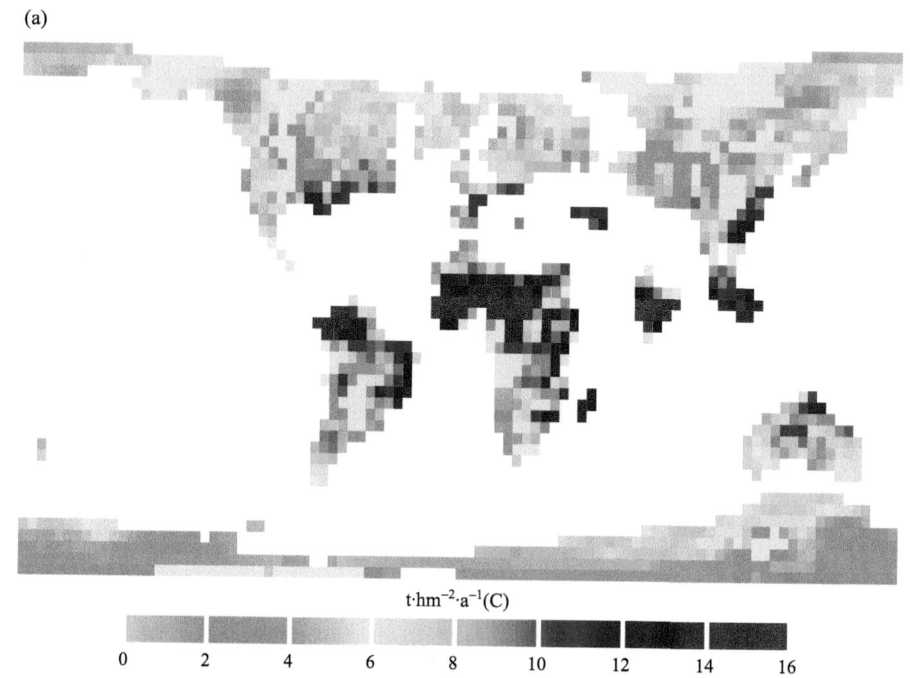

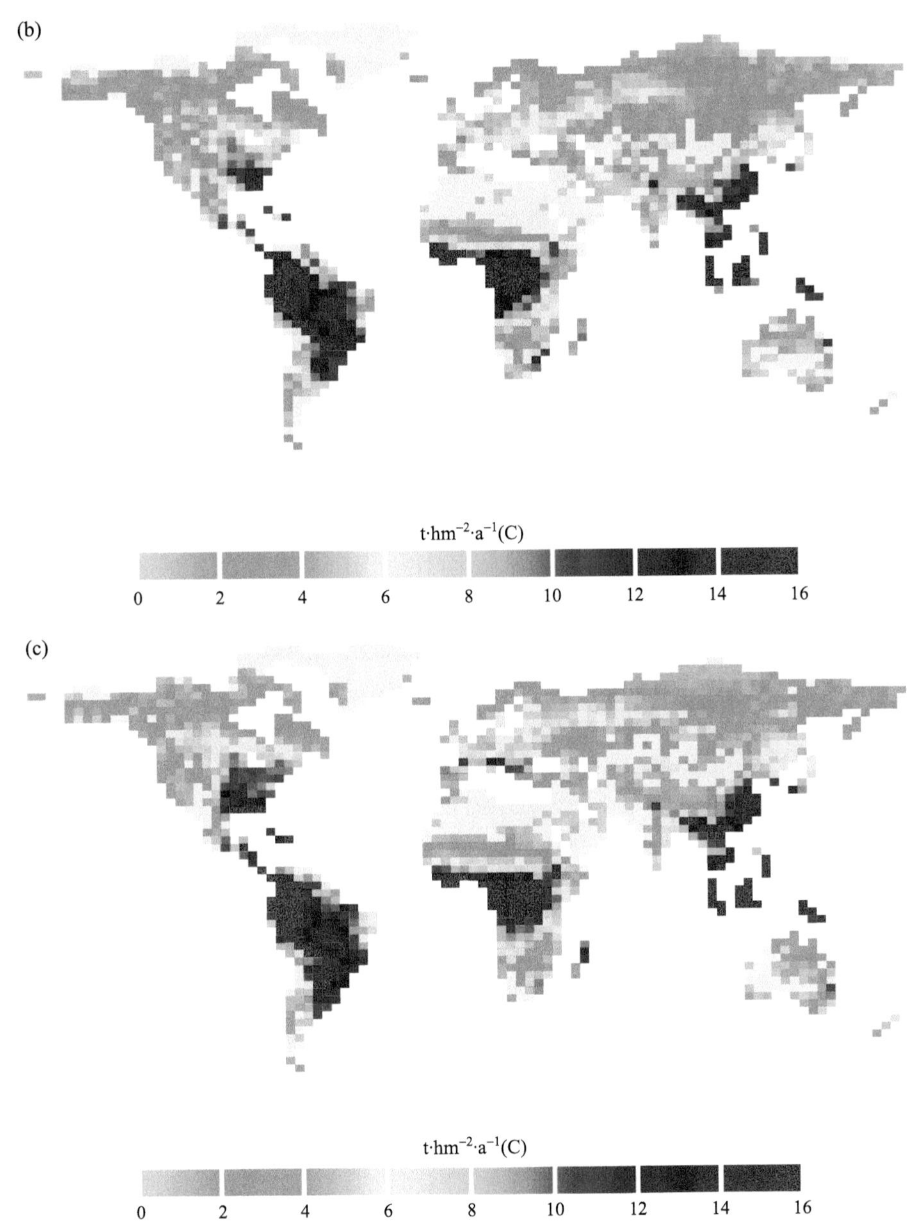

图 8.13 (a)始新世、(b)公元 2060 年和(c)公元 2100 年全球陆地 NPP 模式

着显著的差异。在 2060 年和 2100 年，高纬度地区的 NPP 普遍较低[图 8.13(b)和(c)]。整个欧洲中部的中纬度地区(公元 2100 年)，生产力确实接近始新世时期，但面积范围非常有限，就像 LAI 模式一样[图 8.12(c)]。值得注意的是，在低纬度地区(30°N～10°S)，虽然预测 2060 年和 2100 年的温度超过始新世，但生产力也更高，在某些地区最高可达 4 $t \cdot hm^{-2} \cdot a^{-1}$(C)(图 8.13)。

过去和现今最显著的差异之一是南极洲和澳大利亚大陆的生产力。在始新世的无冰世界里(Miller et al.，1987)，澳大利亚出现了更高的 NPP 和 LAI，这是由于当时的降水量与未来气候的降水量相比要大得多(图 8.8)，而不是由于温度带来的明显变化(图 8.6)。未来气候变暖使澳大利亚的沙漠持续存在，从而限制了整个大陆的生产力。南极洲冰盖的存在，显然阻止了陆地植被在 2100 年之前的大范围拓展。但在始新世，该陆块具有显著的生产力，估计总量为每年 4.2 Gt(C)。印度在始新世时处于较低纬度的位置，气候比今天更温暖和更潮湿，相应地具有更高的 LAI 和 NPP。

美国东南部是过去估测和未来预测的 NPP 和 LAI 模式最相似的区域。模拟显示，该地区在始新世具有较高的 LAI 和 NPP[约 12 $t \cdot hm^{-2} \cdot a^{-1}$(C)]，预计在未来 100 年气候变暖和 CO_2 浓度增加的情况下，这种情形将会重现(图 8.12 和图 8.13)。美国西南部回归到较高的生产力，是由于出现了一个逐渐向西北延伸的强降雨模式。在全球范围内，始新世陆地年生产力总量为 90.0 Gt(C)，而 2060 年和 2100 年的陆地年生产力总量分别为 70.3 Gt(C)和 78.2 Gt(C)，是始新世的 78.1%和 86.9%。

全球陆地生产力模式可以与每种植物功能型的模拟地理范围相结合(第 196 页)，来确定不同时间的平均空间生产率。研究人员已对始新世、2060 年和 2100 年三种主要森林类型(落叶阔叶林、常绿阔叶林和常绿针叶林)进行了分析。结果(图 8.14)显示，常绿针叶林和落叶阔叶林在始新世和未来气候条件下具有相似的平均生产力。2060～2100 年气温和 CO_2 的上升，导致这两种森林类型的生长略有增加[<0.5 $t \cdot hm^{-2} \cdot a^{-1}$(C)]。对于生产力更高的常绿阔叶林(相当于现代热带雨林)，它的生产力在 2060 年显著超过始新世值，到 2100 年仍进一步提高(图 8.14)。这种模式的产生有两个原因：第一，未来气候条件下的低纬度地区更加温暖的温度直接刺激了热带森林的扩张和生产力的提高；第二，始新世热带森林分布在较宽的纬度范围内，甚至分布到较高纬度地区(见下一节)，而那里较冷的气候限制了生产力。因此，就整个分布上的平均水平而论，始新世热带森林的生产力较低。

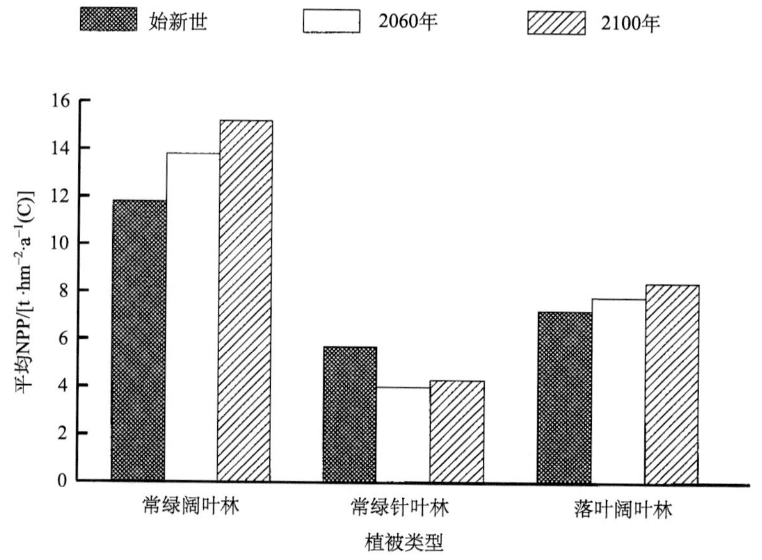

图 8.14　模拟的始新世、公元 2060 年和公元 2100 年三种不同森林类型生产力的平均空间的面积加权变化

计算的 LAI 面积加权纬向平均值模式显示，三个模拟结果中，赤道地区的高值占主导[图 8.15(a)]。这些数值随着纬度的增加迅速下降，但始新世维持着较高的数值(4～6)。与全球情况一样，NPP 的纬向变化与 LAI 的变化模式相似[图 8.15(b)]。因此，NPP 和 LAI 的高值源于较高的温度加上较高的 CO_2 浓度，而不是单独的高 CO_2 浓度。

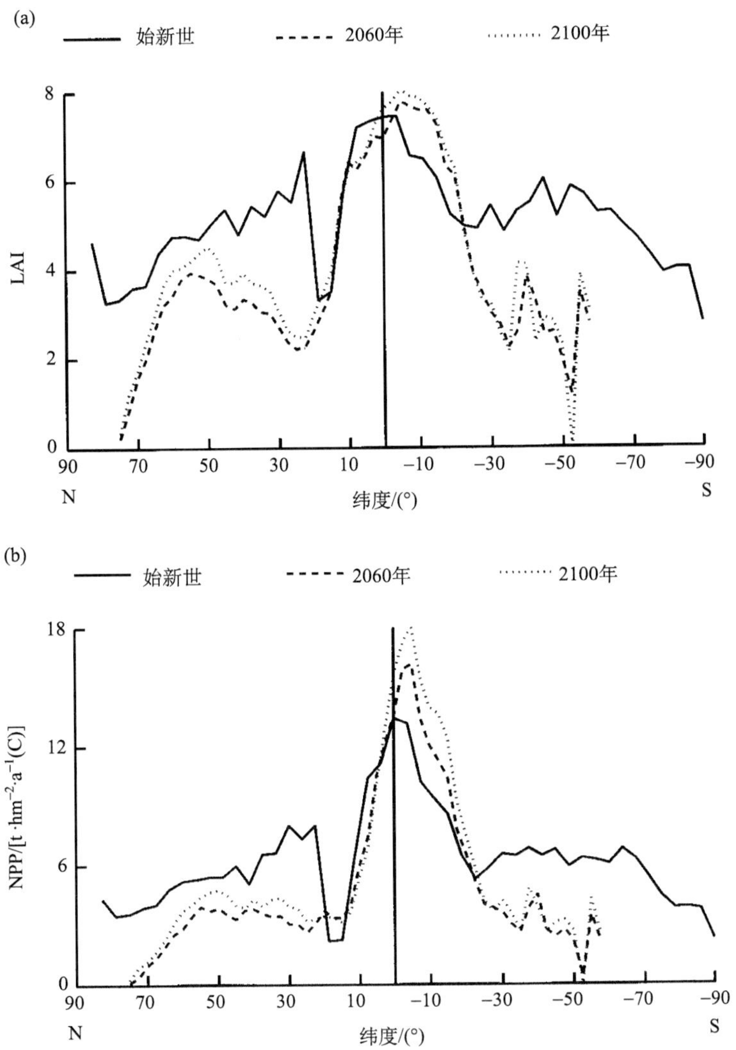

图 8.15 始新世、公元 2060 年和公元 2100 年的(a)LAI 和(b)NPP 的面积加权纬度平均值

模拟结果表明，有机层(如枯枝落叶等)在化石沉积物中积累的速度，可能比现代中纬度森林的凋落物产量估计的速度要快，因为古环境中的植被可以支持相当高的 LAI。这个速率很重要，因为现代模拟方法经常被用来估计沉积速率，从而估计特定有机层所代表的持续时间(Greenwood and Basinger，1994；Kojima et al.，1998)。这种差别可以进行量化。Kojima 等(1998)假设褐煤中优势类群(西方水杉 *Metasequoia occidentalis*)的 LAI 与现代落叶针叶林的 LAI 相等，计算了加拿大北极始新世褐煤的累积速率 x(cm·a^{-1})：

$$x = \frac{\mathrm{LAI} \cdot S \cdot D}{rW} \tag{8.1}$$

其中，S 是样品的地面面积(cm^2)；D 是样品的厚度(cm)；r 是表面积与重量之比(通常为 50 $cm^2 \cdot g^{-1}$)；W 是样品的重量(g)。

假设 LAI 为 5，Kojima 等(1998)用方程(8.1)计算现代落叶针叶林的累积速率为 0.16 $cm \cdot a^{-1}$。然而，在始新世的高 CO_2 浓度情况下，LAI 在 79°N 附近地区可能接近 7～8 [图 8.13(a)]，相应地累积速率更高，达到 0.22～0.26 $cm \cdot a^{-1}$。方程还需要进一步修正，以说明有机物质因分解而造成的压实和损失。因此，忽略压实作用，厚度为 100 cm 的始新世褐煤，累积速率以 0.16 $cm \cdot a^{-1}$ 计算，则沉积的时间为 625 年。相比之下，用模型模拟的 LAI 和经过修订的累积速率(0.26 $cm \cdot a^{-1}$)来计算，同样厚度的褐煤代表 384 年的沉积时间，时间差异约为 240 年。这个例子说明，当植物生长在非常不同的环境中时，以现代植物的特征推断过去，可能存在潜在的错误。

始新世植被对气候的反馈

该模拟结果的一个显著特点是，与未来气候相比，由于始新世的气温、CO_2 浓度和降水量较高，在极地地区建立了高 LAI 的植被[图 8.12 和图 8.15(a)]。在化石记录和模型估测中，这些极地森林的存在表明它们通过改变地表-大气能量交换而具有很强的反馈潜力(第 6 章)。在始新世，这种反馈对试图解释早-中始新世极地温暖的气候模型研究有直接意义(Sloan et al.，1992，1995；Sloan and Rea，1995；Sloan and Pollard，1998)。人们假定许多与自然气候系统有关的机制，可能是对始新世赤道-极地温度梯度浅层/表层一种解释(表 8.3)。然而，若干气候机制与观测到的气候系统响应率并不一致，或者在气候模型研究中没有发现模型和数据一致的情况。高纬度 II 型(水蒸气)极地平流层云(PSCs)可使极地地区变暖，它的形成可能与高浓度的大气甲烷有关(Sloan and Pollard，1998)。仅在高纬度地区规定极地平流层云，而不是允许其通过气候模型中的气候和大气化学过程形成，这揭示了它们具有影响陆地温度的潜力。尽管陆地生态系统产生甲烷的作用可能很重要，还需要开展进一步的工作，以便确定导致极地平流层云增加的机制(Sloan et al.，1992；Valdes，2000)。

表 8.3 解释早-中始新世赤道-极地温度梯度的机制研究

	机制	文献
海洋机制	温暖深水的双重形成	Sloan et al.，1995
	温暖地表水的双重输送	Sloan et al.，1995
	增加(6 倍)温暖盐水的温暖深水生产或增加热卤碱循环	Barron et al.，1993
大气机制	通过大气动力学的变化将高纬度反照率降低 45%～65%	Sloan et al.，1995
	增加高纬度极地平流层云量	Sloan and Pollard，1998
	扩大的哈德莱模型单元	Farrell，1990
	增加大气 CO_2 浓度	Sloan and Rea，1995；Sloan et al.，1995
	增加甲烷浓度	Sloan et al.，1992
	通过增加 90%的云量来冷却热带海面温度	Horrell，1990

始新世植被高 LAI 的意义在于，它为极地高温提供了更加复杂的解释。LAI 高的话，则会通过降低地表反照率使地表变暖；但也可能通过增加蒸腾散发增加云量，使地表变冷(Betts et al.，1997)。植被-气候耦合模拟研究表明，在 CO_2 浓度较高(640 ppm)和植被覆盖丰富的地区，蒸腾效应占主导地位(Betts et al.，1997)(图 8.16)。一般来说，以现代湖泊和陆块布局来看，LAI 增加幅度越大，对气候的降温效果也就越好。因此，如果在始新世的气候模型模拟中加入植被-气候反馈，极地地区甚至可能比没有这些反馈的情况下更凉爽(图 8.16)，而这增加了这些地区模型和数据之间的差异。这是一个值得进一步研究的气候-植被耦合模型。

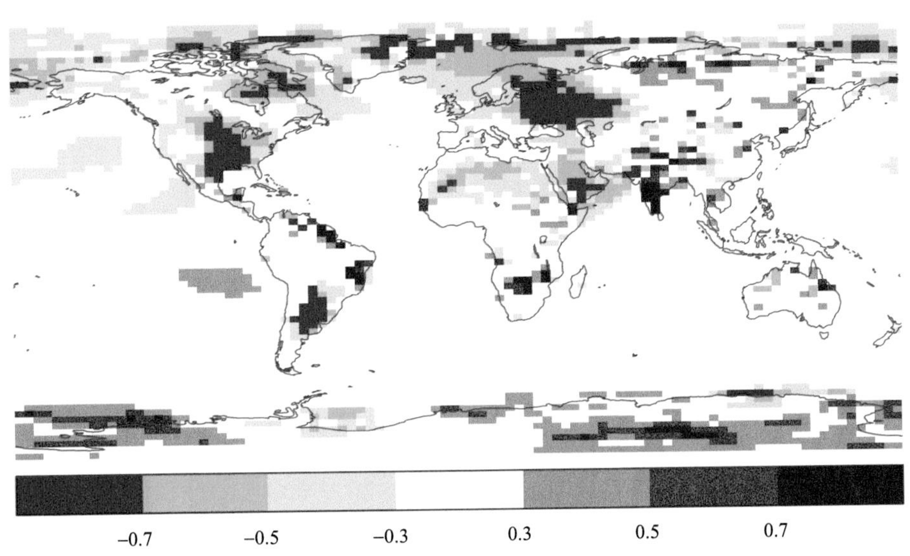

图 8.16　与气孔导度引起的温度变化相比的 LAI 和气孔导度综合变化引起的温度(K)变化

请注意，在目前 CO_2 浓度倍增的世界中，大部分陆地表面通过植被反馈作用来变凉(引自 Betts et al.，1997)

古近纪陆地化石森林生产力

植物化石记录提供了明确的证据，表明加拿大北极地区的埃尔斯米尔岛(Ellesmere Island)(78°N)(Francis，1988；Kumagai et al.，1995)和阿克塞尔·海伯格岛(Axel Heiberg Island)(Francis，1991)始新世(约 50 Ma)的沉积物中埋藏着密集的高纬度化石森林(通常是树桩、木材和树根)。这些化石代表了迄今为止记录到的最北端的一些森林，尽管现今北半球极地森林也很普遍，在西伯利亚的泰米尔半岛(Taimyr Peninsula)，一些针叶林分布到 72°N 地区(Archibold，1995)。来自南半球高纬度地区的植物化石也有报道，见 Read 和 Francis(1992)的综述。因此，极地森林现象并不局限于遥远的过去。

加拿大岛屿上的始新世森林树木很大，原位的化石树桩直径达 5m，树桩彼此距离很近(367～325 hm^{-2})，生长轮较宽，指示该森林具有很高的陆地生产力潜力。树桩间距可能不一定反映森林的原始树木密度，因为树木死亡发生在几百年的时段内。不过，这些化石确实为这些地区分布着大量的森林提供了确凿的证据(图 8.13 和图 8.14)，它们的形态特征则为高纬度陆地生产力的模型模拟提供了一定的定性支持。

在极地这样的高纬度地区，树木在冬季要忍受很长时间的极夜黑暗，而在夏季要忍受白昼迅速增加带来的持续光照。尽管已经证明，植物在长时间黑暗中也具有生存能力，但这种树木生长的条件在现今的南半球没有可类比的现代森林，对这些森林生存策略的潜在机制仍有待研究(Read and Francis，1992)，而高浓度的大气 CO_2 可能也起了重要作用(Beerling，1998)。然而，对北半球和南半球高纬度地区盛行气候中显著陆地生产力的预测，是通过当代植被中依赖于温度的生理过程速率来实现的，而无须援引植物呼吸速率的温度敏感性变化。这表明，在进化过程中或许没有必要唤起那些强烈的趋势，来强调对环境条件的适应。

首先，可以通过化石木材的生长轮宽度来估算松柏类化石森林的生产力，从而对 NPP 进行定量比较(表 8.4)。为了提供始新世值的时间背景，还要对古新世和晚始新世化石树木的生长轮宽度开展额外的研究。这些古老森林中树木密度的不确定性对我们开展进一步的对比造成了一定的限制。然而，根据古近纪和早-中始新世的化石材料可以看出，模型估值接近或者处于树轮宽度计算的范围或下限(表 8.4)。

表 8.4 古近纪化石森林的生长轮宽度和 NPP 估值

年代	地点	古纬度	生长轮宽度/mm	不同树木密度下的 NPP/[$t·hm^{-2}·a^{-1}$(C)]			NPP 模型 /[$t·hm^{-2}·a^{-1}$(C)]
				50 hm^{-2}	150 hm^{-2}	200 hm^{-2}	
古近纪	查尔斯国王岛斯皮茨伯根[a]	61°N	4.4	10.8	21.6	32.3	6
	西格陵兰野兔岛[a]	62°N	5.4	13.2	26.4	39.7	8
	开罗[a]	5°N	不清楚或不存在	n/a			
古新世	埃尔斯米尔岛[c]	76°N	0.8±0.3	1.9	5.9	7.8	7
	西摩岛横谷组[d]	59°N～62°N	2.0	4.9	14.7	19.6	6
	阿拉斯加北坡[e]	85°N	1.8	4.4	13.2	17.6	5
早-中始新世	阿克塞尔·海伯格岛[b]	76°N	3～5	7～12	14～24	22～37	7
	埃尔斯米尔岛[b]	76°N	高达 10	24.6	73.7	98.3	7
	埃尔斯米尔岛[a]	76°N	3.0	7.3	22.0	29.3	7
	埃尔斯米尔岛[c]	76°N	1.6±0.8	3.9	11.7	15.6	7
晚始新世	西摩岛拉梅斯塔组[d](被子植物木材)	59°N～62°N	3.5	8.6	25.7	34.3	n/a

注：生产力使用第 6 章描述的经验方法在相同假设条件下估算。a 引自 Creber 和 Chaloner(1985)，b 引自 Francis(1988，1991)，c 引自 Kumagai 等(1995)，d 引自 Francis(1986a，1986b)，e 引自 Spicer 和 Parrish(1990)。

举一个具体的例子，在阿拉斯加，始新世的森林生产力取决于森林中的树木密度，其中，模型估测 NPP 为 6～7$t·hm^{-2}·a^{-1}$(C)(图 8.13)，而根据化石树木生长轮宽度的估计值为 4.4～17.6 $t·hm^{-2}·a^{-1}$(C)。在未来全球变暖的高 CO_2 情况下，这两个估值都超过了该地区的生产力预测值(图 8.14)。对基于碳循环的生物物理和生物地球化学角度的生产力估值与经验关系的生产力估值之间的比较，不应过度解释，这是因为不同的方法各有其局限性。这两种估测结果在该地区计算的树木密度范围内重叠，这个结果的确令人鼓舞，因为计算陆地生产力的方法非常不同。与侏罗纪的研究(第 6 章)一样，在高纬度建立的 NPP 模型并不支持阿克塞尔·海伯格岛(484 棵/hm^2 和 325 棵/hm^2)和埃尔斯米尔岛(367 棵/hm^2)所记录的极地化石森林的高密度(Francis，1991)。这样的树木密度，通常只出现在当代气候条件下热带/新热带森林中(Pole，1999)，表明这可能不是当时生长的树木的绝对密度。

始新世和未来的全球植被分布

始新世植物功能型的全球模式与 2100 年截然不同[图 8.17(a)]。始新世 C3 禾草类植物的估测分布[图 8.17(a)]相当于草原和灌丛的混合功能型。大型化石证据显示，禾本科现生族从晚古新世/早始新世开始出现(Crepet and Feldman，1988)，但是直到中、晚中新世草原才开始广泛分布(Potts and Behrensmeyer，1992)。人们认为 C4 禾草类植物分化产生得很晚，直至中新世才出现(Thomasson et al.，1988)，因此在始新世的模拟中没有考虑它们。各种优势功能型的模式都表明，北半球落叶阔叶林可以在高纬度出现，特别是在格陵兰、美国南部、欧洲和亚洲西部的大部分地区[图 8.17(a)]。在南半球，这些落叶

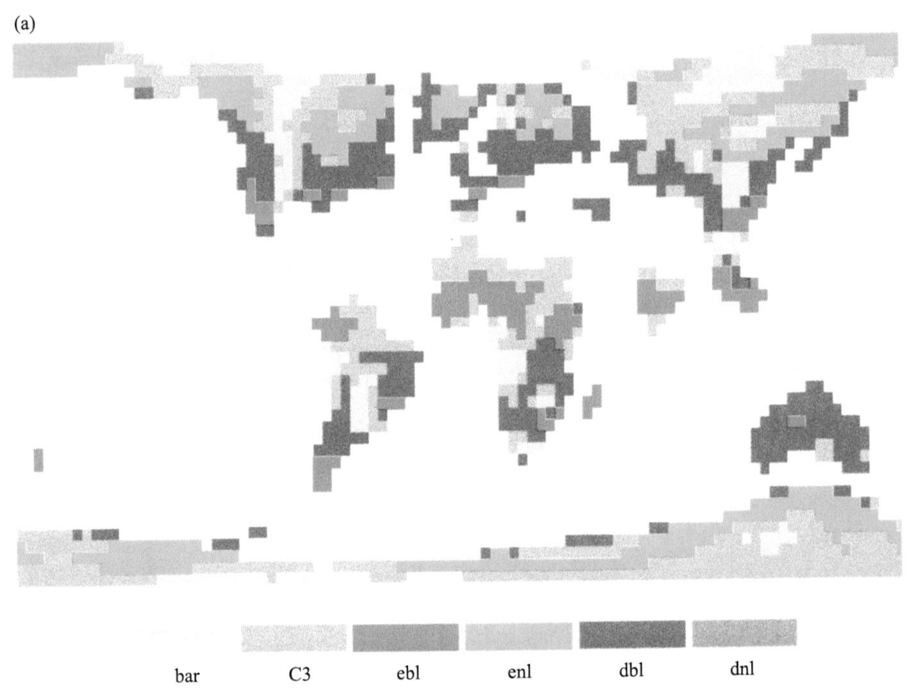

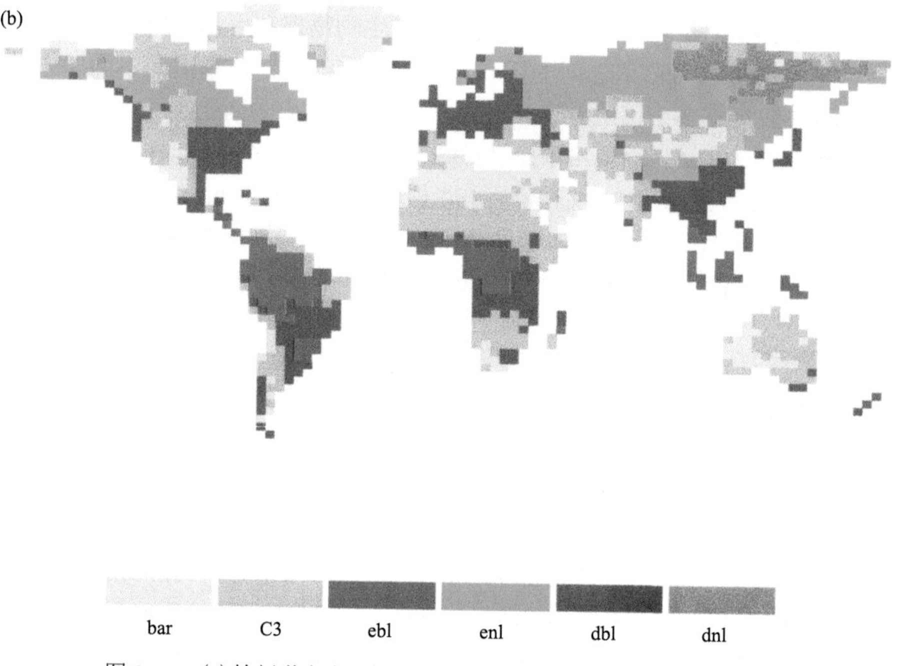

图 8.17　(a) 始新世和 (b) 公元 2100 年植物功能型的全球分布模式

bar，裸地；C3，C3 光合途径草原；ebl，常绿阔叶林；enl，常绿针叶林；dbl，落叶阔叶林；dnl，落叶针叶林

阔叶林遍布南美洲、非洲、澳大利亚和南极洲的部分地区[图 8.17(a)]。常绿阔叶林覆盖整个非洲中部、南美洲部分地区、印度和澳大利亚中部部分地区。南极洲和阿拉斯加大部分地区以常绿针叶林为主[图 8.17(a)]。始新世落叶针叶林不占优势，反映了此时温暖的冬季气候。

我们把全球植被模式与早-中始新世的古植物学证据进行了比较。这样的全球重建必须根据一组相当分散的、有合适植物化石的地点，以及大范围的不同地区之间的插值补充。尽管估测始新世植被类型的分布还存在困难，但我们需要进行某种形式的验证，这不仅是为了测试未来植被变化预测的可靠性，也是为了量化始新世全球陆地的碳循环(Wolfe, 1985)。

Wolfe(1985)最早绘制了中-晚始新世植被类型的全球分布图，随后 Frakes 等(1992)将其重新绘制到新的古地理重建图上(图 8.18)。尽管 Wolfe(1985)使用了化石植物群的现有数据，但他依靠现代植被类型与温度之间的相关性来填补“空白”。虽然存在一些潜在的困难，但重建植被类型与模拟植被类型的比较，表明有几个方面是一致的[图 8.17(a)和图 8.18]。在北半球高纬度地区，古植被重建显示混生针叶林占优势，这与先前认为的在加拿大北极地区和南极洲存在始新世针叶林的更多近期证据相一致(Francis，1988，1991；Spicer and Parish，1990)。在越来越低的纬度地区，针叶林被认为让位于常绿阔叶的副热带雨林。在模拟中，也有证据显示常绿针叶林让位于受水分限制的、带有一些常绿阔叶林的落叶阔叶林；两者与古植物学数据基本一致。

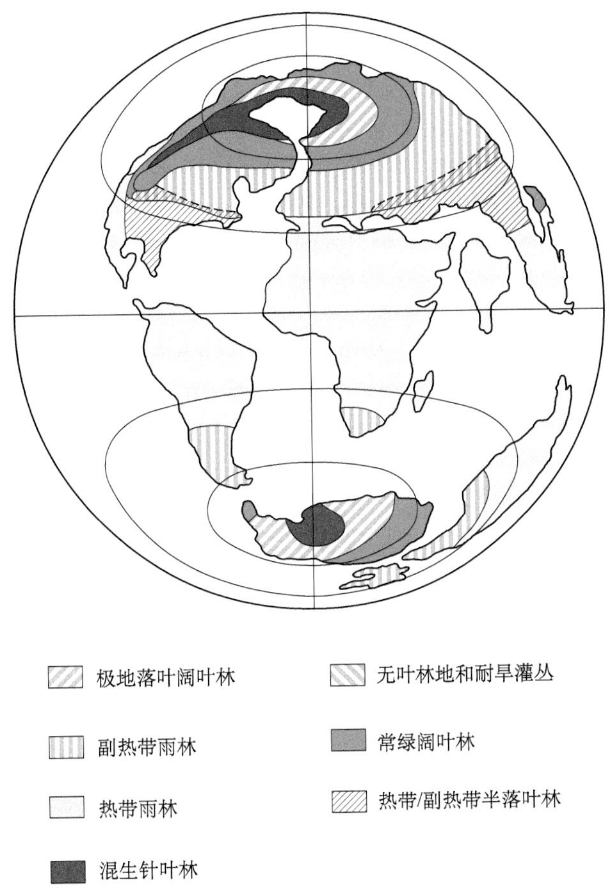

图 8.18 利用古植物学资料和现今气候-叶貌相关关系重建的全球植被类型分布模式

由 Frakes 等(1992)从 Wolfe(1985)的原始地图中重新绘制

在澳大利亚，植被的模拟分布与化石记录重建的植被分布之间存在更强的相似性。根据古植物学数据，澳大利亚被认为由极地落叶阔叶林和常绿森林组成(图 8.18)，这和预测结果一样[图 8.17(a)]。继 Wolfe(1985)的研究之后，Greenwood(1996)发现，始新世时期澳大利亚中部以热带雨林的硬叶植物群落为主。

这些预测显示南极洲以针叶林为主，这与南极洲的植被重建非常不同[图 8.17(a)和图 8.18]。然而，重建表明，混合针叶林仅拓展到澳大利亚最高纬度地区，而极地阔叶林向大陆边缘拓展。对 Wolfe(1985)的原始地图进行检验，表明与其他区域不同，南极洲、南美洲、非洲南部和澳大利亚的所有植被带都是依据仅有的两个地点的化石材料重建的。因此，从测试的目的来看，这种比较是有限的，因为它不是基于广泛的古植物学分析得出的结论。

尽管估测和重建的中始新世全球植被模式在细节上出现了差异，但这两幅图之间仍有惊人的高度相似性。令人惊讶的是，这些结果表明，在过去五千万年的全球气候和 CO_2 浓度变化中，控制植物分布的生态生理并没有发生显著变化。这也强烈地暗示，在高 CO_2 浓度下捕获植被动态所需的一些基本过程已在 SDGVM 中得到充分的体现。然而，根据古植物资料分析的重建，需要更大的空间覆盖范围。在地球最后一次经历“温室”气候而在极地没有显著冰形成的情况下，这种需要至少能帮助我们提高对全球植被分布模式的认识(Miller et al.，1987)。

将预测的未来植被变化模式与始新世温室世界的植被变化模式进行比较很有意义。在第 10 章中，我们将进一步讨论功能型分布随未来全球变化而发生的变化。然而，从现今到 2100 年，植被类型的变动与始新世仍有一些相似之处。特别是到 2100 年，常绿针叶林向北扩散到高纬度地区[图 8.17(b)]，破坏了冻土苔原，这与始新世的模式相似。到 2100 年，落叶阔叶林也以类似于始新世的模式将分布区扩展到更高的纬度地区，乃至遍及欧洲中部、亚洲部分地区、南美洲和非洲南部地区[图 8.17(a)，图 8.17(b)]。

据预测，南半球未来和过去的植被分布将会有很大不同，公元 2100 年澳大利亚的草原仍将持续存在，但在始新世时期则以常绿和落叶阔叶林为主(图 8.17)。在南美洲的最南端和非洲南部，始新世时期热带雨林仍然存在，预计到 2100 年这些地区将以 C3 和 C4 草原为主。尽管到 2100 年继续升温，但格陵兰不太可能像始新世那样维持茂密的针叶林和阔叶林。始新世时期，热带雨林也在瓦解，而不是像预测的那样，到 2100 年时热带雨林的范围会简单扩展。

简而言之，在未来温室世界中，北半球高纬度地区植被类型的重新排列开始接近于始新世的情形，但在低纬度地区和南半球地区，未来植被变化的模式是非常不同的。

始新世和未来陆地生态系统的碳储量

始新世陆地生物圈的总碳储量很高(表 8.5)，但由于气候和古地理的不同，这两个时期的总碳储量差异很大。与石炭纪相比，始新世高 CO_2 浓度和温暖的气候，加上当时寿命长的常绿和落叶阔叶林的广泛发育(表 8.6)，增加了植被生物量的碳储存潜力。大部分始新世森林覆盖显示与早先认为的古植物重建一致，从而支持碳储量的数据。南极洲的陆地碳约占始新世植被碳的 2.8%和土壤碳的 12.8%(表 8.5)。

表 8.5　始新世及未来 2060 年和 2100 年气候条件下的植被和土壤中储存的碳总量

时间	植被/Gt(C)	土壤/Gt(C)
始新世(全部)	1134.8	1295.0
始新世(南极洲)	46.3	150.0
公元 2060 年	883.9	724.0
公元 2100 年	911.1	825.1

早-中始新世的地质特征表明，土壤中有巨大的碳储量潜力。例如，晚古新世的煤层是整个显生宙记录中最厚的煤层之一(Shearer et al.，1995；Retallack et al.，1996)，在有些地方厚度可达 150 m。始新世期间，湿地土壤也可能在陆地碳储存中起着重要的作用。Sloan 等(1992)根据对始新世“煤化”碎屑沉积物的分析，推测早始新世湿地总面积为 5.6×10^6 km^2，约为现今的三倍。假设现代湿地土壤的碳储量为 723 $t\cdot hm^{-2}$(C) (Adams et al.，1990)，则这些系统可能有土壤总碳储量的 34%，高达 400 Gt(C) (表 8.5 和表 8.6)。

表 8.6 始新世、2060 年和 2100 年将陆地生态系统划分为不同功能类型植被及其下土壤的面积加权总碳储量 [单位：Gt(C)]

年代		不同功能类型的碳储量					
		C3 草原	C4 草原	常绿阔叶林	常绿针叶林	落叶阔叶林	落叶针叶林
始新世	植被	35.4	n/a	597.9	191.9	469.7	—
	土壤	364.8	n/a	217.9	271.2	280.8	—
2060 年	植被	10.6	15.3	394.7	81.5	210.5	11.5
	土壤	196.8	81.9	132.3	239.4	149.1	56.7
2100 年	植被	17.5	13.2	453.3	97.5	231.1	12.5
	土壤	228.6	65.4	135.9	251.1	154.2	48.4

未来温室环境的影响通过增加植被生物量和土壤碳成分来增加陆地生态系统中的碳储量(表 8.5 和表 8.6)。即使北半球的高纬度地区，落叶和常绿森林向北延伸，2100 年植被生物量中的碳储量仍是始新世的一半。未来环境模型表明，常绿阔叶林和常绿针叶林碳储量增加很大(表 8.6)。

当重新绘制全球碳储量时，始新世和未来高 CO_2 情况下陆地生态系统碳储量之间的对比是很明显的(图 8.19 和图 8.20)。随着格陵兰、北美洲、澳大利亚及南极洲部分地区始新世森林的建立，与 2060 年和 2100 年模拟碳含量相比，植被生物量中积累了大量的碳(图 8.19，表 8.6)。土壤碳储量的全球格局一般与植被生物量相反[图 8.19(b)]，原因是高纬度地区的低温减缓了分解速率，增加了土壤中的碳积累。

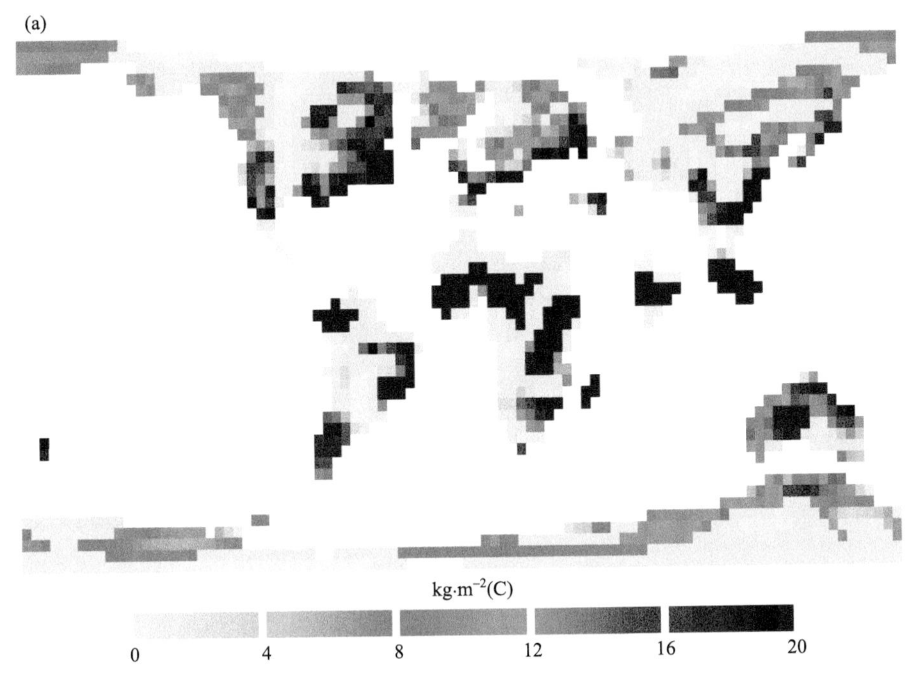

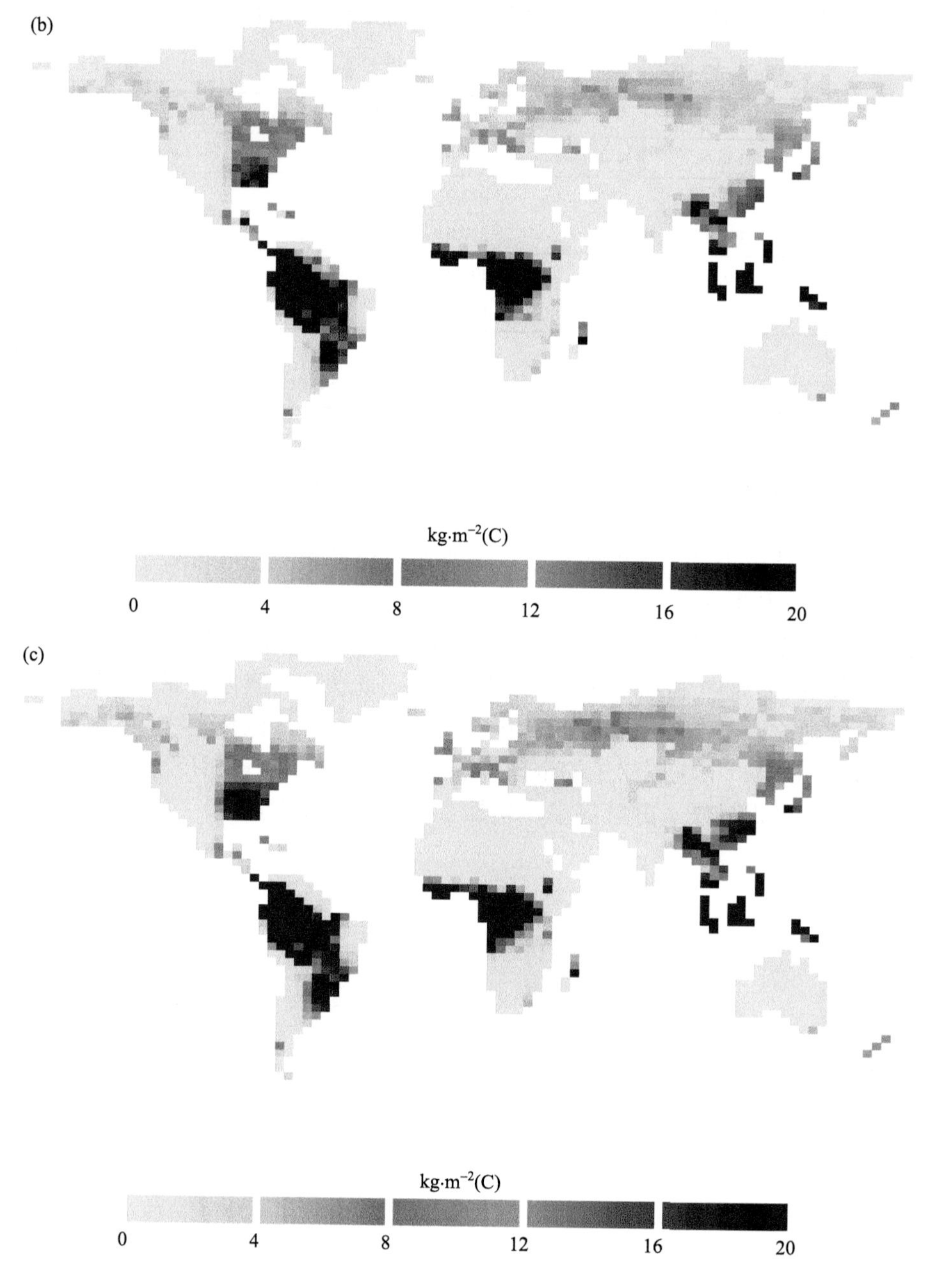

图 8.19　(a)始新世、(b)公元 2060 年和(c)公元 2100 年全球植被碳储量模式

始新世陆地生物圈的碳储量数据表明，相对于大气中的碳储量，碳循环发生了相当大的变化(图 8.21)，额外的碳可能是通过火山活动从海洋和/或地壳中获得的。虽然考虑了植被对碳酸盐和硅酸盐岩石风化速率的间接影响(Berner，1994)，碳循环的长期地球化学模型并没有直接考虑生物圈的碳储量。尽管如此，始新世的碳储量估值(表 8.5)可以作为对地球化学方法预测的一级限制值。从晚白垩世模拟(65 Ma；第 7 章)得到的陆地生物圈碳储量的数值为 2966 Gt(C)，始新世的数值减少了 536 Gt(C)，相当于向大气释

放 260 ppm 的 CO_2［假定大气中 1 ppm CO_2 = 2 Gt(C)；Siegenthaler and Sarmiento，1993］。因此，大气 CO_2 浓度“校正图”对碳循环的植被反馈，可能达到 260 ppm 高于 Berner(1994)的估计。这种计算方法过于简单，因为它忽略了海洋的响应并假定陆地生物圈的碳储量迅速增加，但是它说明了在地球化学模型中反映生物圈过程的必要性。

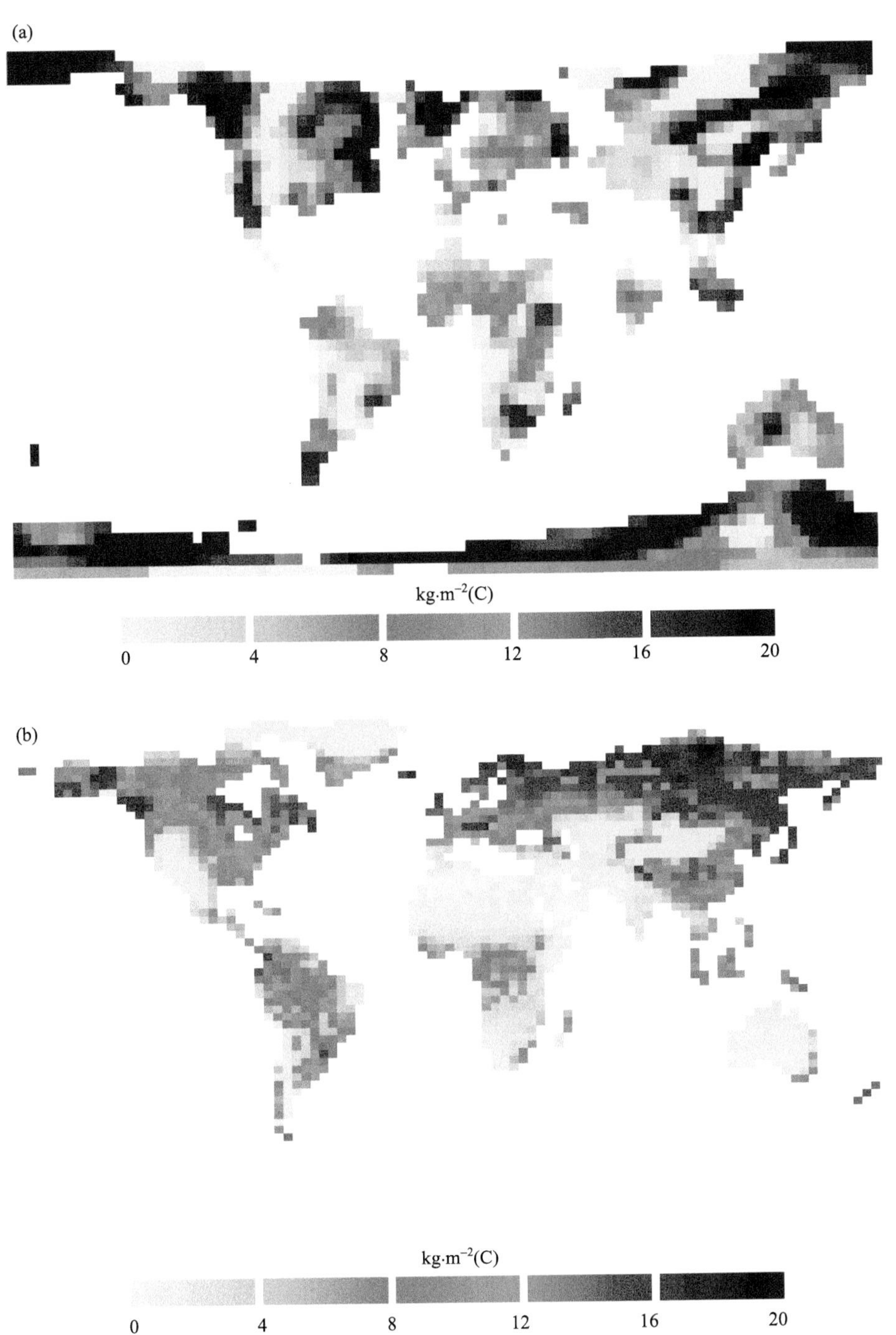

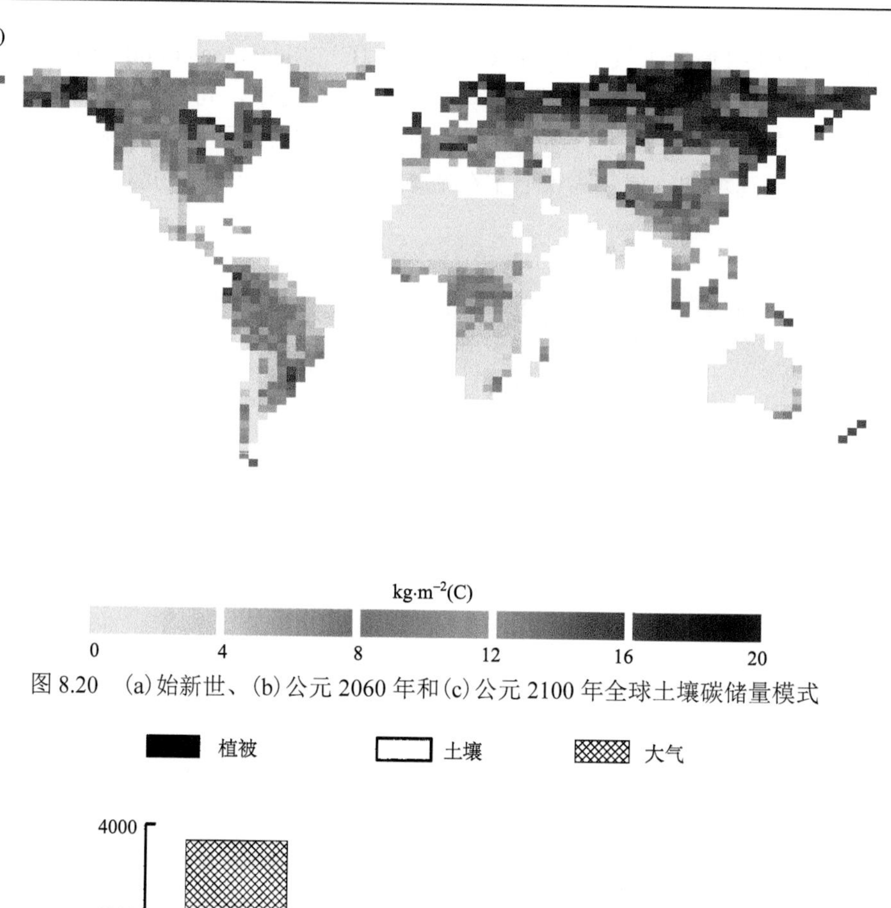

图 8.20　(a)始新世、(b)公元 2060 年和(c)公元 2100 年全球土壤碳储量模式

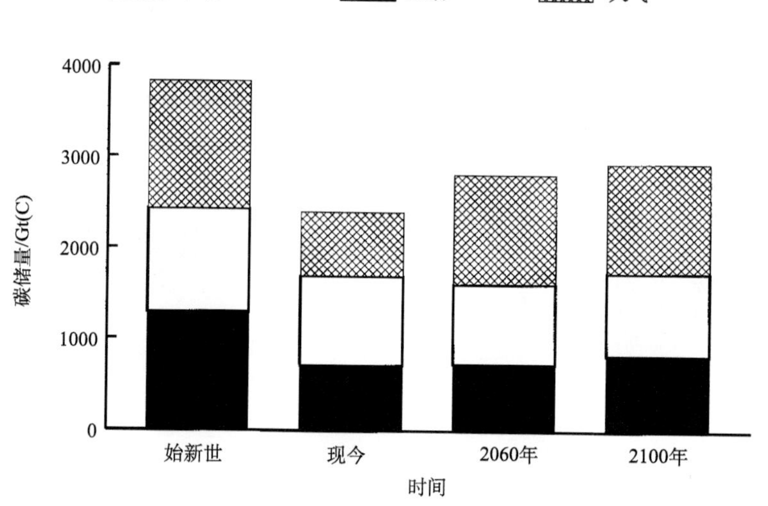

图 8.21　大气、植被和土壤中碳储量的变化

现今的生物圈的数值来自第 9 章

生物圈向始新世大气释放出 260 ppm 的 CO_2 会对全球温度产生影响，这种影响可以用一个简单的 CO_2-温室效应公式来计算(Walker et al.，1981；第 6 章)。该公式使用过去某个时间的大气 CO_2 浓度相对于标准气体(300 ppm)的比率来计算 CO_2 对温室效应的影响。根据该公式，CO_2 从 Berner(1994)的地球化学模型“最佳猜测”结果的 600 ppm 上升到 860 ppm，可将全球温度升高 0.6℃(图 8.22)，这表明陆地生物圈的碳释放对全球气候条件具有潜在的影响。

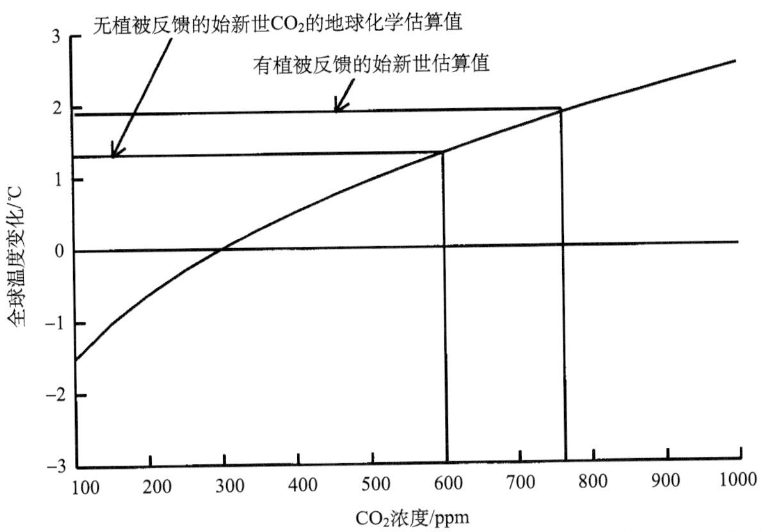

图 8.22 用 Walker 等(1981)的 CO_2-温室效应公式计算的晚白垩世至始新世期间陆地生物圈释放的 CO_2 对全球温度变化的影响

早始新世陆地生物圈具有固碳的巨大潜力，这可能是古新世末期生物对气候的一种反馈。海洋和陆地沉积物的高分辨率碳同位素记录表明，全球气候在古新世末期至始新世早期(约 55.5 Ma)发生了重大变化，这可能是由于海底大量甲烷的释放所引发的(Dickens et al.，1998)。根据碳同位素质量平衡分析，基于地球三个主要储集层(海洋、大气和陆地生态系统)中碳的数量和碳同位素组成分析，发生在古新世/始新世之交的全球气候事件明显增加了陆地生态系统的碳储量(Beerling，2000a)。这一增加可能足以将最初从海底释放的大量大气 CO_2 作为甲烷封存起来，从而减少此时的温室效应程度，形成一种生物反馈机制，有助于气候的稳定(Beerling，2000a)。

结论

尽管预计到 2100 年，大气 CO_2 浓度上升幅将达到或超过始新世的估测水平，但在未来几个世纪，人类活动导致的温室气体增加，不太可能重演始新世时期温暖而古老的“温室”世界。古代温室世界和未来温室世界的主要区别似乎在于，55～50 Ma 与现今相比，从赤道到两极之间存在的温度梯度更为平缓。这点加上始新世大范围无冰的情况，以及格陵兰和欧洲陆块的南移，共同使两个半球的高纬度地区都有了植被和丰富的陆地生产力。因此，尽管边界条件存在这些差异，但到 2100 年，模拟的全球陆地 NPP 和碳储量将会开始接近始新世早期的估算情况。

气候和植被模拟强烈地表明，如果始新世植被生长在比现在更高的 CO_2 浓度中(可能性似乎很大)，那么根据现代模拟方法，从化石植物群估算过去的降水模式将会受到严重的限制。由于这是 GCM 预测中最不可靠的方面之一，缺乏一个可靠的古降水的定量指标，将会限制我们在古环境和未来环境中使用高 CO_2 浓度时对 GCM 的测试。

(李亚、安鹏程 译，史恭乐 校)

第9章 第 四 纪

引言

第四纪（过去约 2 Ma）以冰期-间冰期气候连续的旋回序列为主要特征，这一特征的形成主要归因于由各种引力所导致的地球绕太阳公转轨道和地轴参数的变化，而这些变化都随太阳系的时间动态而改变（Imbrie and Imbrie，1979；Berger，1976，1978）。有证据显示，气候的轨道驱动在整个地球历史中普遍存在。沉积物中有机碳和碳酸钙组分的周期性变化，在过去 1.25 亿年间的大部分时间里都非常普遍（Herbert，1997），其中以石炭纪（宾夕法尼亚亚期）含煤旋回中的变化最为著名（Broecker，1997）。

气候的轨道驱动来自三个主要轨道参数的准周期变化，其中每个参数都具有不同的周期；偏心率的主周期为 100 ka，黄赤交角（地轴倾角）的平均周期为 41 ka，岁差周期为 19 ka。这些“预测”的周期与连续的海洋和冰芯地球化学记录大体一致（Hays et al.，1976；Barnola et al.，1987；Jouzel et al.，1987）。海洋有孔虫氧同位素组成变化的长期海洋记录（730 ka）则显示出有韵律性的气候变化，其中 106 ka、40～43 ka、24 ka 及 19.5 ka 的数据都具有很强的周期性，这些数据分别对应了每个轨道参数的重现间隔（Hays et al.，1976）。

对全球主要冰盖中的空气分析为第四纪晚期环境的古气候变化提供了重要记录，这些记录包括大气 CO_2 浓度和温度的变化，这两种变化对陆地生物圈产生了重要影响。其中，南极洲沃斯托克（Vostok）冰芯提供了冰盖上 CO_2 分压和气温变化的最长连续记录（＞400 ka）（Barnola et al.，1987；Jouzel et al.，1987，1993）（图 9.1），包括最后一次冰期-间冰期旋回。此记录显示，该时段内温度变化幅度约为 11℃，大气 CO_2 和温度的波动具有很强的协方差。冰期最主要的特征是较低的大气 CO_2（约 200 ppm）和甲烷（约 0.4 ppm）浓度，且温度也较低；而间冰期时，大气 CO_2 和甲烷的浓度较高（分别为 280 ppm 和 0.6 ppm），且温度较高（图 9.1）。

冰芯研究的一个有趣特征是，在冰期结束之前，粉尘浓度（即冰盖上的粉尘含量）反复出现峰值，表明水文循环发生了显著变化，特别是干旱加剧。这些因素直接或间接地影响了气候。全球气候模拟表明，观测到的大气粉尘含量突增所导致的直接气候效应，就是通过对热辐射的吸收形成偶发的区域性升温（高达 5℃）。因此，这可能是过去气候突然升温事件的潜在“触发器”（Overpeck et al.，1996）。对气候的间接影响，可能通过海洋的铁富集和随后的大气 CO_2 减少而发生（Falkowski et al.，1998）。简单的箱型模型计算表明，这一机制可能导致了 30%的冰川 CO_2 浓度降低（Falkowski et al.，1998）。

温度和 CO_2 浓度的大幅变化对植物的光合、蒸腾和呼吸都发挥了很强的控制作用，气候、水文和大气的反复变化，必然对陆地生态系统的功能、结构和分布产生直接影响。量化和描述这些影响的可能实质是本章的核心目标。这些分析从单枚叶片尺度开始，扩

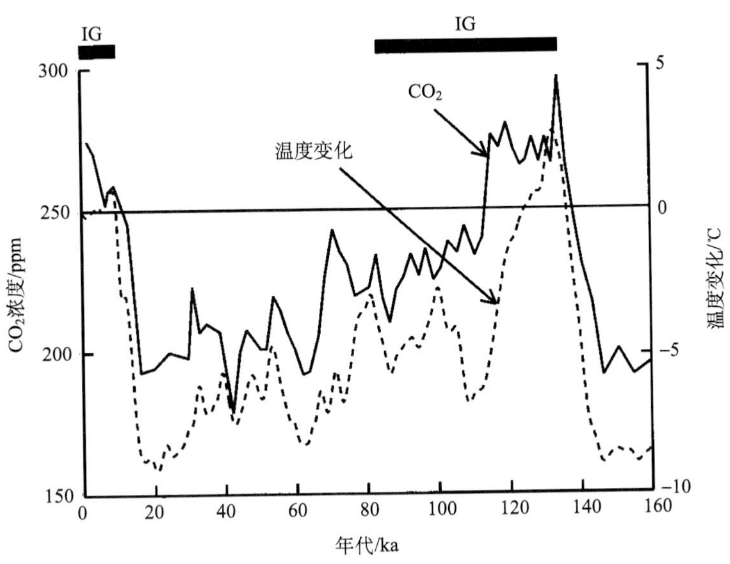

图 9.1　Vostok 冰芯中大气 CO_2 浓度和温度的变化（用氘组分重建）

实心水平条 IG 表示间冰期所处年代和持续时间；IG 之间的间隔表示冰期（Jouzel et al.，1993）。数据引自 Jouzel 等（1987）和 Barnola 等（1987）

大到全球尺度，以描述陆地植被中的碳与水通量和它们的分布、碳储量及对大气氧的生物地球化学循环的影响。

全球尺度分析聚焦于距今 6000 年前的中全新世（6 ka BP）和末次盛冰期（LGM）（21 ka BP）两个时期，分析中使用高分辨率 GCM 模拟的古气候、给定的海面温度（Hall et al.，1996a，1996b；Hall and Valdes，1997）及具有交互式海面条件的低空间分辨率 GCM 进行模拟（Kutzbach et al.，1998）。这些模型使我们能够确定植被模拟结果对第四纪晚期全球气候响应的敏感度。随后我们开展了进一步的灵敏度分析，以便能够量化中全新世大气 CO_2 低浓度和 LGM 植物-气候相互作用的影响。

化石记录显示了末次冰期以来植被的分布变化。想要再现这种变化模式是一项严峻的挑战，需要测试当今气候对植被的控制是否适用于全球气候变化和低于现今的 CO_2 分压背景下的中全新世和 LGM。这一挑战是对侏罗纪（第 6 章）和白垩纪（第 7 章）描述的补充，当时全球气候比现今更加温暖且 CO_2 浓度更高。特别值得关注的是，低浓度大气 CO_2 和干旱度增加，如何影响 C4 光合途径植物在第四纪晚期的分布（Cole and Monger，1994；Robinson，1994b；Ehleringer et al.，1997；Collatz et al.，1998），以及通过湖泊沉积物和泥炭沼泽中陆地植物有机质同位素组成的测定而对其进行的研究。

LGM 时期，陆地生物圈的碳储存是个具有不确定性且尚存争议的领域（Faure et al.，1998）。该时期的陆地和海洋地质数据（Adams et al.，1990；Crowley，1995；Adams and Faure，1998）、模型模拟（Prentice et al.，1993；Esser and Lautenschlager，1994；François et al.，1998）及基于同位素质量平衡方法的理论估测（Bird et al.，1994，1996）之间都存在显著差异。这个问题尤为重要，因为会影响我们对全球碳循环变化的解释，特别是陆地生物圈是否在末次冰消期作为大气 CO_2 的主要汇储。因此，我们提出用两种相关的方法来修正 LGM 以来陆地碳储量增长的估值：一种基于模拟植物分布以及植被和土壤中碳的生物地球化学循环；另一种基于陆地生物圈的碳同位素识别值（Δ_A）。Δ_A 的值非常重要，它被用于区分海洋和陆地的净 CO_2 通量（Tans et al.，1993）。

在最后一节中，我们讨论第四纪晚期环境对陆地植被活动及其对大气氧的生物地球化学循环的影响。大气氧气（$\delta^{18}O_2$）的同位素组成反映了 O_2 在生物圈的总交换，以及海洋和陆地光合作用与呼吸有关的分馏。海水中 $\delta^{18}O_2$ 和 $\delta^{18}O$ 之间的差异定义了道尔效应（Dole effect）（Dole et al.，1954），目前值为 23.5‰（Kroopnick and Craig，1972）。植被影响 $\delta^{18}O_2$（Berry，1992；Bender et al.，1985，1994），因为超过一半的年度 O_2 通量来自于陆地植物的光合作用。这一通量携带的同位素信号，反映出叶绿体气水界面 $H_2{}^{18}O$ 的蒸发速度慢于 $H_2{}^{16}O$，从而导致叶片水分在土壤水中蒸发，使得 ^{18}O 富集。然而，要使用道尔效应来量化过去的陆地和海洋生产力分配变化，则需要对陆地植被的影响进行定量化（Bender et al.，1994）。

C3 植物对冰期-间冰期旋回环境变化的气体交换响应

通过考虑末次冰期-间冰期旋回环境变化对单枚叶片气体交换的影响，我们首次估测了第四纪晚期陆地 C3 植物功能的可能变化。利用沃斯托克（Vostok）冰芯 CO_2 和温度记录，作为驱动生物物理叶片气体交换-能量平衡模型的环境数据，来模拟叶片 CO_2 同化和气孔的导水率，这在先前（第 3 章）已经描述过。

结果（图 9.2）表明，在间冰期条件下，叶片气体交换的特征是高光合速率和低气孔导度；而在冰期条件下，表现为低光合速率和高气孔导度。这两组响应导致间冰期植物生长的瞬时高水分利用率（IWUE，即光合作用与气孔导度的比值）高于冰期。类似结果也曾在冰期到现今 CO_2 梯度下的植物生长试验中被报道（Polley et al.，1992，1993a，1993b；Sage and Reid，1992）。此外，这些试验表明，在冰期 CO_2 浓度下，叶片气体交换响应转化为地上生长响应，植物整株的水分利用率和氮素利用率较低（Polley et al.，1995），本章后半部分将在全球尺度下研究这一特征（第 244 页）。

除了 CO_2 和温度对叶片代谢的影响外（Sage and Reid，1992；Tissue et al.，1995），大气 CO_2 对气孔发育也有影响（Woodward，1987b），且对叶片气体交换特性有相应的影响。对单一物种植物化石叶片的研究（可以追溯到末次冰期）表明，气孔密度与根据冰芯记录估测的大气 CO_2 浓度之间存在负相关关系（Beerling et al.，1993；Van de Water et al.，1994）。因此，我们进行了第二组气体交换估算，允许气孔密度在过去 160 ka 内，随大气 CO_2 浓度的变化而反向变化（图 9.1）。这一响应来源于对木本矮灌木矮柳（*Salix herbacea*）化石叶片的观察（Beerling et al.，1993）。

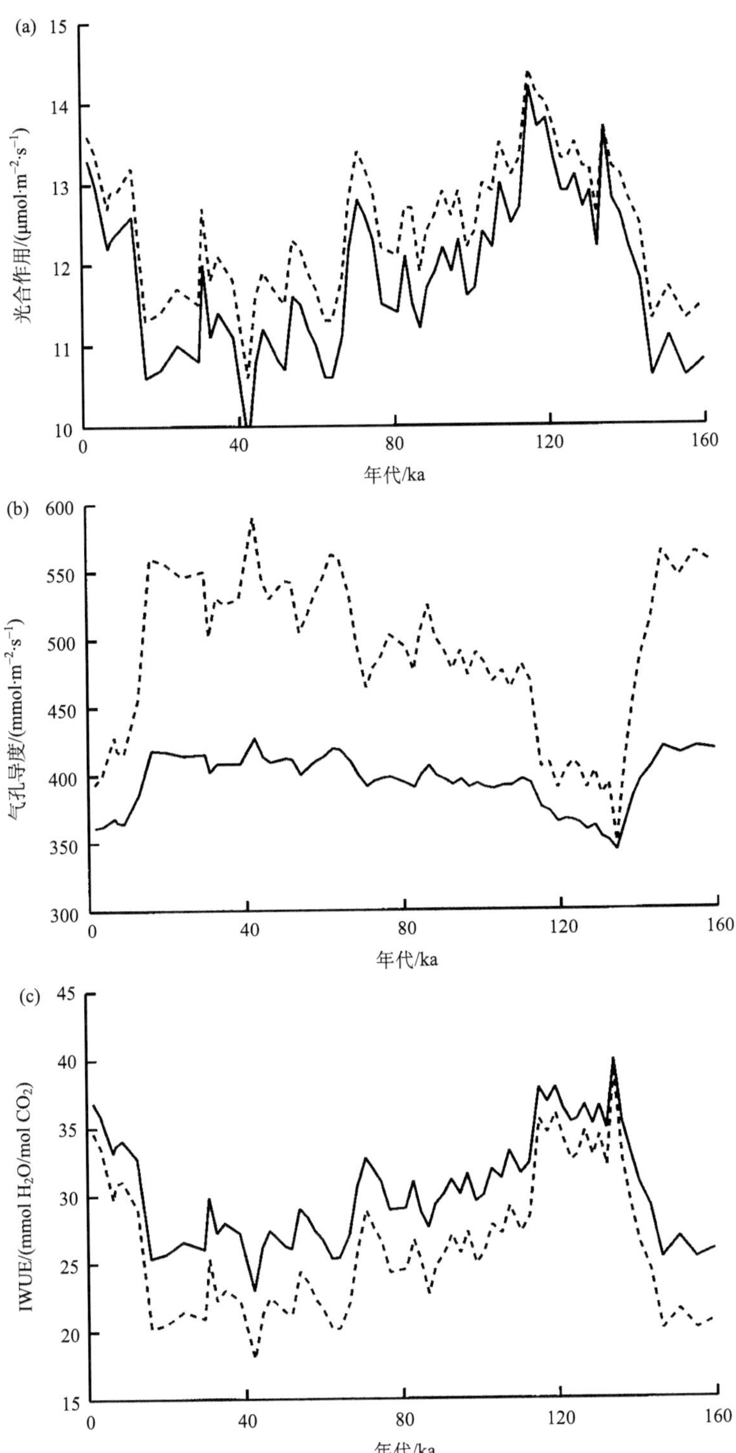

图 9.2 基于 Vostok 冰芯 CO_2 和末次冰期-间冰期气候振荡的温度变化估测的(a)光合速率、(b)气孔导度和(c)过去 160 ka 叶片瞬时水分利用率的变化

实线表示固定气孔密度(120 mm^{-2})的下生型气孔叶片的响应；虚线表示 CO_2 浓度对气孔密度的影响。其他环境条件为相对湿度 70%，辐照度 700 $\mu mol \cdot m^{-2} \cdot s^{-1}$，$V_{max}$ 为 105.0 $\mu mol \cdot m^{-2} \cdot s^{-1}$，$J_{max}$ 为 210.6 $\mu mol \cdot m^{-2} \cdot s^{-1}$

在气体交换模型中，考虑气孔密度对 CO_2 浓度的响应，结果显示出对光合作用和气孔导度的不同影响(图 9.2)，其中对气孔导度的影响最大。与相同环境条件下具有“固定”气孔密度叶片的 IWUE[图 9.2(c)]相比，净效应显著降低了叶片 IWUE，尤其是在冰期。对于单个植物而言，在给定的温度和湿度下，水分利用率几乎与大气 CO_2 的浓度成正比，故在低 CO_2 浓度条件下生长需要显著增加蒸腾速率，以达到合理的光合作用速率(Farquhar，1997)。因此，在冰期 CO_2 浓度低(低至 180 ppm)的情形下，增加气孔导度可以使植物在接近 Rubisco 功能极限时提高其净碳增加量(第 2 章)。

在长达数十万年的冰期-间冰期气候旋回演替中，植物通过选择高产基因型，可能会进一步放大实际碳增益情况。例如，选择育种表明，烟草植株在较低的 CO_2 浓度下，在几代内可以提高总干物质生产能力(Delgado et al.，1994)。同样，对原产于高海拔(可高达 3400 m)、低浓度 CO_2 环境中的拟南芥(*Arabidopsis thaliana*)种群进行的试验，为植物适应低浓度 CO_2 提供了确凿的证据(Ward and Strain，1997)；并且由于拟南芥几千年来长期暴露在低浓度 CO_2 环境中，而使其发生进化“偏移”的可能性很大。

实验和理论研究都表明，就水分利用而言，生长在冰期的植物比生长在间冰期的植物对水分的消耗更大(Polley et al.，1992，1993a，1993b，1995；Dippery et al.，1995)，这对总结古气候和古植被数据所采用的相关方法产生了影响(Webb et al.，1998)。其中一种方法是利用“气候响应面法”从气候的角度来解释植物化石和孢粉的数据。该方法是基于存在/不存在现代植物分布的数据和观测气候数据所共同构建的。选择的气候变量通常是最冷月温度、生长季天数及年降水量和蒸散量之差，每种方法都提供了与能量和湿度有关的植物分布控制的粗略表示。这种方法存在的问题是，在特定的气候条件下，CO_2 浓度会降低，并能改变其分布的范围。

Bartlein 等(1998)对 CO_2 效应在相关方法中是否重要进行了广泛的测试。他们根据当今气候和现代植被存在/不存在数据，为松柏类云杉属未定种植物(*Picea* spp.)、花旗松(*Pseudotsuga menziesii*)和双子叶木本植物三齿蒿(*Artemisia tridentata*)构建了北美洲气候的响应面。利用 NCAR GCM 模拟了距今 21 ka、16 ka、14 ka、11 ka 和 6 ka 的古气候，根据响应面估计了同一区域相同分类群的分布，并与基于古生态资料(主要是孢粉化石)的重建结果进行了对比。

如果 CO_2 浓度对植物分布的影响是重要的，那么在 CO_2 浓度最低的 21 ka 时，它们对植物分布的影响会达到最大。而将估测和观测的分布情况进行比较，就可以确定正确估测存在/不存在点位的比例。结果(图 9.3)显示，在 21 ka 时，正确估测存在/不存在点位的比例明显低于其他时期。

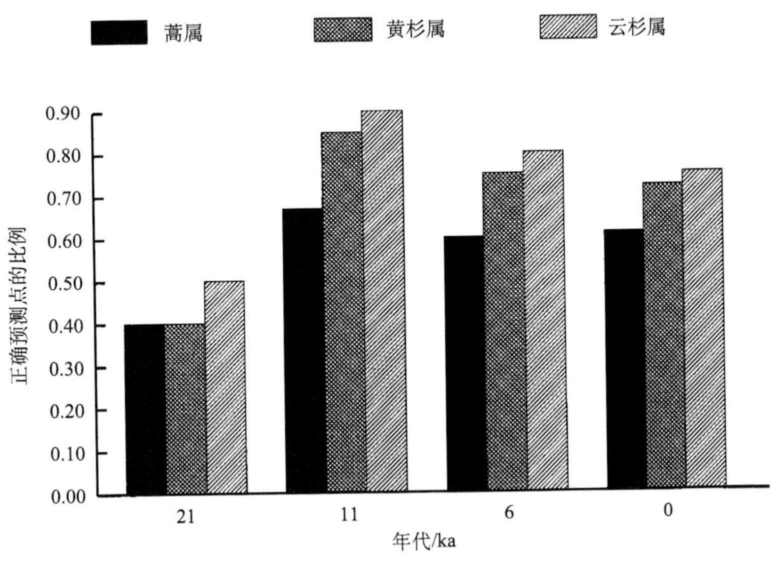

图 9.3 使用现代植物-气候响应面法对过去的三种木本植物类群存在/不存在的地点比例进行的正确估测

使用 NCAR CCM 1 气候模型生成的各个时期全球古气候数据集进行的估测，根据 Bartlein 等(1998)重绘

末次盛冰期(LGM)以来的全球气候变化

通过对中全新世(6 ka)和 LGM(21 ka)古气候的两种不同 GCM 模拟，将第四纪晚期植被-气候相互作用的性质扩展到全球范围。UGAMP GCM 是以欧洲中期天气预报中心(ECMWF)为基础的模型，与 Slingo 等(1994)所描述的几乎相同。在该模型中，物理参数在单位经度和纬度均为 2.8°的栅格中进行评估，且垂直方向分为 19 等份(Hall and Valdes，1997)。在 6 ka 模型运行时，规定海面温度与现今相同，大气 CO_2 浓度为 280 ppm；所有其他边界条件(包括轨道参数)均由 Hall 和 Valdes(1997)给定。对于 21 ka，运行了相同版本的模型，气候使用过去 5 年的平均值，而其边界条件、海面温度(SSTs)、海冰范围和陆地面积则根据 CLIMAP(1976)(Hall et al.，1996a，1996b)来定义，但对陆地表面的高程有所修正。

第二组 GCM 古气候模拟取自 NCAR CCM 第 1 版 GCM(www://ftp.ngdc.noaa.gov/paleo/gcmoutput/)，其空间分辨率较低[4.4°(纬度)×7.5°(经度)]，但其使用了混合层(板)海洋模型，并结合了海面条件的相互作用(Kutzbach et al.，1998)。海面条件相互作用的一个结果是估测海水表面温度，并可与古海洋表面温度数据进行对比。6 ka 和 21 ka 模拟的边界条件与 UGAMP 模型的边界条件相似，Kutzbach 等(1998)讨论了它们的取值和选择依据。

UGAMP GCM 的优势在于具有更高的空间分辨率，可以更好地显示中纬度低压和风暴路径，但是给定了地球表面 71%的海面温度。为消除模型偏差，并便于结果之间的比较，这里计算了每个栅格点的月平均气候异常(即为使用指定的古模拟值减去控制运行值)，并添加到 1988 年的月度 ISLSCP 全球数据集当中(选择“典型”全球气候的现今案例)，通过插值来解决空间分辨率的差异。由此产生的植被图以 GCM 的原始空间分辨率呈现，因为在更高的空间尺度上插值不太可能捕捉到这些位置的“真实”古气候。

用这种方法计算得到的两种 GCM 中全新世年平均温度非常相似[图 9.4(a) 和 (b)]，纬向平均模式与 1988 年非常相似[图 9.5(a)]。GCM 降水模拟之间则存在较大的差异[图 9.4(c) 和 (d)]，与 UGAMP 模型相比，NCAR 模型在赤道地区和南半球高纬度地区生成了较干燥的条件[图 9.5(b)]。对 UGAMP 模拟的详细分析表明，夏季大陆温暖度增加，

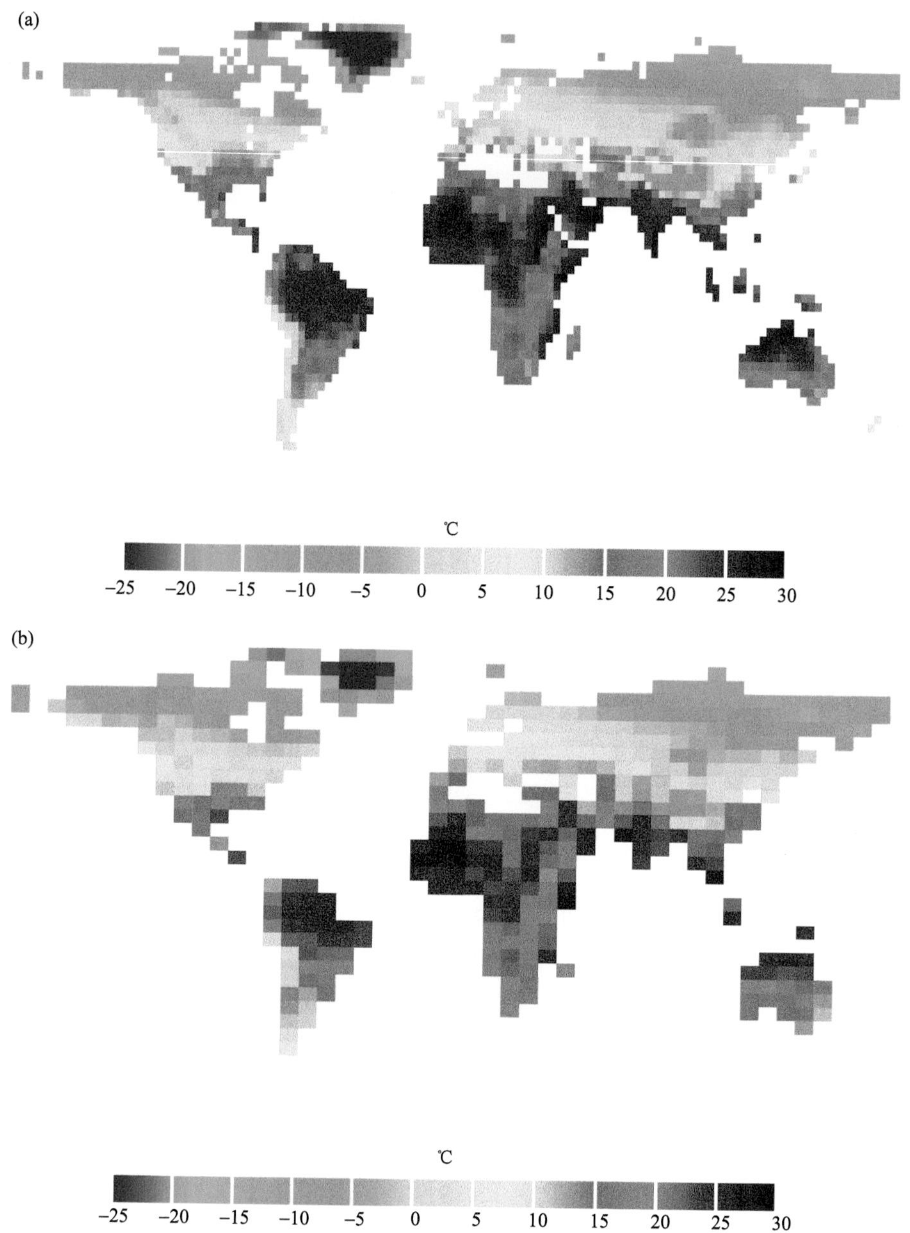

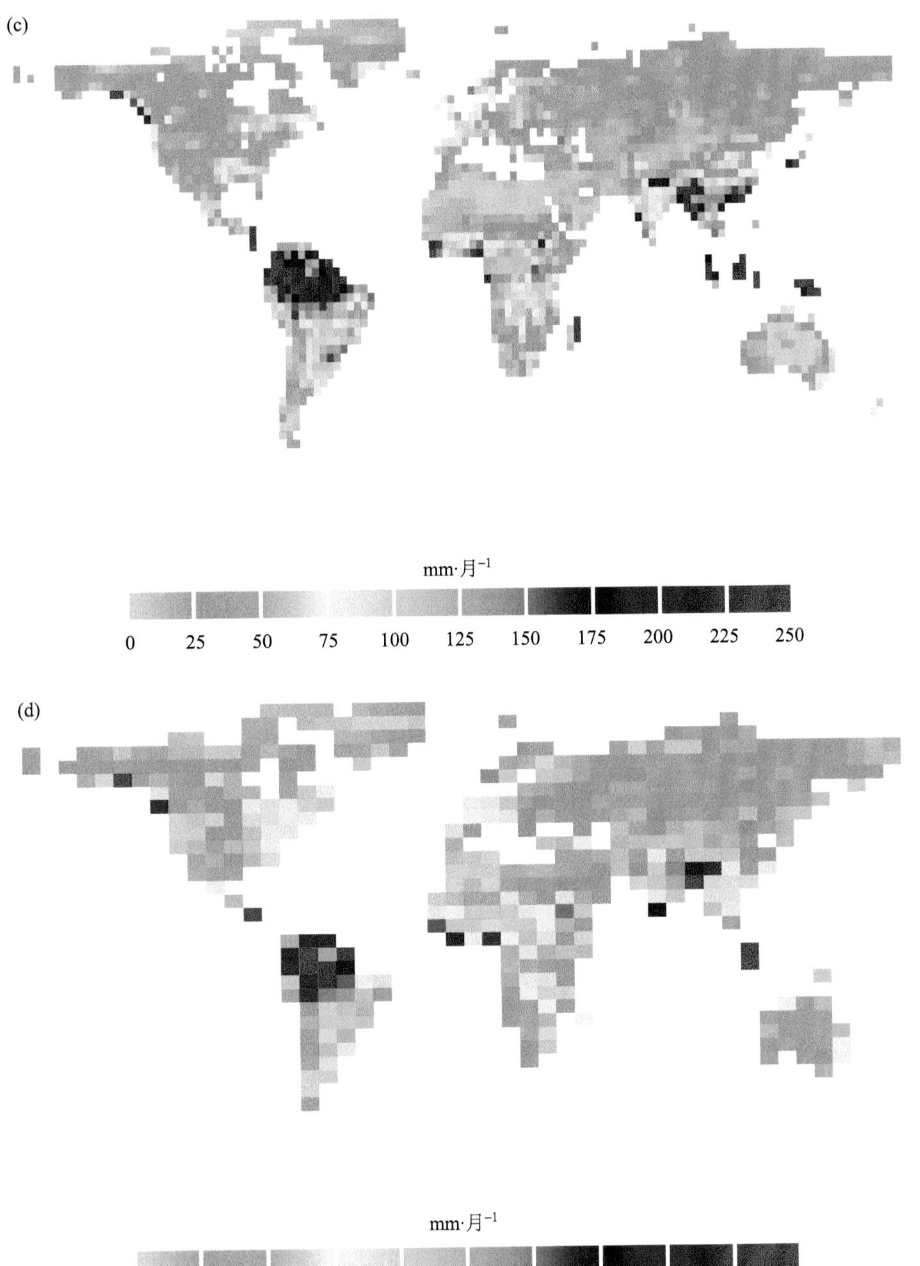

图 9.4 UGAMP[(a),(c)]和 NCAR[(b),(d)]GCM 模拟中全新世古气候的年平均地面温度[(a),(b)]和降水[(c),(d)]

地图显示了模拟异常被添加到 ISLSCP 1988 年数据集的气候

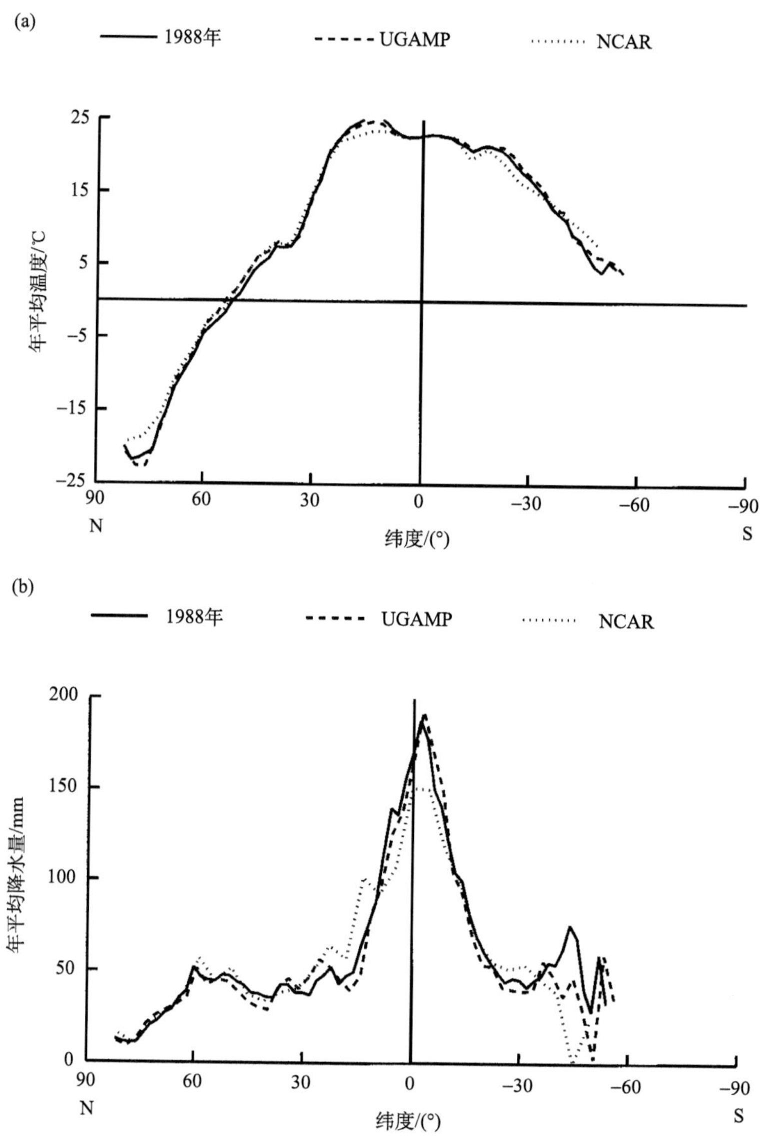

图 9.5　中全新世年度陆地(a)温度和(b)降水的面积加权纬度平均值与 1988 年 ISLSCP 数据进行的对比

冬季则更寒冷，急流位置改变，降水量随之变化，尤其是萨赫勒地区的湿度有所增加(Hall et al.，1996 a，1996b；Hall and Valdes，1997；Harrison et al.，2000)，这与孢粉化石和湖水位数据分析的结果相当，可以进行比较(Hall and Valdes，1997)。相比之下，NCAR 中全新世模拟的一些细节特征与基于植物化石的观测值(Prentice et al.，1998)非常不一致，该模拟中整个欧洲的冬季过于温暖，而夏季过于干燥。

LGM 的全球气候模拟显示，UGAMP 和 NCAR GCM 之间存在较大的差异(图 9.6 和图 9.7)。与 UGAMP 模式[图 9.6(c)和(d)]相比，NCAR 模式在较大纬度范围[图 9.7(a)]出现了更冷的气候[图 9.6(a)和(b)]和更湿润的气候[图 9.6(c)和(d)]，尤其是在北半球和南半球的低纬度地区。这两种全球气候模式都显示了北半球高纬度地区月平均气温低于 0℃的预期增加范围(图 9.6)。

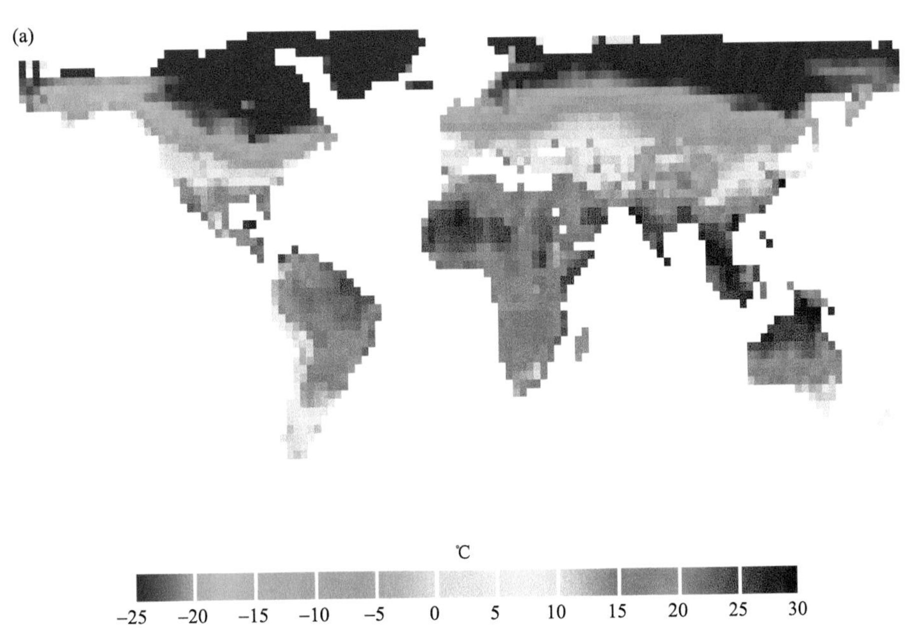

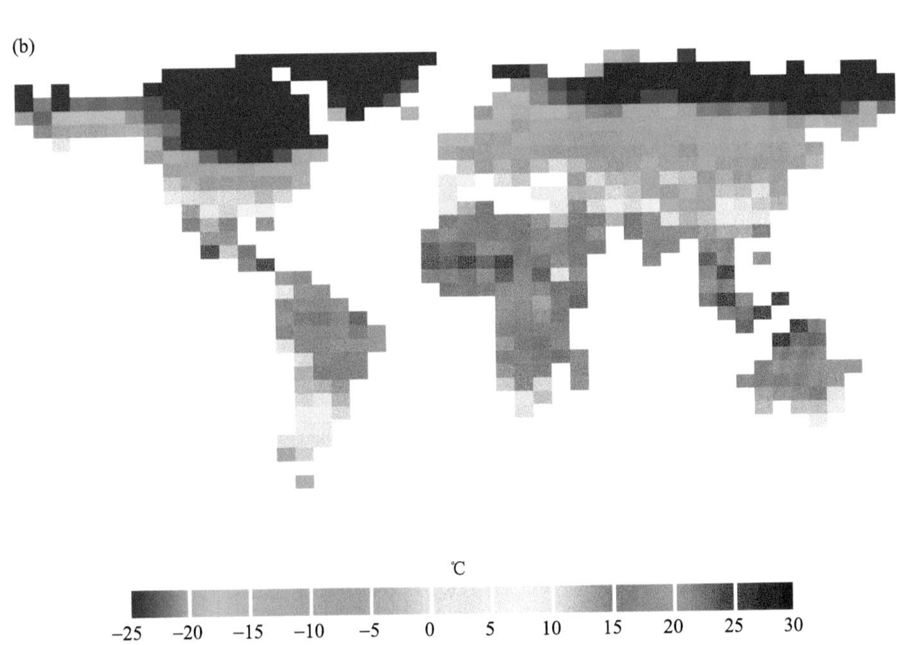

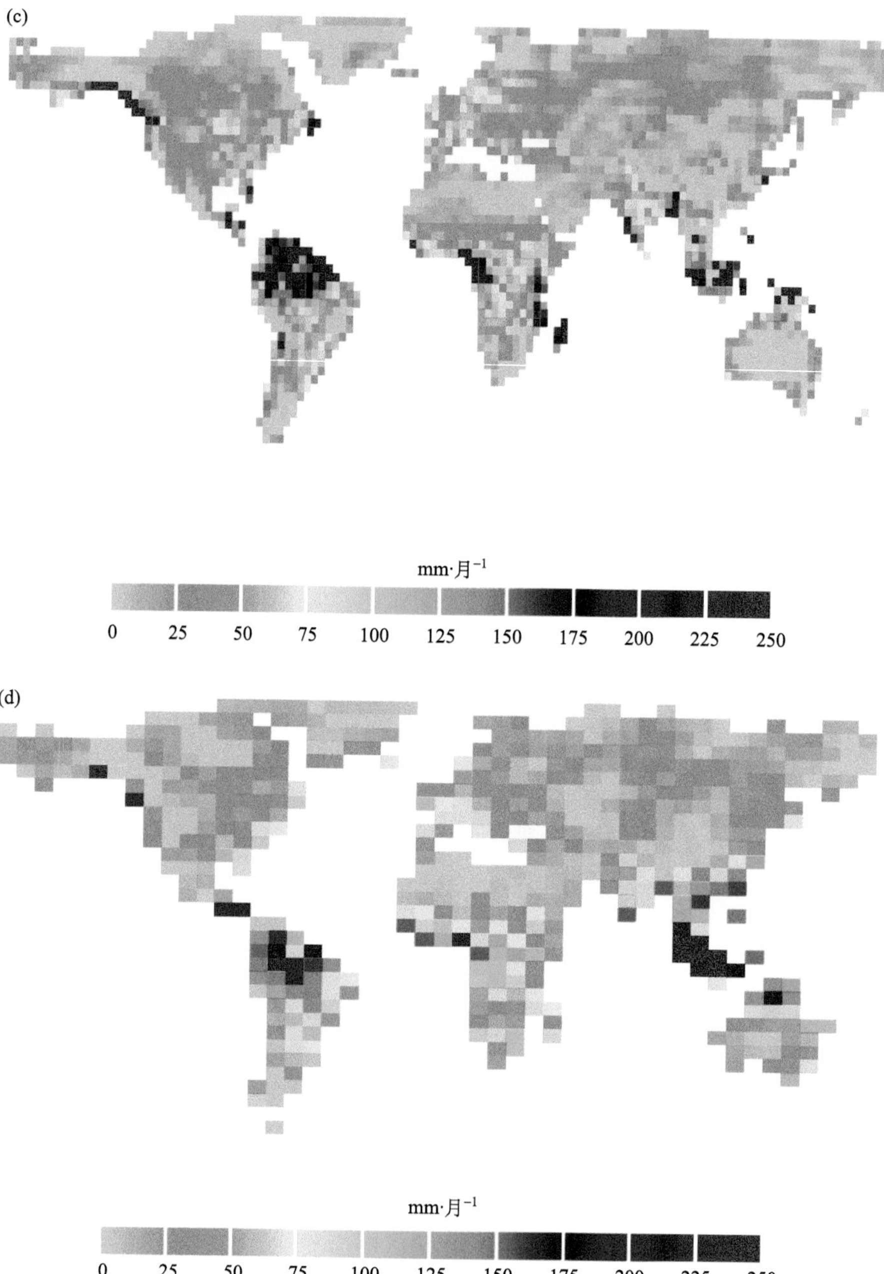

图 9.6　由 UGAMP[(a),(c)]和 NCAR[(b),(d)]GCM 模拟的末次盛冰期古气候的平均年陆地温度[(a),(b)]和降水[(c),(d)]

地图显示了模拟异常被添加到 ISLSCP 1988 年数据集的气候

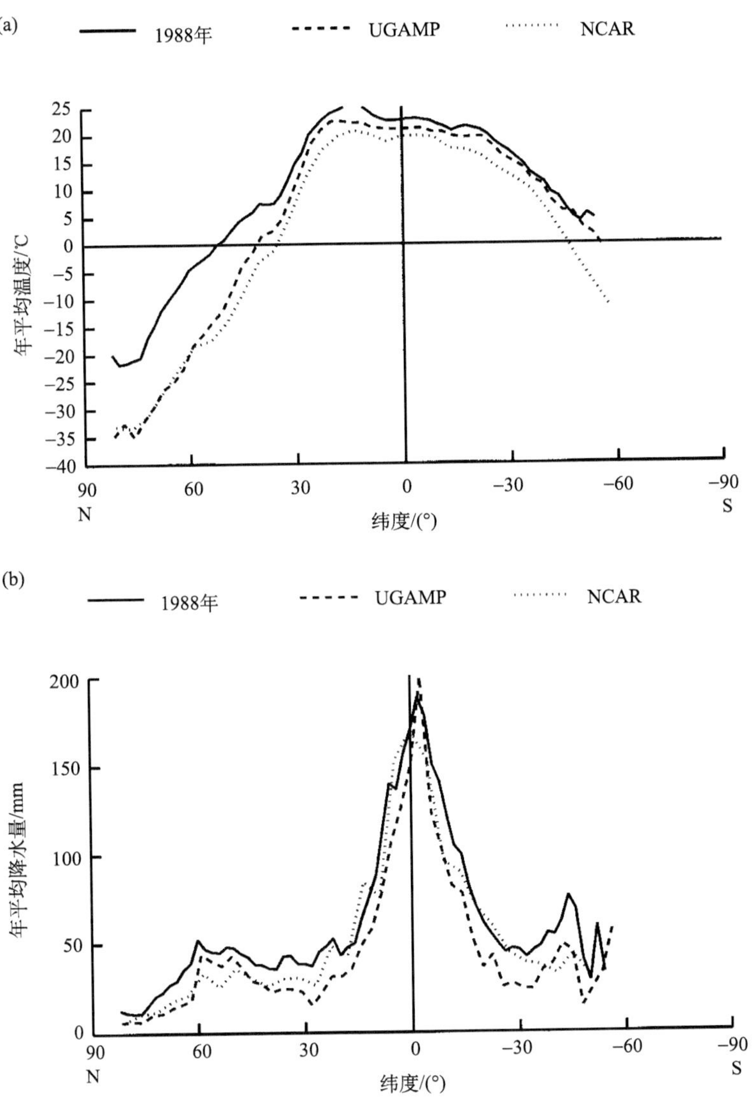

图 9.7 末次盛冰期年度陆地(a)温度和(b)降水的面积加权纬向平均值与 1988 年 ISLSCP 数据进行的对比

GCM 模拟的冰期气候与古生态资料的对比，与中全新世相比还不够广泛。然而，Hall 等(1996a，1996b)指出，UGAMP 模型产生了足够的降雪量来满足冰盖的生长，这与观测范围的维持是一致的。NCAR 的 21 ka 模拟已经被广泛应用于绘制植物功能型的相关建模实践(Webb，1998)，以便与基于植物化石记录的重建进行比较。遗憾的是，有关生物群落重建的所有论文都使用了与之相关的植被模型(BIOME 1)或相关的气候响应面，而没有明确考虑大气 CO_2 或土壤养分对植物生理的影响。模拟分布和观测分布之间的差异可能是气候和/或植被模型中的误差造成的，因此这些结果在某种程度上是不确定的。

末次盛冰期以来的全球初级生产力和植被结构的变化

全球尺度的研究首先使用 UGAMP 和 NCAR GCM 模拟的古气候来考虑第四纪晚期环境对叶面积指数(LAI)和净初级生产力(NPP)基本植被特征的影响。

LAI 的全球模式(图 9.8)表明，即使在中全新世，高 LAI 的发展也受到地理限制，非洲中部和南美洲的绝对值要比现今的低[图 9.8(a)和(b)]。在大多数地区，低纬度区域 LAI 的模拟值低于现今，在中高纬度地区则与现今接近[图 9.9(a)]。在冰期气候和低浓度 CO_2 的情况下，LAI 受到进一步限制，地球植被的覆盖被严重削弱[图 9.8(c)]。与 UGAMP 模型(图 9.7)相比，NCAR 模型推测的冰期气候更冷、更湿，导致在所有纬度上对 LAI 的模拟估测值都高于 UGAMP 模式[图 9.9(b)]。低 LAI 的发生主要是因为低浓度的 CO_2 限制了冠层构建基质的有效性，而冰期的低温限制了植物生长和土壤养分的循环，从而限制了土壤养分的有效性。此外，水分的低利用率和较少的降水情况，意味着高 LAI 的冠层是无法维持的。由于 LAI 通过改变地球地表的反照率和能量交换，对区域和全球气候产生强烈的影响，现在和 LGM 之间 LAI 的显著差异表明，此时植被和气候之间存在着巨大的反馈潜力。在各个 GCM 中这样的影响可以量化反馈，但目前，即使是最新、最先进的中等复杂度的海洋-大气耦合模型也都忽略了这一要求(Weaver et al.，1998)。

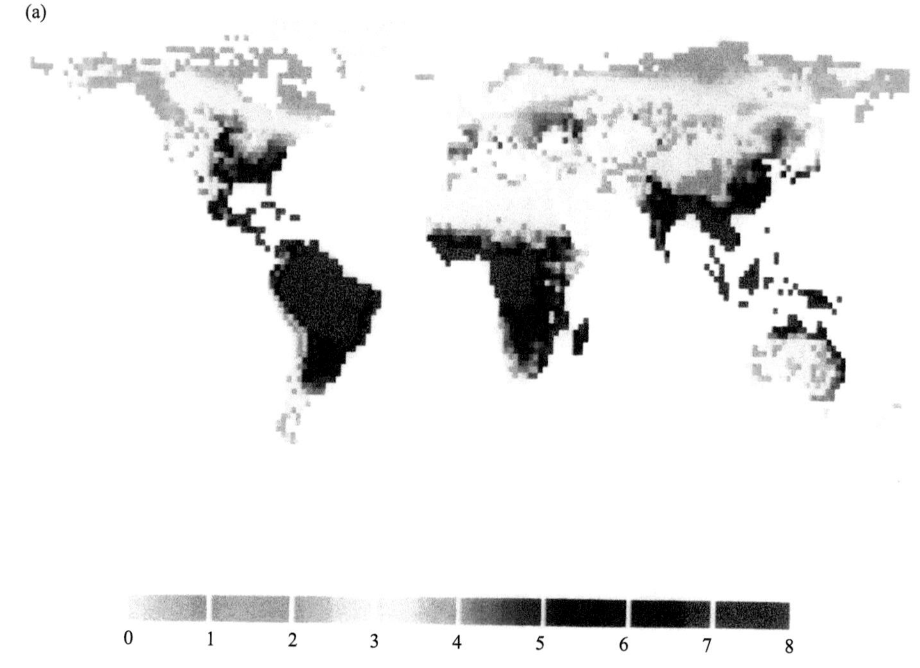

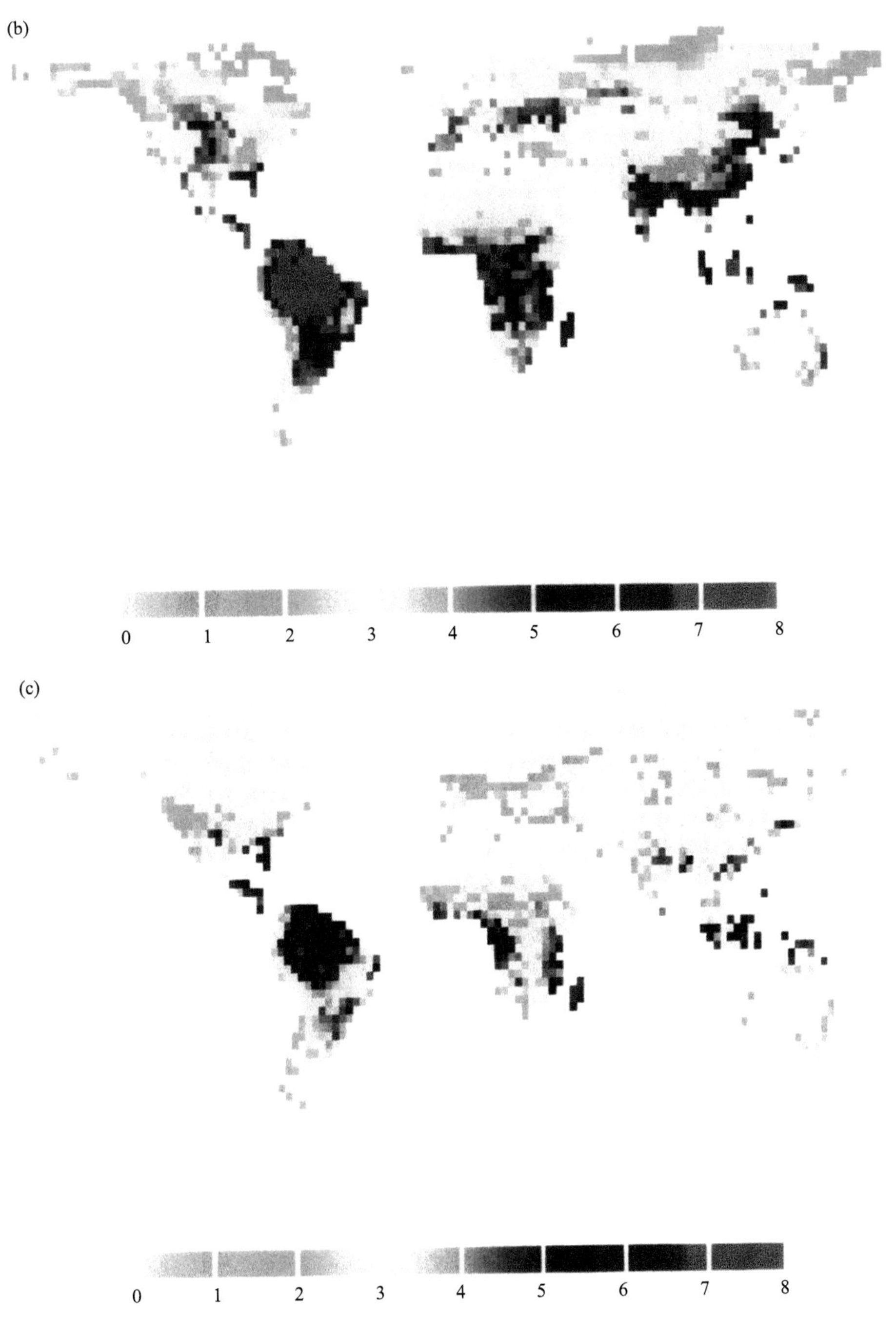

图9.8 利用UGAMP古气候模拟估测的(a)现今(1988年)、(b)中全新世和(c)LGM叶面积指数全球模式

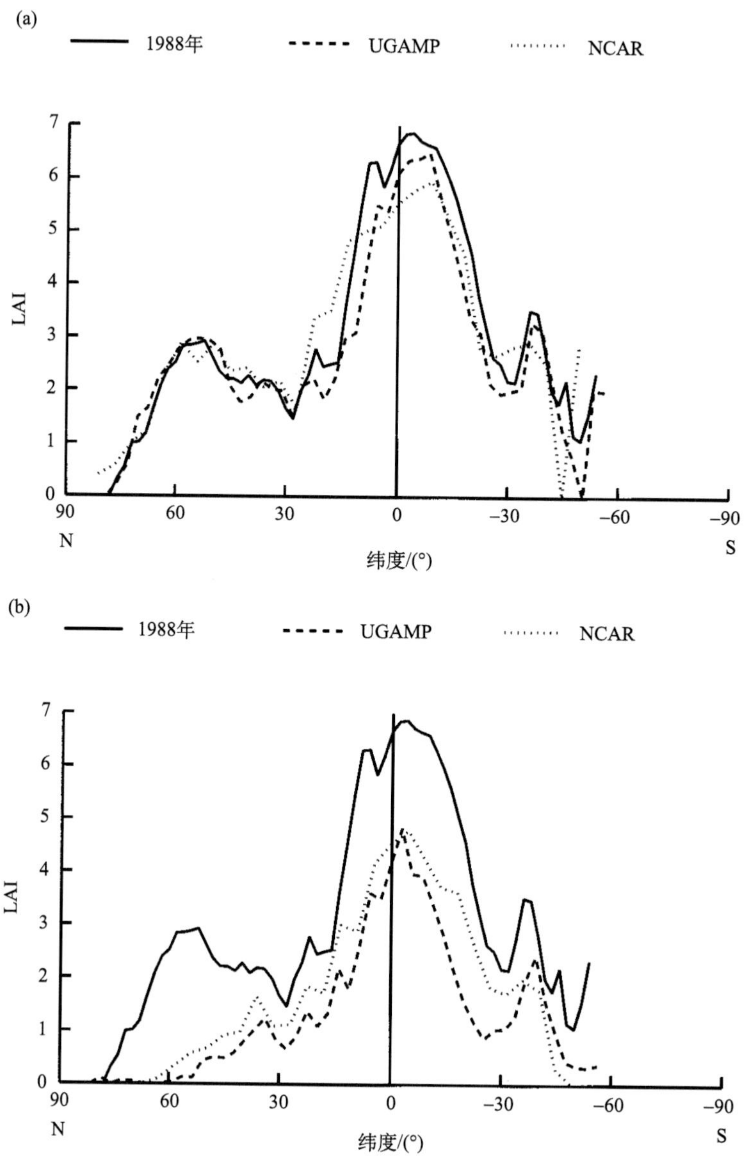

图 9.9　使用 UGAMP 和 NCAR 古气候模拟估测的(a)中全新世和(b)末次盛冰期叶面积指数的面积加权纬度平均

图中显示了使用 1988 年全球气候数据集模拟的纬度模式

中全新世和末次盛冰期的 NPP 全球模式(图 9.10)通常与 LAI 模式相一致(图 9.8)。从地理上可以看出这种紧密的对应关系，其中受限制的 LAI 区域与低 NPP 区域相匹配(图 9.10)，并且可以用纬度平均值表示(图 9.11)。NPP 值非常低，即使在热带地区，每年的 NPP 也只有大约 6 t·hm^{-2}(C)，这大约是现今气候条件下热带常绿森林的一半。陆地初级生产力低是低 CO_2 浓度、温度和降水对植物生长和养分吸收过程影响的结果。此外，低温还会限制土壤有机质的转换(即分解)和氮的释放，从而降低植物对养分的利用。

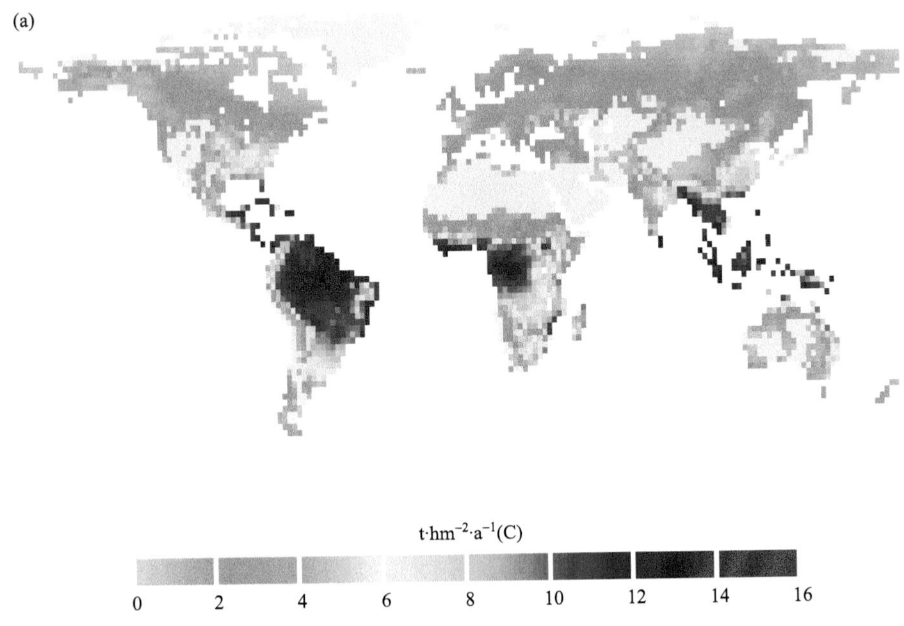
(a)
t·hm⁻²·a⁻¹(C)
0
2
4
6
8
10
12
14
16

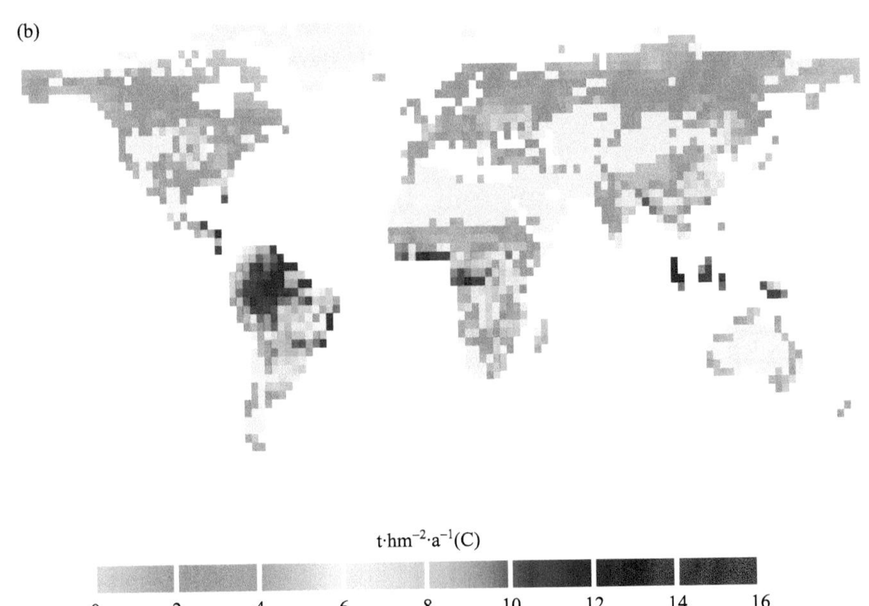
(b)
t·hm⁻²·a⁻¹(C)
0
2
4
6
8
10
12
14
16

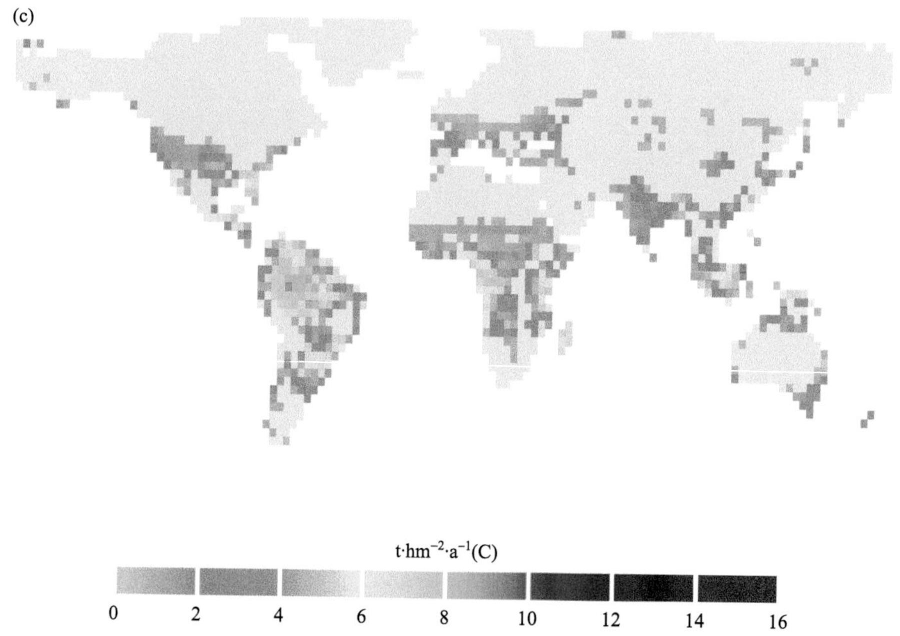

图 9.10　使用 UGAMP 古气候模拟估测的(a)现今(1988 年)、(b)中全新世和(c)末次盛冰期全球净初级生产力模式

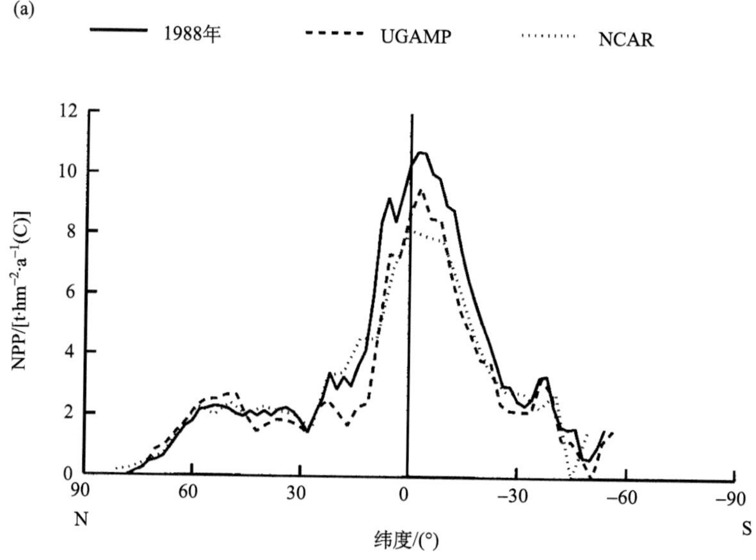

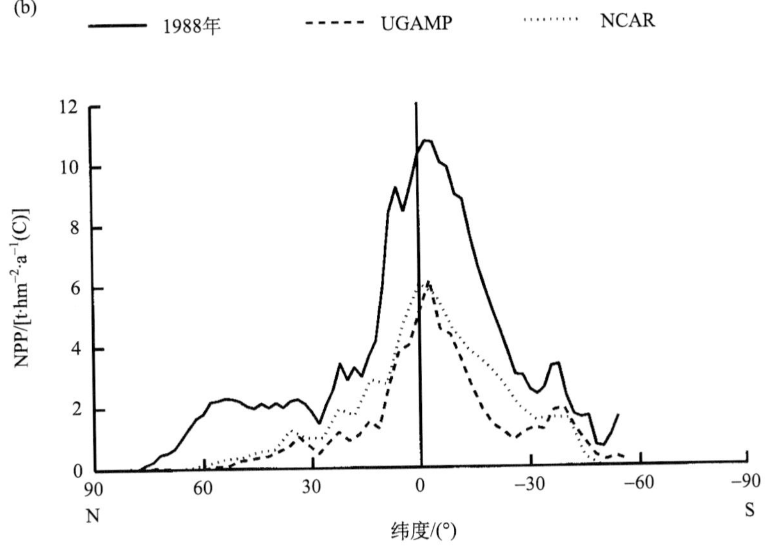

图 9.11　利用 UGAMP 和 NCAR 古气候模拟的(a)中全新世和(b)末次盛冰期净初级生产力的面积加权纬向平均值

显示了用 1988 年全球气候数据集模拟的纬度模式

在冰期环境中，陆地表面的植被覆盖严重减少。在 1988 年的气候条件下，大约 71%的陆地表面适宜植被生长(表 9.1)，与中全新世的数值相近。而在冰期环境中，这个数值则显著减少到 38%～50%(表 9.1)，部分原因是北美洲和欧洲部分地区存在巨大的冰盖。

表 9.1　现今气候和第四纪晚期两个时段的陆地植被覆盖率、生产力和水分损失的总结

年代		地表植被占比/%	NPP/[Gt·a^{-1}(C)]	GPP/[Gt·a^{-1}(C)]	植物蒸腾总量/[Gt·a^{-1}(H_2O)]	陆地生物圈水分利用率/[Gt(C)·Gt^{-1}(H_2O)·a]
1988 年		70.5	50.3	152.2	61500	8.2×10^{-4}
中全新世(6 ka)	NCAR	77.1	44.3	125.8	61300	7.2×10^{-4}
	UGAMP	71.2	41.0	116.8	56300	7.3×10^{-4}
LGM(21 ka)	200 ppm CO_2					
	NCAR	50.0	28.2	77.1	50200	5.6×10^{-4}
	UGAMP	37.7	19.9	56.9	37000	5.3×10^{-4}
	350 ppm CO_2					
	NCAR	51.1	40.1	111.8	50700	7.9×10^{-4}
	UGAMP	39.0	30.2	89.2	39900	7.6×10^{-4}

与 1988 年相比，全球 NPP 在中全新世略有降低，这一结果与两个 GCM 模拟的全球气候相一致(表 9.1)。虽然还没有其他已发表的关于中全新世全球陆地 NPP 的研究，但已经报道有基于化石记录的区域估测值(Monserud et al.，1995)。Monserud 等(1995)重建了俄罗斯北部西伯利亚地区 NPP 的变化，从古植被记录来看，中全新世(距今 4600～

6000 年）时期，在 50°N～80°N 和 65°E～145°E 之间 NPP 有小幅增加。这一区域的模拟结果表明，1988 年的值为 2.2 $Gt·a^{-1}$(C)，中全新世为 2.1～2.4 $Gt·a^{-1}$(C)（分别为 NCAR 和 UGAMP 气候）。

估测结果显示，LGM 的全球 NPP 将比 1988 年低 40%～56%（表 9.1）。其他针对末次冰期（18 ka BP）全球陆地初级生产力的估测结果为现今值的 75%（Meyer，1988），而 Esser 和 Lautenschlager（1994）使用奥斯纳布吕克（Osnabruck）生物圈模型计算出的数值为 27 $Gt·a^{-1}$(C)。后一个数值低于这里估测的范围（表 9.1）。全球 NPP 总量可以除以全球植物蒸腾损失的水分总量，以估测第四纪晚期陆地生物圈水分利用率的变化（表 9.1）。用这种方法计算，陆地生物圈作为一个整体，固定了在当前气候条件下由于蒸腾作用而损失的水分利用率约为 8.2×10^{-4} $Gt·a^{-1}$(C)$·Gt^{-1}$，在中全新世该值降至 7.2×10^{-4} $Gt·a^{-1}$(C)$·Gt^{-1}$，在末次冰期则降至 5.4×10^{-4} $Gt·a^{-1}$(C)$·Gt^{-1}$（表 9.1）。

在寒冷干燥的冰期环境中，CO_2 浓度增加可以部分缓解与生长相关的植被干旱。为量化这种可能性，使用 GCM 模拟冰期气候重新运行 SDGVM，并将 CO_2 增加到 350 ppm。结果（表 9.1）支持从生理角度的估测，即全球 NPP 增加了 42%～52%，但全球植物蒸腾减少的程度最小。由于叶面积指数的增加抵消了气孔导度的小幅降低，冠层蒸腾作用不会因 CO_2 的增多而降低。尽管如此，陆地生物圈的年水分利用率却增加了，在与以前相同的降雨量和冰期气候下，促进了冠层的发育和生产力的增加（图 9.12）。由于水分利用率的增加（表 9.1），地表植被覆盖范围仅略微扩大了 1%～2%，这意味着除了降水以外，一些额外的限制因素（最有可能为低温）限制了之前在 200 ppm CO_2 区域之外的植物生长。在冰期气候条件下，LAI 随着 NPP 的增加而增大，在低纬度地区其增长的幅度更大。这是因为，在赤道地区 LAI 已经很低［图 9.8(c)］（达到 6～7），所以在树冠层增加更多的层数是有利的，因为这些较低的树冠层接收到了足够的辐射，以满足维持和呼吸运行的消耗。

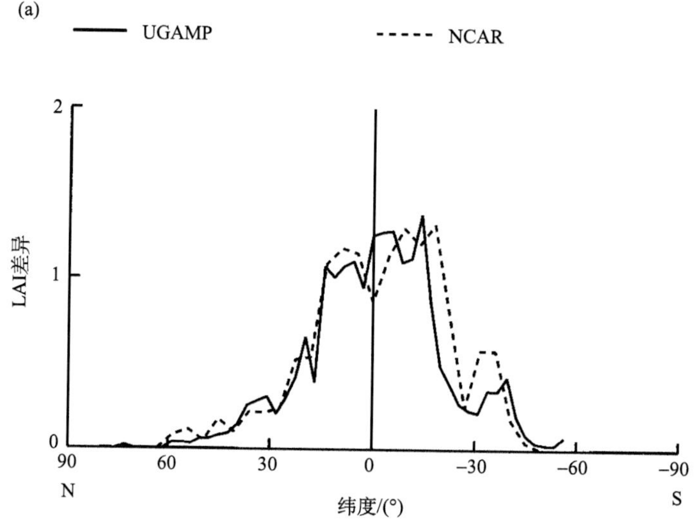

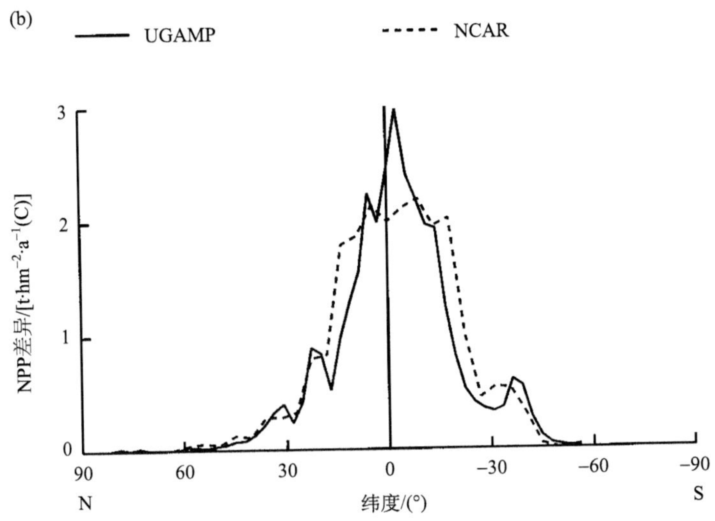

图 9.12　使用 UGAMP 和 NCAR 数据模拟的末次盛冰期 CO_2 分压对 (a) 叶面积指数和 (b) 净初级生产力的面积加权纬度平均值的影响

图中显示了在 350 ppm 和 200 ppm CO_2 条件下运行的纬度平均值的差异

末次盛冰期以来植物功能型的分布

将现今植物功能型分布的估测值与第 4 章中不同功能型分布的观测值数据进行对比，结果表明两组数据基本一致。虽然在绘制现今全球植物功能型分布地图方面还存在难点，但研究人员仍认为，植物功能型模型足以估测主要陆地植被类型在全球范围的广泛分布。

因此，本书利用 SDGVM 估测了六种植物功能型的植被 (常绿阔叶林和常绿针叶林、落叶阔叶林和落叶针叶林、C3 和 C4 草原) 在中全新世及 LGM 时期的分布。这些估测基于第 4 章中描述的主要机制模型，不需要植被类型图作为底图，也不需要校对某种植被类型对应的现今气候指标反映过去的气候 (Webb，1998)。尽管这些估测值可能会受 CO_2 浓度的影响，但仍需考虑低温因素的限制 (Beerling，1998)。大气 CO_2 浓度对植物冻害敏感性的影响，目前尚未取得共识。田间生长的常绿树种——少花桉 (*Eucalyptus pauciflora*) 幼苗，在较高的 CO_2 浓度条件下对霜冻的敏感性会增加，这是由于与现今 CO_2 浓度相比具有更高的冰核成核温度 (Lutze et al.，1998；Beerling et al.，2001)；而对于落叶树种——加拿大黄桦 (*Betula alleghaniensis*)，较高的 CO_2 浓度能提高自身的抗冻性 (Wayne et al.，1998)。此外，低 CO_2 浓度 (180～280 ppm) 是否会对植物低温耐受性产生影响，目前尚无研究结果。由于目前 CO_2 对植物低温耐受性的作用机理尚不明确，因此本书仍使用低温阈值来区分不同功能型树种的地理分布范围。

检验对过去植被分布的估测是否正确，需要分析两个组成因素，即某一特定植被类型的地理分布范围与实际的地理分布范围。为此，本章尝试对第四纪的全球植被分布模拟进行检验分析，因为与先前章节的古老地层研究相比，第四纪保存有更丰富的化石记录，可进行更多细节的对比。当 SDGVM 模型分别使用 UGAMP、NCAR 的中全新世(6 ka)古气候数据进行模拟时，这六种植物功能型的全球分布十分接近(图 9.13)。同时，在约 6000 年前，除了 C4 草原的分布范围出现了较为明显的扩张外，大多数植物功能型的分布与 1988 年的分布范围较为接近(表 9.2)。对这些结果的第一个检验，是将每种功能型的面积范围与 Adams 和 Faure(1998)的重建结果进行比较，因为这是现有的最完整和最新的

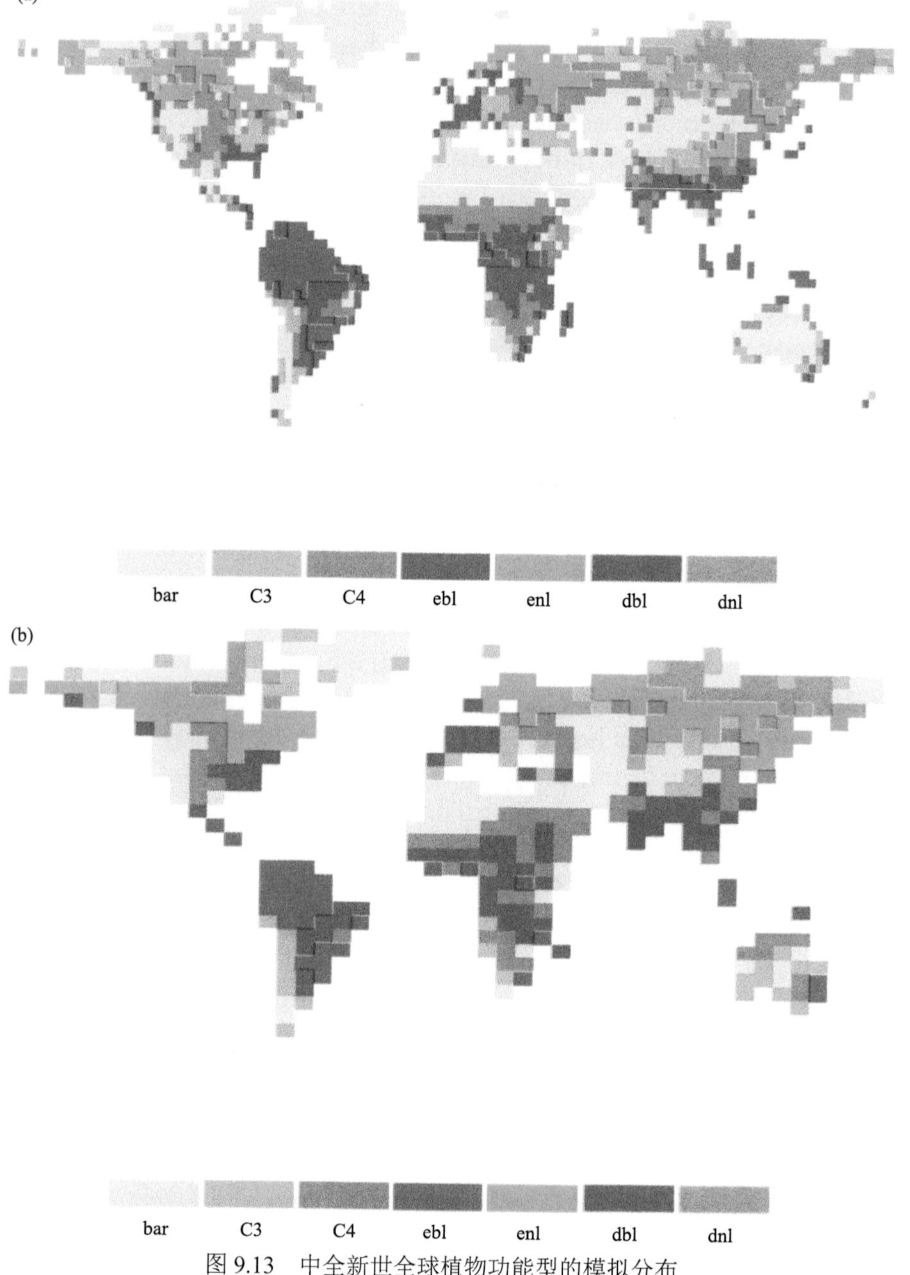

图 9.13　中全新世全球植物功能型的模拟分布

(a)使用全球古气候模拟 UGAMP 数据库及 SDGVM 模型；(b)使用全球古气候模拟 NCAR GCM 数据库及 SDGVM 模型；bar，裸地；C3，C3 草原；C4，C4 草原；ebl，常绿阔叶林；enl，常绿针叶林；dbl，落叶阔叶林；dnl，落叶针叶林

地质数据汇总。在对比时，需将 Adams 和 Faure(1998)结果中 8 ka 与 5 ka 这两部分数据取均值，并以此来表示中全新世(6 ka)的重建结果。利用大气环流模型与化石数据重建结果主要存在两方面的差异：模型高估了 C3 和 C4 草本植物的发育程度，却低估了常绿阔叶树种的发育程度(图 9.14)。由于 GCM 对降水的估测值通常较低，导致对草地和落叶阔叶树种的预估分布面积增加，从而低估了常绿阔叶树种分布范围。

表 9.2　现今(1988 年)、中全新世(6 ka)和 LGM(21 ka)的植物功能型的全球分布模拟

年代	不同功能型分布面积/10^6 km^2						
	裸地	草原		常绿阔叶林	常绿针叶林	落叶阔叶林	落叶针叶林
		C3	C4				
1988 年	31.5	21.6	23.5	15.1	17.5	21.8	4.2
古植被模拟值							
6 ka							
UGAMP	38.5	17.8	28.6	11.4	11.1	20.3	4.9
NCAR	30.9	18.2	31.6	11.1	17.1	23.3	3.9
21 ka(200 ppm CO_2)							
UGAMP	99.5	9.5	22.7	9.2	3.0	14.4	0.2
NCAR	81.2	19.6	20.4	12.4	6.1	20.0	2.6
21 ka(350 ppm CO_2)							
UGAMP	97.7	15.4	17.4	8.0	3.3	16.5	0.2
NCAR	79.6	25.4	14.9	11.9	6.6	21.0	2.7

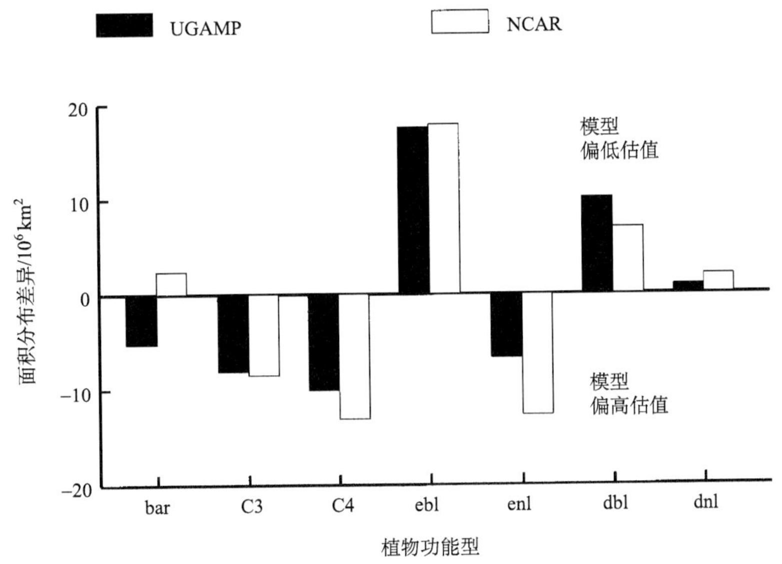

图 9.14　基于化石数据与 SDGVM 模型重建的中全新世主要植物功能型分布范围结果差异

为了使两种方法的重建结果可以直接对比，本书将基于古生态数据的重建结果(Adams and Faure，1998)重新划分为六种植物功能型：bar 为裸地类型，包括热带半荒漠和荒漠、极地/地中海荒漠、温带荒漠、地中海/干旱苔原、冰原；C3 为 C3 草原类型，包括温带半荒漠、湿润苔原、草原苔原、冰沼苔原；C4 为 C4 草原类型，包括热带稀树草原、湿润草原、荒漠草原；ebl 为常绿阔叶林类型，包括热带雨林、季雨林、热带疏林、热带灌丛、热带山地林、地中海灌丛；enl 为常绿针叶林类型，包括北方植物带；dbl 为落叶阔叶林类型，包括暖温带森林、温带疏林、温带灌丛、森林草原；dnl 为落叶针叶林类型，包括寒温带针叶林

目前，依据古生态资料(孢粉与大型化石)重建的中全新世全球植被类型分布尚未建立，同时由于欧洲西北部的资料空间分辨率较低，难以将其与功能型图直接进行对比。因此，图 9.13 与古生态数据(主要是花粉)重建的加拿大和美国东部生物群落分布进行了比较，因为其覆盖了很大的空间面积(Williams et al.，1998，2000)。

Williams 等(1998，2000)通过生物群区化方法客观总结了孢粉化石数据，重建了中全新世北美、加拿大地区的主要植物功能型分布(图 9.15)。重建结果与模型估测(图 9.16)有一致性也有差异。例如，化石证据表明，美国东南部在中全新世主要分布的是暖温带混交林和温带落叶林(图 9.15)，这与模型重建结果一致，即这一地区在中全新世主要分布常绿阔叶林与落叶阔叶林(图 9.16)。再如，化石重建的“干草原”植被(图 9.15)与模型重建的 C4 草原占优(图 9.16)也是一致的，尽管 C4 草原在加拿大的模拟分布范围相较于化石记录的分布范围更大。

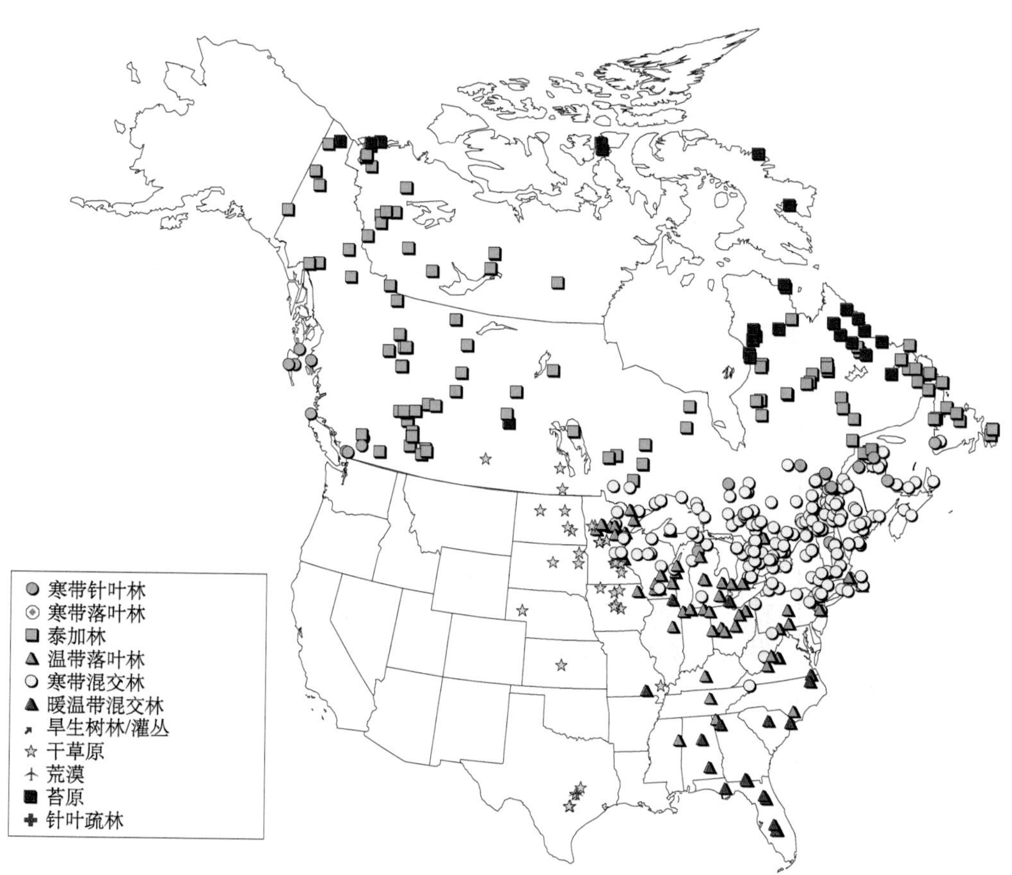

图 9.15　利用来自广泛地点的化石孢粉数据分析重建的北美洲主要植被类型分布(引自 Williams et al.，2000)

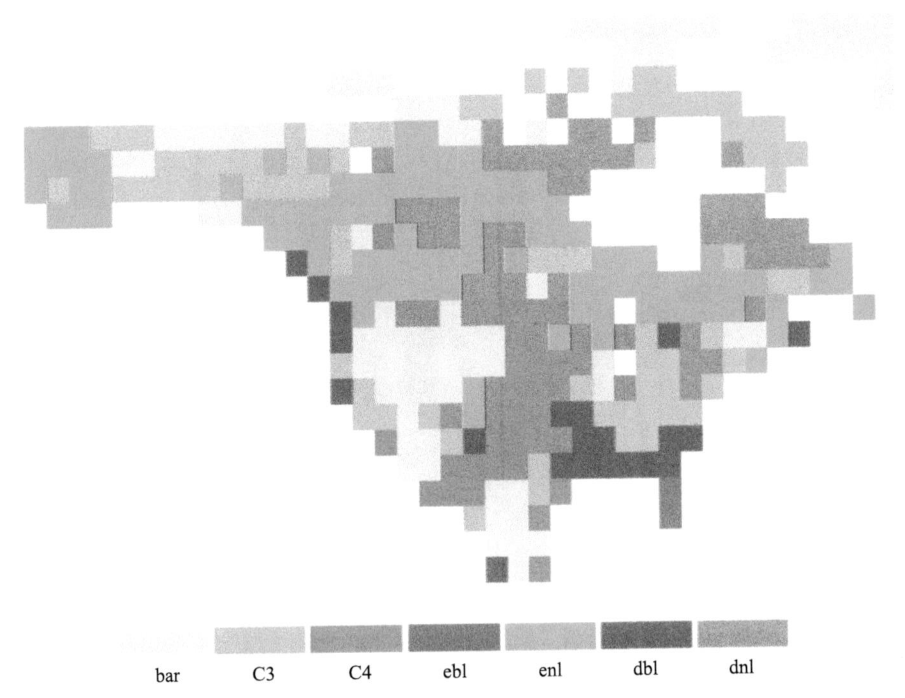

图 9.16 使用基于 UGAMP GCM 古气候数据库的 SDGVM 模型模拟的美国、加拿大及阿拉斯加中全新世植物功能型分布

图例同图 9.13

重建分布与模拟分布最显著的差异是泰加林(相当于常绿针叶功能型)的分布范围。化石数据显示，该生物群落在加拿大地区广泛分布(图 9.15[①])，但模型估测这一地区应为常绿针叶林与 C3 草原类型的混合开阔稀树草原。这表明生长季的气温可能太凉和太干，不适合高大树木森林的生长。

随着对 LGM 以来陆地碳储量变化的研究，形成了许多基于孢粉化石和沉积记录重建的全球古植被图(Adams et al.，1990；Crowley，1995；Adams and Faure，1998)，这为直接与 SDGVM 模型重建的分布结果进行对比提供了有用的基础(图 9.17)。例如，与针对 6 ka 全球模拟一样，每个功能型的全球模拟范围首先与 Adams 和 Faure(1998)的古植被重建结果进行对比。在本次对比中，模型与数据的主要差异在于高估了裸地的分布面积，低估了 C3 草原的分布面积，特别是在 UGAMP 模拟驱动 SDGVM 时(图 9.18)。这两种 GCM 模型估测的古气候导致 SDGVM 模型高估了落叶阔叶林的分布范围，正如中全新世的模拟结果那样(图 9.14)，这也可能是热带地区有限的降水量造成的。

① 此处原文为图 9.16，译者认为可能有误，应为图 9.15。

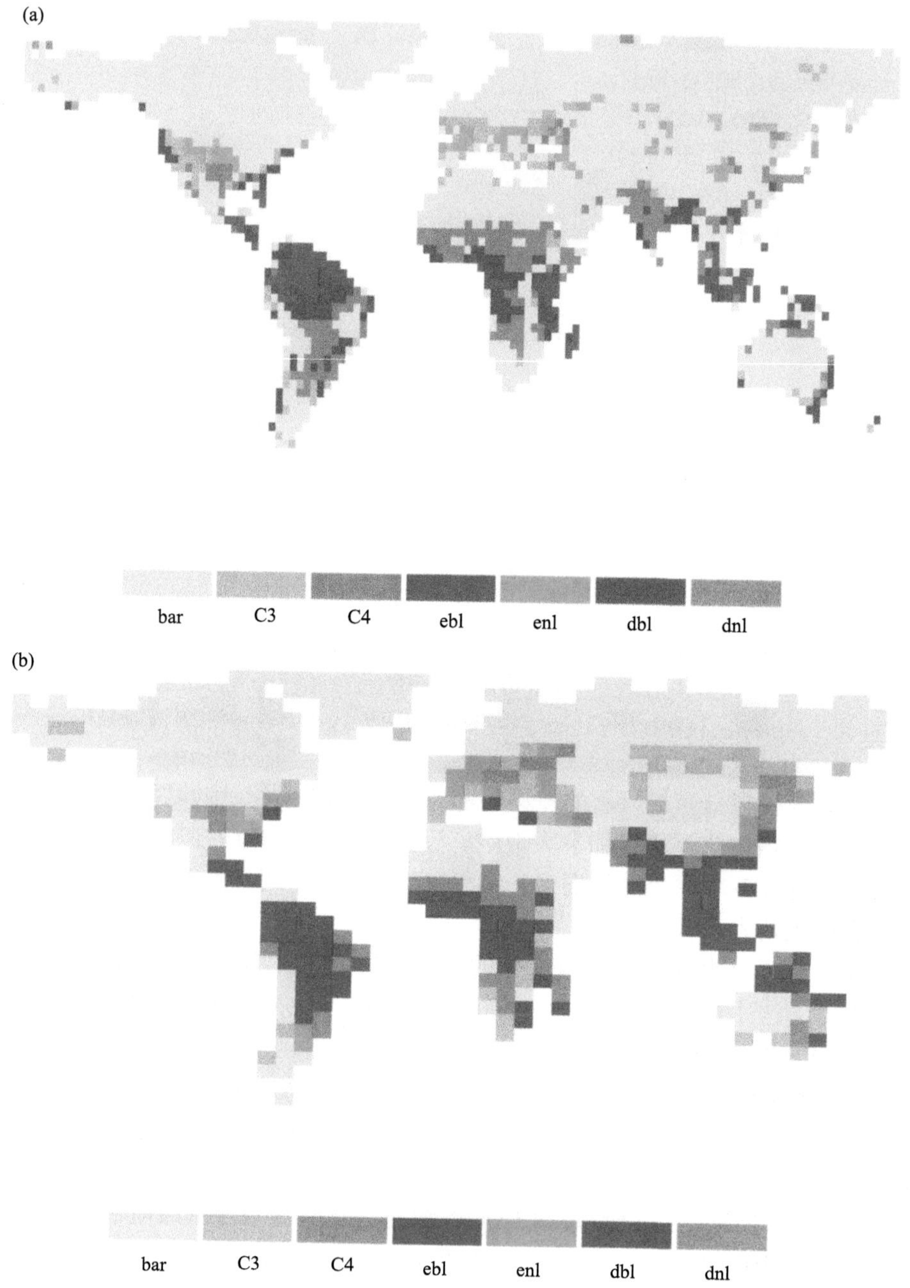

图 9.17 (a)基于 UGAMP 数据库及(b)基于 NCAR GCM 古气候数据库使用 SDGVM 模型模拟的 LGM 全球植物功能型分布

图注同图 9.13

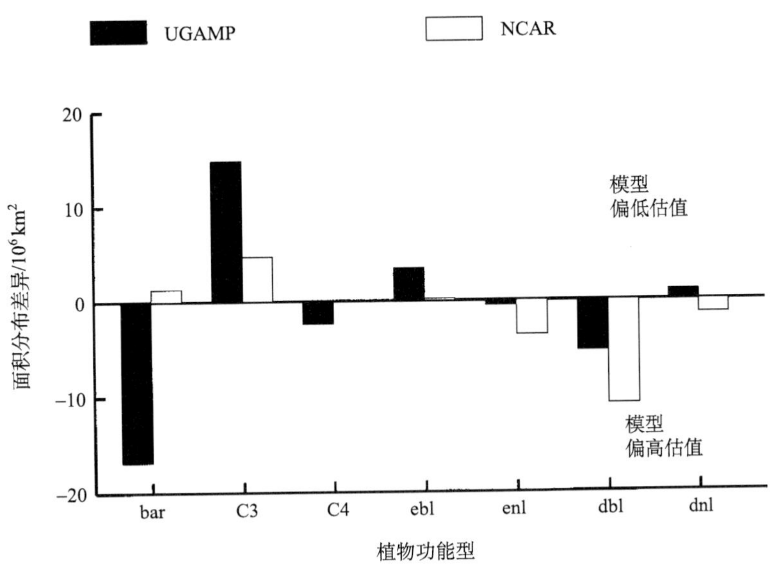

图 9.18 六种主要功能型的古植被重建(Adams and Faure, 1998)与使用 SDGVM 模型模拟的 LGM 全球植物功能型空间分布之间的差异比较

植被类型同图 9.14

将末次盛冰期全球植物功能型分布估测(图 9.17)与 Crowley(1995)基于全新世制图合作研究计划(the Co-operative Holocene Mapping Project，COHMAP)(COHMAP，1988)以及补充数据重建的古植被分布结果(图 9.19)进行对比，后者的重建结果显示出比前者更广的植被分布。但其重建的古植被分布图(图 9.19)给读者了留下了一个与之相反的第一印象，原因是 Crowley（1995）在划分“裸地”类型分布范围时没有统一“荒漠”、“半荒漠”及“冰原”在地图中的颜色，而是使用了三种的颜色来表示各自的分布范围。然而，在比较中，利用 UGAMP 的 GCM 模拟的北半球“C3 草原”分布范围明显被低估了(图 9.19)。另一个主要差异是，在 Crowley(1995)重建的结果中，存在一条贯穿亚洲次大陆和美国的针叶林带(图 9.19)；而在 SDGVM 模型估测中，针叶林仅分布在东南亚和北美洲东部等局部地区(图 9.17)。模拟的无植被覆盖结果，反映了在北半球中-高纬度地区全年极端寒冷的气候条件。

当然，化石数据与模型重建的古植被分布图具有很多共同特征。例如，NCAR 模拟的结果表明，常绿阔叶林分布于亚马孙盆地、印度尼西亚和非洲中部等地区，这与 Crowley(1995)(图 9.17 和图 9.19)及 Adams 和 Faure(1998)等基于化石数据重建的结果十分接近。孢粉记录表明，在 LGM 阶段，亚马孙盆地依然存在常绿热带雨林(Colinvaux et al.，1996)，只是范围有所缩小。此外，模拟的落叶阔叶林与化石数据重建的热带稀树草原在分布范围上也具有较好的一致性。如果仅从表面上看，基于目前最“切实可行”的 NCAR 古气候数据库，SDGVM 模型模拟出的 LGM 不同植被类型分布的结果仍只是阶段性的认识。然而，目前尚不清楚，用 UGAMP 和 NCAR GCM 模拟的冰期气候是否都过于凉爽和干燥，以及/或气候对冰期植被类型控制的生理支撑是否不同于控制当前植被的模型。关于低 CO_2 浓度如何影响不同植物群的低温耐受性，有待于进一步的实验研究。

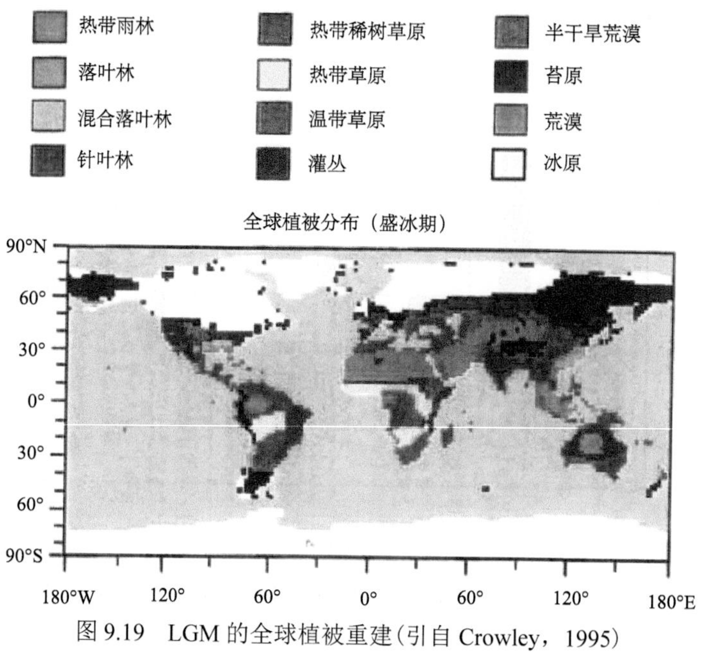

图 9.19　LGM 的全球植被重建(引自 Crowley，1995)

作为与化石数据进行的附加对比，本文将基于 UGAMP 数据库并利用 SDGVM 模拟的古植被分布结果与根据另一孢粉化石数据库的古植被分布重建结果(Williams et al.，1998，2000)进行了在较小空间尺度范围内的比较。该孢粉数据库的研究点年代为距今 18 ka(而不是 21 ka)，因此并不能进行直接对比。但 Williams 等(1998，2000)确实指示了 18 ka 北美、加拿大等地区在寒冷、低 CO_2 浓度冰期条件下的古植物功能型分布(图 9.20)。

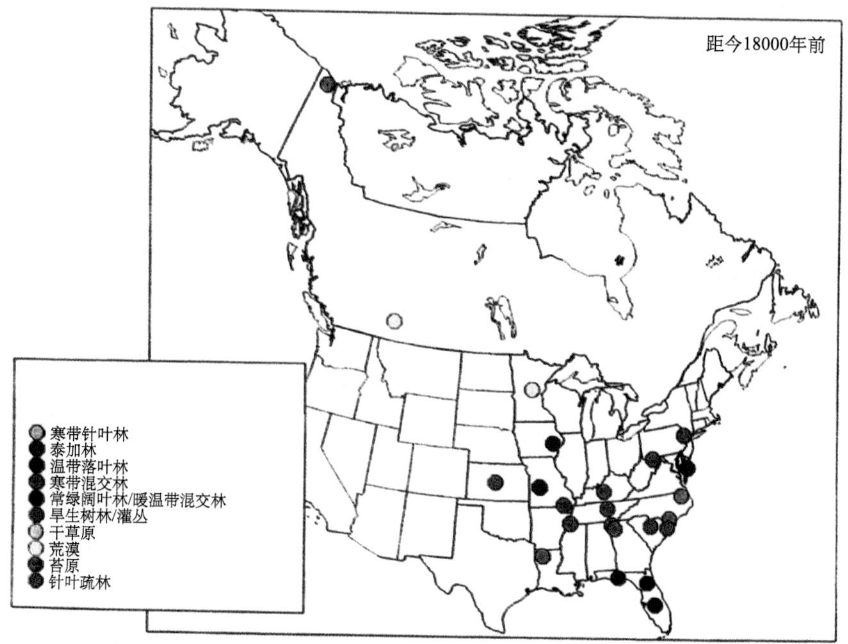

图 9.20　依据化石孢粉数据重建的距今约 18 ka 北美、加拿大等地区的盛冰期主要植被类型分布

化石孢粉数据引自 Williams 等(2000)

与全球尺度下的古植被功能型分布重建结果相比，该结果更具代表性区域细节优势。大气环流模型模拟出该时期在美国佛罗里达州分布常绿阔叶林，在美国东南部分布落叶阔叶林，而在美国中南部分布常绿针叶林(图 9.21)。与 Williams 等(1998，2000)根据化石孢粉数据得出的结果相比，二者具有很高的相似性。

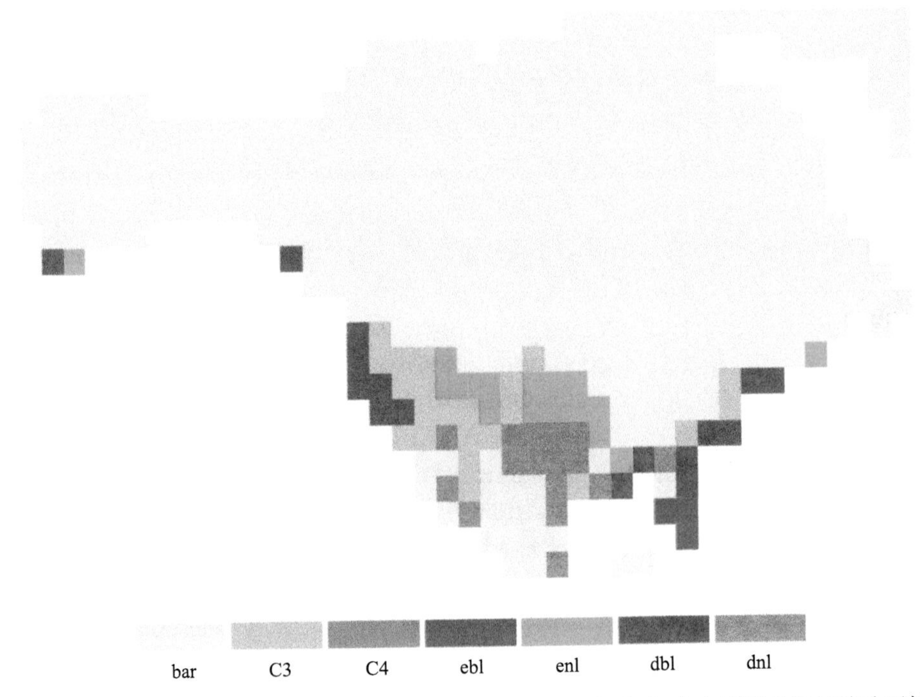

图 9.21 基于 UGAMP GCM 古气候 SDGVM 恢复的中全新世美国、加拿大及阿拉斯加等地区植物功能型的模拟分布

图注同图 9.13

使用 SDGVM 模型模拟的植被分布与根据化石记录重建的植被分布，二者之间存在着差异，这可能是因为后者使用全球约 200 个花粉样本采集地的数据来代表全球的陆地范围，而这一误差或许会影响最终的恢复结果(Crowley，1995)。在构建古植被分布图(图 9.19)时，同样存在以下不确定性：在根据孢粉数据确定与之对应的植物类型的过程中，会受到不可避免的人为因素影响；部分植被类型与孢粉样品不具有很强的对应关系，如热带雨林地区花粉代表性低；而热带稀树草原这一植被类型的划分更大程度上根据的是多学科的共同证据(而不仅依据孢粉这一单一证据)(Adams et al.，1990；Adams and Faure，1998)。在 Crowley(1995)的研究中，澳大利亚荒漠区域存在显著的减少和阿根廷北部荒漠区域的缺失，而二者结果与两地古沉积记录数据不一致(Adams and Faure，1998)。

很显然，使用区域孢粉数据对全球植被分布进行重建的结果尚存误差，而相似的不确定因素在古气候和古植被类型的重建模型中同样存在，这些尚未解决的问题都使得对全球古植被类型分布的重建研究具有不确定性。这些不确定性在一定程度上使得我们不能对根据模型重建的 LGM 古气候和古植被的模拟结果进行严格的检验。若能够使用新的方法获得较为客观的孢粉数据，或许能够在一定程度上减少重建结果的不确定性，这些新方法已经在区域范围内得到应用。完善的实测数据库将为检验在冰期环境下相关植物的生理学特征和气候过程等方面提供更可靠的研究基础。

末次盛冰期以来 C4 植物的分布变化

从全球和区域尺度分析功能型分布的结果表明，与现在相比，C3 与 C4 草原在过去的光合作用生理(就地理分布而言)上有着最大的响应(表 9.2)。在化石标本中，C4 植物因具更高的碳同位素组成(δ^{13}C)(C4 植物：−15‰～−7‰)，可与 C3 植物(C3 植物：−35‰～−20‰)相区别。这一信息能在湖相和沼泽相有机质中保存。因此，对已知年代陆相有机质或特定生物标志化合物进行 δ^{13}C 测定，可很好地对全球特定点的 SDGVM 中 C3/C4 植物分布重建结果进行比较。这种比较也为我们准确预测未来高 CO_2 “温室世界” C4 植物分布的变化提供了一个标志(Collatz et al., 1998)。

从全球范围来看，现今陆地草原植物的类型以 C4 植物为主(＞60%)，主要分布在非洲北部萨赫勒地区的南部边界、非洲南部、南美洲、印度及澳大利亚北部等地区(图 9.22)，这与 Collatz 等(1998)基于这一区域模拟总结的植被分类总体相一致。某些地区(如北美洲大平原地区)估测存在更多 C3 与 C4 类型植物混生的现象(图 9.22)。在本书使用的根据 SDGVM 重建植被类型的方法中，C4 植物的分布是根据 C3/C4 植物相关的净初级生产力数据估测得来的。虽然这一方法是 Collatz 等(1998)方法的简化版，但两者模拟出的 C3/C4 植物的分布结果存在差异。例如在 Collatz 等(1998)的模型中分布在亚洲次大陆中部的主要类型为 C3 植物，而非 C4 植物[图 9.22(a)][①]。总体来说，两个方法的对比结果表明，本章所使用的简化模型能够“捕捉到”控制 C4 植物分布的气候与植物生理学因子。

(a)

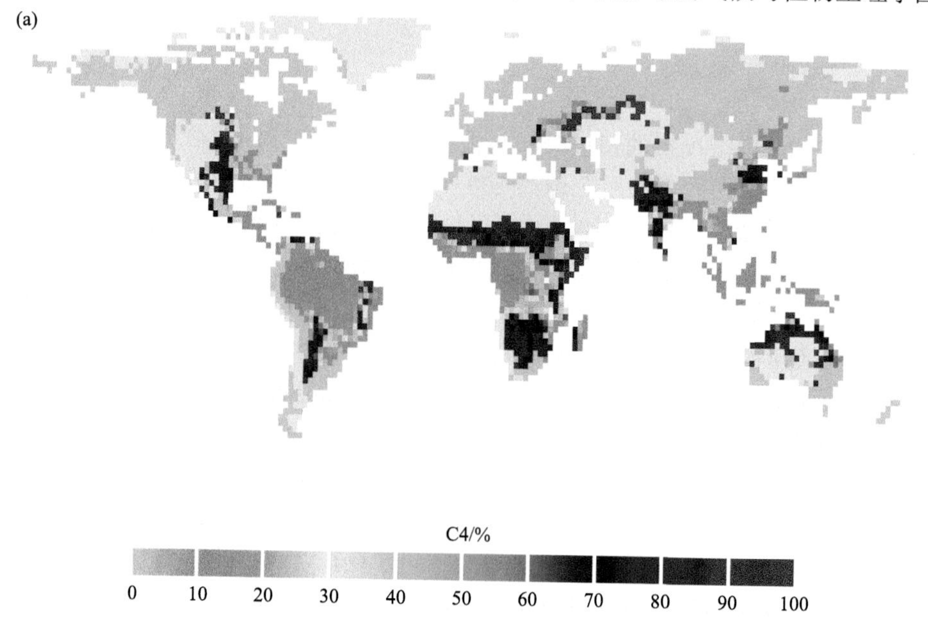

① 译者注：这里的意思是 Collatz 等恢复出的在亚洲次大陆中部的植被特征是纯 C3 植物，但与文献中恢复结果不符。

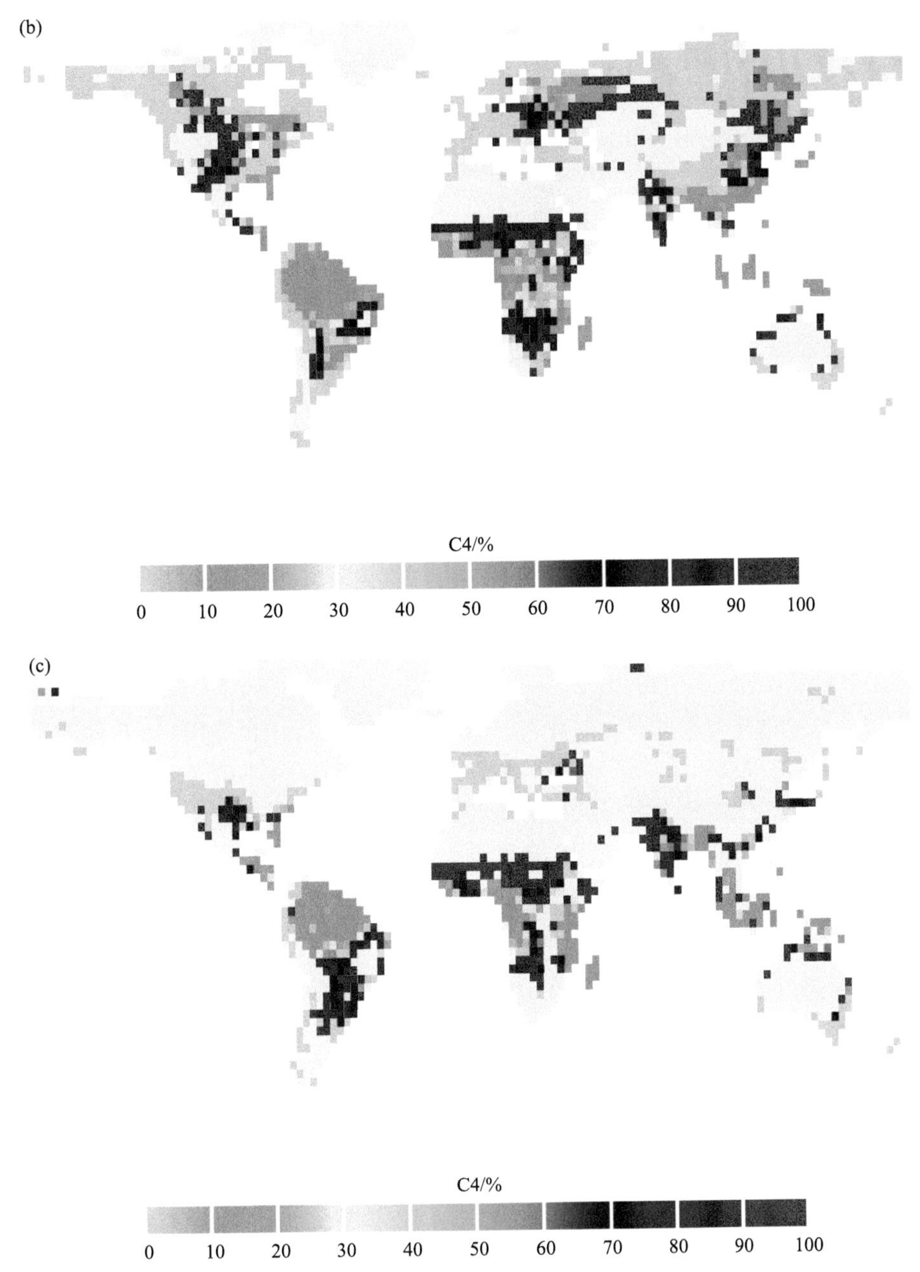

图 9.22 基于 UGAMP 古气候数据库并利用 SDGVM 模型恢复的(a) 1988 年、(b)中全新世和(c) LGM 全球 C4 植物分布

模拟结果表明，在中全新世和末次盛冰期，C4 植物陆地分布范围较 1988 年的分布范围更广(图 9.22)，当然，现今分布的 C4 植被也被视作过去 C4 植物的遗存。然而，对在过去分布有 C4 植被的地区进行同位素研究发现，并不是所有的地区都保留有陆相全岩有机碳同位素组成，即 δ^{13}C 的数据，但部分地区(如印度和非洲中部等)有可追溯到末次盛冰期同位素的详细研究的报道。

在印度南部，泥炭有机质 $\delta^{13}C$ 剖面为该地区中全新世(4～6 ka)及末次冰期(20 ka) C4 植物的存在提供了有力证据(Sukumar et al.，1993)。在巴西地区植物功能型分布的模拟结果显示，C3 植物在全新世仍占有优势地位，该地区土壤有机质 $\delta^{13}C$ 的研究也支持模拟分布的结果(Martinelli et al.，1996)，没有证据表明 C4 稀树草原取代了该地区的森林。在美国西南部的模拟显示，C4 植物向该地区扩张[图 9.22(b)]，该结果也被中全新世的化石 $\delta^{13}C$ 证据所证实(Toolin and Eastoe，1993)。

来自中非三个气候敏感地点的碳同位素数据(图 9.23)，在狭窄的地理范围内，为该地区的估测提供了一组有趣的比较(图 9.22)。Cerling 等(1998)对非洲中部气候敏感地区的博苏姆推湖(Lake Bosumtwi)、巴隆比波湖(Lake Barombi Mbo)和喀什里泥炭沼泽(Kashiri peat bog)进行了碳同位素研究(图 9.23)，其结果可与本书重建的 C_3/C_4 植物分布结果进行对比(图 9.22)。末次盛冰期时，博苏姆推湖[图 9.23(a)]地区主要分布有大量的 C4 植物，至中全新世，几乎转为 C3 植物。而在博苏姆推湖沉积物中垂向上的 $\delta^{13}C$ 值也发生着相应的变化，即自 LGM 至中全新世 $\delta^{13}C$ 值呈现下降趋势[图 9.23(a)]。博苏姆推湖在这一时期 $\delta^{13}C$ 的值出现了较大范围的波动，从−5‰下降至−30‰，表明在这一时期曾出现过较为频繁的 C3/C4 植物动态变化。在巴隆比波湖地区，碳同位素证据显示，其在 LGM 阶段的 $\delta^{13}C$ 值在−30‰～−25‰范围内波动，至 10 ka 也出现了下降趋势[图 9.23(b)]，这一变化也很可能表明 C3 植物在 C3 和 C4 植物中占优势，并在全新世初期形成纯 C3 植物群落。从重建的 C3/C4 植物的分布结果[图 9.22(c)]来看，在中全新世和 LGM 时期，博苏姆推湖地区的 C4 植物仅占该地区植物群落的 20%，与模拟推测的 C3/C4 植物分布的结果一致。在喀什里泥炭沼泽地区，碳同位素证据表明 C4 植物在 25～20 ka 时期处于优势地位，至 20～10 ka 时期不断退缩，随后自 10 ka 起其分布范围再次扩大[图 9.23(c)]。相对地，根

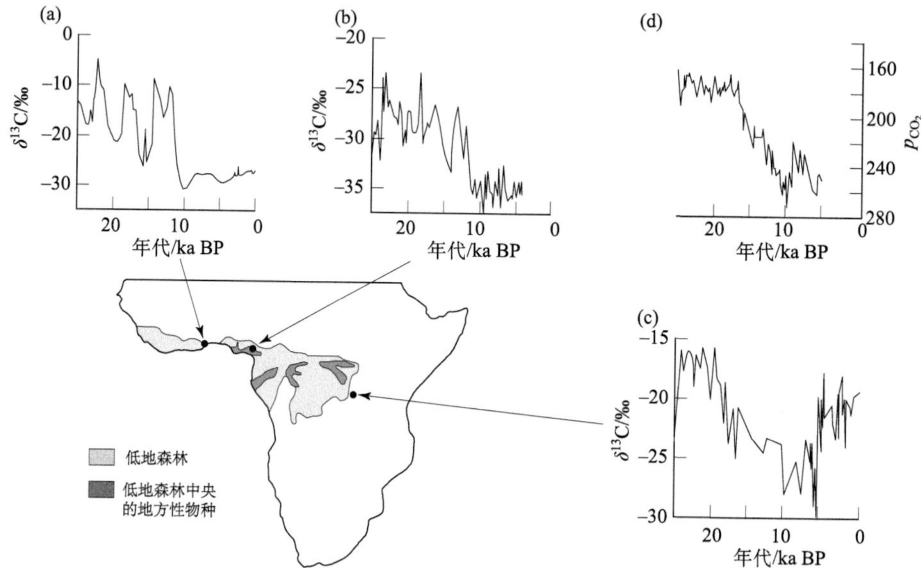

图 9.23　非洲中部不同地区有机质碳同位素组分($\delta^{13}C$)变化(Cerling et al.，1998)

(a)博苏姆推湖(Lake Bosumtwi)；(b)巴隆比波湖(Lake Barombi Mbo)；(c)喀什里泥炭沼泽(Kashiri peat bog)；(d)根据冰芯记录恢复的同期古大气 CO_2 浓度变化

据本书模型模拟出的C3/C4植物分布结果，LGM时期，喀什里泥炭沼泽的C4植物处于优势地位(70%)，这与碳同位素研究结果一致，但分布范围却在中全新世发生显著退缩，相较于根据碳同位素推测的结果更晚。

Cerling等(1998)根据冰芯记录的研究绘制出了大气CO_2浓度变化曲线[图9.23(d)]，C4植物也反映了这样的趋势。冰芯记录作为一种独立的证据，支持在低CO_2浓度条件下C4植物会在陆地生态系统中占据优势地位的猜想。然而，在大量热带湖泊和泥炭沼泽地区的全岩有机质同位素研究中，部分碳同位素样品中碳来源具有不确定性，这就需要对特定的生物标志物分子进行耗时且昂贵的分离步骤，以区分陆源、水生和细菌的碳源，为古生态和古环境的解释提供更可靠的证据。对非洲东部肯尼亚山、埃尔贡山等地区的高海拔湖泊进行的有机碳组分同位素研究表明，在冰期低CO_2浓度条件下，在这些热带山地上树木的分布主要受到碳的限制(Street-Perrott et al.，1997)。LGM时期，总有机碳的$\delta^{13}C$值表明，这一地区主要以C4植物及藻脂质的混生占优势，自全新世起转变为C3植物及藻脂质的混生占优势，这说明从LGM至全新世这一阶段CO_2浓度的不断上升使树木得以较好地生长，并逐渐取代了在此之前该地区占据优势的草原灌木丛植被。

古生态同位素数据和对冰芯中大气CO_2的测量研究表明，低CO_2浓度是决定第四纪晚期C4植物分布的重要驱动力之一。因此，通过将SDGVM估测的CO_2浓度从200 ppm升至350 ppm，验证了估测的冰期C4植物分布对CO_2浓度的敏感性。由此产生的全球分布(图9.24)显示，C4植物的范围预期明显减少，特别是在印度、非洲和南美洲南部。这是因为C4植物具有独特的碳浓缩机制，这一特征使其在较低的CO_2浓度条件下相较于C3植物更有优势，也使得其在CO_2浓度升高时比C3植物代谢更加耗能，从而限制了

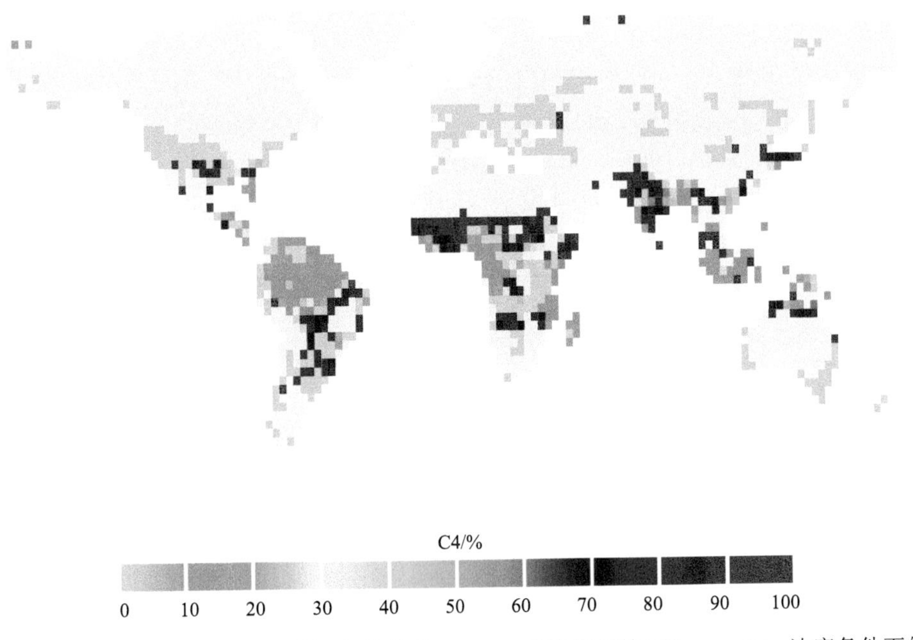

图9.24 基于UGAMP全球古气候数据库并利用SDGVM模型恢复的350 ppm CO_2浓度条件下的21 ka全球C4植物分布

自身的扩张。光合作用 C4 模型包含了这些生理和能量因素的考虑，然后转化成植物分布上的差异。在 350 ppm CO_2 浓度条件下重建的 C4 植物的分布结果，与由碳同位素数据所恢复的分布结果存在明显的不同，从中也可以看出，大气 CO_2 浓度对 C3/C4 植物分布的控制作用是十分明显的。

通过以上讨论我们发现，SDGVM 可以合理地模拟出中全新世以及 LGM 在全球尺度上的 C4 植物分布变化（图 9.22），而该方法是否可以用来预测特定区域未来的 C4 植物分布，是一个有待讨论的问题。值得注意的是，尽管在北美洲中部和亚洲东部地区尚未发现中全新世的沉积物，但其中可能蕴藏着这一地区在中全新世分布大量 C4 植物的证据。而在 LGM 时期，在南美洲中部和澳大利亚北部可能也以 C4 植物为主。

末次盛冰期以来陆地生态系统的碳储量变化

研究 LGM 以来大气 CO_2 浓度升高的控制因素，对厘清末次冰期–间冰期气候旋回期间全球碳循环等具有广泛的意义（Faure et al.，1998）。大洋碳库被认为在冰期储存了大量的碳（Broecker and Peng，1993），这些碳会在间冰期释放出来并通过大气环流转移到陆地生物圈中，更完整的解释需要对陆地碳储量、植被和土壤的潜在变化进行定量分析后才可得出。因此本节将对这些相关研究（Adams et al.，1990；Prentice et al.，1993；Van Campo et al.，1993；Adams and Faure，1998；François et al.，1998；Peng et al.，1998）进行分析，以便与地质数据估测和结合模型的建模研究结果进行比较。

本书首次使用了植被–生物地球化学全耦合模型来获取土壤的营养状况，分析中还包括了对于 C3 和 C4 两种光合作用途径的机制模型。C4 植物在较低的 CO_2 浓度下相较于 C3 植物具一定的竞争优势（见前节），且在中全新世及 LGM 时期，C4 植物占总陆地生物量的比例比现在更大，因此对 C3/C4 光合作用机制模型的讨论十分重要。植被的总碳量由 NPP 及生态系统生产力决定（第 4 章），本节在各植物功能型分布的重建过程中，使用的数据库包括 ISLSCP（1988 年）、UGAMP（6 ka，21 ka）及 NCAR（6 ka，21 ka）。

使用植物–生物地球化学全耦合模型重建的结果表明，现今陆地生物圈中的碳储量[1691 Gt(C)，1988 年]（表 9.3）要低于其他两种模型重建的碳储量[2122～2217 Gt(C)]（Prentice et al.，1993；François et al.，1998）。后两种模拟方法存在的问题是，均没有考虑土壤养分状况。而新近基于孢粉、土壤等的观测数据对陆地生态系统碳储量的研究结果为 2639 Gt(C)（Adams and Faure，1998），依然高于本章模型对现今陆地生物圈碳储量的估值，但这一方法自身也存在一定的局限性，需要进一步解决如“人类活动对植被分布的影响”“为不同的植被类型匹配合适的碳密度”“如何计算有机碳在枯死植物中的储量”等几个方面的问题。值得注意的是，在本章模型对现今陆地生态系统碳储量的重建结果中，不包括任何农业植被类型。对于 1988 年，大约 6.4%的生物圈总碳量储存在 C4 植物生物量与土壤中，低于 François 等（1998）的研究结果（17.1%）。

表 9.3　现今(1988 年)、中全新世(6 ka)和末次盛冰期(21 ka)不同植物功能型及下伏土壤的面积加权碳储量

年代	各功能型碳储量/Gt(C)					
	C3 草原	C4 草原	常绿阔叶林	常绿针叶林	落叶阔叶林	落叶针叶林
1998 年						
植被	4.7	13.9	377.4	62.6	240.8	9.4
土壤	208.1	107.3	159.7	256.9	169.3	66.4
全球总量 1690.9 Gt(C) (包括裸地的土壤碳，14.3)						
古模拟						
6 ka，UGAMP						
植被	3.5	13.9	226.4	36.8	162.8	11.6
土壤	157.0	154.7	101.8	144.2	119.2	68.0
全球总量 1200.2 Gt(C) (包括裸地的土壤碳，0.3)						
6 ka，NCAR						
植被	3.2	15.9	227.6	65.2	160.0	10.3
土壤	157.8	142.8	106.0	231.9	138.0	58.4
全球总量 1319.4 Gt(C) (包括裸地的土壤碳，0.3)						
21 ka，UGAMP(200 ppm CO_2)						
植被	1.2	7.4	106.1	3.5	71.3	0.1
土壤	78.0	57.3	61.1	33.8	68.5	2.2
全球总量 486.0 Gt(C) (包括裸地的土壤碳，0.2)						
21 ka，UGAMP(350 ppm CO_2)						
植被	3.2	8.9	182.4	5.5	168.7	0.3
土壤	112.8	64.8	81.8	43.3	107.1	2.9
全球总量 782.3 Gt(C) (包括裸地的土壤碳，0.4)						
21 ka，NCAR(200 ppm CO_2)						
植被	2.7	8.7	150.0	14.2	117.0	3.4
土壤	149.9	76.2	98.5	70.3	107.0	32.6
全球总量 831.1 Gt(C) (包括裸地的土壤碳，0.6)						
21 ka，NCAR(350 ppm CO_2)						
植被	5.8	9.1	236.6	21.9	233.3	4.4
土壤	220.7	73.6	128.1	90.6	156.0	38.7
全球总量 1219.0 Gt(C) (包括裸地的土壤碳，0.2)						

在中全新世(6 ka)，陆地生态系统(植被与土壤)的碳总储量较现今低 431 Gt(C)(取 UGAMP 与 NCAR 的均值)(表 9.3)。通过孢粉学、土壤学及沉积记录等的分析和研究，Adams 和 Faure(1998)基于全球古植被分布重建的修订方法，恢复出了距今 5000 年和距今 8000 年的陆地碳储量。结果表明，距今 5000 年的全球陆地碳储量与现在几乎没有区别，而距今 8000 年较现今少了 168 Gt。这一重建结果的局限性在于，其在确定植被与土壤的碳含量及重建古气候与古植被的模型等方面具有不确定性，从而限制了这种方法与本节方法的比较。

基于 NCAR 与 UGAMP 两个 GCM 数据库，可求得 LGM 时期的陆地生物圈碳储量为 486～831 Gt(C)(表 9.3)。相较于 UGAMP 数据库的恢复结果，基于 NCAR 数据库的重建冰期气候结果偏高，可能是冰期较冷、较湿润的条件所致。以现今潜在总陆地植被碳储量为例(表 9.3)，基于碳循环模型估测的 LGM 以来总碳储量的增加值介于 661～1204 Gt(C)。正如 Farquhar(1997)所推测的，末次冰期期间陆地植被碳总量的增长与大气 CO_2 浓度具有密切的联系。在 350 ppm CO_2 条件下，模型模拟的 LGM 陆地生态系统碳储量相比在 200 ppm CO_2 条件下分别提高了 296 Gt(UGAMP)、388 Gt(NCAR)。这表明，在这一时期 CO_2 浓度对生态系统功能有着较为显著的影响。对比 LGM 与工业革命前，两个时期的陆地生物圈碳储量存在数值为 750～1120 Gt(C)的增长，这一结果虽然较其他的模型模拟值更大，但却非常接近近期基于地质数据得出的范围(表 9.4)。

表 9.4　末次冰盛期–工业革命前陆地生物圈碳储量的估计增加值

项目	估计值/Gt(C)	文献来源
植被模型	200～400	Prentice et al. (1993)
	213	Esser and Lautenschlager (1994)
	118～590	François et al. (1998)
	747～1117	本书(表 9.2)
地质数据	1350	1350
	400～700	Van Campo et al. (1993)
	469～950	Peng et al. (1998)
	900～1900	Adams and Faure (1998)
碳同位素质量平衡方法	450	Crowley (1991)
	750～1050	Crowley (1995)
	310～550	Bird et al. (1994)
	300～700	Bird et al. (1996)

为了正确理解冰期–间冰期全球碳循环的动态变化，对 LGM 以来陆地生物圈碳储量的变化进行估测尤为重要，估测方法主要基于植被模型、地质数据及碳同位素质量平衡分析方法(表 9.4)。总体来看，前人使用植被模型估测的 LGM 以来陆地生物圈的碳储量增长值小于基于地质数据估测的结果(表 9.4)。作为对比，本书的结果更接近于由地质数据估测的结果，同时也更接近碳同位素质量平衡分析方法估测的上限(表 9.4)。但质量平

衡的计算本身同样存在不确定性，这与估计末次冰期陆相全岩碳同位素组成有关(Bird et al.，1994，1996)，这一问题本章下一节将进行更详细地讨论。

从当前的重建结果可以看出，基于地质数据得到的陆地碳储量变化普遍高于其他方法重建的结果(表 9.4)。其中一个原因是，假设现代土壤与植被中的碳储量与过去冰期或第四纪其他时期的碳储量是具有相似性。为了验证这种假设，本书绘制了现今(1988 年)、中全新世及 LGM 的全球平衡土壤碳储量图(图 9.25)，但其结果似乎并不支持这一假设。

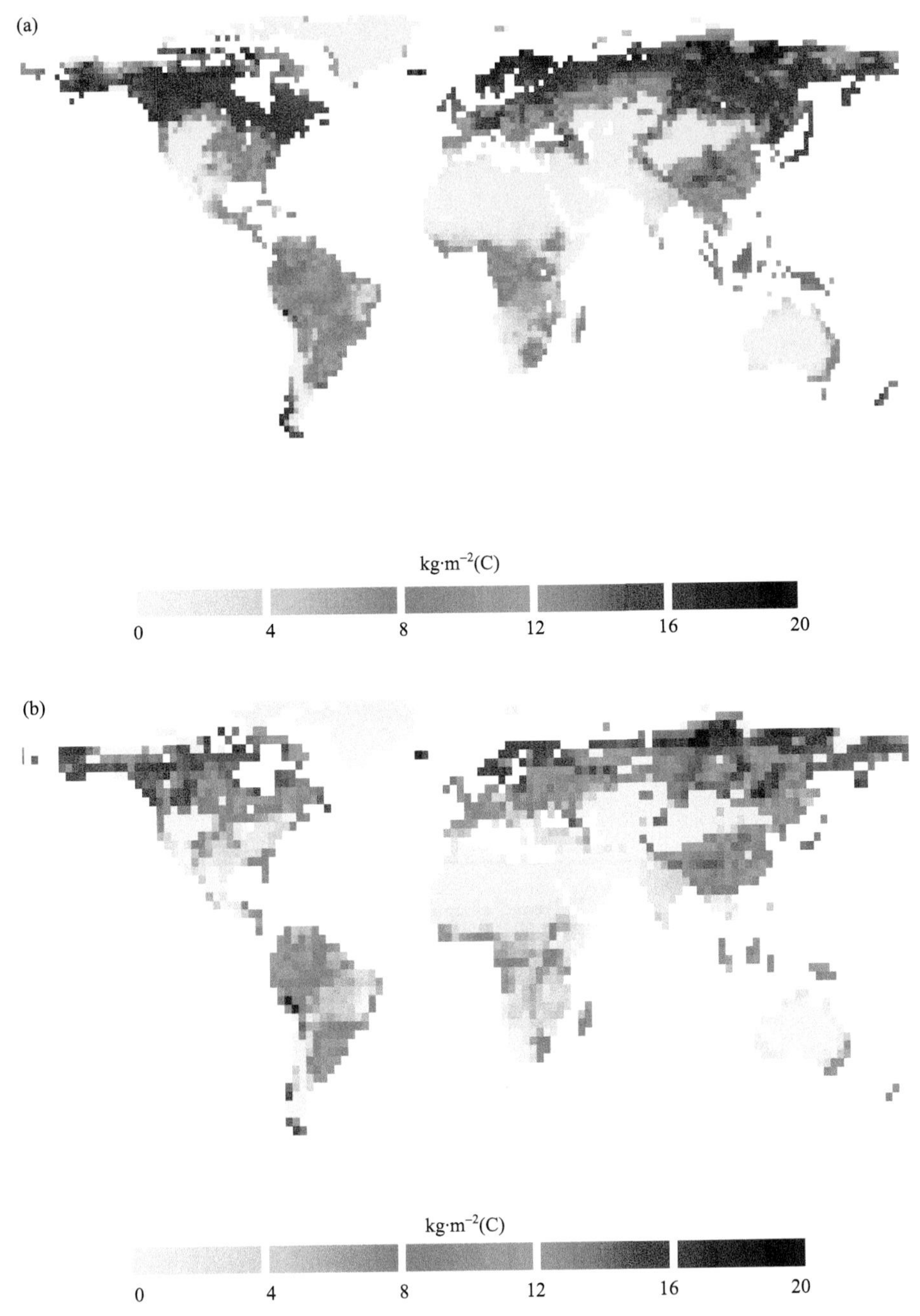

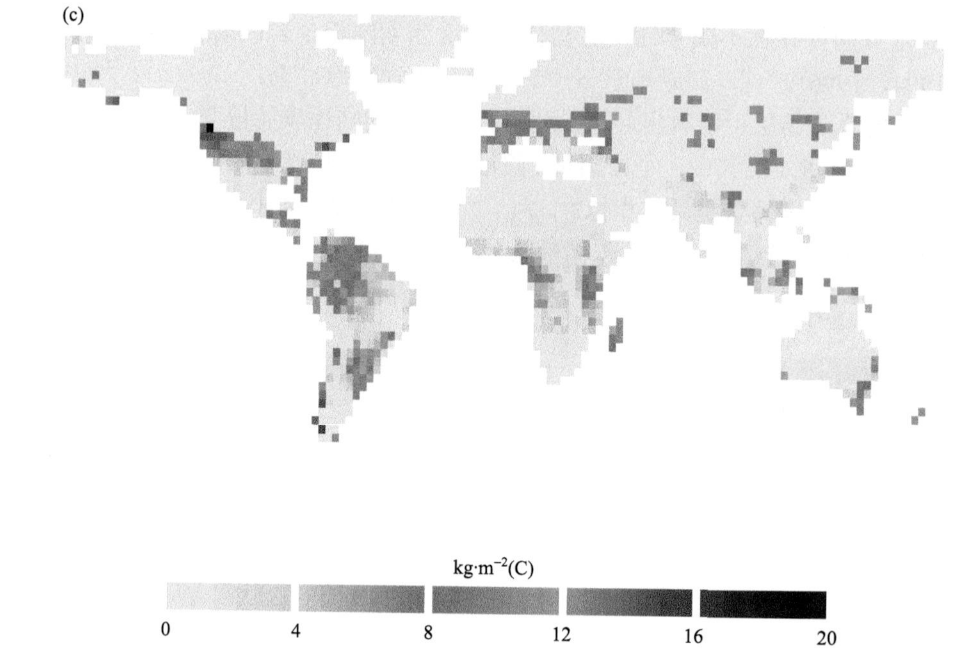

图 9.25　基于 UGAMP 全球古气候模拟数据库使用 SDGVM 模型重建的(a) 1988 年、(b)中全新世和(c) 21 ka 全球土壤碳浓度分布

因为冰期较低的 CO_2 浓度和温度条件限制了陆地净初级生产力的发展[图 9.10(c)]，从而影响了由土壤表层凋落物(叶和根)输入土壤中的碳量，而凋落物的分解速率又因较低的冰期温度条件而变缓，因此土壤无法储存与现今相类似的碳量[图 9.25(a)]。类似的情况也适用于中全新世，但由于该时期气候较暖，影响也较小[图 9.25(b)]。

第四纪晚期全球陆地生物圈 ^{13}C 识别效应对陆地碳储量的意义

利用地球化学记录，通过大气、海洋及陆地的碳同位素组成进行碳同位素质量平衡分析，可对不同碳库碳储量的变化进行估测(Crowley，1991，1995；Bird et al.，1994，1996；Beerling，1999c)。由于对现今的潜在植被碳储量变化进行估测较为困难，本节主要讨论中全新世和 LGM 的全球生态系统碳储量的变化。其优势在于，自中全新世以来，冰盖消融期的 CO_2 浓度已开始升高(Barnola et al.，1987；Neftel et al.，1988)，而影响陆地植被分布的人类活动尚未开始(Houghton and Skole，1990)。

假设质量守恒，则大气、海洋及陆地三个碳库之间的碳储量变化必定平衡，这种平衡可以定义为

$$(\delta_a m_a)+(\delta_o m_o)+(\delta_b m_b)=(\delta_a' m_a')+(\delta_o' m_o')+(\delta_b' m_b') \tag{9.1}$$

其中，δ 是碳同位素组成(‰)；m 是质量(Gt)；下角标 a、o、b 分别表示大气、海洋、陆地三个碳库；无撇号表示中全新世，有撇号表示 LGM。整理方程(9.1)，即可得到冰期的陆地碳同位素组成(δ_b')与陆地碳总储量变化的关系方程(9.2) (Bird et al.，1994，

1996)：

$$\delta_b' = \frac{(\delta_a m_a) + (\delta_b m_b) + (\delta_o m_o) - (\delta_a' m_a') - \delta_o' \left[m_o + (m_a m_a')(m_b m_b') \right]}{m_b'} \tag{9.2}$$

整理以上方程的意义在于，就 δ'_b 而言，方程(9.1)将 LGM 的陆地有机碳同位素组成(δ'_b)与工业革命之前大气中的陆地碳储量(m_b)和 LGM 的陆地碳储量(m'_b)之间差值的计算联系在了一起。对于方程中的其他参数的解释可直接从文献中获取，具体可参见表 9.5。

表 9.5　中全新世与末次盛冰期的大气、大洋及陆地碳库中的碳同位素组成及质量(引自 Beerling，1999c)

类别	符号	值	文献来源
中全新世大气碳储量	m_a	530 Gt	Indermühle 等(1999)
中全新世生物圈碳储量	m_b	1415 Gt	表 9.3
中全新世海洋碳储量	m_o	38000 Gt	Siegenthaler 和 Sarmiento(1993)
LGM 大气碳储量	m'_a	400 Gt	Barnola 等(1987)
LGM 生物圈碳储量	m'_b		本书
LGM 海洋碳储量	m'_o		$m_o+(m_a-m'_a)+(m_b-m'_b)$
中全新世大气 CO_2 的 $\delta^{13}C$ 值	δ_a	−6.3‰	Indermühle 等(1999)
中全新世生物圈 $\delta^{13}C$ 值	δ_b		本书
中全新世海洋 $\delta^{13}C$ 值	δ_o	0.0‰	
LGM 大气 CO_2 的 $\delta^{13}C$ 值	δ'_a	−7.0‰	Leuenberger 等(1992)
LGM 生物圈 $\delta^{13}C$ 值	δ'_b		本书
LGM 海洋 $\delta^{13}C$ 值	δ'_o	−0.4‰	Crowley(1995)

对方程(9.2)进行求解时，首先需要对中全新世(δ_b)与 LGM(δ'_b)的陆地全有机碳同位素组成进行估测。但是仅对植物化石残体进行同位素测量很难获取此值，因为需要综合考虑 C3 与 C4 植物的相对数量，而各自的同位素组分实际上有很大差异。在方程(9.1)与方程(9.2)中，全球碳循环的分析对全有机碳同位素组成的变化较为敏感，而对其绝对含量并不敏感。此处的 δ_b 与 δ'_b 可由光合作用过程中的 $^{13}CO_2$ 识别值计算得出(Lloyd and Farquhar，1994)。

植物碳同位素总量主要取决于光合作用的途径(Farquhar，1983；Farquhar et al.，1989；Farquhar and Lloyd，1993；Lloyd and Farquhar，1994)。在 C3 植物中，$^{13}CO_2$ 的识别范围与光合作用及气孔活动有关(第 2 章)，但主要受制于与通过叶肉的 CO_2 减少和 CO_2 固定作用相关的同位素识别(它代表大量叶片结构特性的净影响)。尽管如此，在不同叶片形态中，同位素分馏效应不变(Farquhar and Lloyd, 1993)，且分馏效应在很大程度上反映的是叶片内 CO_2 浓度比的差异。对于同位素分馏效应，可用以下比第 2 章和第 3 章更完整的方程(Lloyd and Farquhar, 1994)表示：

$$\Delta(\text{C3}) = a\left(1-\frac{c_\text{i}}{c_\text{a}}+0.025\right)+0.075(e_\text{s}+a_\text{s})+b\left(\frac{c_\text{i}}{c_\text{a}}-0.1\right)-\frac{e\dfrac{R_\text{d}}{k}+f\Gamma^*}{c_\text{a}} \tag{9.3}$$

其中，a 为 $^{13}CO_2$ 在自由空气中扩散时的分馏值(4.4‰)；e_s 为溶液中 CO_2 的平衡分馏值(1.1‰)；a_s 为 $^{13}CO_2$ 在水中扩散时的分馏值(0.7‰)；b 为 $^{13}CO_2$ 在 CO_2 光合固定时的识别值(27.5‰)；e 和 f 分别为与呼吸作用有关的识别值(0.0‰)及与光呼吸作用有关的识别值(8.0‰)；c_i 为胞间的 CO_2 浓度；c_a 为外界 CO_2 浓度；R_d 为光照下的叶片呼吸；k 为羧化反应效率；Γ^* 为 CO_2 光补偿点；温度灵敏度由 DePury 和 Farquhar(1997)给出。

在 C4 植物中，已有研究通过获取这类植物的酶和解剖学的差异，对 ^{13}C 识别值(Δ_A)进行了理论探讨(Farquhar，1983)，可表达为

$$\Delta(\text{C4}) = a\left(1-\frac{c_\text{i}}{c_\text{a}}+0.0125\right)+0.0375(e_\text{s}-a_\text{s})+\left[b_4+(b_3-e_\text{s}-a_\text{s})\phi\right]\left(\frac{c_\text{i}}{c_\text{a}}-0.05\right) \tag{9.4}$$

其中，b_4 是磷酸烯醇丙酮酸羧化酶(PEP-c)的温度敏感识别值；b_3 是 Rubisco 的识别值；ϕ 是 CO_2 自束鞘细胞的泄漏比例与 PEP 羧化速率的比值(0.2) (Lloyd and Farquhar，1994)；方程(9.4)中的其他变量已在方程(9.3)中给出。

为了估测全球的 δ_b 值，可将全球的 C3 与 C4 植物归入不同的植物功能型，并以总初级生产力(GPP)按月进行加权得到 ^{13}C 识别值Δ。计算可得，中全新世的总体陆地生物圈 ^{13}C 识别值为 14.9‰[图 9.25(a)，表 9.6]，C3 植物的 ^{13}C 识别值为 19.4‰。在全球尺度上，C4 植物(大部分为草原)分布的地区显示出最大的Δ值差异[图 9.25(a)]。

表 9.6　6 ka、21 ka 的全球平均陆地生物圈 $^{13}CO_2$ 识别值(据 Beerling，1999c)

时间	数值模拟	识别值/‰		$\delta^{13}c_a$	全岩 δ^{13}C	全岩 δ^{13}C(校正)
		仅考虑 C3 植物	考虑 C3 和 C4 植物			
6 ka	UGAMP	19.4	14.9	−6.3	−20.9	−23.9
	NCAR	19.6	15.4	−6.3	−21.4	−24.4
	均值	19.5	15.2		−21.2	−24.2
21 ka	UGAMP	18.6	12.7	−7.0	−19.4	−22.4
	NCAR	19.7	15.7	−7.0	−22.3	−25.3
	均值	19.2	14.2		−20.9	−23.9

在中全新世至 LGM 期间，C4 植物逐步取代 C3 植物的主导地位，广泛分布于陆地生态系统中，因此全球平均Δ_A值是减小的(表 9.6)，这种趋势也体现在Δ_A值的全球分布格局中[图 9.26(a)和(b)]。显然，由于 C4 植物分布的不断扩张，在非洲北部萨赫勒地区，中全新世的Δ_A值下降尤为明显，而在 LGM，Δ值的下降则出现在非洲北部和印度大部分地区(图 9.26)。

根据冰芯研究报道的数据(表 9.5)得到的陆相全碳同位素组成，可对模拟的Δ值碳同位素组成(由植物同化的大气 CO_2)进行校正。由于在估算中使用的生理模型目前无法解释由呼吸作用产生的 CO_2 中的低 δ^{13}C 的重复利用，因此表 9.6 中对于全球平均值，在估

算时取其最大值。而这也使总体值减少了 3‰(Bird et al.，1996)，因此，本书也对全碳同位素质量的估测值进行了相应的校正(表 9.6)。

根据全球碳同位素质量平衡约束，中全新世的全球陆地碳储量较 LGM 增加了 550～680 Gt(C)(图 9.27)。作为对比，使用全球陆地碳循环模型直接估测了同一时期的陆地碳储量变化，其增加值为 668 Gt(C)，与上述估测值的上限较为接近(表 9.3)。

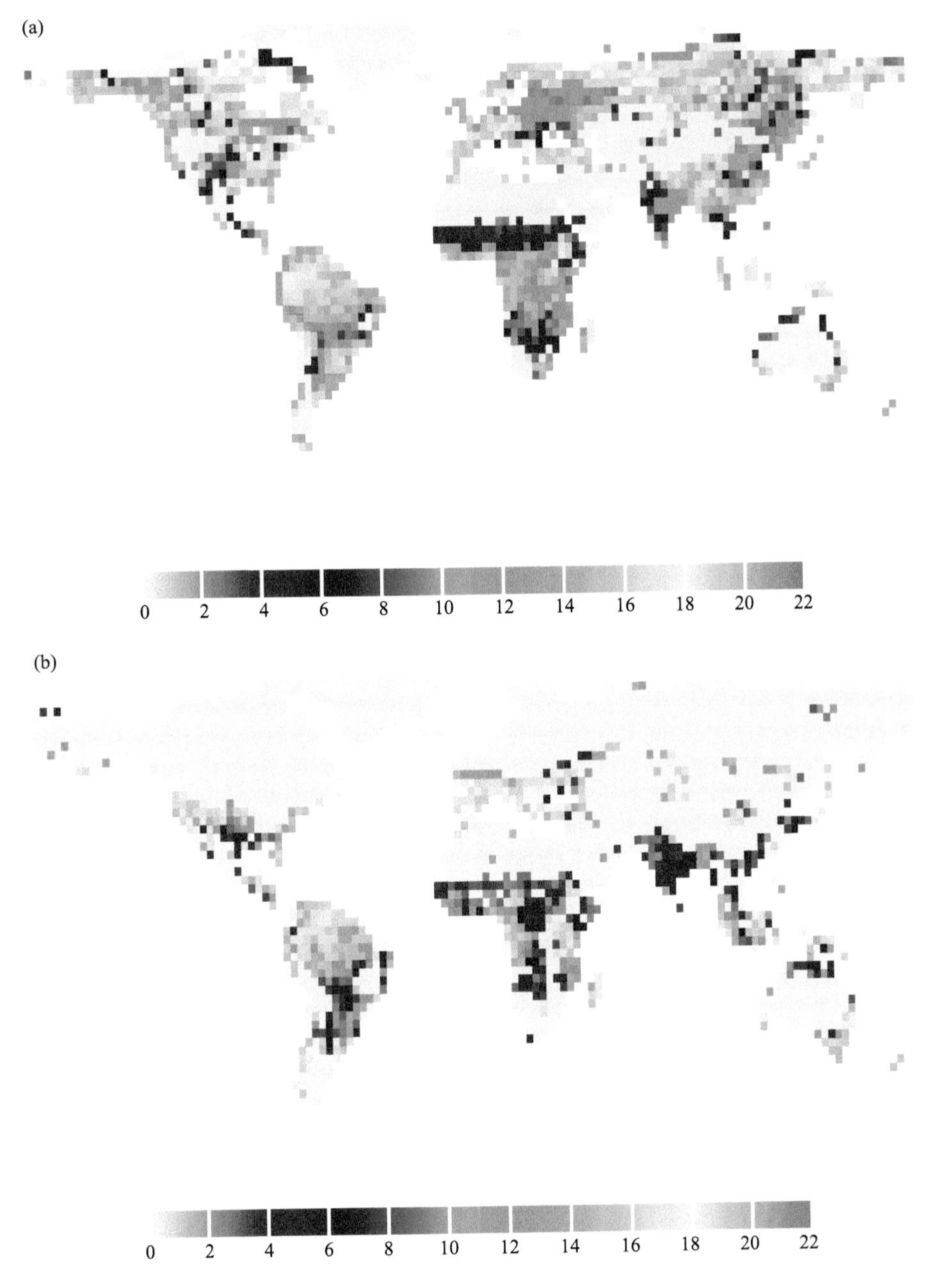

图9.26　以总初级生产力加权并用UGAMP古气候模拟数据库的植被模型得出的(a)中全新世、(b)LGM ^{13}C 识别值(Δ_A/‰)的全球分布格局

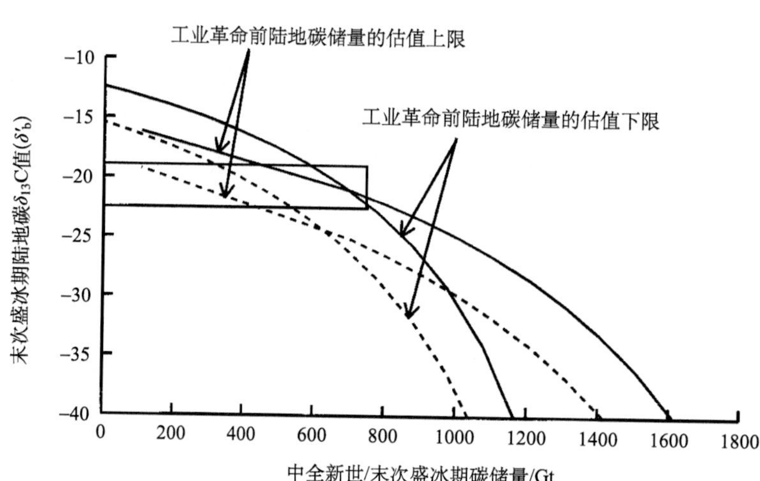

图 9.27 LGM 陆地全岩碳同位素组分与 LGM 至中全新世期间的碳储量增加值关系图

其中碳储量增加值满足全球碳同位素质量平衡约束条件；图中矩形框表示 LGM 碳同位素组成的模拟值范围；曲线表示中全新世陆地碳同位素组成估测值满足同位素质量平衡约束条件的取值范围(表 9.3)；对大洋碳库的估测值引自 Crowley(1995) 及 Maslin 等(1995)，基于过去的数据的估测值引自 Maslin 等(1995)，Adams 等(1990)，以及 Adams 和 Faure(1998)

对陆地碳循环进行直接模拟的陆地碳储量，以及对大气、海洋的碳库进行同位素质量平衡分析所估测的陆地碳储量，两者得到了较为一致的结果，并且得出了陆地碳储量值的“最佳估值”范围为 550～750 Gt(C)，该范围与基于过去的数据估测结果的下限较为接近。两种方法在估算中都使用了相同模拟数据库的数据，因此两种方法并不是完全相互独立的，但所得的结果在一定程度上统一了两种方法对陆地碳储量的估测。

根据陆地碳储量的估测范围，可对 LGM 及中全新世冰芯所记录的大气 CO_2 浓度上升过程中(80 ppm)植被对其影响进行量化。假设在大气中，每 10 ppm 的 CO_2 约等于 20 Gt(C) (Siegenthaler and Sarmiento，1993)，则自 LGM(21 ka)以来，陆地生物圈中碳储量的增加量可能相当于从大洋碳库中固定了 350～400 ppm 的大气 CO_2。即使假设在 15 ka 和 8 ka 两个间冰期期间，生物量的增长速度与 CO_2 上升速度相似(Neftel et al.，1988)，陆地植被的固碳速率也应很低，只有每年 0.04～0.05 Gt(C)。而海洋对气候响应的研究则进一步降低了这一可能性，这一研究估测出在 LGM 至中全新世期间大气 CO_2 浓度应只存在 35～40 ppm 的上升区间(Broecker and Peng，1993；Maslin et al.，1995)。在陆地植被和土壤中的碳储存量的上升，似乎并不会使海洋驱动的 CO_2 降低，这也与先前的推论相左(Adams et al.，1990)。然而，对最近的冰消期陆地固碳的定量研究至关重要，借此可对大气 CO_2 的实际增量进行估测，包括一些实际发生过的或许未被冰芯沉积所记录的 CO_2 浓度变化。研究表明，大气 CO_2 浓度的增量在冰芯记录估测的 80 ppm 的基础上，应再增加 30～40 ppm，这或许说明海洋碳损失的碳总量比之前认识到的要大(Broecker and Peng，1993；Maslin et al.，1995)。

植被与大气 O_2 的氧同位素组成

本书主要涉及定量化研究并描述陆地植被在地质历史期间对环境的影响。然而，量化植被活动对道尔效应的影响，即研究大气 O_2 与大洋 O_2 中 $\delta^{18}O$ 的差异，为估测海洋和陆地生产力的相对变化提供了一种新的手段(Bender et al.，1985，1994；Sowers et al.，1991; Keeling, 1995)［注：这一部分所有同位素比值都是相对于标准平均大洋水(SMOW)表示的］。$\delta^{18}O_2$ 可以反映出大洋和陆地循环系统中总的 O_2 通量，以及与光合作用、呼吸作用相关的同位素分馏之间的平衡。由此，在这一节的讨论中，可以利用植被与气候模型的模拟讨论重建这一比值($\delta^{18}O_2$)，即首先定量分析植被对道尔效应的贡献，然后基于第四纪晚期道尔效应的古记录讨论 O_2 中的 ^{18}O 质量平衡。

植被可以影响 $\delta^{18}O_2$，是由于植物中的 $H_2{}^{18}O$ 比 $H_2{}^{16}O$ 的蒸腾速率慢，因此 ^{18}O(δ_L)会在叶片中富集，而富集的 ^{18}O 通过光合作用在叶片中生成 O_2，且不会发生进一步的分馏(Guy et al.，1993)。尽管存在以上推论，但在生物地球化学氧循环中 ^{18}O 的收支方面，植被对 $\delta^{18}O_2$ 的作用仍具有不确定性：前人对全球平均 δ_L 的估测(Farquhar et al.，1993；Ciais et al.，1997)仅为理论预期值的一半(Dongmann，1974；Bender et al.，1994)，而这将制约试图利用道尔效应的过去记录来重建陆地和海洋生产力的变化(Beerling, 1999b)。

δ_L 值低的一个原因是，在计算大气水的同位素组成(δ_V)时没有包含植物蒸腾作用的影响(Beerling，1999b)。δ_V 需要描述叶片水相对于土壤水分在克莱格–戈登模型(Craig-Gordon model)中的蒸发富集(Craig and Gordon，1965)。因此，首先需要对全球范围内现代(1988 年)、中全新世以及 LGM 的 δ_L 进行估测，从而完成对冰芯 O_2 记录中道尔效应的观测和对反映海水同位素组成的有孔虫同位素进行测量。

依据前人描述(Beerling，1999d)，克莱格–戈登模型可以用来计算在稳态条件下叶片蒸发水的 $\delta^{18}O$ 值(δ_E)(Farquhar et al.，1993)。而叶片内部一系列时间、空间和物理的变化造成了叶片水同位素富集的估计值与观测值之间存在微小差异(Yakir et al.，1994；Farquhar and Lloyd，1993)。然而，一般认为克莱格–戈登模型在全球尺度上可以获取所需的信息(Farquhar et al.，1993)，因此运算中通常假设 δ_E 与 δ_L 的值足够接近，近似相等。

克莱格–戈登蒸发富集模型最初是从开放水面的蒸发模型中推导得出的，后来被修改用于植物蒸发(Farquhar et al.，1993)，可估测叶片水 ^{18}O 的富集(δ_L)：

$$\delta_L = \delta_S + \varepsilon_K + \varepsilon^* + \left(\delta_V - \delta_S - \varepsilon_K\right)\frac{e_a}{e_i} \tag{9.5}$$

其中，δ_S 为水源水的同位素组成；δ_V 为周边空气中水蒸气的同位素组成；e_a 为大气水汽压；e_i 为胞间水汽压；ε^* 为呈比例降低的 ^{18}O 平衡水汽压(25 ℃时 9.2‰)，其中温度敏感度由 Bottinga 和 Craig(1969)给出；ε_K 为穿过气孔和边界层的重同位素扩散(26‰)的动力分馏系数(Farquhar et al.，1993)。水源水(土壤水)的同位素组成可以通过年平均气温、降水量和海拔求得，其组成特征可以反映降水的同位素组成，且不受季节变化的影响。模拟过去包括 LGM 由冰盖负荷引起的海拔差异，以及中全新世的冰后期地壳均衡回弹引起的海拔差异。如前，δ_V 在计算中作为一个常数，为 10‰的亏损(Ciais and Meijer,

1998)，并以每月植被冠层蒸腾量进行加权(Beerling，1999d)。

对 δ_L 按由陆地植被产生的 O_2 总通量[即总初级生产力(GPP)加光呼吸作用的耗氧量]进行加权。光呼吸作用的 O_2 生产量可以表示为 GPP/ϕ，这里的ϕ即光呼吸作用与羧化反应之比，如下(Farquhar et al.，1980)：

$$\phi = \left(\frac{V_{\text{omax}}}{V_{\text{cmax}}}\right)\left(\frac{O_i}{C_i}\right)\left(\frac{K_c}{K_o}\right) \times 10^{-3} \tag{9.6}$$

其中，V_{omax} 为最大氧化速率；V_{cmax} 为最大羧化速率；O_i 为胞间的 O_2 分压；C_i 为胞间的 CO_2 分压；K_o 与 K_c 分别是氧化作用与羧化作用的米氏常数。V_{cmax} 与 C_i(根据叶面积指数)可由植被模型计算得出，GPP/ϕ可利用冠层平均的 V_{cmax} 与 C_i 按月估算，V_{omax} 等于 0.21 倍的 V_{cmax}(Farquhar et al.，1980)。C_i 与 V_{max} 均受冠层结构、大气 CO_2、气候和土壤等条件影响(第 4 章)。

为了研究 δ_L 的全球平均估计值(表 9.7)及在相应时间内道尔效应的 O_2 总通量的变化，首先需对氧同位素质量平衡的组成进行表述，其包含三个项，分别定义为陆地和海洋道尔效应及平流层缩减导致的道尔效应(Bender et al.，1994)。陆地道尔效应可以表达为

$$F_{\text{TGPP}}\delta_L = F_{\text{TR}}\left(\delta_{\text{ATM}} - \delta_{\text{TR}}\right) \tag{9.7}$$

其中，F_{TGPP} 为由陆地植被产生的年均总 O_2 通量(表 9.7)；F_{TR} 为陆地植物在呼吸过程中消耗的年均总 O_2 通量；δ_{TR} 为与上述作用过程相关的净同位素分馏，δ_{TR} 能够反映出植物的生长环境，因此对其的估测较为重要。

在现代的气候条件下，δ_{TR} 为 18.0‰(Bender et al.，1994)，作为一个复合的通量加权值，其代表了陆生植物呼吸过程中不同的生化途径[(暗呼吸作用：dark respiration) 0.59×18.0‰+(梅勒反应：Mehler reaction) 0.1×15.1‰+(光呼吸作用：photorespiration) 0.31 × 21.2‰–0.7‰为叶片水在空气中的平衡富集系数]。在中全新世以及 LGM，光呼吸作用的权重会上升，因为在这一时期大气 CO_2 分压较低的情况下，总初级生产力在光呼吸过程中损失的比例较大(表 9.7)。根据表 9.7 数据、梅勒反应的常数 0.1 及暗呼吸作用，可得到中全新世的 δ_{TR} 值为 18.5‰，LGM 的 δ_{TR} 值为 19.4‰

表 9.7　全球陆地总初级生产力和以总 O_2 通量加权的叶片水 ^{18}O 值(δ_L)

时代	GPP/[Pmol·a^{-1}(O_2)]	GPP(%光呼吸作用)/[Pmol·a^{-1}(O_2)]	δ_L/‰
现今气候(ISLSCP)			
1988 年	12.7	17.3(34%)	8.3
古气候模拟值			
6 ka	9.7	14.2	9.2
UGAMP			
NCAR	10.5	15.2	9.6
均值	10.1	14.3(45%)	9.4
21 ka	4.7	8.2	8.0
UGAMP			
NCAR	6.4	10.9	7.4
均值	5.6	9.6(74%)	7.7

注：括号内的值是光呼吸的百分比，1 Pmol = 10^{15} mol。

大洋道尔效应可以表示为

$$F_{\mathrm{MGPP}}\delta_{\mathrm{ML}}=F_{\mathrm{SOR}}\left(\delta_{\mathrm{ATM}}+\delta_{\mathrm{SE}}-\delta_{\mathrm{SOR}}\right)+F_{\mathrm{DOR}}\left(\delta_{\mathrm{ATM}}+\delta_{\mathrm{SE}}-\delta_{\mathrm{DOR}}\right) \tag{9.8}$$

其中，F_{MGPP}为由大洋释放的年均总O_2通量；δ_{ML}为O_2产生过程中的同位素分馏(0.0‰)；δ_{SE}为O_2溶解于海水中发生的同位素分馏(0.7‰)；F_{SOR}为大洋表层因呼吸作用消耗的年均总O_2通量(=F_{MGPP}×0.95)；δ_{SOR}为这一过程中发生的同位素分馏(20‰)；F_{DOR}为深海消耗的年均总O_2通量(=F_{MGPP}×0.05)；δ_{DOR}为这一过程中发生的净同位素分馏(12.0‰)(Bender et al.，1994)。

如上所述，研究δ_{L}的全球平均估计值，还需估算平流层缩减对O_2的$\delta^{18}O$收支的影响。O_2在平流层与对流层交换时会产生较为细微的$\delta^{18}O$分馏效应，其值为0.4‰(Bender et al.，1994)。然而，如果按年计算，δ_{S}可由[0.4‰/大气O_2转换时间(1200 a)×56 a]来表示，而对流层相对于平流层交换的滞留时间则为 0.018‰。在平流层与对流层间交换的O_2质量约为660×10^{15} mol(660 Pmol)。

结合陆地、大洋和对流层/平流层通量，质量平衡方程最终可以表述为

$$F_{\mathrm{TGPP}}\delta_{\mathrm{L}}+F_{\mathrm{MGPP}}\delta_{\mathrm{ML}}+F_{\mathrm{O}}\left(\delta_{\mathrm{ATM}}-0.018\right)=F_{\mathrm{TR}}\left(\delta_{\mathrm{ATM}}-\delta_{\mathrm{TR}}\right)+F_{\mathrm{SOR}}\left(\delta_{\mathrm{ATM}}+\delta_{\mathrm{SE}}-\delta_{\mathrm{SOR}}\right) \\ +F_{\mathrm{DOR}}\left(\delta_{\mathrm{ATM}}+\delta_{\mathrm{SE}}-\delta_{\mathrm{DOR}}\right)+F_{\mathrm{O}}\left(\delta_{\mathrm{ATM}}-0.018\right) \tag{9.9}$$

在稳态条件下，有F_{TGPP}=F_{TR}、F_{MGPP}=F_{SOR}+F_{DOR}，且海洋总初级生产力的分馏值为0(δ_{ML})，上述方程可被简化并用来求δ_{ATM}的值，或在已知δ_{ATM}的条件下(可从冰芯研究中获得)对F_{MGPP}进行求解。在对F_{MGPP}进行求解时，需对等效大洋净初级生产力(F_{MNPP})进行计算，因为该项与沉积碳通量有关。由浮游和底栖生物产生并消耗的初级O_2总生产量与呼吸O_2消耗量之间的标度关系可表示为(Duarte and Agusti，1998)：

$$R=aF_{\mathrm{MGPP}}{}^{b} \tag{9.10}$$

其中，a和b分别是值为1.0和0.78的常数；R为海洋有机物的O_2与C之比，为1.4∶1(Laws，1991)，由此全球海洋净初级生产力[F_{MNPP}，Pg·a^{-1}(C)]可表示为

$$F_{\mathrm{MNPP}}=\left(\frac{F_{\mathrm{MGPP}}-R}{1.4}\right)\times12 \tag{9.11}$$

由方程(9.9)可得，现今(1988年)道尔效应(δ_{ATM})的估计值为23.1‰，这表明全球大洋总初级生产力低于 Bender 等(1994)所估计的 12 Pmol·a^{-1}(O_2)。进而可得现今F_{MGPP}的值为8.0 Pmol·a^{-1}(O_2)，F_{MNPP}为25.0 Pg·a^{-1}(C)，可见，F_{MNPP}的这一终值，低于根据卫星测量的叶绿素浓度、海面温度、入射太阳辐射和混合层深度等资料计算出的现今大洋净初级生产力范围[36.5～45.6 Pg·a^{-1}(C)](Antoine et al.，1996；Behrenfield and Falkowski，1997；Falkowski et al.，1998)。

根据以上分析，可得出对道尔效应过去记录的解释，也可确定大洋陆地的总生产力之比。以上计算过程将分别使用以下参数对其进行约束：模拟的叶片水氧同位素富集、总O_2生产量(表9.7)、δ_{ATM}值(从冰芯记录获得)、δ_{ML}值(从大洋沉积物有孔虫化石的同位素组成记录中获得)(Bender et al.，1994)。计算结果表明，中全新世(6 ka)与LGM(21 ka)的大洋生产力都较现今(1988年)更高。F_{MGPP}绝对值的大小取决于GCM冰期气候的

模拟值，尤其是相对湿度场的大小。尽管如此，这些研究结果提供了第四纪晚期的大洋总初级生产力的定量估算，可以与赤道太平洋(Herguera and Berger，1994)和大西洋最南端(Kumar et al.，1995)沉积物的古生产力指标进行比较。这些研究表明，冰期的大洋相对于中全新世时期的大洋拥有更高的生产力，但在氧同位素质量平衡分析的计算中没有发现这一点(表 9.8)。部分原因可能是，在冰期条件下，高等植物呼吸作用的不同生化途径的同位素分馏效应被低估了。尽管我们已经考虑了冰期低 CO_2 浓度会对通量加权的光呼吸分馏作用产生影响，但也有可能是因为对氰敏感呼吸途径和对氰不敏感呼吸途径的作用可能是不同的(Siedow and Umbach，1995；Gonzalez-Meler et al.，1996)。这是因为，与氰敏感途径不同，氰不敏感途径似乎不受 CO_2 浓度的影响，在低 CO_2 浓度下，这两种途径的比例可能非常不同。不同的呼吸途径有着不同的同位素分馏作用，在冰期环境中这可能会低估植物呼吸作用的同位素分馏值。此外，沉积指标一般仅适用于特定洋盆，或许并不能代表全球的大洋活动。

表 9.8　来自冰芯和有孔虫研究的第四纪晚期道尔效应值及由大洋释放的年均总 O_2 通量(F_{MGPP})和大洋净初级生产力(F_{MNPP})

年代	观测值[a]道尔效应/‰	F_{MGPP}/[$Pmol·a^{-1}(O_2)$]	F_{MNPP}/[$Pg·a^{-1}(C)$]
6 ka			
UGAMP	23.1	12.8	47.2
NCAR	23.1	15.0	57.8
均值		13.9	52.5
21 ka			
UGAMP	23.5	5.7	15.6
NCAR CCM 1	23.5	7.5	23.4
均值		6.6	38.0

a：道尔效应数据引自 Bender 等(1994)。

然而，可以初步探讨道尔效应(Bender et al.，1994)在估测陆地生产力与大洋生产力比值变化中的应用。根据估算结果可知，现代的陆地生产力与大洋生产力比值为 1.7，中全新世的比值是 1.0，LGM 的比值为 1.4。因为需要计算浮游植物与细菌在较大的时空尺度上的 O_2 生产量和消耗量，所以难以定量求得大洋的总初级生产力(Antoine et al.，1996)。通过使用同位素质量平衡方法，并约束方程的一边，解决分馏效应和与陆地植被相关的通量计算，可将海洋生物圈与陆地生物圈的生产力区分开来。

结论

使用当前的 GCM 来重建自 LGM 以来的全球气候变化有很大的局限性，对第四纪晚期的气候重建也是如此，而距离 GCM 气候场广泛应用于未修正的情形尚需时日(即不对每月的气候异常进行计算、不对“现今”情况的气候代表进行补充)。在本章使用过的 GCM 中，没有一个明确包含植被与气候间的相互反馈，这可能是第四纪古气候模型中的“缺失环节”(Beerling et al.，1998)。区域尺度的古环境研究证实了这一推测，非洲北部地区(Kutzbach et al.，1996；TEMPO，1996；Hoelzmann et al.，1998)、北半球高纬度地区(Foley et al.，1994；Gallimore and Kutzbach，1996)等的全新世古环境研究表明，由于包含了与植被有关的生物物理反馈，其古环境数据和模拟结果之间的差异大大缩小。

尽管如此，当 GCM 的气候模拟被修正后，其结果还是充分显示了第四纪晚期气候的总体特征，足以用来模拟其对陆地生物圈的影响。很明显，冰期陆地植被的生存环境恶化，CO_2浓度、温度及降水量都较低，而这也使得全球的净初级生产力为现今的 50%左右，地球表面植被比例受到气候的严重限制，直接影响了陆地植被和土壤中的碳储量。本章基于植物功能型的地理分布及同位素质量平衡方法，估算出了末次盛冰期以来的陆地碳储量变化，估值与依据全球大比例古植被重建图所得的结果吻合。不过，我们需要注意的是，上述两种估测途径均难以回避方法学上的问题，但结果仍然显示最有可能的增幅是 700～800 Gt(C)。

这种全球尺度的方法，重点关注陆地植被，使我们能够根据陆地与大洋生产力的比值来解释过去发生变化的道尔效应。同理，只要可以获取大洋氧同位素记录，该方法也可用于更早的地质时代(Beerling，1999e)。而该研究有可能得到进一步完善，成为一种恢复 GCM 气候，尤其是湿度场的有效手段，即通过估测化石植物纤维素中氧同位素组成，并将其与对叶片和树木的实际测量结果进行讨论。

(崔一鸣、张立 译，毛礼米、舒军武、陈炜 校)

第 10 章　未来的气候与陆地植被

引言

本章继续使用植被模型来模拟未来可能发生的植被变化。用第二哈德莱中心耦合模型(HadCM2)可以模拟出未来和短期的气候与 CO_2 的变化(Johns et al.，1997)。经校正的大气环流模型(GCM)输出量在空间和数量上(W. Cramer)与 1931～1960 年的气候观测数据紧密匹配(第 3 章；Cramer et al.，2001)。同样的校正也完全适用于 1830～2100 年的短期气候变化。这些变化是对未来大气 CO_2 增加的正常响应，并且它们本身就是经济领域内模型的结果，如未来化石燃料的使用(Wigley，1997)。模拟的时间从 2100 年延长到 2200 年，使用一段恒定的或稳定的条件，以便为调查植被对气候和 CO_2 瞬变的任何延迟或惯性反应的存在和性质提供一种方法。

气候情景

驱动植被模型的主要变量是大气 CO_2 浓度(图 10.1)、陆地温度(图 10.2)和陆地降水量(图 10.3)。HadCM2 模型还得到了日照时数、云量和大气湿度的变化，并用于运行植被模型。大气 CO_2 浓度及其他温室气体在 HadCM2 模型中是气候变化的驱动因素。因此，大气 CO_2 浓度与温度之间存在着密切联系，即 CO_2 浓度每增加 100 ppm，温度就会升高 0.94℃，它们是一种线性的关系(r^2=0.99，n=380)。大气 CO_2 浓度与降水之间的关系比温度相对较弱(线性回归 r^2=0.17)，大气 CO_2 浓度每增加 100 ppm，则降水量相应增加 5.4 mm·a^{-1}。

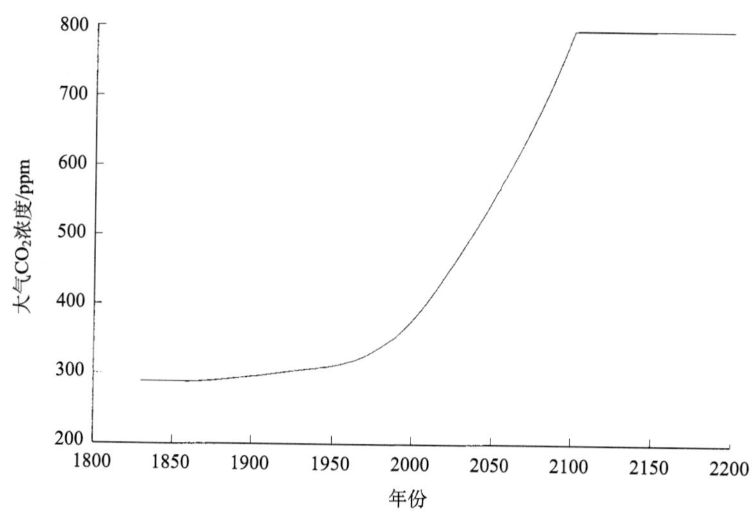

图 10.1　校正后的 HadCM2 GCM 模拟的 1830～2200 年大气 CO_2 浓度变化

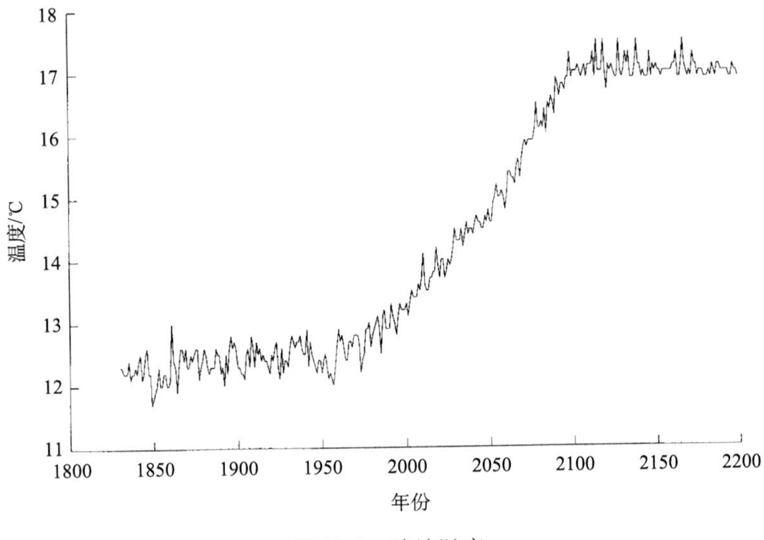

图 10.2　陆地温度

细节同图 10.1

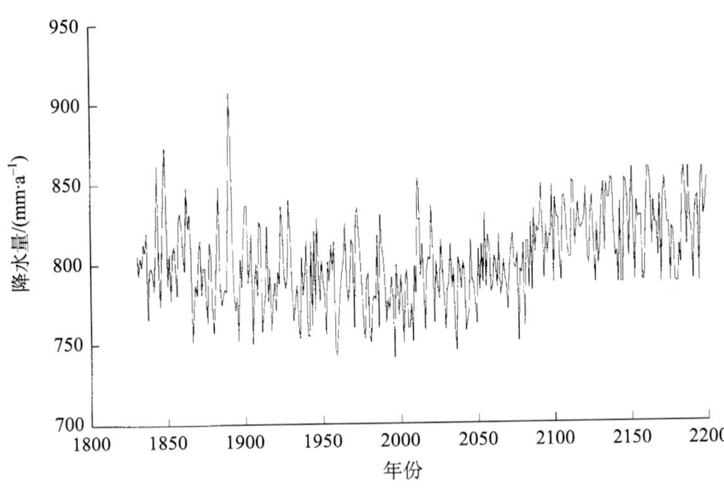

图 10.3　模拟陆地降水量

细节同图 10.1

CO_2 与降水量之间的弱相关表明，GCM 模拟了一系列相互作用的过程，如陆地和海洋之间的过程，该过程削弱了 CO_2、温度和降水之间的一切紧密而简单的关系（Dickinson，1992）。

全球地表响应总量

植被对气候瞬态变化的模拟响应可分为两个部分。第一部分是调查全球规模的生产力和地表径流量的响应，第二部分是研究全球尺度功能型的空间响应。全球尺度总量也用于研究植被对三种不同气候条件下的不同强度响应，定义如下。

(1)运算 C+T：改变大气 CO_2 浓度(图 10.1)、温度和降水(图 10.2 和图 10.3)的整体处理；

(2)运算 T：改变温度(图 10.2)和降水(图 10.3)，而不改变大气 CO_2 浓度；

(3)运算 C：仅改变 CO_2 浓度(图 10.1)，但 1861～1890 年的气候周期不变。

净初级生产力

陆地净初级生产力(NPP)随着大气 CO_2 浓度的增加(运算 C+T 和运算 C)而快速增加(图 10.4)，而在 CO_2 浓度恒定的情况下保持不变(运算 T)。组合运算 C+T 比单独使用 CO_2 的运算 C 更能刺激 NPP，这表明气候变化与 CO_2 变化之间存在着相互作用。特别是这种相互作用反映了高纬度地区 NPP 的增加，这在现今的温度气候条件下是受限制的(第 3 章，Cao and Woodward，1998)。

CO_2 对 NPP 的刺激作用也完全取决于 CO_2 浓度的持续上升，一旦 CO_2 达到恒定浓度(2100 年)，则 NPP 就会稳定下来并开始缓慢下降，直到 2200 年。其他的全球植被动态模型(DGVMs)在同样的运算下，也观察到了 NPP 的 CO_2 敏感性下降(Cramer et al., 2001)，并反映了植被的变化和氮矿化速率的下降。

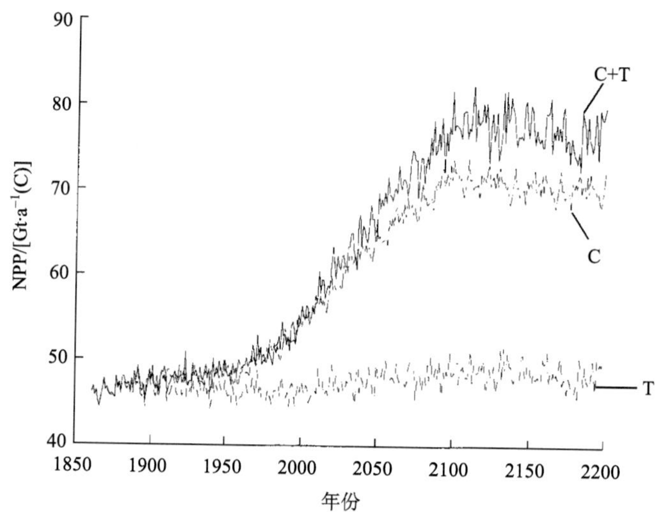

图 10.4　三种运算条件下全球尺度的陆地净初级生产力总量

C+T，改变 CO_2 和气候；T，仅改变气候；C，仅改变 CO_2

净生态系统生产力

全球碳循环对净生态系统生产力(NEP)及来自植被、火灾和下层土壤的净 CO_2 通量十分敏感。NEP 对气候的年际变化也非常敏感(Cao and Woodward，1998)，但这些变化已经被预测 NEP 的 10 年运行平均值给消除了(图 10.5)。

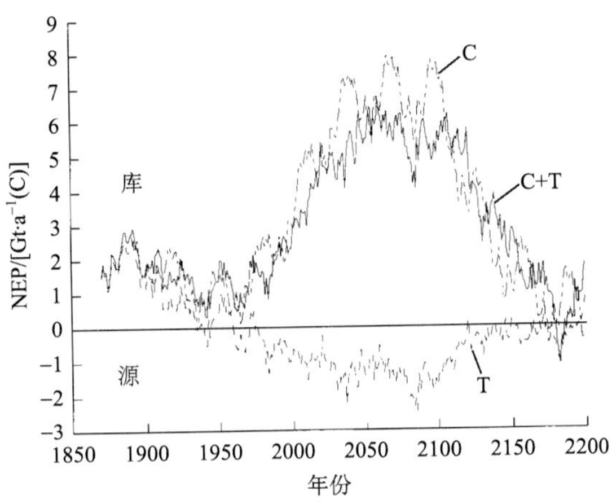

图 10.5　10 年净生态系统生产力(NEP)平均值

正值表示陆地植被的碳吸收能力；负值表示源容量

当全球气候、陆地植被和土壤三者达到平衡时，NEP 为零，此时的碳汇(尤其是现生植被)与碳源(死亡、腐烂的植被和土壤)之间达到了完全平衡。在这些实验模拟过程中，气候、植被和土壤三者均不处于平衡状态，因此 NEP 不等于零，这与本书中研究古气候的其他章节有所不同。改变大气 CO_2 浓度的运算方法在大多数实验模拟中，能够维持 NEP 为正值。在运算 C+T 和运算 C 条件下，尽管 CO_2 持续增加，然而 NEP 从 20 世纪 80 年代开始显著增加，但会在 2050 年前后达到饱和。当考虑到人为 CO_2 排放所具有的稳定经济和政治因素时，这一点非常重要。陆地生物圈将不会继续以恒定速率吸收人为控制排放的 CO_2，而是随着时间的推移逐渐下降(Cao and Woodward，1998)，这一特征在一些 IPCC 及相关预测中尚未得到考虑(Wigley et al.，1996；Wigley，1997；Schimel，1998)。在 1990～2100 年，估计陆地生物圈吸收的碳排放量在运算 C 状态下为 30%，在运算 C+T 状态下为 25%。而仅改变气候条件(运算 T)时，陆地生物圈就是一个碳源，使总排放量增加大约 6%。

截至 2050 年的 NEP 饱和度表明，植被 NPP 的持续增加(图 10.4)与土壤中凋落物积累和腐烂的较慢增长速度达到一致。在这些模拟中，从 2100 年开始，稳定气候和 CO_2 不会对 NPP 的持续增长有帮助，但预计凋落物的增长率将持续更长时间，因此 NEP 会迅速下降。从运算 C+T 状态和运算 T 状态中可以清楚地看到这种响应(图 10.5)，到 2180 年时，NEP 将达到一个接近于 0 的新平衡值。研究表明，净生态系统生产力的响应存在惯性，如较慢的凋落物积累和腐烂速率、植被分布和结构的缓慢变化(Woodward et al.，1995)。仅对气候进行处理的运算 T 状态，其响应速度比其他运算状态更快，并在大约 30 年后达到平衡值归零。因此，提高 CO_2 浓度也会增加系统的惯性，主要通过减少凋落物腐败的速率和数量。在 T 运算状态中，凋落物质量不会受到严重影响，但对植被的影响较大，并且植被比土壤的反应更快。

未来的 NEP 模拟结果无法被验证，但现今的 NEP 范围是 0.5～2.0 $Gt·a^{-1}$(C)，这与从大气 CO_2、$\delta^{13}C$(Keeling et al.，1995)和氧气(Keeling et al.，1996)的时间趋势中提取的

陆地 NEP 的估算值相同。

地表径流

陆地植被会影响降雨地表径流流入溪流和池塘，从而影响人类和其他陆地动物种群的水分供应。由于人类生产和生活的消耗，现今的地表径流量估值为 $36\times10^{12}\ m^3\cdot a^{-1}$ (Chahine，1992)。与 NEP 一样，地表径流对气候的年度变化非常敏感，因此从实验模拟中提取了 10 年的运行平均值(图 10.6)。C+T 和 T 两种运算状态的模拟值接近现今径流的观测值，表明植被模型和 HadCM2 模型校正版本估测的现今降水，可以进行有效地联合运行。

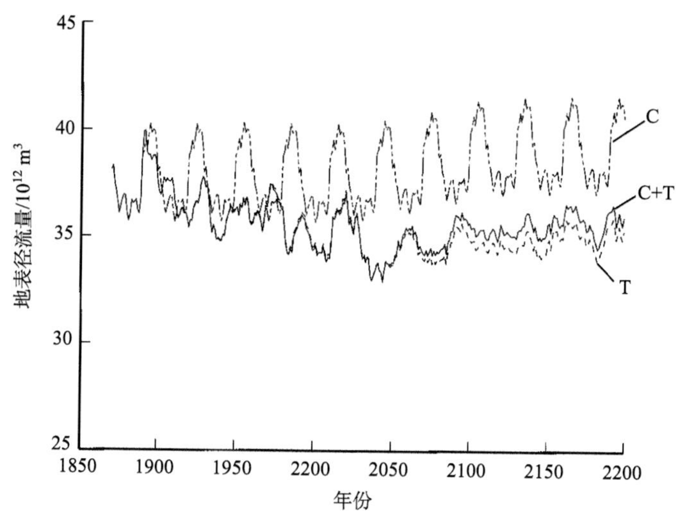

图 10.6　全球总径流量，显示为三种气候运算条件下的 10 年平均流量

在 25 年的重复气候循环(1866～1890 年)周期中，仅 CO_2 实验造成了地表径流明显的周期性，因为这一设计是人为的。其他模拟运算显示，地表径流量逐渐下降到 2075 年前后，随后在 2200 年达到稳定(图 10.6)。地表径流量的减少与地表径流量和降水量比值的减少相似，表明了这种变化并非直接由气候造成，而是由较温暖条件下植被对水的消耗量增加所导致。不断增加的 CO_2 和气候变化(运算 C+T 条件下)并不能完全抵消这种主要由气候驱动的反应。大约到 2075 年，地表径流饱和度响应与降水量的增加(图 10.3)，也和现今地表径流值的恢复相一致。

尽管在全球范围内 CO_2 的抗蒸腾作用(第 2 章)很小，但其在运算 C 状态下表现为地表径流逐渐增加(图 10.6)。通过从完全运算(改变气候和 CO_2，即运算 C+T)中减去气候运算 T 的地表径流趋势，可以研究 CO_2 浓度的这种影响(图 10.7)。结果发现，来自 CO_2 的影响很小，在 2100～2200 年的稳定状态期间，全球地表径流量最多只增加了 2%。2050 年后，也就是当全球 NEP 开始饱和后，CO_2 的这种影响开始变得明显(图 10.5)，这表明只有在新的气候运算条件下植被生长和扩张减缓时，CO_2 的反应才会明显。

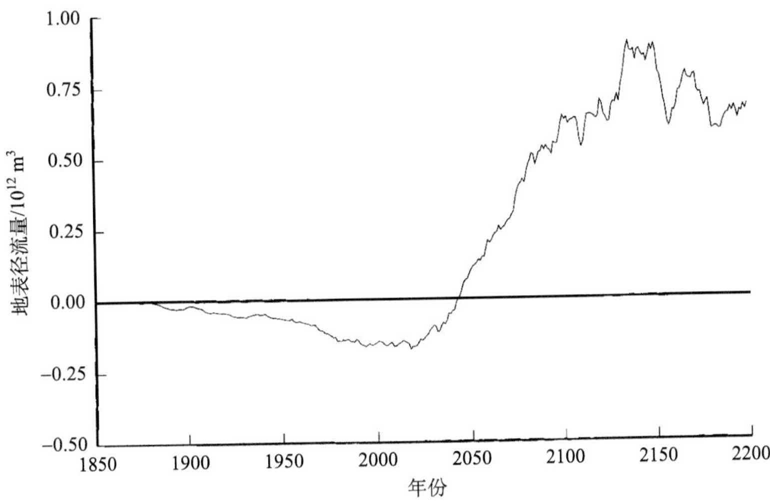

图 10.7　改变气候和 CO_2 的运算(C+T)与改变气候的运算(T)之间的地表径流差异

碳汇

碳从大气中被固定储存到两个库中，即土壤碳(图 10.8)和植被生物量(图 10.9)。

在植被模型(第 4 章)中，土壤碳本质上是活性碳(McGuire et al.，1995)，这些碳是植被模型启动期间及随后的气候和 CO_2 瞬变中完全积累的。由于较老的土壤(包含在全球总量中，但不包含在模型模拟中)来自模型自旋的最后 200 年前，因而这种方法本身就具有很高的不确定性，可能低估了全球土壤碳总量[1500 Gt(C)；Schlesinger，1977；Post et al.，1982]。McGuire 等(1995)使用不同的土壤和植被模型，模拟出现今的具活性土壤碳库为 707 Gt(C)，该值非常接近当前的估值 820 Gt(C)(图 10.8)。

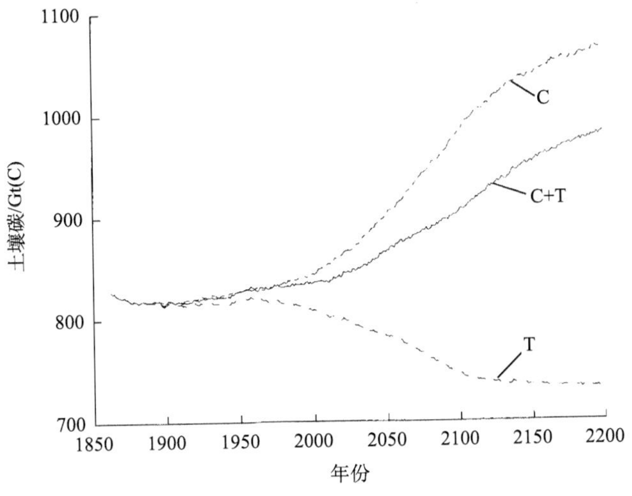

图 10.8　三种气候条件下土壤碳的积累

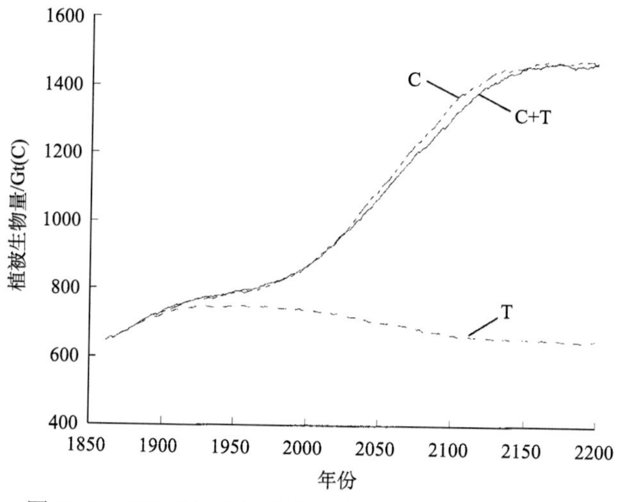

图 10.9　三种条件下以碳的形式测量的植被生物量累积

三种不同运算条件对土壤碳产生了不同的影响，包括从仅气候的运算 T 的降低到仅 CO_2 的运算 C 的最大积累量。这两种累积运算(C+T 和 C)表明，即使经过 100 年的稳定条件，土壤碳也会继续积累。相比之下，在稳定条件开始维持后，仅气候运算条件下，土壤碳的损失会迅速终止。

在瞬态变化期间，植被生物量会继续增加(C+T 和 C 运算状态)(图 10.9)，但其表现出惯性且低于土壤碳，最终在大约 50 年的不变条件下达到稳定。在实施稳定条件的时期后，仅气候运算条件下植被碳的减少会迅速停止。C+T 和 C 运算状态下对植被生物量没有显著影响，这表明增加 CO_2 浓度是生物量积累的主要控制因素。

主导功能型分布的变化

关于未来短暂气候变化对植被分布影响的讨论，仅被限制在改变气候和 CO_2 浓度的整体运算条件(C+T)下进行。用一套不同模型来分析所有运算的影响，这种工作可以在其他研究中找到(Cramer et al.，2001)。

在本章中，以生物量为基础估测的优势功能型，这与第 4 章中基于覆盖度的估测略有不同。第 4 章包括潜在植被的主要功能型估测，并计算了整个 20 世纪 90 年代的平均值。本章的第一次模拟针对的是 1995 年(图 10.10)，并将其分别与 2055 年(图 10.11)和 2105 年(图 10.12)的模拟进行比较，这两个年份分别代表了从今天开始的短暂气候变化的中期和末期。

1995～2055 年，功能型的变化(图 10.10 和图 10.11)主要是由响应最迅速的功能型引起的，即包括 C3 和 C4 非木本植被类型。我们预测非洲萨赫勒地区可能将从 C4 草原变为 C3 灌丛和草原共生的区域。此外，还预测了美国落叶林将略向西延伸并变为草原。模拟结果还包括从 2055 年到 2105 年更大的功能型变化(图 10.11 和图 10.12)。特别值得注意的是，西伯利亚落叶针叶林面积减少，欧洲落叶阔叶林向东延伸，澳大利亚、印度、中东和美国西部荒漠化加剧。

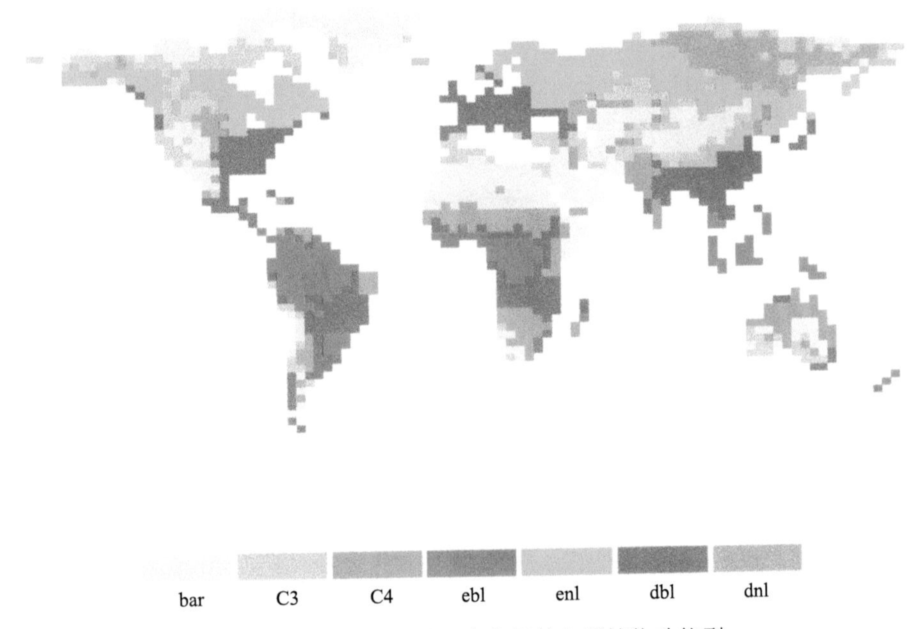

图 10.10　1995 年基于生物量的主要植物功能型

bar，裸地；C3，C3 光合作用途径的草原、草本植物和灌丛；C4，C4 光合作用途径的草原、草本植物和灌丛；ebl，常绿阔叶林；enl，常绿针叶林；dbl，落叶阔叶林；dnl，落叶针叶林

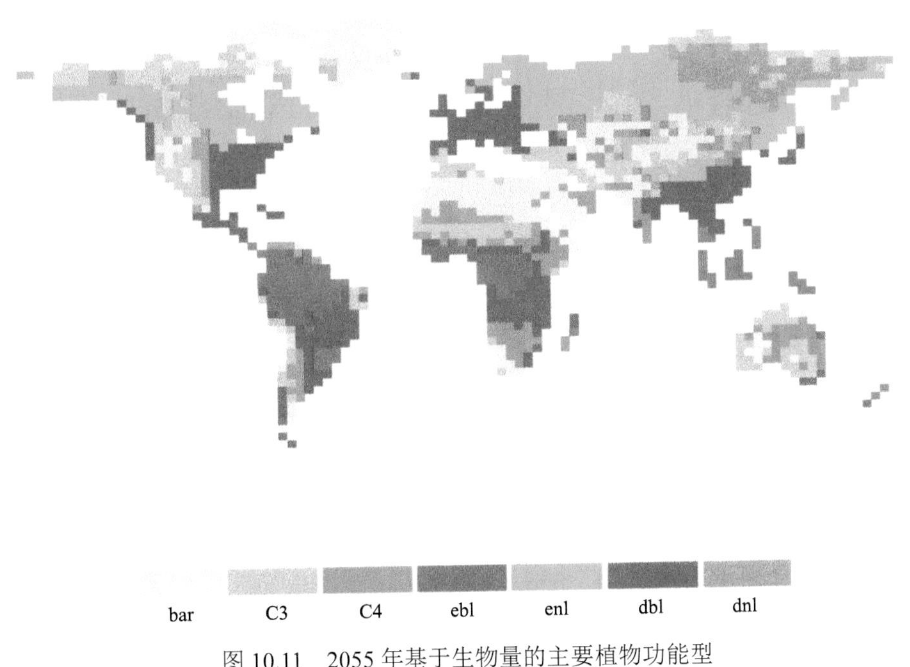

图 10.11　2055 年基于生物量的主要植物功能型

图注同图 10.10

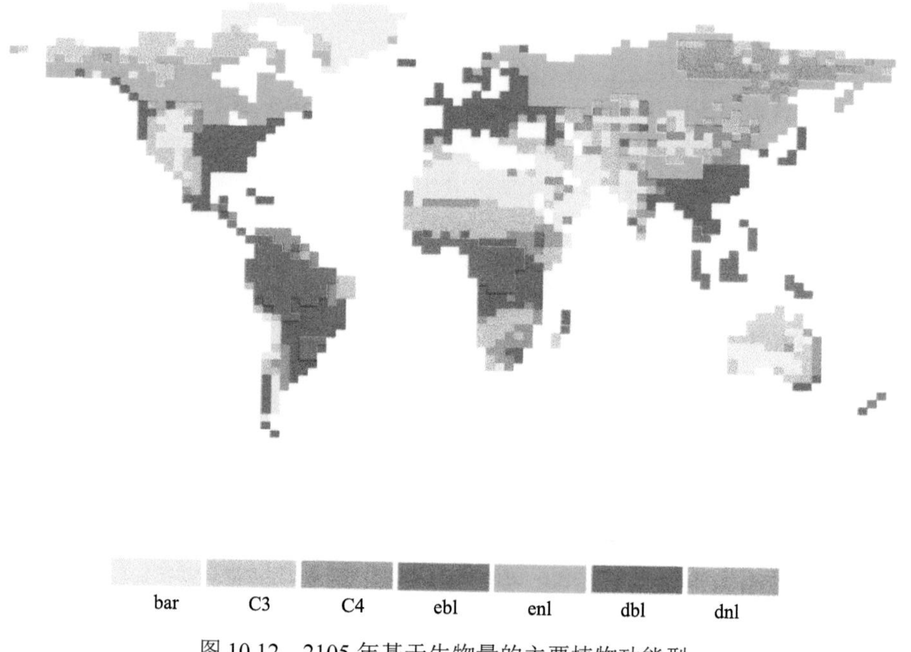

图 10.12　2105 年基于生物量的主要植物功能型

图注同图 10.10

实验模拟显示，植被变化的惯性在整个气候稳定期继续存在(图 10.13 和图 10.14)。常绿针叶林继续侵占曾经的苔原和落叶针叶林区，欧洲和北美洲的落叶林也分别继续向东扩散到俄罗斯和北美洲的常绿针叶林中。在整个系列预测中，南美洲阔叶林的北部海

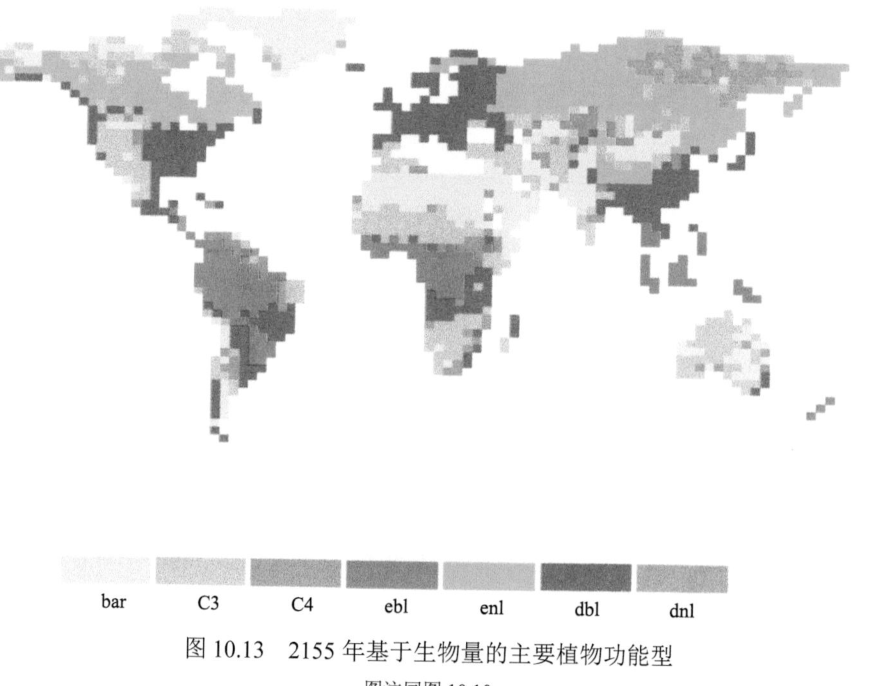

图 10.13　2155 年基于生物量的主要植物功能型

图注同图 10.10

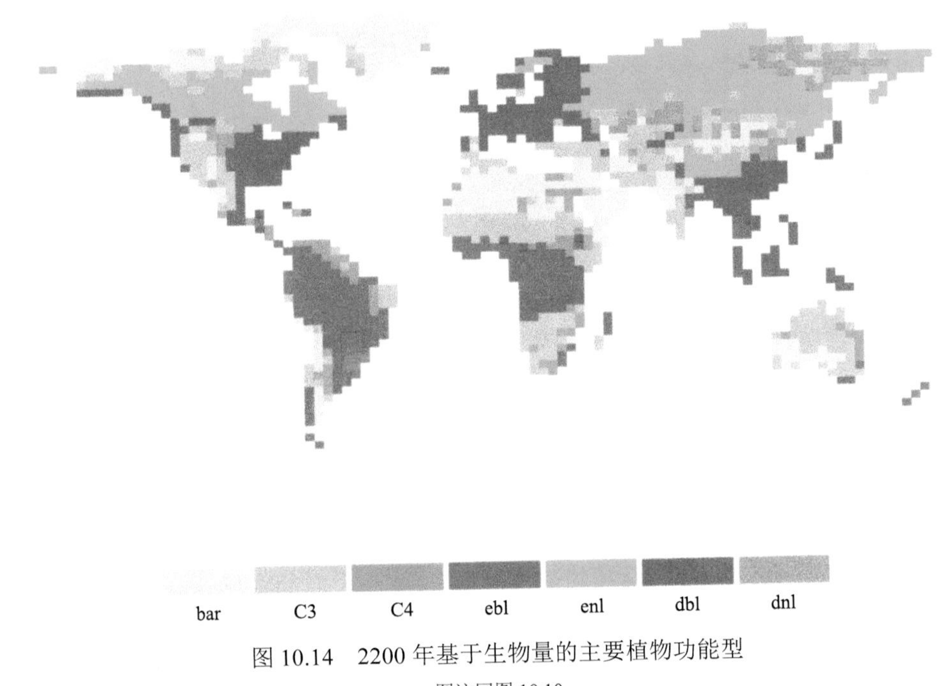

图 10.14 2200 年基于生物量的主要植物功能型

图注同图 10.10

岸线地区将变得更加干旱(图 10.10～图 10.14)，最终以 C4 植被为主。这是由 HadCM2 GCM 模拟出来的特征(Betts et al.，1997)，并可能无法在其他未来瞬态模型(譬如在哈德莱中心或其他模型)模拟中显示出来。

结论

在目前的模拟中已经讨论了 GCM 不准确的问题(第 4 章)。或许与南美洲的模拟一样，特定的 GCM 模拟结果不应被视为对未来世界的良好估计模拟。未来大气 CO_2 浓度变化是不确定的，因为它对人类的干预非常敏感。尽管我们已经了解了植被对气候和大气 CO_2 浓度的许多响应过程，但是对于气候和 CO_2 平行变化的交互反应，甚至于物种或功能型在地形中移动的潜力仍知之甚少(Woodward，1987a)。然而，毫无疑问的是，地球正在进行一项新的人类环境改造实验(Houghton et al.，1996)，而其中的关键是生态学家指出陆地生物圈的未来可能性。因为只有指出了这些可能性，才能利用这些发现(如本章所述)制定新的环境政策。

(王永栋、谢奥伟 译，孙柏年 校)

第11章 结　　语

总论

本书阐述了从四亿多年前的志留纪首次出现陆生植物以来的独特观点。之所以选择其中一些特定时期进行研究，主要是因为已经运行过这些时期的大气环流模型(GCM)，并因此可以用这些气候区来驱动植被模型。然而，诚如引言所述，选择这些时期，是由于它们具有良好的地质条件和调查的原因。在这四亿余年里，许多地质进程虽然相比于现代而言似乎过于缓慢，但其对地球和陆地植被产生了极大影响。典型的实例：板块构造改变了大陆的地理位置，地壳运动形成了山脉。这些地质过程也造成了大量温室气体的排放(Marzoli et al.，1999)，并伴随着气候和植被的变化(McElwain et al.，1999)。这些事件的时间尺度在地质学领域很常见；不过本书更加强调生物学，而时间尺度在这一领域中则要短得多。通过考虑碳循环，可以更容易地实现不同时间尺度的整合，而碳循环也是本书的核心主题。

碳循环

现代碳循环的一个常见代表(图11.1，引自Houghton et al.，1996)表明了大气、植被和土壤、海洋中的碳库和化石燃料的估值。化石燃料的燃烧及海洋和陆地的碳库都与大气交换着碳通量。碳库规模与碳通量交换的比值，表示了这些碳库中碳的平均停留时间或周转时间(图11.2)。最长的碳滞留时间发生在海洋，其时长超过1000年。海洋中碳的

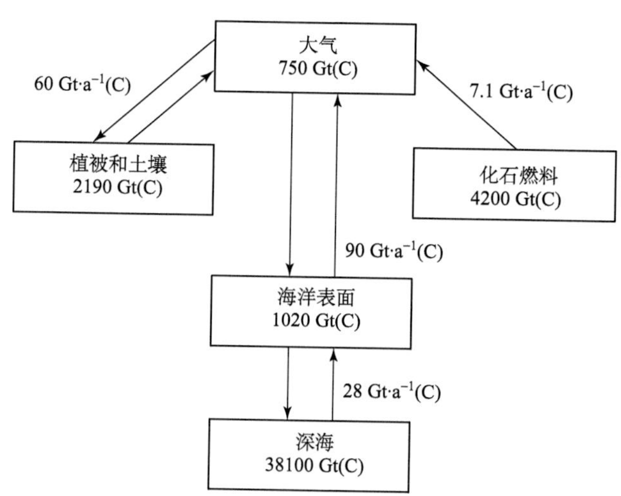

图11.1　当代碳库从库到大气的规模和流量(Houghton et al.，1996)

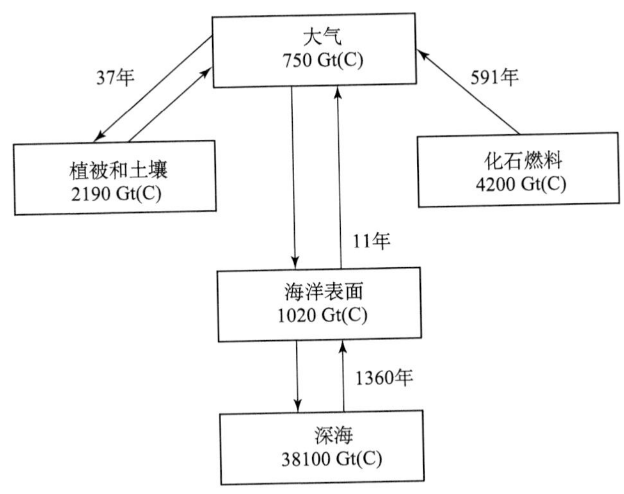

图 11.2　碳库规模和从大气中转移碳的停留时间

巨大储量和较长的停留时间表明，在千年的时间尺度上，海洋是碳循环组成部分的主要决定因素。因此，在千年的时间尺度上，陆地生物圈活动的巨大变化对大气或海洋碳库的储量几乎没有影响。

在短时间尺度，如几十年后，通过陆地生物圈、海洋光合作用及海水的 CO_2 溶解度产生的净固碳量，将对大气 CO_2 浓度起到主导作用。据估计，化石燃料的储量远远大于在植被、土壤或大气中储存的碳量，因此，至少从人类的角度而言，人类可以在很长一段时间内对大气 CO_2 浓度形成相当大的影响。

在本书所涉及的百万年尺度上，考虑可能影响大气进而影响气候的额外碳库变得非常重要。图 11.3 显示了两个额外增加的特大碳库：碳酸盐岩和沉积岩中的有机碳(煤、碳氢化合物和干酪根)(Walker，1994)。与活跃的光合作用通量相比，这些特大碳库的碳通量非常小(图 11.1)。然而，由于这些碳库漫长的停留期(图 11.4)指示了在百万年时间尺度上，它们的碳库和通量控制着碳循环和大气碳库。

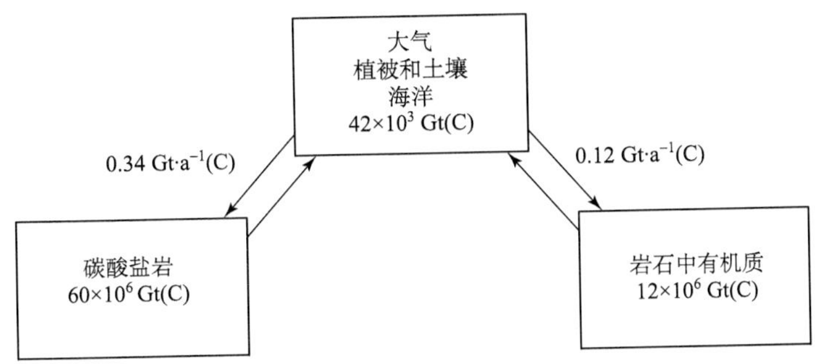

图 11.3　长期储集的碳库和通量(引自 Walker，1994)

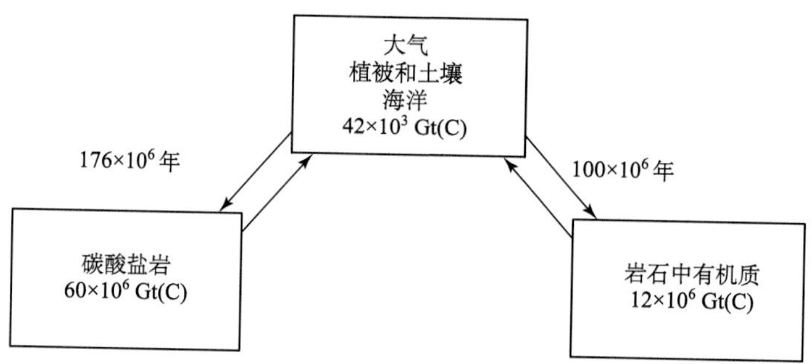

图 11.4　碳在长期碳库中的停留时间

在百万年时间尺度上，驱使碳从岩石到大气中交换的缓慢通量是由以下三个主要过程造成的(Berner，1998)。

(1)碳酸钙和镁硅酸盐及碳酸盐的风化作用，大气中的 CO_2 在地球表面转化为碳酸氢盐，然后沉淀为碳酸盐。

(2)古老的风化作用和现代有机物的埋藏。

(3)碳酸盐岩矿物和有机物经成岩作用、变质作用和岩浆作用的热破坏。

陆地植被在缓慢的地质过程中起了一定作用。实验研究表明，钙和镁从无植被区向有植被区的风化速率可能会增加 2～5 倍(Moulton and Berner，1998)。植物根系分泌的酸对岩石的耐气候性和风化速率有很大的影响(Volk，1987)。这些容量的增加往往会降低 CO_2 在大气中增加的速率。死亡植物有机质的埋藏是石炭纪和二叠纪(330～260 Ma)的一个明显特征，这种埋藏会再次对大气 CO_2 浓度产生负反馈作用。

模拟近 4 亿年大气 CO_2 浓度的时间历程(Berner，1998)表明，泥盆纪(400 Ma)大气 CO_2 浓度(图 11.5 中，比率为 1.2)与现今大气 CO_2 浓度> 12 的数值存在显著差异。最显

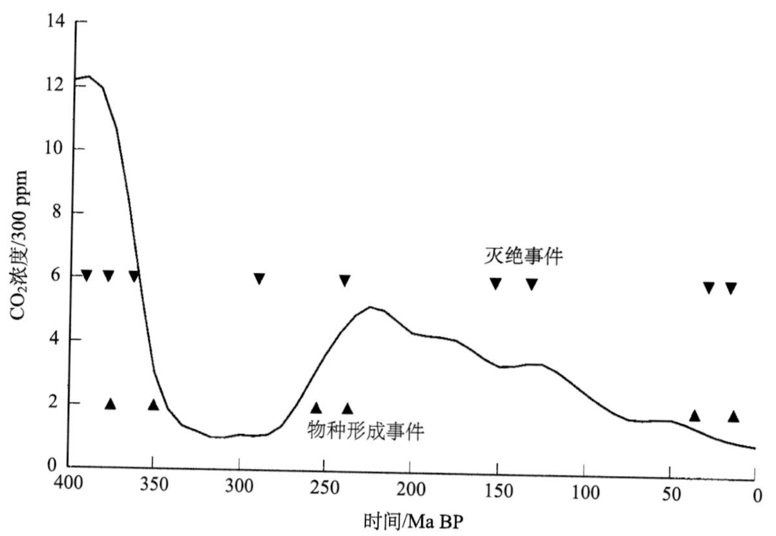

图 11.5　过去 4 亿年来与 300 ppm 相比的大气 CO_2 浓度时间历程(Berner，1998)

重大植物物种灭绝事件(▼)和物种形成事件(▲)发生的时间引自 Niklas(1997)

著的变化是泥盆纪大气 CO_2 浓度的迅速下降，其中快速多样化的陆地植被(Beerling et al.，2001b)可能在提高耐气候性方面发挥了重要作用，但并不一定是硅酸岩的风化速率(Berner，1998)。随着植被高度的增加，对结构强度的要求也相应提高，木本植物的埋藏量也大大增加，至少在最初阶段，木本植物在一定程度上能够抗真菌的分解和破坏(Robinson，1990a)。

在这些长时间尺度上，陆地植被对大气 CO_2 浓度的影响主要为负效应，最快的变化发生在 3.25 亿年前。然而，从公元前 225 年开始，一个长期的下降趋势一直持续到现在，通过燃烧化石燃料才得以扭转。地球化学影响造成了大气 CO_2 的上升，如火山活动、板块构造和气候变化。低温是降低植被对大气 CO_2 负反馈的气候效应，因为低温能够降低风化率和木质材料的埋藏量，像冰期那样极低的温度也能达到降低植被对大气 CO_2 负反馈的结果。极低的温度将减少地球表面的植被面积，从而减少风化面积。然而，需要长时间的冰期来抵消长期的地球化学影响。

植物物种

传统古植物学关注的是植物化石标本的时代和地点，并从进化和生态学的角度对这些材料进行解释。本书并没有采用这种方法，而是将重点放在植被及其变化。对植被的重视，源于对主要生命过程——碳循环的重视。化石遗迹零散、记录不完整，而模拟的植被区和植被变化是完整的，但这也依赖于根据各个 GCM 所推测出的气候区域。古 GCM 依赖于初始气候条件，而初始气候条件又通常由相对稀少的海相化石所界定。因此，可以预料的是，GCM 在模拟特定气候方面的精度是有限的。GCM 模拟的目的是在整个选定的地质时代选定一个平均气候，时间可能长达 1 Ma 或更久。这种使用植被模型模拟的方法有一个主要特点，即模拟的结果是客观的，因为没有对特定分布的主观解释，也没有对植被模型在个别情况下进行调整。

对碳循环中停留时间的讨论表明，对于迄今为止所研究的所有地质时代(石炭纪—始新世)，短期碳循环(图 11.1 和图 11.2)都处于平衡状态，因此在控制大气 CO_2 浓度方面没有直接意义。灭绝事件是考虑均衡情况的一个例外，如在 K/Pg 界线。从地质角度来看，特别是从长期碳循环角度来看(图 11.3)，碳库和碳通量并不平衡。在这些实例中，人们特别感兴趣的是，碳循环如何响应大气中碳输入的巨大变化(Beerling，2000a)。同样，由于植被变化也很快，与地质时代的时间框架相比，植被平衡分布对气候的短期反馈是微不足道的。因此，根据对现代植物过程的认识，模拟这些古气候对植被过程的影响是可以确定的最好结果。我们不应该期望这些模拟能很好地与特定物种的化石出现联系起来，这是因为它们有自己独特的生态和历史。然而，模拟可以将基本植被过程的最终产物(如碳埋藏)与煤的分布联系起来。甚至这种相关性也不确定，因为在某些情况下，植被的存在会最大限度地减少土壤中有机碳的厌氧保存，因此不太可能有大量的煤炭沉积(Beerling，2000b)。

图 11.5 表明，主要的植物灭绝和物种形成事件在时间上分布并不均匀。大气中 CO_2 的急剧下降及泥盆纪的气候变化都与大灭绝和物种形成事件有关。整个显生宙的主要特

征是：约 3.5 亿年前裸子植物开始演化，以及 40 Ma 被子植物的大扩张。在 240～130 Ma 的零星灭绝事件主要为蕨类植物的灭绝，而裸子植物的衰败主要发生在最近 30 Ma 期间。

进一步研究大量植物类群(尤其是石松类、蕨类、种子蕨、松柏类和被子植物)的演化时间表明，它们在大气 CO_2 浓度下降或较低的时期出现分化(Woodward，1998)。这种情况会导致水分使用效率低，因为水流失的可能性很大，碳增加的可能性就小。这将导致一种高度选择性的情况，有利于新的生理特征产生，以便忍受环境的限制(Raven，1993)。

植物随时间的演化过程表明，大气 CO_2 浓度的估算和全球碳循环有相当密切的联系。总体而言，在长时间尺度上，植被作为一个整体，通过碳埋藏、气候耐性和岩石风化率的影响，对大气 CO_2 浓度起到了负反馈的作用。同样值得注意的是，尽管受到现代人类的影响，现今的物种丰富度仍处于整个显生宙的最高水平。这表明，当前是陆地进化进程中的一个非同寻常的时期。有趣的是，这种丰富度的增加似乎与大气 CO_2 的持续下降有关(图 11.5)。假如 Berner(1998)对地质时期大气 CO_2 浓度的重建和模拟是正确的，那么这种下降的时间尺度表明，植物物种对硅酸盐岩石的风化能力、风化率及碳埋藏的影响能力在不断提高。通常情况下(Niklas，1997)，平均每 38 万年出现一个新的植物物种，且物种平均能够存活约 350 万年。这种演化的时间尺度和估算的植被与土壤碳向碳酸盐岩(0.12 Ma，基于大气、植被、土壤和海洋碳库对通量的相对贡献，如图 11.3 所示)与沉积岩中有机碳(35 万年)的周转期相近。如果大气 CO_2 的变化和相关气候变化受到植物碳进入岩石储集层中这个缓慢捕获过程的影响，且如果演化导致物种具有更大的能力来完成这一过程，那么就应该遵循这一变化规律。

现代和未来的时间尺度

如前所述，生态学家主要关注现代状况，针对近几年到几十年的短时间尺度进行研究。这些时间尺度(图 11.2)与地质时间尺度不能很好地结合。因此，现代生态学家和古生态学家之间的联系往往有限。写作本书的目的是强调碳循环在所有时间尺度上的相对无缝衔接，以及现代和地史时期之间没有人为的分界线。在百万年的时间尺度上缓慢的风化速率影响着大气 CO_2，在 10～40 万年时间尺度上陆地岩石对碳埋藏和捕获的速率稍快，在 1000～2000 年的时间尺度上海洋影响着碳循环，在 10～40 年的时间尺度上植被和土壤影响着碳循环。现代和未来(21 世纪)主要关注的是大气 CO_2 浓度增加造成的植被过程的反馈程度。这种耦合已被模拟出来(第 9 章)，但它是一个适度的短期效应，在大约 50 年内达到饱和。无论是地质还是海洋时间尺度，这都是极短期的，但从政治和经济战略的角度，会影响政策制定，以减轻化石燃料排放的影响，这一点至关重要。显然从长期来看(1000 年或更久)，这种影响对长期存在的生物圈和大气层来说只是个一闪而过的“暂时现象”。但就目前而言，它是一个至关重要的问题，因为它涉及人类对生物圈和整个地球系统的管理——我们目前对地球的守护。目前的计划没有考虑自然植被对碳循环的影响，但所涉及的通量可能占化石燃料排放的 25%或更多。

结论

本书概述了一种探究植被如何响应不同地质时期平均气候的模拟方法。这种方法之所以可行，是因为所涉及的基本过程——光合作用、呼吸作用、蒸腾作用、营养动态——在今天普遍存在，而且所有证据表明，它们过去也存在。这种方法避免了直接使用现今可识别的物种，因为在显生宙时间尺度下，这些物种的生存期太短暂，而且人们对它们适应超常环境条件的反应知之甚少。然而，对化石碳稳定同位素和气孔密度的测量，已被证明是检验植被模拟结果适用性的重要和可用的约束条件。

（王永栋、朱衍宾 译，孙柏年 校）

参考文献

Adams J M, Faure H. 1998. A new estimate of changing carbon storage on the land since the last glacial maximum, based on global land ecosystem reconstructions. Global and Planetary Change, 16-17: 3-24.

Adams J M, Faure H, Faure-Denard L, et al. 1990. Increases in terrestrial carbon storage from the last glacial maximum to the present. Nature, 348: 711-714.

Algeo T J, Scheckler S E. 1998. Terrestrial-marine teleconnections in the Devonian links between the evolution of lands, weathering processes, and marine anoxic events. Philosophical Transactions of the Royal Society, B353: 113-130.

Alvarez L W, Alvarez W, Azaro F, et al. 1980. Extraterrestrial cause for the Cretaceous-Tertiary extinction. Science, 208: 1095-1108.

Alvin K L, Fraser C J, Spicer R A. 1981. Anatomy and palaeoecology of pseudofrenelopsis. Palaeontology, 24: 169-176.

Andreasson F P, Schmitz B. 1996. Winter and summer temperatures of the early middle Eocene of France from Turritella δ^{18}O profiles. Geology, 24: 1067-1070.

Andreasson F P, Schmitz B. 1998. Tropical Atlantic seasonal dynamics in the early middle Eocene from stable oxygen and carbon isotope profiles of mollusk shells. Paleoceanography, 13: 183-192.

Antoine D, Andre J-M, Morel A. 1996. Ocean primary production. 2. Estimation at the global scale from satellite (coastal zone color scanner) chlorophyll. Global Biogeochemical Cycles, 10: 57-69.

Aphalo P J, Jarvis P G. 1993. An analysis of Ball's empirical model of stomatal conductance. Annals of Botany, 72: 321-327.

Archibald J D. 1996. Dinosaur Extinction and the End of an Era. What the Fossils Say. New York: Columbia Press.

Archibold O W. 1995. Ecology of World Vegetation. London: Chapman, Hall.

Attendorn H G, Bowen R N C. 1997. Radioactive and Stable Isotope Geology. London: Chapman, Hall.

Badger M R, Andrews T J. 1987. Co-evolution of rubisco and CO_2 concentrating mechanisms//Progress in Photosynthesis Research, 3 edn. Biggins J. pp. 601-609. Martinus Nijhoff, Dordrecht.

Ball J T, Woodrow I E, Berry J A. 1987. A model predicting stomatal conductance and its contribution to the control of photosynthesis under different environmental conditions//Biggins I. Progress in Photosynthesis Research, pp. 221-224. Proceedings of the VIIth International Congress on Photosynthesis, Vol. IV. Matrinus Nijhoff, Dordrecht.

Banks H P. 1981. Time of appearance of some plant biocharacters during Siluro-Devonian time. Canadian Journal of Botany, 59: 1292-1296.

Barnola J M, Raynaud D, Korotkevich Y S, et al. 1987. Vostok ice core provides 160000-year record of atmospheric CO_2. Nature, 329: 408-414.

Barron E J, Peterson W H. 1990. Mid-Cretaceous ocean circulation: Results from model sensitivity studies.

Paleoceanography, 5: 319-337.

Barron E J, Washington W M. 1985. Warm Cretaceous climates: High atmospheric CO_2 as a plausible mechanism//Sundquist E T, Broecker W S. The Carbon Cycle and Atmospheric CO_2: Natural Variations Archean to Present. Geophysical Monographs Series, Washington D.C.: American Geophysical Union: 546-553.

Barron E J. 1982. Cretaceous climate: A comparison of atmospheric simulations with the geological data. Palaeogeography, Palaeoclimatology, Palaeoecology, 40: 103-133.

Barron E J. 1983. A warm, equable Cretaceous: The nature of the problem. Earth Science Reviews, 19: 305-338.

Barron E J. 1987. Eocene equator-to-pole surface ocean temperatures: A significant climate problem? Paleoceanography, 2: 729-739.

Barron E J. 1994. Chill over the Cretaceous. Nature, 370: 415.

Barron E J, Fawcett P J, Peterson W H, et al. 1995. A "simulation" of mid-Cretaceous climate. Paleoceanography, 10: 953-962.

Barron E J, Fawcett P J, Pollard D, et al. 1993. Model simulations of Cretaceous climates: The role of geography and carbon dioxide. Philosophical Transactions of the Royal Society, B341: 307-316.

Barron E J, Peterson W H, Pollard D, et al. 1993. Past climate and the role of ocean heat transport: Model simulations for the Cretaceous. Paleoceanography, 8: 785-798.

Bartlein P J, Anderson K H, Anderson P M, et al. 1998. Palaeoclimate simulations for North America over the past 21,000 years: Features of the simulated climate and comparisons with palaeoenvironmental data. Quaternary Science Reviews, 17: 549-585.

Beerling D J, Woodward F I, Lomas M R, et al. 1998. The influence of Carboniferous palaeoatmospheres on plant function: An experimental and modelling assessment. Philosophical Transactions of the Royal Society, B353: 131-140.

Beerling D J, Berner R A. 2000. Impact of a Permo-Carboniferous high O_2 event on the terrestrial carbon cycle. Proceedings of the National Academy of Sciences, USA, 97: 12428-12432.

Beerling D J, Chaloner W G. 1993. Evolutionary responses of stomatal density to global CO_2 change. Biological Journal of the Linnean Society, 48: 343-353.

Beerling D J, Quick W P. 1995. A new technique for estimating rates of carboxylation and electron transport in leaves of C3 plants for use in dynamic global vegetation models. Global Change Biology, 1: 289-294.

Beerling D J, Woodward F I. 1993. Ecophysiological responses of plants to global environmental change since the last glacial maximum. New Phytologist, 125: 641-648.

Beerling D J, Woodward F I. 1995. Leaf stable carbon isotope composition records increased water use efficiency of C3 plants in response to atmospheric CO_2 enrichment. Functional Ecology, 9: 394-401.

Beerling D J, Woodward F I. 1996. Palaeo-ecophysiological perspectives on plant responses to global change. Trends in Ecology and Evolution, 11: 20-23.

Beerling D J, Woodward F I. 1997. Changes in land plant function over the Phanerozoic: Reconstructions based on the fossil record. Botanical Journal of the Linnean Society, 124: 137-153.

Beerling D J, Woodward F I. 1998. Modelling changes in land plant function over the Phanerozoic//Griffiths H. Stable Isotopes and the Integration of Biological, Ecological and Geochemical Processes. Bios,

Oxford: 347-361.

Beerling D J. 1993. Changes in the stomatal density of Betula nana leaves in response to increases in the atmospheric carbon dioxide concentration since the late-glacial. Special Papers in Palaeontology, 49: 181-187.

Beerling D J. 1994. Modelling palaeophotosynthesis: Late Cretaceous to present. Philosophical Transactions of the Royal Society, B346: 421-432.

Beerling D J. 1997. The net primary productivity and water use of forests in the geological past. Advances in Botanical Research, 26: 193-227.

Beerling D J. 1998. The future as the key to the past for palaeobotany? Trends in Ecology and Evolution, 13: 311-316.

Beerling D J. 1999a. Long-term responses of boreal vegetation to global change: An experimental and modelling investigation. Global Change Biology, 5: 55-74.

Beerling D J. 1999b. Atmospheric carbon dioxide, past climates and the plant fossil record. Botanical Journal of Scotland, 51: 49-68.

Beerling D J. 1999c. New estimates of carbon transfer to terrestrial ecosystems between the last glacial maximum and the Holocene. Terra Nova, 11: 162-167.

Beerling D J. 1999d. The influence of vegetation activity on the Dole effect and its implications for changes in biospheric productivity in the mid-Holocene. Proceedings of the Royal Society, B266: 627-632.

Beerling D J. 1999e. Quantitative estimates of changes in marine and terrestrial primary productivity over the past 300 million years. Proceedings of the Royal Society, B266: 1821-1827.

Beerling D J. 2000a. Increased terrestrial carbon storage across the Paleocene-Eocene boundary. Paleogeography, Paleoclimatology, Paleoecology, 161: 395-405.

Beerling D J. 2000b. The influence of vegetation cover on soil organic matter preservation in Antarctica during the Mesozoic. Geophysical Research Letters, 27: 253-256.

Beerling D J, Chaloner W G, Huntley B, et al. 1993. Stomatal density responds to the glacial cycle of environmental change. Proceedings of the Royal Society, B251: 133-138.

Beerling D J, Heath J, Woodward F I, et al. 1996. Drought-CO_2 interactions in trees: Observations and mechanisms. New Phytologist, 134: 235-242.

Beerling D J, Lomax B H, Upchurch G R, et al. 2001a. Coordinated isotopic and palaeobotanical evidence for the recovery of terrestrial ecosystems ahead of marine primary production following a biotic crisis at the Cretaceous-Tertiary boundary. Journal of the Geological Society of London, 158: 737-740.

Beerling D J, Osborne C P, Chaloner W G. 2001b. Evolution of leaf-form in land plants linked to atmospheric CO_2 decline in the Late Palaeozoic era. Nature, 410: 352-354.

Beerling D J, Terry A C, Hopwood C, et al. 2002. Feeling the cold: Atmospheric CO_2 enrichment and the frost sensitivity of terrestrial plant foliage. Palaeogeography, Palaeoclimatology, Palaeoecology, 182: 3-13 .

Beerling D J, Woodward F I, Valdes P J. 1999. Global terrestrial productivity in the mid-Cretaceous (100 Ma): Model simulations and data. Geological Society of America Special Publication, 323: 385-390.

Beerling D J, Woodward F I, Lomas M, et al. 1997. Testing the responses of a dynamic global vegetation model to environmental change: A comparison of observations and predictions. Global Ecology and Biogeography Letters, 6: 439-450.

Behrehenfeld M J, Falkowski P G. 1997. Photosynthetic rates derived from satellitebased chlorophyll concentrations. Limnology and Oceanography, 42: 1-20.

Bender M, Labeyrie L D, Raynaud D, et al. 1985. Isotopic composition of atmospheric O_2 in ice linked with deglaciation and global primary productivity. Nature, 318: 349-353.

Bender M, Sowers T, Labeyrie L. 1994. The Dole effect and its variations during the last 130,000 years as measured in the Vostok ice core. Global Biogeochemical Cycles, 8: 363-376.

Berger A L. 1976. Obliquity and precession for the last 5,000,000 years. Astronomy and Astrophysics, 51: 127-135.

Berger A L. 1978. Long-term variations of daily insolation and Quaternary climatic changes. Journal of Atmospheric Sciences, 35: 2362-2367.

Berger A L, Gallee H, Fichefet T, et al. 1990. Testing the astronomical theory with a coupled climate-ice-sheets model. Global and Planetary Change, 3: 113-124.

Berner R A, Canfield D E. 1989. A new model for atmospheric oxygen over Phanerozoic time. American Journal of Science, 289(4): 333-361.

Berner R A. 1987. Models for carbon and sulfur cycles and atmospheric oxygen: Application to Paleozoic geologic history. American Journal of Science, 287: 177-196.

Berner R A. 1993. Paleozoic atmospheric CO_2: Importance of solar radiation and plant evolution. Science, 261: 68-70.

Berner R A. 1994. Geocarb II: A revised model of atmospheric CO_2 over Phanerozoic time. American Journal of Science, 294: 56-91.

Berner R A. 1997. The rise of land plants and their effect on weathering and atmospheric CO_2. Science, 276: 544-546.

Berner R A. 1998. The carbon cycle and CO_2 over Phanerozoic time: The role of land plants. Philosophical Transactions of the Royal Society, B353: 75-82.

Berry J A. 1992. Biosphere, atmosphere, ocean interactions: A plant physiologist's perspective// Falkowski P G, Woodhead A D. Primary Productivity and Biogeochemical Cycles in the Sea. New York: Plenum: 441-454.

Betts A K, Ball J H, Beljaars A C M. 1993. Comparison between the land surface response of the ECMWF model and the FIFE-1987 data. Quarterly Journal of the Royal Meteorological Society, 119: 975-1001.

Betts R A, Cox P M, Lee S E, et al. 1997. Contrasting physiological and structural vegetation feedbacks in climate change simulations. Nature, 387: 796-799.

Bird M I, Pousai P. 1997. Variations of $\delta^{13}C$ in the surface soil organic carbon pool. Global Biogeochemical Cycles, 11: 313-322.

Bird M I, Lloyd J, Farquhar G D. 1994. Terrestrial carbon storage at the LGM. Nature, 371: 566.

Bird M I, Lloyd J, Farquhar G D. 1996. Terrestrial carbon storage from the last glacial maximum to the present. Chemosphere, 33: 1675-1685.

Bocherens H, Friis E M, Mariotti A, et al. 1994. Carbon isotopic abundances in Mesozoic and Cenozoic fossil plants: Palaeoecological implications. Lethaia, 26: 347-358.

Boersma A, Shackleton N J. 1981. Oxygen and carbon isotope variations and planktonic foraminifera depth habitats, late Cretaceous to Paleocene, Central Pacific. Initial Reports of the Deep Sea Drilling Project,

62: 513-526.

Bonan G B, Pollard D, Thompson S I. 1992. Effects of boreal forest vegetation on global climate. Nature, 359: 716-718.

Bottinga Y, Craig H. 1969 Oxygen isotope fractionation between CO_2 and water, and the isotopic composition of marine atmospheric CO_2. Earth and Planetary Science Letters, 5: 285-295.

Bousquet J, Straus S H, Doerksen A H, et al. 1992. Extensive variation in evolutionary rate of *rbcL* gene sequences among seed plants. Proceedings of the National Academy of Sciences, USA, 89: 7844-7848.

Bowes G. 1993. Facing the inevitable: Plants and increasing atmospheric CO_2. Annual Review of Plant Physiology and Plant Molecular Biology, 44: 309-332.

Bowes G. 1996. Photosynthetic responses to changing atmospheric carbon dioxide concentration//Baker N R. Photosynthesis and the Environment. The Netherlands: Kluwer Academic: 387-407.

Box E O. 1996. Plant functional types and climate at the global scale. Journal of Vegetation Science, 7: 309-320.

Brankovic C, Van Maanen J. 1985. The ECMWF Climate System. ECMWF research memorandum, ECMWF Operations Department, Shinfield Park, Reading, Berks, RGE 9AX, UK, 109: 51.

Brinkhuis H, Bujak J P, Smit J, et al. 1998. Dinoflagellate-based sea surface temperature reconstructions across the Cretaceous-Tertiary boundary. Palaeogeography, Palaeoclimatology, Palaeoecology, 141: 67-83.

Broecker W S, Peng T H. 1982. Tracers in the Sea. New York: Eldigo.

Broecker W S, Peng T H. 1993. What caused the glacial-to-interglacial CO_2 change?//Heimann M. The Global Carbon Cycle. NATO ASI Series, 15: 95-115.

Broecker W S. 1989. The salinity contrast between the Atlantic and Pacific Oceans during glacial time. Paleoceanography, 4: 207-212.

Broecker W S. 1997. Thermohaline circulation, the achilles heel of our climate system: Will man-made CO_2 upset the current balance? Science, 278: 1582-1588.

Budyko M I, Ronov A B, Yanshin A L. 1987. History of the Earth's Atmosphere. New York: Springer Verlag.

Bustin R M, Dunlop R L. 1992. Sedimentologic factors affecting mining, quality, and geometry of coal seams of the late Jurassic-early Cretaceous Mist Mountain Formation, southern Canadian Rocky Mountains. Geological Society of America Special Paper, 267: 117-138.

Caldeira K, Kasting J F. 1992. The life-span of the biosphere revisited. Nature, 360: 721-723.

Caldeira K, Rampino M R. 1990. Carbon dioxide emissions from Deccan volcanism and a K/T boundary greenhouse effect. Geophysical Research Letters, 17: 1299-1302.

Campbell G S. 1977. An Introduction to Environmental Physics. New York: Springer-Verlag.

Campbell W J, Allen L H, Bowes G. 1990. Response of soybean canopy photosynthesis to CO_2 concentration, light and temperature. Journal of Experimental Botany, 41: 427-433.

Cannell M G R. 1982. World Forest Biomass and Primary Production Data. New York: Academic Press.

Cao M, Woodward F I. 1998. Dynamic responses of terrestrial ecosystem carbon cycling to global climate change. Nature, 393: 249-252.

Cerling T E, Ehleringer J R, Harris J M. 1998. Carbon dioxide starvation, the development of C4 ecosystems, and mammalian evolution. Philosophical Transactions of the Royal Society, B353: 159-171.

Ceulemans R, Shao B Y, Jiang X N, et al. 1996. First- and second-year aboveground growth and productivity of two Populus hybrids grown at ambient and elevated CO_2. Tree Physiology, 16: 61-68.

Chahine M T. 1992. The hydrological cycle and its influence on climate. Nature, 359: 373-380.

Chaloner W G, Creber G T. 1989. The phenomenon of forest in Antarctica: A review//Crame A J. Origins and Evolution of the Antarctic Biota. Special Publication No. 47, Geological Society of London: 85-89.

Chaloner W G, Lacey W S. 1973. The distribution of late Palaeozoic floras. Special Papers in Palaeontology, 12: 271-289.

Chaloner W G, Sheerin A. 1979. Devonian macrofloras//The Devonian System. Special Papers in Palaeontology. London: Palaeontological Association, 23: 145-161.

Chaloner W G. 1989. Fossil charcoal as an indicator of palaeoatmospheric oxygen level. Journal of the Geological Society, 146: 171-174.

Chaloner W G. 1998. Book review: Past and future rapid environmental changes: The spatial and evolutionary responses of terrestrial biota. Huntley B, et al. Journal of Ecology, 86: 896-897.

Chen J L, Reynolds J F, Harley P C, et al. 1993. Co-ordination theory of leaf nitrogen distribution in a canopy. Oecologia, 93: 63-69.

Chen S H, Moore B D, Seeman J R. 1998. Effects of short- and long-term elevated CO_2 on the expression of ribulose-1,5-bisphosphate carboxylase/oxygenase genes and carbohydrate accumulation in leaves of *Arabidopsis thaliana* (L.) Heynh. Plant Physiology, 116: 715-723.

Chen T H, Henderson-Seller A, Milly P C D, et al. 1997. Cabauw experimental results from the project of intercomparison of land-surface schemes. Journal of Climate, 10: 1194-1215.

Ciais P, Meijer H A J. 1998. The $^{18}O/^{16}O$ isotope ratio of atmospheric CO_2 and its role in global carbon cycle research//Griffiths H. Stable Isotopes: Integration of Biological, Ecological and Geochemical Processes. Oxford: Bios: 409-431.

Ciais P, Denning A S, Tans P P, et al. 1997. A three-dimensional synthesis study of $\delta^{18}O$ in atmospheric CO_2. I. Surface fluxes. Journal of Geophysical Research, 102: 5857-5872.

Cichan M A. 1986. Conductance of the woods of selected Carboniferous plants. Paleobiology, 12: 302-310.

Cipollini M I, Drake B G, Whigman D. 1993. Effects of elevated CO_2 on growth and carbon/nutrient balance in the deciduous woody shrub *Lindera benzoin* (L.) Blume (Lauraceae). Oecologia, 96: 339-346.

CLIMAP. 1976. The surface of the ice age Earth. Science, 191: 1131-1136.

Cobb J C, Cecil C B. 1993. Modern and ancient coal-forming environments. Geological Society of America Special Paper, Colorado, Boulder: 286.

COHMAP. 1988. Climatic changes of the last 18,000 years: Observations and model simulations. Science, 241: 1043-1052.

Cole D R, Monger H C. 1994. Influence of atmospheric CO_2 on the decline of C4 plants during the last glaciation. Nature, 368: 533-536.

Colinvaux P A, De Oliveira P E, Moreno J E, et al. 1996. A long pollen record from lowland Amazonia: Forest and cooling in glacial times. Science, 274: 85-88.

Collatz G J, Berry J A, Clark J S. 1998. Effects of climate and atmospheric CO_2 partial pressure on the global distribution of C4 grasses: Present, past and future. Oecologia, 114: 441-454.

Collatz G J, Ribas-Carbo M, Berry J A. 1992. Coupled photosynthesis-stomatal conductance model for leaves of C4 plants. Australian Journal of Plant Physiology, 19: 519-538.

Cope M J, Chaloner W G. 1980. Fossil charcoal as evidence of past atmospheric composition. Nature, 283: 647-649.

Courtillot V, Feraud G, Maluski H, et al. 1988. Deccan flood basalts and the Cretaceous/Tertiary boundary. Nature, 333: 843-846.

Covey C, Sloan L C, Hoffert M I. 1996. Paleoclimate data constraints on climate sensitivity: The paleocalibration method. Climatic Change, 32: 165-184.

Covey C, Thompson S L, Weissman P R, et al. 1994. Global climatic effects of atmospheric dust from an asteroid or comet impact on Earth. Global and Planetary Change, 9: 263-273.

Craig H, Gordon L I. 1965. Deuterium and oxygen-18 variation in the ocean and marine atmosphere//Tongiorgi T. Proceedings of Conference on Stable Isotopes in Oceanographic Studies and Paleotemperatures. Pisa, Italy: Laboratory of Geology and Nuclear Sciences: 9-130.

Craig H. 1953. The geochemistry of the stable carbon isotopes. Geochimica et Cosmochimica Acta, 3: 53-92.

Craig H. 1957. Isotopic standards for carbon and oxygen and correction factors for massspectrometric analysis of carbon dioxide. Geochimica et Cosmochimicha Acta, 12: 133-149.

Cramer W, Bondeau A, Woodward F I, et al. 2001. Global terrestrial vegetation and carbon dynamic responses to transient changes in CO_2 and climate. Global Change Biology (in press).

Crane P R. 1987 Vegetation consequences of angiosperm diversification//The Origins of Angiosperms and Their Biological Consequences, New York: Cambridge University Press: 107-144.

Creber G T, Chaloner W G. 1985. Tree growth in the Mesozoic and early Tertiary and the reconstruction of palaeoclimates. Palaeogeography, Palaeoclimatology, Palaeoecology, 52: 35-60.

Creber G T, Francis J E. 1987. Productivity in fossil forests//Proceedings of the International Conference on Ecological Aspects of Tree Ring Analysis, Department of Energy, USA.: 319-326.

Crepet W L, Feldman G D. 1988. Paleocene/Eocene grasses from the south-western USA. American Journal of Botany, 76: 161.

Crowell J C. 1982. Continental glaciation through geologic times//Berger W H, Crowell J C. Climate in Earth History. Washington D.C.: National Academy Press: 77-82.

Crowley T J, Baum S K. 1991. Estimating Carboniferous sea level fluctuations from Gondwana ice extent. Geology, 19: 975-977.

Crowley T J, Baum S K. 1994. General circulation model study of late Carboniferous interglacial climates. Palaeoclimates, 1: 3-21.

Crowley T J, Baum S K. 1995. Reconciling late Ordovician (440 Ma) glaciations with very high (14×) CO_2 levels. Journal of Geophysical Research, 100: 1093-1101.

Crowley T J, Kim K Y. 1995. Comparison of longterm greenhouse projections with the geologic record. Geophysical Research Letters, 22: 933-936.

Crowley T J, North G R. 1991. Paleoclimatology. Oxford: Oxford University Press.

Crowley T J. 1990. Are there any satisfactory geologic analogues for a future greenhouse warming? Journal of Climate, 3: 1282-1292.

Crowley T J. 1991. Ice age carbon. Nature, 352: 575-576.

Crowley T J. 1993. Geological assessment of the greenhouse effect. Bulletin of the American Meteorological

Society, 74: 2363-2373.

Crowley T J. 1995. Ice age terrestrial carbon changes revisited. Global Biogeochemical Cycles, 9: 377-389.

Crowley T J, Baum S K, Kim K Y. 1993. General circulation model sensitivity experiments with pole-centered supercontinents. Journal of Geophysical Research, 98: 8793-8800.

Crutzen P J, Goldhammer J G. 1993. Fire in the Environment. The Ecological, Atmospheric, and Climatic Importance of Vegetation Fires. Chichester: John Wiley.

D'Hondt S, Donaghay P, Zachos J C, et al. 1998. Organic carbon fluxes and ecological recovery from the Cretaceous-Tertiary mass extinction. Science, 282: 276-279.

Davenport S A, Wdowiak T J, Jones D D, et al. 1990. Chrondritic metal toxicity as a seed stock kill mechanism in impact-caused mass extinctions. Geological Society of America Special Paper, 247: 71-86.

DeBoer P L. 1986. Changes in organic carbon burial during the early Cretaceous//Summerhayes C P, Shackleton N J. North Atlantic Palaeooceanography, Special Publication No. 21, Geological Society of London: 321-331.

DeFries R S, Townshend J R G. 1994. NDVI-derived land cover classification at global scales. International Journal of Remote Sensing, 15: 3567-3586.

Delgado E, Vedell J, Medrano H. 1994. Photosynthesis during leaf ontogeny of fieldgrown *Nicotiana tabacum* L. lines selected by survival at low CO_2 concentrations. Journal of Experimental Botany, 45: 547-552.

DePury D G G, Farquhar G D. 1997. Simple scaling of photosynthesis from leaves to canopies without the errors of big-leaf models. Plant, Cell and Environment, 20: 537-557.

Diaz H F, Markgraf V. 1992. El Niño: Historical and Paleoclimatic Aspects of the Southern Oscillation. Cambridge: Cambridge University Press.

Dickens G R, Castillo M M, Walker J C G. 1998. A blast of gas in the latest Paleocene: Simulating first-order effects of massive dissociation of organic methane hydrate. Geology, 25: 259-262.

Dickinson R E. 1992. Land surface//Trenberth K E. Climate system modeling. Cambridge: Cambridge University Press: 149-171.

DiMichele W A, DeMaris P J. 1987. Structure and dynamics of a Pennsylvanian-age *Lepidodendron* forest: Colonizers of a disturbed swamp habitat in the Herrin (No. 6) coal of Illinois. Palaios, 2: 146-157.

DiMichele W A, Hook R W. 1992. Paleozoic terrestrial ecosystems//Behrensmeyer A K, et al. Terrestrial Ecosystems Through Time, Chicago: University of Chicago Press: 205-325.

DiMichele W A, Philips T L. 1994. Paleobotanical and paleoecological constraints on models of peat formation in the Late Carboniferous of Euramerica. Palaeogeography, Palaeoclimatology, Palaeoecology, 106: 39-90.

Dippery J K, Tissue D T, Thomas R B, et al. 1995. Effects of low and elevated CO_2 on C3 and C4 annuals. I. Growth and Biomass Allocation. Oecologia, 101: 13-20.

Dole M, Lane G, Rudd D, et al. 1954. Isotopic composition of atmospheric oxygen and nitrogen. Geochimica et Cosmochimica Acta, 6: 65-78.

Dongmann G. 1974. The contribution of land photosynthesis to the stationary enrichment of ^{18}O in the atmosphere. Radiative and Environmental Biophysics, 11: 219-225.

Douglas R G, Savin S M. 1975. Oxygen and carbon isotope analyses of Tertiary and Cretaceous microfossils from Shatsky Rise and other sites in the North Pacific Ocean. Initial Reports of the Deep Sea Drilling

Project, 32: 509-521.

Downs C A, Heckathorn S A, Bryan J K, et al. 1998. The methionine-rich low-molecular-weight chloroplast heat-shock protein: Evolutionary conservation and accumulation in relation to thermotolerance. American Journal of Botany, 85: 175-183.

Drake B G, González-Meler M A, Long S P. 1997. More efficient plants: A consequence of rising atmospheric CO_2? Annual Review of Plant Physiology and Plant Molecular Biology, 48: 609-639.

Duarte C M, Agusti S. 1998. The CO_2 balance of unproductive aquatic ecosystems. Science, 281: 234-236.

Duff G A, Berryman C A, Eamus D. 1994. Growth, biomass allocation and foliar nutrient contents of two *Eucalyptus* species of the wet-dry tropics of Australia grown under CO_2 enrichment. Functional Ecology, 8: 502-508.

Edwards D. 1993. Cells and tissues in the vegetative sporophytes of early land plants. New Phytologist, 125: 225-247.

Edwards D. 1996. New insights into early land plant ecosystems: A glimpse of a lilliputian world. Review of Palaeobotany and Palynology, 90: 159-174.

Edwards D, Feehan J, Smith D G. 1983. A late Wenlock flora from Co. Tipperary, Ireland. Botanical Journal of the Linnean Society, 86: 19-36.

Egli P, Maurer S, Günthardt-Goerg M S, et al. 1998. Effects of elevated CO_2 and soil quality on leaf gas exchange and above-ground growth in beech-spruce model ecosystems. New Phytologist, 140: 185-196.

Ehleringer J R, Cerling T E, Helliker B R. 1997. C4 photosynthesis, atmospheric CO_2, and climate. Oecologia, 112: 285-299.

Ehleringer J R, Sage R F, Flanagan L B, et al. 1991. Climate change and the evolution of C4 photosynthesis. Trends in Ecology and Evolution, 6: 95-99.

Elick J M, Driese S G, Mora C I. 1998. Very large plant and root traces from the early to middle Devonian: Implications for early terrestrial ecosystems and atmospheric p(CO_2). Geology, 26: 143-146.

Ellis R J. 1984. Chloroplast Biogenesis. Cambridge: Cambridge University Press.

Ellsworth D S, Oren R, Huangm C, et al. 1995. Leaf and canopy responses to elevated CO_2 in a pine forest under free-air CO_2 enrichment. Oecologia, 104: 139-146.

Esser G, Lautenschlager M. 1994. Estimating the change of carbon in the terrestrial biosphere from 18 000 BP to present using a carbon cycle model. Environmental Pollution, 83: 45-52.

Esser G, Lieth H F H, Scurlock J M O, et al. 1997. Worldwide Estimates and Bibliography of Net Primary Productivity derived from Pre-1982 Publications. ORNL Technical Memorandum TM-13485, Oak Ridge National Laboratory, Tennessee.

Evans J R, Terashima I. 1988. Photosynthetic characteristics of spinach leaves grown with different nitrogen treatments. Plant and Cell Physiology, 29: 157-165.

Falcon-Lang H. 1998. The impact of wildfire on an early Carboniferous coastal environment, North Mayo, Ireland. Palaeogeography, Palaeoclimatology, Palaeoecology, 139: 121-138.

Falcon-Lang H J, Scott A C. 2000. Upland ecology of some Late Carboniferous cordaitalean trees from Nova Scotia and England. Palaeogeography, Palaeoclimatology, Palaeoecology, 156: 225-242.

Falcon-Lang H J. 2000. Fire ecology of the Carboniferous tropical zone. Palaeogeography, Palaeoclimatology, Palaeoecology, 164: 339-355.

Falkowski P G, Barber R T, Smetacek V. 1998. Biogeochemical controls and feedbacks on ocean primary productivity. Science, 281: 200-206.

Farquhar G D, Lloyd J. 1993. Carbon and oxygen isotope effects in the exchange of carbon dioxide between terrestrial plants and the atmosphere//Ehleringer J R, Hall A E, Farquhar G D. Stable Isotopes and Plant Carbon-water Relations. San Diego: Academic Press: 47-70.

Farquhar G D, Richards R A. 1984. Isotopic composition of plant carbon correlates with water-use efficiency of wheat genotypes. Australian Journal of Plant Physiology, 11: 539-552.

Farquhar G D, Wong S C. 1984. An empirical model of stomatal conductance. Australian Journal of Plant Physiology, 11: 191-210.

Farquhar G D. 1983. On the nature of carbon isotope discrimination in C4 species. Australian Journal of Plant Physiology, 10: 205-226.

Farquhar G D. 1997. Carbon dioxide and vegetation. Science, 278: 1411.

Farquhar G D, Ehleringer J R, Hubick K T. 1989. Carbon isotope discrimination and photosynthesis. Annual Reviews of Plant Physiology and Plant Molecular Biology, 40: 503-537.

Farquhar G D, Lloyd J, Taylor J A, et al. 1993. Vegetation effects on the isotope composition of oxygen in atmospheric CO_2. Nature, 363: 439-443.

Farquhar G D, O'Leary M H, Berry J A. 1982. On the relationship between carbon isotope discrimination and the intercellular carbon dioxide concentration in leaves. Australian Journal of Plant Physiology, 9: 121-137.

Farquhar G D, Von Caemmerer S, Berry J A. 1980. A biochemical model of photosynthetic CO_2 assimilation in leaves of C3 species. Planta, 149: 78-90.

Farrell B F. 1990. Equable climate dynamics. Journal of Atmospheric Science, 47: 2986-2995.

Fastovsky D E, McSweeney K. 1987. Paleosols spanning the Cretaceous-Paleogene transition, eastern Montana and western Dakota. Geological Society of America Bulletin, 99: 66-77.

Faure H, Faure-Denard L F, Adams J M. 1998. Quaternary carbon cycle change. Special Issue. Global and Planetary Change, 16-17: 1-198.

Fawcett P J, Barron E J, Robison V D, et al. 1994. The climatic evolution of India and Australia from the late Permian to mid Jurassic: A comparison of climate model results with the geologic record. Geological Society of America Special Paper, 288: 139-157.

Ferris R, Taylor G. 1993. Contrasting effects of elevated CO_2 on the root and shoot growth of four native herbs commonly found in chalk grassland. New Phytologist, 125: 855-866.

Field C B, Behrenfeld M J, Randerson J T, et al. 1998. Primary production of the biosphere: Integrating terrestrial and oceanic components. Science, 281: 237-240.

Foley J A, Kutzbach J E, Coe M T, et al. 1994. Feedbacks between climate and boreal forests during the Holocene epoch. Nature, 371: 52-54.

Fordham M, Barnes J D, Bettarini I, et al. 1997. The impact of elevated CO_2 on growth and photosynthesis in *Agrostis canina* L. ssp. monteluccii adapted to contrasting atmospheric CO_2 concentrations. Oecologia, 110: 169-197.

Frakes L A, Francis J E, Syktus J I. 1992. Climate Modes of the Phanerozoic. Cambridge: Cambridge University Press.

Francis J E. 1983. The dominant conifer of the Jurassic Purbeck formation, England. Palaeontology, 26: 277-294.

Francis J E. 1986a. The dynamics of polar fossil forests: Tertiary fossil forests of Axel Heiberg Island, Canadian Arctic Archipelago. Geological Survey of Canada, 403: 29-38.

Francis J E. 1986b. Growth rings in Cretaceous and Tertiary wood from Antarctica and their palaeoclimatic significance. Palaeontology, 29: 665-684.

Francis J E. 1988. A 50 million-year-old fossil forest from Strathcone Fiord, Ellesmere Island, Arctic Canada: Evidence for a warm polar climate. Arctic, 41: 314-318.

Francis J E. 1991. The dynamics of polar fossil forests: Tertiary fossil forests of Axel Heiberg Island, Canadian Arctic archipelago//Christie R L, McMillan N J. Tertiary fossil forests of the Geodetic Hills, Axel Heiberg Island, Arctic Archipelago, Geological Survey of Canada Bulletin, 403: 29-38.

François L M, Delire C, Warnant P, et al. 1998. Modelling the glacial-interglacial changes in the continental biosphere. Global and Planetary Change, 16-17: 37-52.

François L M, Walker J C G, Opdyke B N. 1993. The history of global weathering and the chemical evolution of the ocean-atmosphere system. Geophysical Monograph, 74: 143-159.

Freeman K H, Hayes J M. 1992. Fractionation of carbon isotopes by phytoplankton and estimates of ancient CO_2 levels. Global Biogeochemical Cycles, 6: 185-198.

Fricke H C, Clyde W C, O'Neil J R, et al. 1998. Evidence for rapid climate change in North America during the latest Paleocene thermal maximum: Oxygen isotope composition of biogenic phosphate from the Bighorn Basin (Wyoming). Earth and Planetary Science Letters, 160(1-2): 193-208.

Friedli H H, Lötscher H, Oeschger H, et al. 1986. Ice core record of $^{13}C/^{12}C$ ratio of atmospheric CO_2 in the past two centuries. Nature, 324: 237-238.

Gallimore R G, Kutzbach J E. 1996. Role of orbitally induced changes in tundra area in the onset of glaciation. Nature, 381: 503-505.

Gates W L, Henderson-Sellers A, Boer G J, et al. 1996. Climate models-evaluation//Houghton J T, et al. Climate Change 1995. The Science of Climate Change. Cambridge: Cambridge University Press: 233-284.

Gauslaa Y. 1984. Heat resistance and energy budget in different Scandinavian plants. Holarctic Ecology, 7: 1-78.

Ghannoum O, von Caemmerer S, Barlow E W R, et al. 1997. The effect of CO_2 enrichment and irradiance on the growth, morphology and gas exchange of a C3 (*Panicum laxum*) and a C4 (*Panicum antidotale*) grass. Australian Journal of Plant Physiology, 24: 227-237.

Golenberg E M, Giannasi D E, Clegg M T, et al. 1990. Chloroplast DNA sequence from a Miocene *Magnolia* species. Nature, 344: 656-658.

Gonzalez-Meler M A, Ribas-Carbo M, Siedow J N, et al. 1996. Direct inhibition of plant mitochondrial respiration by elevated CO_2. Plant Physiology, 112: 1349-1355.

Goward S N, Tucker C J, Dye N G. 1985. North American vegetation patterns observed with the NOAA-7 advanced very high resolution radiometer. Vegetatio, 64: 3-14.

Graedel T E, Crutzen P J. 1997. Atmosphere, Climate and Change. New York: Scientific American.

Graham J B, Dudley R, Aguilar N M, et al. 1995. Implications of the late Palaeozoic oxygen pulse for physiology and evolution. Nature, 375: 117-120.

Gray H R. 1956. The form and taper of forest tree stems. Imperial Forestry Institute Paper no. 2, Oxford: University of Oxford.

Greenwood D R, Basinger J F. 1994. The palaeoecology of high-latitude Eocene swamp forests from Axel Heiberg Island, Canadian High Arctic. Review Palaeobotany and Palynology, 81: 83-97.

Greenwood D R, Wing S L. 1995. Eocene continental climates and latitudinal temperature gradients. Geology, 23: 1044-1048.

Greenwood D R. 1996. Eocene monsoon forests in central Australia? Australian Systematic Botany, 9: 95-112.

Gröcke D R. 1998. Carbon-isotope analyses of fossil plants as a chemostratigraphic and palaeoenvironmental tool. Lethia, 31: 1-13.

Guehl J M, Picon C, Aussenac G, et al. 1994. Interactive effects of elevated CO_2 and soil drought on growth and transpiration efficiency and its determination in two European forest tree species. Tree Physiology, 14: 707-724.

Gunderson C A, Wullschleger S D. 1994. Photosynthetic acclimation in trees to rising atmospheric CO_2: A broader perspective. Photosynthesis Research, 39: 369-388.

Guy R D, Fogel M L, Berry J A. 1993. Photosynthetic fractionation of the stable isotopes of oxygen and carbon. Plant Physiology, 101: 37-47.

Hall D O, Scurlock J M O. 1991. Climate change and the productivity of natural grasslands. Annals of Botany, 67 (Supplement 1): 49-55.

Hall N M J, Valdes P J. 1997. A GCM simulation of climate 6000 years ago. Journal of Climate, 10: 3-17.

Hall N M J, Dong B, Valdes P J. 1996a. Atmospheric equilibrium, instability and energy transport at the last glacial maximum. Climate Dynamics, 12: 497-511.

Hall N M J, Valdes P J, Dong B. 1996b. The maintenance of the last great ice sheets: A UGAMP GCM study. Journal of Climate, 9: 1004-1019.

Hallam A, Wignall P B. 1997. Mass Extinctions and Their Aftermath. Oxford: Oxford University Press.

Hallam A. 1984. Continental humid and arid zones during the Jurassic and Cretaceous. Palaeogeography, Palaeoclimatology, Palaeoecology, 47: 195-223.

Hallam A. 1985. A review of Mesozoic climates. Journal of the Geological Society of London, 142: 433-445.

Hallam A. 1992. Phanerozoic Sea-level Changes. New York: Columbia University Press.

Hallam A. 1993. Jurassic climates as inferred from the sedimentary and fossil record. Philosophical Transactions of the Royal Society of London, B341: 287-296.

Hallam A. 1997. Estimates of the amount and rate of sea-level change across the Rhaetian-Hettangian and Pliensbachian-Toarcian boundaries (latest Triassic to early Jurassic). Journal of the Geological Society of London, 154: 773-779.

Hansen J, Fung I, Lacis A, et al. 1988. Global climate changes as forecast by Goddard Institute for Space Studies three-dimensional model. Journal of Geophysical Research, 93: 9341-9364.

Haq B U, van Eysinga F W B. 1998. Geological Timetable. Fifth Revised Enlarged and Updated Edition. Netherlands: Elsevier Science.

Harley P C, Thomas R B, Reynolds J F, et al. 1992. Modelling photosynthesis of cotton grown in elevated CO_2. Plant, Cell and Environment, 15: 271-282.

Harrison S P, Jolly D, Laarif F, et al. 2000. Intercomparison of simulated global vegetation distributions in response to 6 kyr B.P. orbital forcing. Journal of Climate, 11(11): 2721-2742.

Hasegawa T. 1997. Cenomanian-Turonian carbon isotope events recorded in terrestrial organic matter from northern Japan. Palaeogeography, Palaeoclimatology, Palaeoecology, 130: 251-273.

Hatch M D. 1992. C4 photosynthesis: An unlikely process full of surprises. Plant and Cell Physiology, 33: 333-342.

Hättenschwiler S, Körner C. 1996. System-level adjustments to elevated CO_2 in model spruce ecosystems. Global Change Biology, 2: 377-387.

Hättenschwiler S, Körner C. 1998. Biomass allocation and canopy development in spruce model ecosystems under elevated CO_2 and increased N deposition. Oecologia, 113: 104-114.

Hättenschwiler S, Miglietta F, Raschi A, et al. 1997. Thirty years of in situ tree growth under elevated CO_2: A model for future forest responses? Global Change Biology, 3: 463-471.

Haxeltine A, Prentice I C. 1996. BIOME3: An equilibrium terrestrial biosphere model based on ecophysiological constraints, resource availability, and competition among plant functional types. Global Biogeochemical Cycles, 10: 693-709.

Haxeltine A, Prentice I C, Creswell I D. 1996. A coupled carbon and water flux model to predict vegetation structure. Journal of Vegetation Science, 7: 651-666.

Hays J D, Imbrie J, Shackleton N J. 1976. Variations in the Earth's orbit: Pacemaker of the ice ages. Science, 194: 1121-1132.

Herbert T D. 1997. A long marine history of carbon cycle modulation by orbital-climatic changes. Proceedings of the National Academy of Sciences, USA, 94: 8362-8369.

Herguera J C, Berger W H. 1994. Glacial to postglacial drop in productivity in the western equatorial Pacific: Mixing rate vs. nutrient concentrations. Geology, 22: 629-632.

Herman A B, Spicer R A. 1996. Palaeobotanical evidence for a warm Cretaceous arctic ocean. Nature, 380: 330-333.

Hirose T, Werger M J A. 1987. Maximizing daily canopy photosynthesis with respect to the leaf nitrogen allocation pattern in the canopy. Oecologia, 72: 520-526.

Hirose T, Ackerly D D, Traw M B, et al. 1996. Effects of CO_2 elevation on canopy development in the stands of two co-occurring annuals. Oecologia, 108: 215-223.

Hoelzmann P, Jolly D, Harrison S P, et al. 1998. MidHolocene land-surface conditions in northern Africa and the Arabian peninsula: A data set for the analysis of biogeophysical feedbacks in the climate system. Global Biogeochemical Cycles, 12: 35-51.

Hoffert M I, Covey C. 1992. Deriving global climate sensitivity from palaeoclimate reconstructions. Nature, 360: 573-576.

Holmes C W, Brownfield M E. 1992. Distribution of carbon and sulfur isotopes in Upper Cretaceous coal of northwestern Colorado//McCabe P J, Parrish J T. Controls on the Distribution and Quality of Cretaceous coals. Geological Society of America: 57-68.

Horrell M A. 1990. Energy balance constraints on ^{18}O based paleo-sea surface temperature estimates. Paleoceanography, 5: 339-348.

Houghton J T, Meira Filho L G, Bruce J, et al. 1995. Climate Change 1994. Radiative Forcing of Climate

Change and An Evaluation of the IPCC IS92 Emission Scenarios. Cambrige: Cambridge University Press.

Houghton J T, Meira Filho L G, Callander B A, et al. 1996. Climate Change 1995 The Science of Climate Change. IPCC, Cambridge: Cambridge University Press.

Houghton R A, Skole D L. 1990. Carbon//Turner B L. The Earth as Transformed by Human Action. Global and Regional Changes in the Biosphere Over the Past 300 Years, Cambridge: Cambridge University Press: 393-408.

Hunt E R, Piper S C, Nemani R, et al. 1996. Global net carbon exchange and intra-annual atmospheric CO_2 concentrations predicted by an ecosystem process model and three-dimensional atmospheric transport model. Global Biogeochemical Cycles, 10: 431-456.

Hyde W T, Crowley T J, Tarasov L, et al. 1999. The Pangean ice age: Studies of a coupled climate-ice sheet model. Climate Dynamics, 15: 619-629.

Imbrie J, Imbrie K P. 1979. Ice Ages: Solving the Mystery. London: MacMillan.

Indermühle A, Stocker T, Joes F, et al. 1999. Holocene carbon-cycle dynamics based on CO_2 trapped in ice at Taylor Dome, Antarctica. Nature, 398: 121-126.

Ivany L C, Salawitch R J. 1993. Carbon isotopic evidence for biomass burning at the K-T boundary. Geology, 21: 487-490.

Izett G A. 1990. The Cretaceous-Tertiary boundary interval, Raton Basin, Colorado and New Mexico. Geological Society of America Special Paper, 249: 1-100.

Johns T C, Carnell R E, Crossley J F, et al. 1997. The second Hadley Centre coupled ocean-atmosphrer GCM: Model description, spinup and validation. Climate Dynamics, 13: 103-134.

Johnson E A, Gutsell S L. 1994. Fire frequency models, methods and interpretations. Advances in Ecological Research, 25: 239-287.

Jones H G. 1992. Plants and Microclimate. A Quantitative Approach to Environmental Plant Physiology. 2 edn. Cambrige: Cambridge University Press.

Jones T P, Chaloner W G. 1991. Fossil charcoal, its recognition and palaeoatmospheric significance. Palaeogeography, Palaeoclimatology, Palaeoecology, 97: 39-50.

Jones T P. 1994. ^{13}C enriched Lower Carboniferous fossil plants from Donegal, Ireland: Carbon isotope constraints on taphonomy, diagenesis and palaeoenvironment. Review of Palaeobotany and Palynology, 81: 53-64.

Jordan D B, Ogren W L. 1983. Species variation in kinetic properties of ribulose 1,5-bisphosphate carboxylase/oxygenase. Archives of Biochemistry and Biophysics, 227: 425-433.

Jouzel J, Barkov N I, Barnola J M, et al. 1993. Extending the Vostok ice-core record of palaeoclimate to the penultimate glacial period. Nature, 364: 407-412.

Jouzel J, Lorius C, Petit J R, et al. 1987. Vostok ice core: a continuous isotope temperature record of the last climatic cycle (160,000 years). Nature, 329: 403-408.

Justice C O, Townshend J R G, Holben B N, et al. 1985. Analysis of the phenology of global vegetation using meteorological satellite data. International Journal of Remote Sensing, 6: 1271-1318.

Kasting J F, Grinspoon D H. 1991. The faint young sun problem//Sonett C P, Giampapa M S, Matthews M S. The Sun in Time. Tucson: University of Arizona: 447-462.

Keeling C D, Whorf T P, Wahlen M, et al. 1995. Interannual extremes in the rate of rise of atmospheric carbon dioxide since 1980. Nature, 375: 666-670.

Keeling R F. 1995. The atmospheric oxygen cycle: the oxygen isotopes of atmospheric CO_2 and O_2 and the O_2/N_2 ratio. Reviews of Geophysics Supplement: 1253-1262.

Keeling R F, Piper S C, Heimann M. 1996. Global and atmospheric CO_2 sinks deduced from changes in atmospheric O_2 concentration. Nature, 381: 218-221.

Keller G, MacLeod N. 1993. Carbon isotopic evidence for biomass burning at the K-T boundary: Comment and reply. Geology, 21: 1149-1150.

Kennett J P, Stott L D. 1991. Abrupt deep sea warming, paleoceanographic changes and benthic extinctions at the end of the Paleocene. Nature, 353: 319-322.

Kerr A C. 1998. Oceanic plateau formation: A cause of mass extinction and black shale deposition around the Cenomanian-Turonian boundary? Journal of the Geological Society of London, 155: 619-626.

Keys A K. 1986. Rubisco: Its role in photorespiration. Philosophical Transactions of the Royal Society of London, B313: 325-336.

Kiehl J T. 1992. Atmospheric General Circulation Modeling//Trenberth K E. Climate System Modeling, Cambridge: Cambridge University Press: 319-369.

Kim K Y, Crowley T J. 1994. Modelling the climate effect of unrestricted greenhouse emissions over the next 10,000 years. Geophysical Research Letters, 21: 681-684.

Kirchner J W, Wells A. 2000. Delayed recovery from extinctions throughout the fossil record. Nature, 404: 177-180.

Klein R T, Lohmann K G, Thayer C W. 1996. Bivalve skeletons record sea-surface temperature and $\delta^{18}O$ via Mg/Ca and $^{18}O/^{16}O$ ratios. Geology, 24: 415-418.

Knoll A H, Niklas K J. 1987. Adaptation, plant evolution, and the fossil record. Review of Palaeobotany and Palynology, 50: 127-149.

Kohen E A, Venet L, Mousseau M. 1993. Growth and photosynthesis of two deciduous forest species at elevated carbon dioxide. Functional Ecology, 7: 480-486.

Kojima S, Sweda T, LaPage B A, et al. 1998. A new method to estimate accumulation rates of lignites in the Eocene Buchanan Lake Formation, Canadian Arctic. Palaeogeography, Palaeoclimatology, Palaeoecology, 141: 115-122.

Köppen W. 1936. Das geographische system der klimate//Köppen W, Geiger R. Handbuch der Klimatologie, Berlin: Gebrüder Borntraeger: 1-44.

Körner C, Miglietta F. 1994. Long-term effects of naturally elevated CO_2 on mediterranean grassland and forest trees. Oecologia, 99: 343-351.

Körner C, Diemer M, Schäppi B, et al. 1997. The responses of alpine grasslands to four seasons of CO_2 enrichment: A synthesis. Acta Oecologica, 18: 165-175.

Körner C, Farquhar G D, Wong S C. 1991. Carbon isotope discrimination by plants follows latitudinal and altitudinal trends. Oecologia, 88: 30-40.

Kothavala Z, Oglesby R J, Saltzman B. 1999. Sensitivity of equilibrium surface temperature of CCM3 to systematic changes in atmospheric CO_2. Geophysical Research Letters, 26: 209-212.

Krogh T E, Kamo S L, Sharpton V L, et al. 1993. U-Pb ages of single shocked quartz zircons linking distal ejecta to the Chicxulub crater. Nature, 366: 731-734.

Kroopnick P, Craig H. 1972. Atmospheric oxygen: Isotopic composition and solubility fractionation. Science, 175: 54-55.

Küchler A W. 1983. World map of natural vegetation//Goode's World Atlas, Chicago: Rand McNally: 16-17.

Kuhn W R, Walker J C G, Marshall H G. 1989. The effect on earth's surface temperature from variations in rotation rate, continent formation, solar luminosity and carbon dioxide. Journal of Geophysical Research, 94: 11129-11136.

Kumagai H, Sweda T, Hayashi K, et al. 1995. Growth-ring analysis of early Tertiary conifer woods from the Canadian high arctic and its palaeoclimatic interpretation. Palaeogeography, Palaeoclimatology, Palaeoecology, 116: 247-262.

Kumar N, Anderson R F, Mortlock R A, et al. 1995. Increased biological productivity and export production in the glacial Southern Ocean. Nature, 378: 675-680.

Kutzbach J E, Ziegler A M. 1993. Simulation of Late Permian climate and biomes with an atmospheric-ocean model: Comparisons with observations. Philosophical Transactions of the Royal Society, B341: 327-340.

Kutzbach J E. 1992. Modeling large climatic changes of the past//Trenberth K E. Climate System Modeling, Cambridge: Cambridge University Press: 669-688.

Kutzbach J E, Bonan G, Foley J, et al. 1996. Vegetation/soil feedbacks and African monsoon response to orbital forcing in the Holocene. Nature, 384: 623-626.

Kutzbach J E, Gallimore R, Harrison S, et al. 1998. Climate and biome simulations for the past 21,000 years. Quaternary Science Reviews, 17: 473-506.

Kyte F T. 1998. A meteorite from the Cretaceous/Tertiary boundary. Nature, 396: 237-239.

Larcher W. 1994. Photosynthesis as a tool for indicating temperature stress events//Schultze E D, Caldwell M M. Ecophysiology of Photosynthesis, Berlin: Springer-Verlag: 261-277.

Larcher W. 1995. Physiological Plant Ecology. Ecophysiology and Stress Physiology of Functional Groups. 3 edn. Berlin: Springer-Verlag.

Lawlor D W. 1993. Photosynthesis: Molecular, physiological and environmental processes. 2 edn. Harlow, Essex: Longman.

Laws E A. 1991. Photosynthetic quotients, new production and net community production in the open ocean. Deep Sea Research, 38: 143-167.

Lean J, Rowntree P R. 1993. A GCM simulation of the impact of Amazonian deforestation on climate using an improved canopy representation. Quarterly Journal of the Royal Meteorological Society, 119: 509-530.

Leemans R, Cramer W P. 1991. The IIASA data base for mean monthly values of temperature, precipitation, and cloudiness on a global terrestrial grid. The International Institute for Applied Systems Analysis (IIASA), Laxenburg, Austria: RR-91-18.

Lehman T M. 1990. Paleosols and the Cretaceous-Tertiary boundary transition in the Big Bend region of Texas. Geology, 18: 362-364.

Lenton T M, Watson A J. 2000. Redfield revisited: 2. What regulates the oxygen content of the atmosphere? Global Biogeochemical Cycles, 14: 249-268.

Leuenberger M, Siegenthaler U, Langway C C. 1992. Carbon isotope composition of atmospheric CO_2 during the last ice age from an Antarctic ice core. Nature, 357: 488-490.

Li H, Taylor E L, Taylor T N. 1996. Permian vessel elements. Science, 271: 188-189.

Lidgard S, Crane P R. 1990. Angiosperm diversification and Cretaceous floristic trends: A comparison of palynofloras and leaf macrofloras. Paleobiology, 16: 77-93.

Lloyd J, Farquhar G D. 1994. ^{13}C discrimination during CO_2 assimilation by the terrestrial biosphere. Oecologia, 99: 201-215.

Lloyd J, Farquhar G D. 1996. The CO_2 dependence of photosynthesis, plant growth responses to elevated CO_2 concentrations and their interaction with soil nutrient status. I. General principles and forest ecosystems. Functional Ecology, 10: 4-32.

Lobert J M, Warnatz J. 1993. Emissions from combustion process in vegetation//Crutzen P J, Goldhammer J G. Fire in the Environment. The Ecological, Atmospheric, and Climatic Importance of Vegetation Fires. Chichester: John Wiley:15-37.

Lomax B H, Beerling D J, Upchurch G R, et al. 2000. Terrestrial ecosystem responses to global environmental change across the Cretaceous-Tertiary boundary. Geophysical Research Letters, 27: 2149-2152.

Lomax B H, Beerling D J, Upchurch G R, et al. 2001. Rapid recovery of terrestrial productivity in a simulation study of the terminal cretaceous impact event. Earth and Planetary Science Letters, 192(2): 137-144.

Long S P, Drake B G. 1991. Effect of the long-term elevation of CO_2 concentration in the field on the quantum yield of photosynthesis in the C3 sedge, Scirpus olneyi. Plant Physiology, 96: 221-226.

Long S P. 1991. Modification of the response of photosynthetic productivity to rising temperature by atmospheric CO_2 concentrations: Has its importance been underestimated? Plant, Cell and Environment, 14: 729-740.

Long S P , Humphries S, Falkowski P G, et al. 1994. Photoinhibition of photosynthesis in nature. Annual Review of Plant Physiology and Plant Molecular Biology, 45: 633-662.

Long S P, Jones M B, Roberts M J, et al. 1992. Primary Productivity of Grass Ecosystems of the Tropics and Sub-tropics. London: Chapman and Hall.

Lopez-Martinez N, Ardevol L, Arribas M E, et al. 1998. The geological record in non-marine environments around the K/T boundary (Tremp formation, Spain). Bulletin Societe Geologie France, 169: 11-20.

Los S O, Justice C O, Tucker C J. 1994. A global 1 degree by 1 degree NDVI data set for climate studies derived from the GIMMS continental NDVI data. International Journal of Remote Sensing, 15: 3493-3518.

Lottes A L, Ziegler A M. 1994. World peat occurrence and the seasonality of climate and vegetation. Palaeogeography, Palaeoclimatology, Palaeoecology, 106: 23-37.

Lovelock J E. 1979. Gaia - A New Look at Life on Earth. Oxford: Oxford University Press.

Lutze L J, Roden J S, Holly C J, et al. 1998. Elevated atmospheric [CO_2] promotes frost damage in evergreen tree seedlings. Plant, Cell and Environment, 21: 631-635.

Macdonald D L M, Francis J E. 1992. The potential for Cretaceous coal in Antarctica. Geological Society of America Special Paper, 267: 385-395.

Manabe S, Stouffer R J, Spelman M J, et al. 1991. Transient responses of a coupled ocean-atmosphere model to gradual changes of atmospheric CO_2. Part 1. Annual mean response. Journal of Climate, 4: 785-818.

Martinelli L A, Pessenda L C R, Espinoza E, et al. 1996. Carbon-13 variation with depth in soils of Brazil and climate change during the Quaternary. Oecologia, 106: 376-381.

Marzoli A, Renne P R, Piccirillo E M, et al. 1999. Extensive 200-million-year-old continental flood basalts of the central Atlantic magmatic province. Science, 284: 616-618.

Masle J, Farquhar G D, Gifford R M. 1990. Growth and carbon economy of wheat seedlings as affected by soil resistance to penetration and ambient partial pressure of CO_2. Australian Journal of Plant Physiology, 17: 465-487.

Masle J, Hudson G S, Badger M R. 1993. Effects of ambient CO_2 concentration on growth and nitrogen use in tobacco (*Nicotiana tabacum*) plants transformed with an antisense gene to the small subunit of ribulose-1,5-bisphosphate carboxylase/oxygenase. Plant Physiology, 103: 1075-1088.

Maslin M A, Adams J, Thomas E, et al. 1995. Estimating carbon transfer between the ocean, atmosphere and the terrestrial biosphere since the last glacial maximum. Terra Nova, 7: 358-366.

Matthews E. 1983. Global vegetation and land use: New high resolution data bases for climate studies. Journal of Climate and Applied Meteorology, 22: 474-487.

McCabe P J, Parrish J T. 1992. Tectonic and climatic controls on the distribution and quality of Cretaceous coals. Geological Society of America Special Paper, 267: 1-15.

McElwain J C, Chaloner W G. 1995. Stomatal density and index of fossil plants track atmospheric carbon dioxide in the Palaeozoic. Annals of Botany, 76: 389-395.

McElwainJ C, Beerling D J, Woodward F I. 1999. Fossil plants and global warming at the Triassic-Jurassic boundary. Science, 285: 1386-1390.

McFadden B A, Tabita F R. 1974. D-ribulose 1,5-diphosphate carboxylase and the evolution of autotrophy. BioSystems, 6: 93-112.

McFadden B A, Torres-Ruiz J, Daniell H, et al. 1986. Interaction, functional relations and evolution of large and small subunits in Rubisco from Prokaryota and Eukaryota. Philosophical Transactions of the Royal Society of London, B313: 347-358.

McGuffie K, Henderson-Sellers A. 1997. A Climate Modelling Primer, 2nd edn. John Wiley: Chichester.

McGuire A D, Melillo J M, Joyce L A,et al. 1992. Interactions between carbon and nitrogen dynamics in estimating net primary productivity for potential vegetation in North America. Global Biogeochemical Cycles, 6: 101-124.

McGuire A D, Melillo J M, Kicklighter D W, et al. 1995. Equilibrium responses of soil carbon to climate change: empirical and process-based estimates. Journal of Biogeography, 22: 785-796.

McKnight C L, Graham S A, Carrol A R, et al. 1990. Fluvial sedimentology of an Upper Jurassic petrified forest assemblage, Shishu Formation, Junggar Basin, Xinjiang, China. Palaeogeography, Palaeoclimatology, Palaeoecology, 79: 1-9.

McMurtrie R E, Wang Y P. 1993. Mathematical models of the photosynthetic response of tree stands to rising CO_2 concentrations and temperature. Plant, Cell & Environment, 16: 1-13.

McRoberts C A, Furrer H, Jones D S. 1997. Palaeoenvironmental interpretation of a Triassic-Jurassic boundary section from Western Austria based on palaeoecological and geochemical data. Palaeogeography, Palaeoclimatology, Palaeoecology, 136: 79-95.

Medlyn B E, Badeck F W, De Pury D G G, et al. 1999. Effects of elevated [CO_2] on photosynthesis in European forest species: a meta-analysis of model parameters. Plant, Cell and Environment,

22:1475-1495.

Meehl G A. 1989. The coupled ocean-atmosphere modeling problem in the tropical Pacific and Asian monsoon regions. Journal of Climate, 2: 1146-1163.

Meehl G A. 1992. Global coupled models: atmosphere, ocean, sea ice//Trenberth K E. Climate System Modeling.Cambridge: Cambridge University Press. 555-581.

Meeson B W, Corprew F E, McManus J M P, et al. 1995. ISLSCP Initiative I - Global Data Sets for Land-Atmosphere Models, 1987-1988. Volumes 1-5, published on CD by NASA.

Melosh H J, Schneider N M, Zahnle K J, et al. 1990. Ignition of global wildfires at the Cretaceous/Tertiary boundary. Nature, 343: 251-254.

Meyer M K. 1988. Net primary productivity estimates for the last 18 000 years evaluated from simulations by a global climate model. Madison: MS dissertation, University of Wisconsin.

Miall A D. 1984. Variations in fluvial style in the lower Cenozoic synorogenic sediments of the Canadian Arctic Islands. Sedimentary Geology, 38: 499-523.

Miglietta F, Magliulo V, Bindi M, et al. 1998. Free air CO_2 enrichment of potato (*Solanum tuberosum* L.): development, growth and yield. Global Change Biology, 4: 163-172.

Miglietta F, Raschi A, Bettarini I,et al. 1993. Natural springs in Italy: A resource for examining the long-term response of vegetation to rising CO_2 concentrations. Plant, Cell and Environment, 16: 873-878.

Miller K G, Fairbanks R G, Mountain G S. 1987. Tertiary oxygen isotope synthesis, sea level history, and continental margin erosion. Paleoceanography, 2: 1-19.

Mitchell J F B, Johns T C, Gregory J M, et al. 1995. Climate response to increasing levels of greenhouse gases and aerosols. Nature, 376: 501-504.

Mitchell P L. 1997. Misuse of regression for empirical validation of models. Agricultural Systems, 54: 313-326.

Monserud R A, Leemans R. 1992. Comparing global vegetation maps with the Kappa statistic. Ecological Modelling, 62: 275-293.

Monserud R A, Denissenko O V, Kolchugina T P, et al. 1995. Changes in phytomass and net primary productivity for Siberia from the mid-Holocene to the present. Global Biogeochemical Cycles, 9: 213-226.

Monteith J L, Unsworth M H. 1990. Principles of Environmental Physics. 2nd edn. London: Edward Arnold.

Monteith J L. 1981. Evaporation and environment//Fogg C E. The State and Movement of Water in Living Organisms. SEB Symposium, Vol. 19. Cambridge: Cambridge University Press: 205-234.

Moore G T, Hayashida D N, Ross C A, et al. 1992a. The palaeoclimate of the Kimmeridgian/Tithonian (Late Jurassic) world. I. Results using a general circulation model. Palaeogeography, Palaeoclimatology, Palaeoecology, 93: 113-150.

Moore G T, Sloan L C, Hayashida D N, et al. 1992b. The palaeoclimate of the Kimmeridgian/Tithonian (Late Jurassic) world. II. Sensitivity tests comparing three different palaeotopographic settings. Palaeogeography, Palaeoclimatology, Palaeoecology, 95: 229-252.

Moore P D. 1983. Plants and the palaeoatmosphere. Journal of the Geological Society of London, 140: 13-25.

Moore P D. 1995. Biological processes controlling the development of modern peatforming ecosystems. Coal Geology, 28: 99-110.

Mora C I, Driese S G, Colarusso L. 1996. Middle to late Paleozoic atmospheric CO_2 levels from soil carbonate and organic matter. Science, 271: 1105-1107.

Morante R, Hallam A. 1996. Organic carbon isotopic record across the Triassic-Jurassic boundary in Austria and its bearing on the cause of mass extinction. Geology, 24: 391-394.

Morgan J, Warner M, Brittan J. et al. 1997. Size and morphology of the Chicxulub impact crater. Nature, 390: 472-476.

Morrissey L A, Livingston G P, Zoltai S C. 2000. Influences of fire and climate on patterns of carbon emissions in boreal peatlands//Kasischke E S, Stocks B J. Fire, Climate and Carbon Cycling in the Boreal Forest. Ecological Studies 138. Berlin: Springer-Verlag: 423-439.

Moulton K L, Berner R A. 1998. Quantification of the effect of plants on weathering: studies in Iceland. Geology, 26: 895-898.

Mulholland B J, Craigon J, Black C R, et al. 1998. Growth, light interception and yield responses of spring wheat (*Triticum aestivum* L.) grown under elevated CO_2 and O_2 in open-top chambers. Global Change Biology, 4: 121-130.

Müller M J. 1982. Selected Climatic Data for a Global Set of Standard Stations for Vegetation Science. Dordrecht: Springer.

Neftel A, Oeschger H, Staffelbach T, et al. 1988. CO_2 record in the Byrd ice core 50000-5000 years BP. Nature, 331: 609-611.

Neilson R P. 1995. A model for predicting continental-scale vegetation distribution and water balance. Ecological Applications, 5: 362-385.

Neilson R P, King G A, Koerper G. 1992. Towards a rule-based biome model. Landscape Ecology, 7: 27-43.

Nemani R, Running S W. 1996. Implementation of a hierarchical global vegetation classification in ecosystem function models. Journal of Vegetation Science, 7: 337-346.

Nichols D J, Fleming R F. 1990. Plant microfossil record of the terminal Cretaceous event in the western United States and Canada. Geological Society of America Special Paper, 247: 445-455.

Nie G Y, Long S P, Garcia R L, et al. 1995. Effects of free-air CO_2 enrichment on the development of the photosynthetic apparatus in wheat, as indicated by changes in leaf proteins. Plant, Cell and Environment, 18: 855-864.

Niklas K J. 1985. The evolution of tracheid diameter in early vascular plants and its implications on the hydraulic conductance of the primary xylem strand. Evolution, 39: 1110-1122.

Niklas K J. 1992. Plant Biomechanics: An Engineering Approach to Plant Form and Function. Chicago: University of Chicago Press.

Niklas K J. 1993. Scaling of plant height: A comparison among major plant clades and anatomical grades. Annals of Botany, 72: 165-172.

Niklas K J. 1997. The Evolutionary Biology of Plants. Chicago: University of Chicago Press.

Niklas K J, Tiffney B H, Knoll A H. 1983. Patterns in vascular land plant diversification. Nature, 303: 614-616.

Nobel P S. 1988. Environmental Biology of Agaves and Cacti. Cambridge: Cambridge University Press.

Norby R J, O'Neill E G. 1991. Leaf area compensation and nutrient interactions of CO_2 enriched seedlings of yellow-poplar (*Liriodendron tulipifera* L.). New Phytologist, 117: 515-528.

Norby R J, Wullschleger S D, Gunderson C A, et al. 1999. Tree responses to rising CO_2 in field experiments: Implications for the future forests. Plant, Cell and Environment, 22: 683-714.

North G R. 1975. Theory of energy-balance climate models. Journal of Atmospheric Science, 32: 2033-2043.

North G R. 1988. Lessons from Energy Balance Models//Schlesinger M E. Physically-based Modelling and Simulation of Climate and Climatic Change. Dordrecht: Kluwer Academic Publishers: 627-651.

North G R, Cahalan R F, Coakley J A. 1981. Energy balance climate models. Review of Geophysics and Space Physics, 19: 91-121.

North G R, Mengel J G, Short D A. 1983. Simple energy balance model resolving the seasons and the continents: Application to the astronomical theory of the ice ages. Journal of Geophysical Research, 88: 6576-6586.

O'Keefe J D, Ahrens T J. 1989. Impact production of CO_2 by the Cretaceous/Tertiary extinction bolide and the resultant heating of the earth. Nature, 338: 247-249.

Ogren W. 1994. Energy utilization by photorespiration//Tolbert N E, Preis J. Regulation of Atmospheric CO_2 and O_2 by Photosynthetic Carbon Metabolism. Oxford: Oxford University Press: 115-125.

Olson J. 1981. Carbon balance in relation to fire regimes//Mooney H A, Bonnicksen T M, Christensen N L, et al. Fire Regimes and Ecosystem Properties. USDA Forest Service Technical Report WO-26, Washington D C: 327-378.

Olson J S, Watts J, Allison L. 1983. Carbon in Live Vegetation of Major World Ecosystems. W7405-ENG-26, US Department of Energy. Oak Ridge National Laboratory, Tennessee.

Osborne C P, Beerling D J. 2001. Sensitivity of tree growth to a high CO_2 environment-consequences for interpreting the characteristics of fossil woods from ancient 'greenhouse' worlds. Palaeogeography, Palaeoclimatology, Palaeoecology, 182(1-2): 15-19.

Osborne C P, Drake B G, LaRoche J, et al. 1997. Does long-term elevation of CO_2 concentration increase photosynthesis in forest floor vegetation? Indian strawberry in a Maryland forest. Plant Physiology, 114: 337-344.

Otto-Bliesner B L, Upchurch G R. 1997. Vegetation-induced warming of high-latitude regions during the Late Cretaceous period. Nature, 385: 804-807.

Overpeck J, Rind D, Lacis A, et al. 1996. Possible role of dust-induced regional warming in abrupt climate change during the last glacial period. Nature, 384: 447-449.

Owensby C E, Coyne P I, Ham J M, et al. 1993. Biomass production in a tallgrass prairie ecosystem exposed to ambient and elevated CO_2. Ecological Applications, 3: 644-653.

Parrish J M, Parrish J T, Ziegler A M. 1986. Permian-Triassic paleography and paleoclimatology and implications for Therapsid distribution// Hotton N H, MacLean P D ,Roth J J, et al. The Ecology and Biology of Mammal-like Reptiles.Washington D C: Smithsonian Institution Press: 109-131.

Parrish J T. 1993. Climate of the supercontinent Pangea. Journal of Geology, 101: 215-233.

Parrish J T, Ziegler A M, Scotese C R. 1982. Rainfall patterns and the distribution of coals and evaporites in the Mesozoic and Cenozoic. Palaeogeography, Palaeoclimatology, Palaeoecology, 40: 67-101.

Parton W J, Scurlock J M O, Ojima D S, et al. 1993. Observations and modeling of biomass and soil organic matter dynamics for the grassland biome worldwide. Global Biogeochemical Cycles, 7: 785-809.

Peixoto J P, Oort A H. 1992. Physics of Climate. New York: American Institute of Physics.

Peng C H, Guiot J, van Campo E. 1998. Estimating changes in terrestrial vegetation and carbon storage: Using palaeoecological data and models. Quaternary Science Reviews, 17: 719-735.

Penning de Vries F W T. 1975. The use of assimilates in higher plants//Cooper J P. Photosynthesis in Different Environments. Cambridge: Cambridge University Press: 459-480.

Peterson A G, Ball J T, Luo Y, et al. 1999. The photosynthesis-leaf nitrogen relationship at ambient and elevated carbon dioxide: a meta-analysis. Global Change Biology, 5:331-346.

Picon C, Guehl J M, Aussenac G. 1996. Growth dynamics, transpiration and water-use efficiency of *Quercus robur* plants submitted to elevated CO_2 and drought. Annales Science Forestry, 53: 431-446.

Pole M. 1999. Structure of a near-polar latitude forest from the New Zealand Jurassic. Palaeogeography, Palaeoclimatology, Palaeoecology, 147: 121-139.

Pollack J B, Toon O B, Ackerman T P, et al. 1983. Environmental effects of an impact-generated dust cloud: Implications for the Cretaceous-Tertiary extinctions. Science, 219: 287-289.

Pollard D, Shulz M. 1994. A model for the potential locations of Triassic evaporite basins driven by palaeoclimatic GCM simulations. Global and Planetary Change, 9: 233-249.

Polley H W, Johnson H B, Marino B D, et al. 1993a. Increase in plant water use efficiency and biomass over glacial to present CO_2 concentrations. Nature, 361: 61-64.

Polley H W, Johnson H B, Marino B D, et al. 1993b. Physiology and growth of wheat across a subambient carbon dioxide gradient. Annals of Botany, 71: 347-356.

Polley H W, Johnson H B, Mayeux H S. 1992. Carbon dioxide and water fluxes of C3 annuals and C3 and C4 perennials at subambient CO_2 concentrations. Functional Ecology, 6: 693-703.

Polley H W, Johnson H B, Mayeux H S. 1995. Nitrogen and water requirements of C3 plants grown at glacial to present carbon dioxide concentrations. Functional Ecology, 9: 86-96.

Pope K O, Baines K H, Ocampo A C,et al. 1994. Impact winter and the Cretaceous/Tertiary extinctions: Results of a Chicxulub asteroid impact model. Earth and Planetary Science Letters, 128: 719-725.

Post W M, Emanuel W R, Zinke P J, et al. 1982. Soil carbon pools and world life zones. Nature, 298: 156-159.

Potts R, Behrensmeyer A K. 1992. Late Cenozoic terrestrial ecosystems//Behrensmeyer A D. Terrestrial Ecosystems through Time: Evolutionary Paleoecology of Terrestrial Plants and Animals. Chicago: University of Chicago Press: 419-541.

Prentice I C, Cramer W, Harrison S P, et al. 1992. A global biome model based on plant physiology and dominance. Journal of Biogeography, 19: 117-134.

Prentice I C, Harrison S P, Jolly D, et al. 1998. The climate and biomes of Europe at 6000 yr BP: Comparisons of model simulations and pollen-based reconstructions. Quaternary Science Reviews, 17: 659-668.

Prentice I C, Sykes M T, Lautenschlager M, et al. 1993. Modelling vegetation patterns and terrestrial carbon storage at the last glacial maximum. Global Ecology and Biogeography Letters, 3: 67-76.

Price C, Rind D. 1994. The impact of a $2 \times CO_2$ climate on lightning-caused fires. Journal of Climate, 7: 1484-1494.

Price G D, Sellwood B W, Valdes P J. 1995. Sedimentological evaluation of general circulation model simulations for the ‘greenhouse’ earth: Cretaceous and Jurassic case studies. Sedimentary Geology, 100: 159-180.

Price G D, Valdes P J, Sellwood B W. 1997. Quantitative palaeoclimate GCM validation: Late Jurassic and mid-Cretaceous case studies. Journal of the Geological Society, 154: 769-772.

Price G D, Valdes P J, Sellwood B W. 1998. A comparison of GCM simulated Cretaceous 'greenhouse' and 'icehouse' climates: Implications for the sedimentary record. Palaeogeography, Palaeoclimatology, Palaeoecology, 142: 123-138.

Quebedaux B, Chollet R. 1977. Comparative growth analyses of Panicum species with different rates of photorespiration. Plant Physiology, 59: 42-44.

Ramanathan V, Coakley J A. 1978. Climate modeling through radiative-convective models. Review of Geophysics and Space Physics, 16: 465-489.

Ramanathan V, Collins W. 1991. Thermodynamic regulation of ocean warming by cirrus clouds deduced from observations of the 1987 El Niño. Nature, 351: 27-32.

Raup D M, Sepkoski J J. 1982. Mass extinctions in the marine fossil record: Testing for periodicity of extinction. Science, 215: 1501-1503.

Raval A, Ramanathan V. 1989. Observational determination of the greenhouse effect. Nature, 342:758.

Raven J A, Spicer R A. 1996. The Evolution of Crassulacean Acid Metabolism// Winter K, Smith J A C. Crassulacean Acid Metabolism. Berlin: Springer-Verlag: 360-385.

Raven J A. 1993. The evolution of vascular land plants in relation to quantitative function of dead water-conducting cells and of stomata. Biological Reviews, 68: 337-363.

Raven J A. 1996. Inorganic carbon assimilation by marine biota. Journal of Experimental Marine Biology and Ecology, 203: 39-47.

Raven J A, Johnston A M, Parsons R, et al. 1994. The influence of natural and experimental high O_2 concentrations on O_2-evolving phototrophs. Biological Reviews, 69: 61-94.

Read D J. 1991. Mycorrhizas in ecosystems. Experientia, 47: 376-391.

Read J, Francis J. 1992. Responses of some southern hemisphere tree species to a prolonged dark period and their implications for high-latitude Cretaceous and Tertiary floras. Palaeogeography, Palaeoclimatology, Palaeoecology, 99: 271-290.

Rees P M, Ziegler A M, Valdes P J. 2000. Jurassic phytogeography and climates: New data and model comparisons//Huber B T, Macleod K G, Wing S L. Warm Climates in Earth History. Cambridge: Cambridge University Press: 297-318.

Retallack G J. 1995. Permian-Triassic crisis on land. Science, 267:77-80.

Retallack G J, Leahy G D, Spoon M D. 1987. Evidence from paleosols for ecosystem changes across the Cretaceous/Tertiary boundary in eastern Montana. Geology, 15: 1090-1093.

Retallack G J, Veevers J J，Morante R. 1996. Global coal gap between Permian-Triassic extinction and middle Triassic recovery of peat-forming plants. Geological Society of America Bulletin, 108: 195-207.

Rey A，Jarvis P G. 1997. Growth response of young birch trees (*Betula pendula* Roth.) after four and a half years of CO_2 exposure. Annals of Botany, 80: 809-816.

Robinson J M. 1989. Phanerozoic O_2 variation, fire, and terrestrial ecology. Palaeogeography, Palaeoclimatology, Palaeoecology, 75: 223-240.

Robinson J M. 1990a. Lignin, land plants, and fungi. Biological evolution affecting Phanerozoic oxygen balance. Geology, 15: 607-610.

Robinson J M. 1990b. The burial of organic carbon as affected by the evolution of land plants. Historical

Biology, 3: 189-201.

Robinson J M. 1991. Phanerozoic atmospheric reconstructions: A terrestrial perspective. Palaeogeography, Palaeoclimatology, Palaeoecology, 97: 51-62.

Robinson J M. 1994a. Speculations on carbon dioxide starvation, Late Tertiary evolution of stomatal regulation and floristic modernization. Plant, Cell and Environment, 17: 345-354.

Robinson J M. 1994b. Atmospheric CO_2 and plants. Nature, 368:105-106.

Rochefort L, Bazzaz F A. 1992. Growth response to elevated CO_2 in seedlings of four co-occurring birch species. Canadian Journal of Forest Research, 22: 1583-1587.

Roden J S, Ball M C. 1996. Growth and photosynthesis of two *Eucalyptus* species during high temperature stress under ambient and elevated CO_2. Global Change Biology, 2: 115-128.

Roy H, Nierzwicki-Bauer S A. 1991. Rubisco: Genes, Structure Assembly and Evolution//Bogorad L, Vasil I K. The Photosynthetic Apparatus: Molecular Biology and Operation. San Diego: Academic Press: 347-364.

Ryan M G, Yoder B J. 1997. Hydraulic limits to tree height and tree growth. Bioscience, 47: 235-242.

Sage R F, Reid C D. 1992. Photosynthetic acclimation to sub-ambient CO_2 (20 Pa) in the C3 annual Phaseolus vulgaris. Photosynthetica, 27: 605-617.

Sage R F. 1994. Acclimation of photosynthesis to increasing atmospheric CO_2: The gas exchange perspective. Photosynthesis Research, 39: 351-368.

Sage R F, Sharkey T D, Seeman J R. 1989. Acclimation of photosynthesis to elevated CO_2 in five C3 species. Plant Physiology, 89: 590-596.

Sakai A, Larcher W. 1987. Frost Survival of Plants. Responses and Adaptation to Freezing Stress. Berlin: Springer-Verlag.

Saltzman B. 1983. Theory of climate//Advances in Geophysics, Vol. 25. New York:Academic Press.

Savard L, Li P, Strauss S H, et al. 1994. Chloroplast and nuclear gene sequences indicate Late Pennsylvanian time for the last common ancestor of extant seed plants. Proceedings of the National Academy of Sciences, USA, B91: 5163-5167.

Saward S A. 1992. A global view of Cretaceous vegetation patterns. Geological Society of America Special Paper, 267: 17-35.

Schapendonk A H C M, Dijkstra P, Groenworld J, et al. 1997. Carbon balance and water use efficiency of frequently cut *Lolium perenne* L. swards at elevated carbon dioxide. Global Change Biology, 3: 207-216.

Schenk U, Manderscheid R, Hugen J, et al. 1995. Effects of CO_2 enrichment and intraspecific competition on biomass partitioning, nitrogen content and microbial carbon in soil of perennial ryegrass and white clover. Journal of Experimental Botany, 46: 987-993.

Schimel D S. 1998. The carbon equation. Nature, 393: 208-209.

Schimmelmann A, DeNiro M J. 1984. Elemental and stable isotope variations of organic matter from a terrestrial sequence containing the Cretaceous/Tertiary boundary at York Canyon, New Mexico. Earth and Planetary Science Letters, 68: 392-398.

Schlesinger W H. 1977. Carbon balance in terrestrial detritus. Annual Review of Ecology and Systematics, 8: 51-81.

Schlesinger W H. 1997. Biogeochemistry: An analysis of change, 2nd edn. San Diego: Academic Press.

Schneider S H. 1992. Introduction to climate modeling//Trenberth K E. Climate System Modeling. Cambridge: Cambridge University Press: 3-26.

Scotese C R, McKerrow W S. 1990. Revised world maps and introduction//McKerrow W S, Scotese C R. Palaeozoic Palaeogeography and Biogeography. Geological Society Memoir, 12: 1-21.

Scott A C, Jones T P. 1994. The nature and influence of fire in Carboniferous ecosystems. Palaeogeography, Palaeoclimatology, Palaeoecology, 106: 91-112.

Scott A C. 1978. Sedimentological and ecological control of Westphalian B plant assemblages from West Yorkshire. Proceedings of the Yorkshire Geological Society, 41: 461-508.

Scott A C. 1979. The ecology of coal measure floras from northern Britain. Proceedings of the Geological Association, 90: 97-116.

Scott A C, Lomax B H, Collinson M E, et al. 2000. Fire across the K-T boundary: Initial results from the Sugarite coals, New Mexico, USA. Palaeogeography, Palaeoclimatology, Palaeoecology, 164: 381-395.

Sellers P J. 1985. Canopy reflectance, photosynthesis and transpiration. International Journal of Remote Sensing, 6: 1335-1372.

Sellers P J, Bounoua L, Collatz G J, et al. 1996. Comparison of radiative and physiological effects of doubled atmospheric CO_2 on climate. Science, 271:1402-1406.

Sellers P J, Los S O, Tucker C J, et al. 1994. A global 1° by 1° degree NDVI data set for climate studies. Part 2: The generation of global fields of terrestrial biophysical parameters from the NDVI. International Journal of Remote Sensing, 15: 3519-3545.

Sellers P J, Los S O, Tucker C J, et al. 1996. A revised land surface parameterization (SiB_2) for atmospheric GCMs. Part II: The generation of global fields of terrestrial biophysical parameters from satellite data. Journal of Climate, 9: 706-737.

Sellwood B W, Price G D. 1994. Sedimentary facies as indicators of Mesozoic climate. Philosophical Transactions of the Royal Society, B341: 225-233.

Sellwood B W, Price G D, Valdes P J. 1994. Cooler estimates of Cretaceous temperatures. Nature, 370: 453-455.

Shackleton N J, Boersma A. 1981. The climate of the Eocene ocean. Journal of the Geological Society, 138: 153-157.

Sharkey T D. 1988. Estimating the rate of photorespiration in leaves. Physiologia Plantarum, 73: 147-152.

Sharp Z D, Cerling T E. 1998. Fossil isotope records of seasonal climate and ecology: Straight from the horse's mouth. Geology, 26: 219-222.

Shaw R H, Pereira A R. 1982. Aerodynamic roughness of a plant canopy: A numerical experiment. Agricultural Meteorology, 26: 51-65.

Shearer J C, Moore T A, Demchuk T T. 1995. Delineation of the distinctive nature of Tertiary coal beds. International Journal of Coal Geology, 28: 71-98.

Sheen J. 1990. Metabolic repression of transcription in higher plants. Plant Cell, 2: 1027-1038.

Shugart H H. 1984. A Theory of Forest Dynamics. The Ecological Implications of Forest Succession Models. New York: Springer-Verlag.

Shukolyukov A, Lugmair G W. 1998. Isotopic evidence for the Cretaceous-Tertiary impactor and its type. Science, 282: 927-929.

Shuttleworth W J, Gurney R J. 1990. The theoretical relationship between foliage temperature and canopy resistance in sparse crops. Quarterly Journal of the Meteorological Society, 116: 497-519.

Siedow J N, Umbach A L. 1995. Plant mitochondrial electron transfer and molecular biology. The Plant Cell, 7: 821-831.

Siegenthaler U, Sarmiento J L. 1993. Atmospheric carbon dioxide and the ocean. Nature, 365: 119-125.

Singsaas E L, Lerdau M, Winter K, et al. 1997. Isoprene increases thermotolerance of isoprene-emitting species. Plant Physiology, 115: 1413-1420.

Sinha A, Stott L D. 1994. New atmospheric p CO_2 estimates from paleosols during the Paleocene/early Eocene global warming interval. Global and Planetary Change, 9: 297-307.

Slingo J M, Blackburn M, Betts A, et al. 1994. Mean climate and transience in the tropics of the UGAMP GCM: Sensitivity to convective parameterisation. Quarterly Journal of the Royal Meteorological Society, 120: 881-922.

Sloan L C, Barron E J. 1992. A comparison of Eocene climate model results to quantified paleoclimate interpretations. Palaeogeography, Palaeoclimatology, Palaeoecology, 93: 183-202.

Sloan L C, Pollard D. 1998. Polar stratispheric clouds: A high latitude warming mechanism in an ancient greenhouse world. Geophysical Research Letters, 25: 3517-3520.

Sloan L C, Rea D K. 1995. Atmospheric carbon dioxide and early Eocene climate: A general circulation modelling sensitivity study. Palaeogeography, Palaeoclimatology, Palaeoecology, 119: 275-292.

Sloan L C, Walker J C G, Moore T C. 1995. Possible role of oceanic heat transport in early Eocene climate. Paleoceanography, 10: 347-356.

Sloan L C, Walker J C G, Moore T C, et al. 1992. Possible methane induced polar warming in the early Eocene. Nature, 357: 320-322.

Smith A G, Smith D G,Funnell B M. 1994. Atlas of Mesozoic and Cenozoic Coastlines. Cambridge: Cambridge University Press.

Smith T M, Shugart H H, Woodward F I. 1997. Plant Functional Types: Their Relevance to Ecosystem Properties and Global Change. Cambridge: Cambridge University Press.

Soltis P S, Soltis D E, Smiley C J. 1993. An *rbcL* sequence from a Miocene *Taxodium* (bald cypress). Proceedings of the National Academy of Sciences, USA, 89: 449-451.

Sowers T, Bender M, Raynaud D, et al. 1991. The ^{18}O of atmospheric O_2 from air inclusions in the Vostok ice core: Timing of CO_2 and ice volume changes during the penultimate deglaciation. Paleoceanography, 6: 679-696.

Spero H J, Lea D W, Bemis B E. 1997. Effect of seawater carbonate concentration on foraminiferal carbon and oxygen isotopes. Nature, 390: 497-500.

Spicer R A, Corfield R M. 1992. A review of terrestrial and marine climates in the Cretaceous with implications for modelling the 'greenhouse Earth'. Geological Magazine, 129: 169-180.

Spicer R A, Parrish J T. 1986. Paleobotanical evidence for cool north polar climates in the middle Cretaceous (Albian-Cenomanian). Geology, 14: 703-706.

Spicer R A, Parrish J T. 1990. Late Cretaceous-early Tertiary palaeoclimates of northern high latitudes: A quantitative view. Journal of the Geological Society, London, 147: 329-341.

Spicer R A. 1989a. Physiological characteristics of land plants in relation to environment through time.

Transactions of the Royal Society of Edinburgh: Earth Sciences, 80: 321-329.

Spicer R A. 1989b. Plants at the Cretaceous Tertiary boundary. Philosophical Transactions of the Royal Society, B325: 291-305.

Spicer R A, Parrish J T, Grant P R. 1992. Evolution of vegetation and coal-forming environments in the Late Cretaceous of the north slope of Alaska. Geological Society of America Special Paper, 267: 177-192.

Spicer R A, Rees P, Chapman J L. 1993. Cretaceous phytogeography and climate signals. Philosophical Transactions of the Royal Society, B341: 277-286.

Stanley S M. 1986. Earth and Life through Time. New York: Freeman.

Steffen W L, Walker B H, Ingram J S, et al. 1992. Global change and terrestrial ecosystems: The operational plan. International Geosphere Biosphere Programme. Global Change Report No. 21, IGBP, Stockholm.

Stirling C M, Davey P A, Williams T G, et al. 1997. Acclimation of photosynthesis to elevated CO_2 and temperature in five British native species of contrasting functional type. Global Change Biology, 3: 237-246.

Stock J B, Stock A M, Mottonen J M. 1990. Signal transduction in bacteria. Nature, 344: 395-400.

Stott L D, Kennett J P. 1989. New constraints on early Tertiary palaeoproductivity from carbon isotopes in foraminifera. Nature, 342: 526-529.

Street-Perrott F A, Haung Y, Perrott R A, et al. 1997. Impact of lower atmospheric carbon dioxide on tropical mountain ecosystems. Science, 278: 1422-1426.

Stubblefield S, Banks H P. 1978. The cuticle of *Drepanophycus spinaeformis*, a long ranging Devonian lycopod from New York and Edstern, Canada. American Journal of Botany, 65: 110-118.

Sukumar R, Ramesh R, Pant R K, et al. 1993. A ^{13}C record of late Quaternary climate change from tropical peats in southern India. Nature, 364: 703-706.

Sweet A R, Braman D R, Lerbekmo J F. 1990. Palynofloral response to K/T boundary events: A transitory interruption within a dynamic system. Geological Society of America Special Paper, 247: 457-469.

Tans P, Keeling R F, Berry J A. 1993. Oceanic ^{13}C data. A new window on CO_2 uptake by the oceans. Global Biogeochemical Cycles, 7: 353-368.

TEMPO. 1996. Potential role of vegetation feedback in the climate sensitivity of high-latitude regions: A case study at 6000 years B.P. Global Biogeochemical Cycles, 10: 727-736.

Thomasson J R, Nelson M E, Zakrezewski R J. 1988. A fossil grass (Gramineae: Chloridoideae) from the Miocene with Krantz anatomy. Science, 233: 876-878.

Thompson S J, Pollard D. 1995. A global climate model (GENESIS) with a land-surfacetransfer scheme (LSX). Part 1: Present climate simulation. Journal of Climate, 8: 732-761.

Tingey D T, Johnson M G, Phillips D L, et al. 1996. Effects of elevated CO_2 and nitrogen on the synchrony of shoot and root growth in ponderosa pine. Tree Physiology, 16: 905-916.

Tissue D T, Griffin K L, Thomas R B, et al. 1995. Effects of low and elevated CO_2 on C3 and C4 annuals. II. Photosynthesis and leaf biochemistry. Oecologia, 101: 21-28.

Toolin L J, Eastoe C J. 1993. Late Pleistocene-recent atmospheric $\delta^{13}C_a$ records of C4 grasses. Radiocarbon, 35: 1- 7.

Toon O B, Pollack J B, Ackerman T P, et al. 1982. Evolution of an impact-generated dust cloud and its effects on the atmosphere. Geological Society of America Special Paper, 190: 215-221.

Toon O B, Zahnle K, Morison D, et al. 1997. Environmental perturbations caused by impacts of asteroids and comets. Review of Geophysics, 35: 41-78.

Trenberth K E. 1992. Climate System Modeling. Cambridge: Cambridge University Press.

Tschaplinksi T J, Stewart D B, Hanson P J, et al. 1995. Interactions between drought and elevated CO_2 on growth and gas exchange of seedlings of three deciduous tree species. New Phytologist, 129: 63-71.

Tu N T T, Bocherens H, Mariotti A, et al. 1999. Ecological distribution of Cenomanian terrestrial plants based on $^{13}C/^{12}C$ ratios. Palaeogeography, Palaeoclimatology, Palaeoecology, 145: 79-93.

Tyree M T, Sperry J S. 1989. Vulnerability of xylem to cavitation and embolism. Annual Review of Plant Physiology and Molecular Biology, 40: 19-38.

Upchurch G R, Otto-Bliesner B L, Scotese C. 1998. Vegetation-atmosphere interactions and their role in global warming during the latest Cretaceous. Philosophical Transactions of the Royal Society, B353: 97-112.

Urey H C. 1952. The Planets, Their Origins and Development. New Haven: Yale University Press.

Vakhrameev V A. 1991. Jurassic and Cretaceous Floras and Climates of the Earth. Cambridge: Cambridge University Press.

Valdes P J, Crowley T J. 1998. A climate model intercomparison for the Carboniferous. Palaeoclimates: Data and Modelling, 2: 219-238.

Valdes P J, Sellwood B W. 1992. A palaeoclimate model for the Kimmeridgian. Palaeogeography, Palaeoclimatology, Palaeoecology, 95: 47-72.

Valdes P J. 1993. Atmospheric general circulation models of the Jurassic. Philosophical Transactions of the Royal Society, B341: 317-326.

Valdes P J. 2000. Warm climate forcing mechanisms//Huber B T, MacLeod K G, Wing S L. Warm Climates in Earth History. Cambridge: Cambridge University Press: 3-20.

Valdes P J, Sellwood B W, Price G D. 1996. Evaluating concepts of Cretaceous equability. Palaeoclimates: Data and Modelling, 2: 139-158.

Van Campo E, Guiot J, Peng C. 1993. A data-based re-appraisal of the terrestrial carbon budget at the last glacial maximum. Global and Planetary Change, 8: 189-201.

Van de Water P K, Leavitt S W, Betancourt J L. 1994. Trends in the stomatal density and $^{13}C/^{12}C$ ratios of Pinus flexilis needles during the last glacial-interglacial cycle. Science, 264: 239-243.

Van Gardingen P R, Jeffree C E, Grace J. 1989. Variation in stomatal aperture in leaves of *Avena fatua* L. observed by low-temperature electron microscopy. Plant, Cell and Environment, 12: 887-898.

VEMAP members. 1995. Vegetation/ecosystem modeling and analysis project: Comparing biogeography and biogeochemistry models in a continental-scale study of terrestrial ecosystem responses to climate change and CO_2 doubling. Global Biogeochemical Cycles, 9: 407-437.

Visscher H, Brinkhuis H, Dilcher D L, et al. 1996. The terminal Paleozoic fungal event: evidence of terrestrial ecosystem destabilization and collapse. Proceedings of the National Academy of Sciences, USA: 93:2155-2158.

Volk T. 1987. Feedbacks between weathering and atmospheric CO_2 over the last 100 million years. American Journal of Science, 287: 763-779.

Volk T. 1989. Rise of angiosperms as a factor in long-term climatic cooling. Geology, 17: 107-110.

von Caemmerer S, Evans J R. 1991. Determination of the average partial pressure of CO_2 in chloroplasts from leaves of several C3 plants. Australian Journal of Plant Physiology, 18: 287-305.

von Caemmerer S, Farquhar G D. 1981. Some relationships between the biochemistry of photosynthesis and the gas exchange of leaves. Planta, 153: 376-387.

Walker D A, Leegood R C, Sivak M N. 1986. Ribulose bisphosphate carboxylaseoxygenase: Its role in photosynthesis. Philosophical Transactions of the Royal Society of London, B313: 305-324.

Walker J C G, Kasting J F. 1992. Effects of fuel and forest conservation on future levels of atmospheric carbon dioxide. Global and Planetary Change, 97: 151-189.

Walker J C G. 1994. Global Geochemical Cycles of Carbon//Tolbert N E, Preis J. Regulation of Atmospheric CO_2 and O_2 by Photosynthetic Carbon Metabolism. Oxford: Oxford University Press: 75-89.

Walker J C G, Hays P B, Kasting J F. 1981. A negative feedback mechanism for the longterm stabilization of Earth's surface temperature. Journal of Geophysical Research, 86: 9776-9782.

Wanless H R, Shepard F P. 1936. Sea level and climatic changes related to Late Paleozoic cycles. Geological Society of America Bulletin, 47:1177-1206.

Ward J K, Strain B R. 1997. Effects of low and elevated CO_2 partial pressures on growth and reproduction of Arabidopsis thaliana from different elevations. Plant, Cell and Environment, 20: 254-260.

Ward P D. 1995. After the fall: Lessons and directions from the K/T debate. Palaios, 10: 530-538.

Washington W M, Meehl G A. 1989. Climate sensitivity due to increased CO_2: Experiments with a coupled atmosphere and ocean general circulation model. Climate Dynamics, 4: 1-38.

Washington W M, Parkinson C L. 1986. An Introduction to Three-Dimensional Climate Modeling. Oxford: University Science Books and Oxford University Press.

Watson A J, Lovelock J E, Margulis L. 1978. Methanogenesis, fires and the regulation of atmospheric oxygen. Biosystems, 10: 293-298.

Watson R T, Zinyowera M C, Moss R H. 1995. Climate Change 1995: Impacts, Adaptation and Mitigation. Contribution of Working Group II to the Second Assessment Report of the Intergovernmental Panel on Climate Change. Cambridge: Cambridge University Press.

Wayne P M, Reekie E G, Bazzaz F A. 1998. Elevated CO_2 ameliorates birch response to high temperature and frost stress: Implications for modelling climate-induced geographic range shifts. Oecologia, 114: 35-342.

Weaver A J, Eby M, Fanning A F, et al. 1998. Simulated influence of carbon dioxide, orbital forcing and ice sheets on the climate of the last glacial maximum. Nature, 394: 847-853.

Webb T. 1998. Late Quaternary climates: Data synthesis and model experiments. Quaternary Science Reviews, 17: 1-688.

Webb T, Anderson K H, Bartlein P J, et al. 1998. Late Quaternary climate change in Eastern North America: A comparison of pollen-derived estimates with climate model results. Quaternary Science Reviews, 17: 587-606.

Webber A N, Nie G Y, Long S P. 1994. Acclimation of the photosynthetic proteins to rising atmospheric CO_2. Photosynthesis Research, 39: 413-425.

Whitten D G A, Brooks J R V. 1972. Dictionary of Geology. London: Penguin.

Wigley T M L, Raper S C B. 1992. Implications for climate and sea level of revised IPCC emission scenarios. Nature, 357: 293-300.

Wigley T M L. 1997. Implications of recent CO_2 emission-limitation proposals for stabilization of atmospheric concentrations. Nature, 390: 267-270.

Wigley T M L, Richels R, Edmonds J A. 1996. Economic and environmental choices in the stabilization of atmospheric CO_2 concentrations. Nature, 379: 240-243.

Wilf P, Wing S L, Greenwood D R, et al. 1998. Using fossil leaves as paleoprecipitation indicators: An Eocene example. Geology, 26: 203-206.

Williams E R. 1992. The Schumann resonance—A global tropical thermometer. Science, 256: 1184-1187.

Williams J W, Summers R L, Webb T. 1998. Applying plant functional types to construct biome maps from Eastern North American pollen data: Comparisons with model results. Quaternary Science Reviews, 17: 607-627.

Williams J W, Webb T, Richard P J H, et al. 2000. Late Quaternary biomes of Canada and the Eastern United States. Journal of Biogeography, 27: 585-607.

Wilson K M, Pollard D, Hay W W, et al. 1994. General circulation model simulations of Triassic climates: preliminary results. Geological Society of America Special Paper, 288: 91-116.

Wilson M F, Henderson-Sellers A. 1985. A global archive of land cover and soils data for use in general circulation models. Journal of Climatology, 5: 119-143.

Wing S L, DiMichele W A. 1995. Conflict between local and global changes in plant diversity through geological time. Palaios, 10: 551-564.

Wing S L, Greenwood D R. 1993. Fossils and fossil climate: The case for equable Eocene continental interiors in the Eocene. Philosophical Transactions of the Royal Society, B341: 243-252.

Wing S L, Sues H D. 1992. Mesozoic and early Cenozoic Terrestrial Ecosystems//Behrensmeyer A K, et al. Terrestrial Ecosystems through Time. Chicago: University of Chicago Press: 327-416.

Witzke B J. 1990. Palaeoclimatic constraints for Palaeozoic palaeolatitudes of Laurentia and Euramerica// McKerrow W S, Scotese C R. Palaeozoic Palaeogeography and Biogeography. Geological Society Memoir, 12: 57-73.

Wolbach W S, Anders E, Nazarov M A. 1990b. Fires at the K/T boundary: carbon in Sumbar, Turkmenia, site. Geochimica et Cosmochimica Acta, 54: 1133-1146.

Wolbach W S, Gilmour I, Anders E. 1990a. Major wildfires at the Cretaceous/Tertiary boundary. Geological Society of America, 247: 391-400.

Wolbach W S, Gilmour I, Anders E, et al. 1988. Global wildfire at the Cretaceous-Tertiary boundary. Nature, 334: 665-669.

Wolbach W S, Lewis R S, Anders E. 1985. Cretaceous extinctions: evidence for wildfires and search for meteoritic material. Science, 230: 167-170.

Wolfe J A, Uemura K. 1999. Using fossil leaves as paleoprecipitation indicators: An Eocene example: comment and reply. Geology, 27: 91-92.

Wolfe J A, Upchurch G R. 1986. Vegetation, climatic and floral changes at the Cretaceous-Tertiary boundary. Nature, 324: 148-152.

Wolfe J A,Upchurch G R. 1987. Leaf assemblages across the Cretaceous-Tertiary boundary in the Raton Basin, New Mexico and Colorado. Proceedings of the National Academy of Sciences, USA, 84: 5096-5100.

Wolfe J A. 1985. Distribution of major vegetation types during the Tertiary//Sundquist E T, Broecker W S. The Global Carbon Cycle and Atmospheric CO_2: Natural Variations Archean to Present. Washington D C: American Geophysical Union Research Monographs: 357-375.

Wolfe J A. 1990. Palaeobotanical evidence for a marked temperature increase following the Cretaceous/Tertiary boundary. Nature, 343: 153-156.

Wolfe J A. 1991. Palaeobotanical evidence for a June 'impact winter' at the Cretaceous/Tertiary boundary. Nature, 352: 420-422.

Wong S C, Cowan I R, Farquhar G D. 1979. Stomatal conductance correlates with photosynthetic capacity. Nature, 282: 424-426.

Wong S C, Kriedemann P E, Farquhar G D. 1992. CO_2 nitrogen interaction on seedling growth of four species of *Eucalypt*. Australian Journal of Botany, 40: 457-472.

Woodrow I E. 1994. Optimal acclimation of the C3 photosynthetic system under enhanced CO_2. Photosynthesis Research, 39: 401-412.

Woodward F I, Bazzaz F A. 1988. The response of stomatal density to CO_2 partial pressure. Journal of Experimental Botany, 39: 1771-1781.

Woodward F I, Beerling D J. 1997. The dynamics of vegetation change: Health warnings for equilibrium 'dodo' models. Global Ecology and Biogeography Letters, 6: 413-418.

Woodward F I, Cramer W. 1996. Plant functional types and climatic changes: Introduction. Journal of Vegetation Science, 7: 306-308.

Woodward F I, Rochefort L. 1991. Sensitivity analysis of vegetation diversity to environmental change. Global Ecology and Biogeography Letters, 1: 7-23.

Woodward F I, Sheehy J E. 1983. Principles and Measurements in Environmental Biology. London: Butterworths.

Woodward F I, Smith T M. 1994a. Global photosynthesis and stomatal conductance: Modelling the controls by soils and climate. Advances in Botanical Research, 20: 1-41.

Woodward F I, Smith T M. 1994b. Predictions and measurements of the maximum photosynthetic rate at the global scale//Schulze E D, Caldwell M M. Ecophysiology of Photosynthesis. New York: Springer-Verlag: 491-509.

Woodward F I. 1987a. Climate and Plant Distribution. Cambridge: Cambridge University Press.

Woodward F I. 1987b. Stomatal numbers are sensitive to increases in CO_2 from preindustrial levels. Nature, 327: 617-618.

Woodward F I. 1988. Temperature and the Distribution of Plant Species//Long S P, Woodward F I. Plants and Temperature. SEB Symposium, Company of Biologists, Vol. 42, Cambridge: 59-75.

Woodward F I. 1996. Developing the Potential for Describing the Terrestrial Biosphere's Response to a Changing Climate//Walker B H, Steffen W L. Global Change and Terrestrial Ecosystems. Cambridge: Cambridge University Press: 511-528.

Woodward F I. 1998. Do plants really need stomata? Journal of Experimental Botany, 49: 471-480.

Woodward F I, Lomas M R, Lee S E. 2001. Predicting the Future Production and Distribution of Global Terrestrial Vegetation//Jacques R, Saugier B, Mooney H. Terrestrial Global Productivity. Pittsburgh: Academic Press: 521-541.

Woodward F I, Smith T M, Emanuel W R. 1995. A global land primary productivity and phytogeography model. Global Biogeochemical Cycles, 9: 471-490.

Wright V P, Vanstone S D. 1991. Assessing the carbon dioxide content of ancient atmospheres using palaeo-calcretes: Theoretical and empirical constraints. Journal of the Geological Society of London, 148: 945-947.

Wullschleger S D. 1993. Biochemical limitations to carbon assimilation in C3 plants-A retrospective analysis of the A/Ci curves from 109 species. Journal of Experimental Botany, 44: 907-920.

Yakir D, Berry J A, Giles L, et al. 1994. Isotopic heterogeneity of water in transpiring leaves: Identification of the component that controls the ^{18}O of atmospheric O_2 and CO_2. Plant, Cell and Environment, 17: 73-80.

Yapp C J, Poths H. 1992. Ancient atmospheric CO_2 pressures inferred from natural geothites. Nature, 355: 342-344.

Yapp C J, Poths H. 1996. Carbon isotopes in continental weathering environments and variations in ancient CO_2 partial pressure. Earth and Planetary Science Letters, 137: 71-82.

Zachos J C, Arthur M A, Dean W E. 1989. Geochemical records for suppression of pelagic marine productivity at the Cretaceous-Tertiary boundary. Nature, 337: 61-64.

Zachos J C, Stott L D, Lohmann K C. 1994. Evolution of early Cenozoic marine temperatures. Paleoceanography, 9: 353-387.

Ziegler A M, Raymond A L, Gierlowski T C, et al. 1987. Coal, climate, and terrestrial productivity: The present and early Cretaceous compared. In coal and coal-bearing strata: recent advances. Geological Society Special Publication, 32: 25-49.

Ziska L H, Bunce J A. 1994. Increasing growth temperature reduces the stimulatory effect of elevated CO_2 on photosynthesis or biomass in two perennial species. Physiologia Plantarum, 91: 183-190.

Ziska L H, Bunce J A. 1997. The role of temperature in determining the stimulation of CO_2 assimilation at elevated carbon dioxide concentration in soybean seedlings. Physiologia Plantarum, 100: 126-132.

Ziska L H, Hogan K P, Smith A P, et al. 1991. Growth and photosynthetic response of nine tropical species with long-term exposure to elevated carbon dioxide. Oecologia, 86: 383-389.

Ziska L H, Weerakoon W, Namuco O S, et al. 1996. The influence of nitrogen on the elevated CO_2 response in field-grown rice. Australian Journal of Plant Physiology, 23: 45-52.

索　　引[①]

① 页码数字粗体指示图片，页码数字斜体指示表格。

C

D

E

F

J

K

L

R

T

X